utb 5689

Eine Arbeitsgemeinschaft der Verlage

Brill | Schöningh – Fink · Paderborn
Brill | Vandenhoeck & Ruprecht · Göttingen – Böhlau Verlag · Wien · Köln
Verlag Barbara Budrich · Opladen · Toronto
facultas · Wien
Haupt Verlag · Bern
Verlag Julius Klinkhardt · Bad Heilbrunn
Mohr Siebeck · Tübingen
Narr Francke Attempto Verlag – expert verlag · Tübingen
Psychiatrie Verlag · Köln
Ernst Reinhardt Verlag · München
transcript Verlag · Bielefeld
Verlag Eugen Ulmer · Stuttgart
UVK Verlag · München
Waxmann · Münster · New York
wbv Publikation · Bielefeld
Wochenschau Verlag · Frankfurt am Main

Dr. Ulrich Engelmann (Sprecherzieher DGSS) verbindet als Dozent für Medizintechnik an der FH Aachen und Führungskraft in einem Medizintechnik-Unternehmen begeistert Lehre und Teamentwicklung.

Prof. Dr. Martin Baumann arbeitet als Dozent für Medizintechnik und Didaktik an der RWTH Aachen im Grenzbereich zwischen Lebens-, Ingenieurs- und Naturwissenschaften.

Ulrich Engelmann / Martin Baumann

Zielführend moderieren

Kompetenzen – Methoden – Wege zum Gesprächserfolg

UVK Verlag · München

Umschlagmotiv: © Ulrich Engelmann, Martin Baumann

Bibliografische Information der Deutschen Nationalbibliothek
Die Deutsche Nationalbibliothek verzeichnet diese Publikation in der Deutschen Nationalbibliografie; detaillierte bibliografische Daten sind im Internet über http://dnb.dnb.de abrufbar.

DOI: https://doi.org/10.36198/9783838556895

– ein Unternehmen der Narr Francke Attempto Verlag GmbH + Co. KG
Dischingerweg 5 · D-72070 Tübingen

Internet: www.narr.de
eMail: info@narr.de

Einbandgestaltung: Atelier Reichert, Stuttgart
Grafiken: Lea Baumann, Ulrich Engelmann, Martin Baumann
CPI books GmbH, Leck

utb-Nr. 5689
ISBN 978-3-8252-5689-0 (Print)
ISBN 978-3-8385-5689-5 (ePDF)

MIX
Papier aus verantwortungsvollen Quellen
FSC www.fsc.org FSC® C083411

Inhalt

Vorwort

„Manche Gespräche sind so zielführend wie zwei Tage Kreisverkehr". (Autor unbekannt) Das würden tausende Besprechungsteilnehmer in Institutionen, Verwaltungen oder Unternehmen sehr wahrscheinlich sofort unterschreiben. Aber wer ist dafür verantwortlich, dass Besprechungen, Sitzungen, Projektgruppen etc. häufig inhaltlich, aber auch atmosphärisch „aus dem Ruder laufen"? Da „beißt die Maus keinen Faden ab" – der Moderator ist und bleibt der Dreh- und Angelpunkt, wenn es um die Planung und Durchführung einer Besprechung geht! Aber über eines sollte man sich auch bewusst sein: Das Moderieren von Besprechungen, Sitzungen, Projektgruppen etc. gehört aus gesprächsrhetorischer Perspektive zu den am meisten herausfordernden Gesprächsführungsaufgaben. Eine Gruppe zu moderieren bedeutet, das Gespräch vorzubereiten, zu organisieren und zu strukturieren, dafür zu sorgen, dass die Gruppe thematisch zu Ergebnissen kommt und für eine Beziehungsgestaltung zu sorgen, die Störungen und Konfliktfelder frühzeitig erkennt und angemessen damit umgeht. Dass das ein Mammut-Aufgabe ist – daran lässt das Buch keinen Zweifel. Aber es bietet praxistaugliche Antworten auf alle Fragen, die man sich als Moderator in Bezug auf die Vorbereitung, Durchführung und Nachbereitung stellt.

Unabhängig davon, ob Sie sich als Neuling oder Profi im Bereich Moderation einschätzen – Sie finden Ihre individuellen Fragen beantwortet.

Ein Moderator braucht kommunikatives Handwerkszeug, Empathie und die Fähigkeit zur Perspektivübernahme, Durchsetzungsvermögen und die Fähigkeit, flexibel auf Änderungsnotwendigkeiten im Gesprächsprozess zu reagieren. Das lässt sich nicht auf einmal und vor allem nicht linear in einer bestimmten Reihenfolge erlernen.

Souverän und kompetent moderieren zu können, bedeutet, sich auf einen hermeneutischen Lernprozess einzulassen. Man geht einige Schritte vor, vieles funktioniert, einiges funktioniert nicht so, wie man es sich vorgestellt hat. Beim nächsten Mal verändert man etwas und im Laufe der Zeit entwickelt man ein eigenes Moderationsprofil. Voraussetzung dafür ist, sich als Moderator immer wieder in Frage zu stellen und bereit zu sein dazuzulernen und die eigene Moderationstätigkeit immer wieder neu zu reflektieren. Genau das ist die grundlegende Philosophie und Herangehensweise dieses Buches. Es bietet Ihnen verschiedene Wege an, sich mit dem Thema zu beschäftigen.

Sie sind nicht gezwungen, das Buch Seite für Seite durchzuarbeiten. Das Buch ist strukturiert aufgebaut, ermöglicht aber jederzeit eine individuelle und flexible Beschäftigung mit der Thematik. Mir persönlich gefällt dafür der Zugang über die strukturierten Inhaltsverzeichnisse zu Beginn jedes Kapitels besonders gut, weil ich damit meinen individuellen Interessen und Fragen nachgehen kann. Man kann dieses Buch also durchaus wie ein Moderations-Lexikon nutzen.

Vielleicht noch eine „Warnung": Man erhält so viele Hinweise auf mögliche Situationen, in die man als Moderator mit der Gruppe geraten kann, dass man sich möglicherweise schnell überfordert fühlt und den Eindruck gewinnen kann: „Wie soll ich das bloß alles auf einmal beachten und umsetzen?" und: „Kommt denn so etwas wirklich in der Praxis vor?"

Aus der langjährigen Erfahrung durch meine eigene Moderationstätigkeit kann ich dazu nur sagen: „Ja, es gibt nichts, was es nicht gibt!" Die Moderation einer Gruppe bleibt bis zu einem bestimmten Punkt immer eine „Überraschungskiste". Gerade deshalb sind die Hinweise auf mögliche – wenn auch noch so „banal" erscheinende – Probleme für die Praxis ausgesprochen hilfreich.

Mit jeder Moderation lernt man selbst als Moderator dazu und jede Falle, in die man nicht gelaufen ist, weil man sie erkannt hat, ist ein Erfolgserlebnis.

Die Autoren zeigen nachdrücklich auf, dass der Weg zum kompetenten und souveränen Moderator ein dauerhafter und durchaus auch anstrengender Lernprozess sein kann. Der positive Umgang mit Fehlern und Fallstricken, die einem vor, während und nach einer Moderation begegnen können, macht aber gleichzeitig auch Mut daran zu wachsen.

Die Autoren wissen, worüber sie schreiben! Deshalb können Sie sich auf die Hinweise und Tipps in diesem Buch verlassen!

Dr. Annette Lepschy, Sprecherzieherin (DGSS)

Stellvertretende Leiterin des Centrums für Rhetorik, Kommunikation und Theaterpraxis Universität Münster & Geschäftsführerin der Kommunikationsberatung Lepschy & Lepschy (www.lepschy.org)

Hinweise zu diesem Buch

Zum Erlernen und Festigen von Fähigkeiten gehören insbesondere Neugier, Spaß und Motivation. Davon sind wir, Ulrich Engelmann und Martin Baumann, die Autoren dieses Buches, fest überzeugt. Daher können Sie mit Ihrer Lektüre in diesem Buch beginnen, wo immer Sie wollen: Blättern Sie neugierig durch und lesen die Abschnitte, die Ihnen am meisten zusagen. Folgen Sie Ihrem Interesse – oder beginnen Sie dort, wo Ihre Augen beim Durchblättern hängen bleiben. Natürlich können Sie das Buch aber auch ganz klassisch von Anfang bis Ende durchlesen. Welchen Weg Sie auch wählen, dieses Buch möchte dabei individuell *Ihren* Weg begleiten und ist daher anders, nicht linear – es ist speziell für Sie persönlich, liebe Leserin, lieber Leser, geschrieben!

Denn wir haben diesem Buch für Sie auch eine ganz eigene Systematik mitgegeben, die Ihnen ein strukturiertes Erfassen aller Inhalte ermöglicht: In Abhängigkeit Ihrer Vorkenntnisse und je nach Interessenlage geleitet Sie dieses Buch auf so genannten „Wegen“ durch seine Inhalte und legt mit Ihnen immer genau in denjenigen Bereichen einen Halt ein, die Ihnen persönlich weiterhelfen. Diese Wege führen Sie also an alle diejenigen Orte, die Ihren individuellen Kenntnisstand schrittweise erweitern. So können Sie das Buch, den verschiedenen Wegen folgend, sogar mehrmals lesen und aus Ihrer angewandten Praxis der Moderation und Gesprächsführung heraus immer wieder neue Perspektiven, Anregungen und Ideen mitnehmen. Woher das Buch so genau weiß, wer *Sie* persönlich sind und was *Sie* individuell brauchen? Das erfahren Sie ein paar Zeilen weiter unten im Abschnitt →Wir lernen uns kennen [S. 13].

In jedem Fall haben wir vorab eine Bitte an Sie: Sobald Sie dieses Buch zur Hand nehmen, legen Sie sich auch gleich immer Stift und Klebezettel bereit.

Denn bei all den Gedanken, die wir als Autoren uns für Sie als Leserinnen und Leser im Vorfeld gemacht haben, werden Sie mit Sicherheit Hinweise und Aussagen finden ...

- ... die für *Ihre* Moderationstätigkeit besonders relevant sein werden: Markieren Sie diese einfach mit einem physischen Klebezettel oder einem virtuellen Marker – je nachdem, ob Sie ein klassisches Buch in der Hand halten oder sein digitales Pendant –, damit Sie diese Stellen im Bedarfsfall immer schnell wieder auffinden können.
- ... die Sie auf *Ihre* individuelle Arbeitsweise anpassen möchten: Nehmen Sie den Stift oder Stylus zur Hand oder nutzen Sie die virtuelle Tastatur Ihres e-book-readers, um Ihre Gedanken und Hinweise ins Buch hinein zu schreiben. Auch alle Extrazettel, die Sie ins Buch hineinkleben, sind gerne gesehen.
- ... bei denen Sie den Drang verspüren, sie zu ignorieren, weil sie für Ihren persönlichen Kontext nicht zutreffen bzw. Sie die Sachverhalte ganz anders sehen: Streichen Sie diese Passagen mit dem Stift bitte einfach durch oder markieren Sie sie entsprechend im E-Book. Belasten Sie sich nicht wiederholt mit Inhalten, die für Ihre Arbeit irrelevant sind oder die Sie sich nicht authentisch zu eigen machen können oder wollen.[1]

Wir bitten Sie somit, sich mit diesem Buch anzufreunden, es um Rat zu fragen und ihm Ratschläge zu geben. Denn dieses Buch ist nicht nur ein Lehr- oder Nachschlagewerk, es ist *Ihr persönliches Arbeitsbuch*, das erst vollständig werden kann, wenn es Ihre Hinweise kennt und Sie später daran erinnern kann. Und auch wir als Autoren sind sehr daran interessiert, dieses Buch weiter zu verbessern. Bitte schreiben Sie uns, was dieses Buch Ihnen besser von Anfang an hätte sagen sollen, damit wir die nächste Auflage noch hilfreicher gestalten können.

Wir wünschen Ihnen viel Freude, hohe Motivation und hilfreiche neue Erkenntnisse beim Durchstöbern, Lesen und vor allem Anwenden der Inhalte.

---

1 Nur der Vollständigkeit halber sei hier klargestellt, dass Sie diese Aktionen bitte *nicht* mit einem geliehenen Buch durchführen!

Zum Umgang mit Ihrem speziellen Buch

Das oben genannte Ziel, ein Buch genau für *Sie* zu schreiben – ein Buch, das auf *Ihre individuellen* Bedürfnisse zugeschnitten ist und daher *Ihnen persönlich* nützlich ist, ist leider nicht so einfach zu realisieren, weil weder wir noch dieses Buch Sie kennen. Daher halten Sie im Moment nicht eines, sondern sogar *drei* Bücher in der Hand! Diese drei Bücher wenden sich an Leser – Moderatoren – mit unterschiedlichen Kenntnisgraden und verschiedenen bereits gemachten Moderationserfahrungen. Dabei sind die spezifischen Inhalte nicht starr voneinander getrennt und überlappen sich teilweise. Wie finden Sie aber nun heraus, welches dieser drei Bücher Sie auf Ihrem Weg begleiten sollte?

Wir lernen uns kennen

Wir gehen davon aus, dass Sie entweder über ein starkes Interesse an der Moderationstätigkeit verfügen und / oder bereits als Moderator(in) tätig sind und sich auf der Suche nach hilfreichen Hinweisen befinden. Damit wir Ihnen für Sie passende Erklärungen und Tipps zur Verfügung stellen können, bitten wir Sie zunächst um die Bewertung der folgenden Aussagen:

1. Ich kenne schon einige Moderatoren aus Talkshows im Fernsehen und bin nun echt neugierig, wie diese es schaffen, so gut mit Menschen umgehen zu können.

   Trifft auf mich zu: [ ] recht gut [ ] geht so [ ] eigentlich nicht

2. Im Beruf, im Studium oder im Ehrenamt habe ich schon bei Teamübungen mitgemacht, sowohl als Teammitglied, als auch in einer Leitungsfunktion.

   Trifft auf mich zu: [ ] recht gut [ ] geht so [ ] eigentlich nicht

3. In meinem Arbeitsumfeld bin ich dafür verantwortlich, dass meine Mitarbeiter zeitkritische Projekte gemeinsam bearbeiten.

   Trifft auf mich zu: [ ] recht gut [ ] geht so [ ] eigentlich nicht

4. Zurzeit befinde ich mich in der Ausbildung / im Studium und wir müssen nun eine erste größere Aufgabe als Teamwork durchführen.

   Trifft auf mich zu: [ ] recht gut [ ] geht so [ ] eigentlich nicht

5. Ich übernehme in meinem Verein eine Aufgabe (z. B. als Kassenwart oder als Vorsitzender). Und / Oder: Wenn wir uns privat häufiger, z. B. zum gemeinsamen Spielen oder Kochen treffen, erkläre ich gerne die Regeln oder das Rezept.

   Trifft auf mich zu: [ ] recht gut [ ] geht so [ ] eigentlich nicht

6. Ich müsste meinen Moderationskoffer mal wieder aufräumen und nachfüllen.

   Trifft auf mich zu: [ ] recht gut [ ] geht so [ ] eigentlich nicht

Wenn Sie bei den Aussagen 1 oder 4 ein „recht gut" oder „geht so" markiert haben, so notieren Sie sich bitte auf einem Zettel ein großes **N**. Wenn Sie diese Antworten bei den Aussagen 2 oder 5 gegeben haben, so notieren Sie sich bitte ein großes **A**. Und falls dies bei den Aussagen 3 oder 6 der Fall war, landet ein großes **P** auf Ihrem Zettel. Im besten Fall sehen Sie dort nun einen einzigen Buchstaben, im zweitbesten Fall blicken Sie auf zwei Buchstaben. Und falls Ihr Auge auf drei Buchstaben fällt, lesen und bewerten Sie bitte die Aussagen 1, 3, 4 und 6 noch einmal kritischer.

Auch wir, die Autoren, unterliegen natürlich nicht dem Irrtum zu glauben, dass man mit sechs einfachen Entscheidungen alle relevanten Details eines Menschen erfassen oder gar verstehen könnte. Daher haben wir noch drei spezifischere Texte für Sie vorbereitet:

7. Ich betrachte mich als recht unerfahren, was meinen methodischen Umgang mit Arbeitsgruppen betrifft. Ich habe zwar auch schon einmal Gruppen bei der gemeinsamen Arbeit begleitet oder sogar angeleitet, agiere hierbei aber noch über weite Strecken für meinen Geschmack ein wenig zu unsicher. Ich bin auf der Suche nach grundlegenden Hinweisen, um mehr Sicherheit erlangen zu können. Auch bin ich interessiert daran, welche Methoden ich während einer Moderationstätigkeit anwenden könnte. Ich bin dankbar, dass meine in Powerpoint vorbereiteten Folien mir so viel Sicherheit während meiner Arbeit mit Gruppen geben. Manchmal fühle ich mich von der Dynamik eines gemeinsamen Treffens abgehängt und froh, wenn mich jemand wieder zurück zum Gesprächsthema führt. Lesbar oder gar spontan auf einem Flipchart zu schreiben ist aber noch nicht so ganz mein Ding. Ich selbst würde mich als Neuling in Sachen Moderation bezeichnen.

   Trifft auf mich zu: [ ] recht gut [ ] geht so [ ] eigentlich nicht

8. In der Vergangenheit hatte ich schon öfters die Gelegenheit, Gruppen bei der gemeinsamen Arbeit methodisch anzuleiten. Auch habe ich schon an einer Moderationsschulung teilgenommen oder hätte zumindest ein großes Interesse daran, dies zu tun. Ich habe bereits die Vorteile eines persönlichen Methoden-Werkzeugkastens kennengelernt und bin nun auf der Suche nach weiteren Methoden, um diesen weiter anfüllen zu können. Ich könnte mir gut vorstellen, bei einer professionellen Moderation zu hospitieren (bzw. ich habe dies sogar schon einmal getan). Für meine Arbeit mit den Gruppen bereite ich mir meistens eine Präsentation vor, weiche aber hin und wieder von meinem ursprünglichen Plan ab. Es gelingt mir meistens, auch Nebenschauplätzen in der gemeinsamen Diskussion zu folgen, aber manchmal fehlt mir noch ein Impuls, um das Thema wieder zu fokussieren. Auf einem Flipchart kann ich ganz gut schreiben, aber an der Erstellung spontaner Skizzen, die nicht wie eine missratene Picasso-Fälschung aussehen, arbeite ich noch. Ich selbst würde meine Moderationsfähigkeiten als fortgeschritten bezeichnen.

   Trifft auf mich zu: [ ] recht gut [ ] geht so [ ] eigentlich nicht

9. Ich frage mich allmählich, was diese ganze Fragerei hier eigentlich soll. Ich hatte mir erhofft, in diesem Buch übersichtlich und strukturiert professionelle Tipps erhalten zu können, die meiner nächsten (Online-)Moderation frischen Wind verleihen könnten. Ich hüte meinen eigenen Moderationskoffer wie einen Schatz und bin jedes Mal verärgert, wenn ich zu einer Moderation anreise und feststellen muss, dass die Stifte vor Ort leer sind und nur noch ein Bogen Flipchartpapier auf dem Ständer hängt. Ich bin auf der Suche nach neuen Impulsen für und Perspektiven auf meine Moderationstätigkeit, um mich und meine Gruppe gezielt weiterzuentwickeln. Digitale Präsentationsmedien nutze ich auch flexibel, beispielsweise um Teaserfotos und -videos zu zeigen oder Audiodateien vorzuspielen. Ob und wie ich mit Flipcharts und online-Kollaborationstools arbeite, entscheide ich spontan und je nach Situation. Ich selbst würde mich als erfahrenen Moderator bezeichnen.

   Trifft auf mich zu: [ ] recht gut [ ] geht so [ ] eigentlich nicht

Für ein „recht gut“ oder „geht so“ im Text 7 sollten Sie nun ein **N** auf ihrem Zettel ergänzen, für die gleiche Antwort zu Text 8 ein **A** und zu Text 9 ein

P.[2] Nun sehen Sie mehrere Buchstaben auf Ihrem Zettel. Diese haben die folgende Bedeutung:

N - Novize

Als *Novizen* (Neuling, Anfänger, Einsteiger, Beginner, Lehrling, Unerfahrener, ‚newbie') bezeichnen wir Sie in diesem Buch, wenn die meisten Eigenschaften der Aussagen 1, 4 und 7 auf Sie zutreffen. Speziell für Sie haben wir Inhalte zusammengestellt, die die Basisfähigkeiten eines Moderators beschreiben. Neben handfesten Anleitungen zum methodischen Vorgehen erhalten Sie auch zahlreiche Tipps zur Aufgabe des Moderierens an sich. Durch das Buch wird Sie der Novize begleiten, den wir Ihnen in Abbildung 1 vorstellen dürfen.

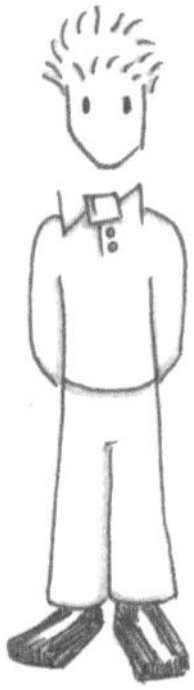

Abbildung 1: Novize

Einen Vorgeschmack auf Ihre Reise durch dieses Buch bietet Ihnen die Übersicht aus →Abbildung 4. Wir würden uns sehr freuen, wenn Sie bei der Lektüre der Novizen-Kapitel auf den Geschmack kommen und anschließend die Inhalte für den Adepten durcharbeiten:

A - Adept

Wir nennen Sie einen *Adepten* (Fortgeschrittener, Geselle, Eleve, Initiand, ‚advanced'), wenn für Sie die Aussagen 2, 5 und 8 am besten passen. Sie

2 Für den Fall, dass Sie hier wirklich drei Mal ein „eigentlich nicht" angekreuzt haben sollten, teilen Sie uns, den Autoren, bitte kurz mit, warum Sie dieses Buch eigentlich erworben haben.

verfügen bereits über solide Basiskenntnisse der Moderation und sind sehr daran interessiert, diese sowohl zu vertiefen als auch zu verbreitern. Bei der Identifikation der extra für Sie zusammengestellten Inhalte vertrauen Sie sich bitte dem Adepten an, der Sie in →Abbildung 2 begrüßt[3].

Abbildung 2: Adept

Ihre Reise als Adept zeigt Ihnen übersichtlich →Abbildung 5. Auch bei allen Adepten hoffen wir, dass Ihnen die Hinweise aus diesem Buch so gut bei Ihrer Professionalisierung weiterhelfen, dass Sie sich anschließend neugierig auf die Inhalte für den Profi stürzen:

---

3 Ihnen ist sicherlich die Diskrepanz zwischen der textlichen Beschreibung und der bildlichen Darstellung aufgefallen: Während im Text die maskuline Form benutzt wird, ist in der Grafik eine feminine Erscheinung dargestellt. Wir, die Autoren, haben uns entschlossen, in unserem Buch dies wie folgt zu handhaben: Im Text werden durchgehend die maskulinen Formen für Novize, Adept und Profi (folgt im nächsten Abschnitt) benutzt, da es sich um Bezeichnungen für eine wahrlich geschlechtsunabhängige Funktion handelt und wir glauben, dass eine durchgehende Formulierung ohne Genuswechsel flüssiger lesbar ist. In den Abbildungen, die im Vergleich zur Textform viel schneller inhaltlich und emotional fassbar sind, zeigen wir Personen verschiedener geschlechtlicher Orientierungen, darunter augenscheinlich männlich und augenscheinlich weiblich. Wir hoffen, dass Sie mit dieser pragmatischen Lösung einverstanden sind. Ob aber die Person, die wir als Adept bezeichnen, letztlich *tatsächlich* weiblich ist und welche *wahre* geschlechtliche Orientierung die anderen Charaktere haben, bleibt aus Gründen des Persönlichkeits- und des Datenschutzes das Geheimnis unserer Grafikerin ;)

P - Profi

Für uns sind Sie ein *Profi* (Könner, Experte, Fachkraft, Meister, Kenner, Routinier, ‚professional'), wenn die Aussagen in den Texten 3, 6 und 9 Ihre größte Zustimmung fanden. Sie haben bereits zahlreiche Moderationen erfolgreich über die Bühne gebracht und lassen sich weder von technischen Problemen noch von schwierigen Gruppen leicht aus der Ruhe bringen. Dennoch – oder gerade deswegen – sind Sie offen für trickreiche Tipps und kleine Kniffe, die Sie gerne ausprobieren und für sich adaptieren. Wir haben genau diese aus unserem Praxiswissen für Sie zusammengestellt und unser Profi aus →Abbildung 3 wird Ihnen hierfür den Weg durch dieses Buch weisen.

Abbildung 3: Profi

Für Sie relevante Themen bereitet zusätzlich →Abbildung 6 für Sie übersichtlich auf. Bei den Profis gehen wir ohnehin davon aus, dass lebenslanges Lernen zu ihrem Geschäft gehört – genau wie bei uns, den Autoren. Gerne laden wir Sie daher ein, auch mal in den Inhalten für die Novizen in →Abbildung 4 und Adepten in →Abbildung 5 zu stöbern. Wer weiß, vielleicht finden Sie ja etwas Hilfreiches, das Sie vor langer Zeit einmal benutzt haben, das dann aber in Vergessenheit geriet ...

Novize → Adept → Profi

Tatsächlich kann man die Entwicklung vom Novizen über den Adepten bis zum Moderationsprofi auch gut durch die vier Stufen der Kompetenzentwicklung nach Maslow beschreiben [OERTER, 2002], welche das Erlernen einer Fähigkeit über die Beziehung zwischen eigener Kompetenz und das Bewusstsein darüber erklärt:

1. Auf der ersten Stufe ist man *unbewusst inkompetent*, weiß also gar nicht, dass einem eine bestimmte Kompetenz fehlt. Umgangssprachlich könnte man in diesem Zusammenhang vom „blinden Fleck“ sprechen: Wir ahnen nicht einmal, dass wir etwas nicht wissen.
2. Auf der zweiten Stufe weiß man, dass man über eine bestimmte Kompetenz nicht verfügt. Man ist also *bewusst inkompetent*. Auf dieser Stufe befinden Sie sich als *Novize*, denn da Sie erkannt haben, dass Sie im Thema Moderation dazu lernen möchten, haben Sie bewusst zu diesem Buch gegriffen, um sich in diesem Thema mehr Kompetenzen anzueignen.
3. Auf der dritten Stufe hat man bereits Kompetenzen erworben, muss diese aber aufgrund mangelnder Routine noch sehr bewusst einsetzen. Man ist daher *bewusst kompetent*. Hier siedeln wir Sie als *Adepten* an, da Sie schon etwas Erfahrung (Kompetenzen) auf dem Gebiet der Moderation mitbringen, aber bewusst an der Schärfung und Optimierung arbeiten wollen, oder einzelne Kompetenzen zu einer globalen Gesamtkompetenz ausbauen möchten.
4. Auf der vierten und letzten Stufe hat man als alter Hase bereits zahlreiche Gelegenheiten gehabt, die erworbenen Kompetenzen einzusetzen; man wendet sie also „wie im Schlaf“ an und ist daher *unbewusst kompetent*. Die Fähigkeiten sind so erprobt und geschult, dass sie unbewusst und intuitiv ablaufen. Vielfach sind der unbewusst kompetenten Person die einzelnen Abläufe im Detail gar nicht mehr bewusst klar, und dennoch greift alles flüssig ineinander. Aus dieser Intuition heraus erfassen Sie als *Profi* Moderationen ganzheitlich und können beinahe unbewusst die jeweilig passenden Fähigkeiten und Methoden abrufen.

Mit diesem Buch möchten wir Ihre Entwicklung von Ihrem jeweiligen Standpunkt und aus Ihrer Perspektive heraus begleiten. Sie können sich als Moderator[4] vom Novizen bis zum Profi entwickeln, oder als Adept gezielt

---

4 Eine zweite Anmerkung zur geschlechtergerechten Sprache: Vielleicht hätten Sie hier auch lieber gelesen: „als Moderator oder als Moderatorin, bzw. als Moderatoren oder als Moderatorinnen“. Oder kürzer: „als Moderator(in), bzw. als Moderator(inn)en“. Oder noch kürzer: „als Moderator:in oder Moderator:innen“. Oder in der Schreibweise mit Sternchen oder Unterstrich. Auch dieses Buch unterliegt dem Wettstreit zwischen dem generischen Maskulinum, der Berücksichtigung einer individualisierten Genderanspra-

bestimmte Kompetenzen hinzuerwerben. Sie können als Novize Lösungen für eine ganz konkrete Herausforderung in der Moderation finden oder sich als Profi intuitiv von Ihrem eigenen Interesse beim „Überfliegen" des Buches leiten lassen. Wir sind sicher, dass wir Ihnen jeweils spannende Entwicklungs- und Handlungsimpulse mit auf den eigenen Weg geben können.

Wie Sie persönlich dieses Buch lesen können

Auf dem Titelbild und im ersten Abschnitt →Hinweise zu diesem Buch [S. 11] ist bereits angedeutet, dass es mehrere *Wege* durch dieses Buch gibt. Wir nennen sie Wege, weil sie von unterschiedlicher Güte sein können. Zwischen kaum als solchen erkennbaren *Schleichwegen*, die mühsam zu begehen sind, großzügig ausgebauten, angenehm zu beschreitenden *Waldwegen*, die zum Spazieren einladen, und befestigten *Schnellwegen*, auf denen sie flott vorwärts kommen, ist alles vorhanden. Damit Sie nicht auf einen *Irrweg* geraten und vielleicht sogar den *Rückweg* antreten wollen, halten Sie sich einfach an Ihren im vorherigen Kapitel identifizierten Begleiter, den *Novizen* (→Abbildung 1), den *Adepten* (→Abbildung 2) oder den *Profi* (→Abbildung 3).

Dazu bieten wir Ihnen im Folgenden →Grafische und strukturierte Inhaltsverzeichnisse [S. 21] an, mit denen Sie wahrscheinlich sehr viel öfter arbeiten werden, als mit dem am Buchbeginn abgedruckten *linearen Inhaltsverzeichnis*. Und wenn Sie jetzt denken, dass das eigentlich eine nette Idee, aber nicht sehr praktikabel ist, weil ein Inhaltsverzeichnis am Buchbeginn ja um vieles einfacher zu finden und aufzuschlagen ist, erinnern wir Sie an unseren ersten Aufzählungspunkt im Abschnitt →Hinweise zu diesem Buch [S. 11]: Mit einem bunten Klebezettel oder einer Eselsecke

---

che und einer möglichst unaufgeregten und gleichzeitig fokussierten Lesbarkeit von Texten. Solange es keine allgemein gültigen, weitreichend akzeptierten und angenehm lesbaren Vorgaben für eine geschlechtergerechte Formulierung gibt, können wir es einfach nicht Allen Recht machen. Daher haben sich die Autoren dafür entschieden, die jeweils kürzere Formulierung im Text zu verwenden, es sei denn, dass Genus- und Genderaspekte explizit berücksichtigt werden sollen. Daher werden wir auf Partizipien, Innenmajuskeln, Binnenklammern, Underscores, Doppelpunkte und Gendersternchen im Fließtext dieses Buches weitgehend verzichten und bitten Sie um Verständnis für unsere Entscheidung. Wir werden aber noch einmal auf diesen Komplex zurückkommen, wenn wir Ihnen Hinweise geben, wie Sie →Schriftliche Anweisungen [S. 143] und Arbeitsaufträge in moderierten Sitzungen formulieren können.

(im physischen Buch) bzw. mit einem virtuellen Marker (im E-Book) als Lesezeichen finden Sie auch dieses Inhaltsverzeichnis rasend schnell und haben damit bereits begonnen, dieses Buch zu individualisieren. Weiter so!

Zur leichteren Orientierung beim Lesen und Stöbern finden Sie die Charaktere im Buch zusätzlich neben denjenigen Abschnitten wieder, die für Sie zusammengestellt wurden. Einige Abschnitte des Buches sind auch mit zwei Charakteren gekennzeichnet. Damit haben wir Abschnitte auf Ihrem Weg gekennzeichnet, die dem unerfahreneren von beiden Charakteren als frühe Inspiration dienen können, bzw. dem erfahrerneren als kurze Erinnerung. Das bedeutet auch, dass sich an einigen wenigen Stellen Inhalte wiederholen werden – das liegt daran, dass wir gleiche Aspekte aus unterschiedlichen Perspektiven heraus betrachten und beleuchten werden. Nutzen Sie diese Stellen gerne, um Ihr Wissen aufzufrischen und in einem neuen Kontext auszuprobieren.

Grafische und strukturierte Inhaltsverzeichnisse

Wir bieten Ihnen in diesem Buch eine individuelle Reise zu Ihren Zielen mit und in der Moderation an. Zu Anfang jedes Kapitels erwartet Sie jeweils ein strukturiertes Kapitelverzeichnis, das die Themen auf Ihren Kenntnisstand zugeschnitten aufteilt. So erhalten Sie als Novize, Adept oder Profi eine individuelle Leseempfehlung und können sich ebenso schnell einen Überblick über die Themen des Kapitels verschaffen.

Verständlicherweise sind Sie aber sicherlich auch auf der Suche nach einem generellen Überblick über die Themen, die wir Ihnen zur zielführenden Moderation anbieten können. Dazu finden Sie in diesem Abschnitt je nach Kenntnisstand eine Orientierung anhand eines grafisch strukturierten Inhaltsverzeichnisses; es ist ganz im Sinne unseres Titelbildes als Karte aufbereitet: Novizen orientieren sich an →Abbildung 4 für den Weg durch dieses Buch und lassen sich von Basiskompetenzen und Einstiegsmethoden inspirieren.

Adepten finden einen weitergefassten Überblick, der sowohl Basis- als auch Spezialwissen zusammenfasst, in →Abbildung 5.

Profis, die meist nach einzelnen Details oder großen Zusammenhängen suchen, orientieren sich an der Übersicht in →Abbildung 6.

Novize

Abbildung 4: Grafisches Inhaltsverzeichnis, das Novizen den Weg durch die Themen dieses Buches weist.

Adept

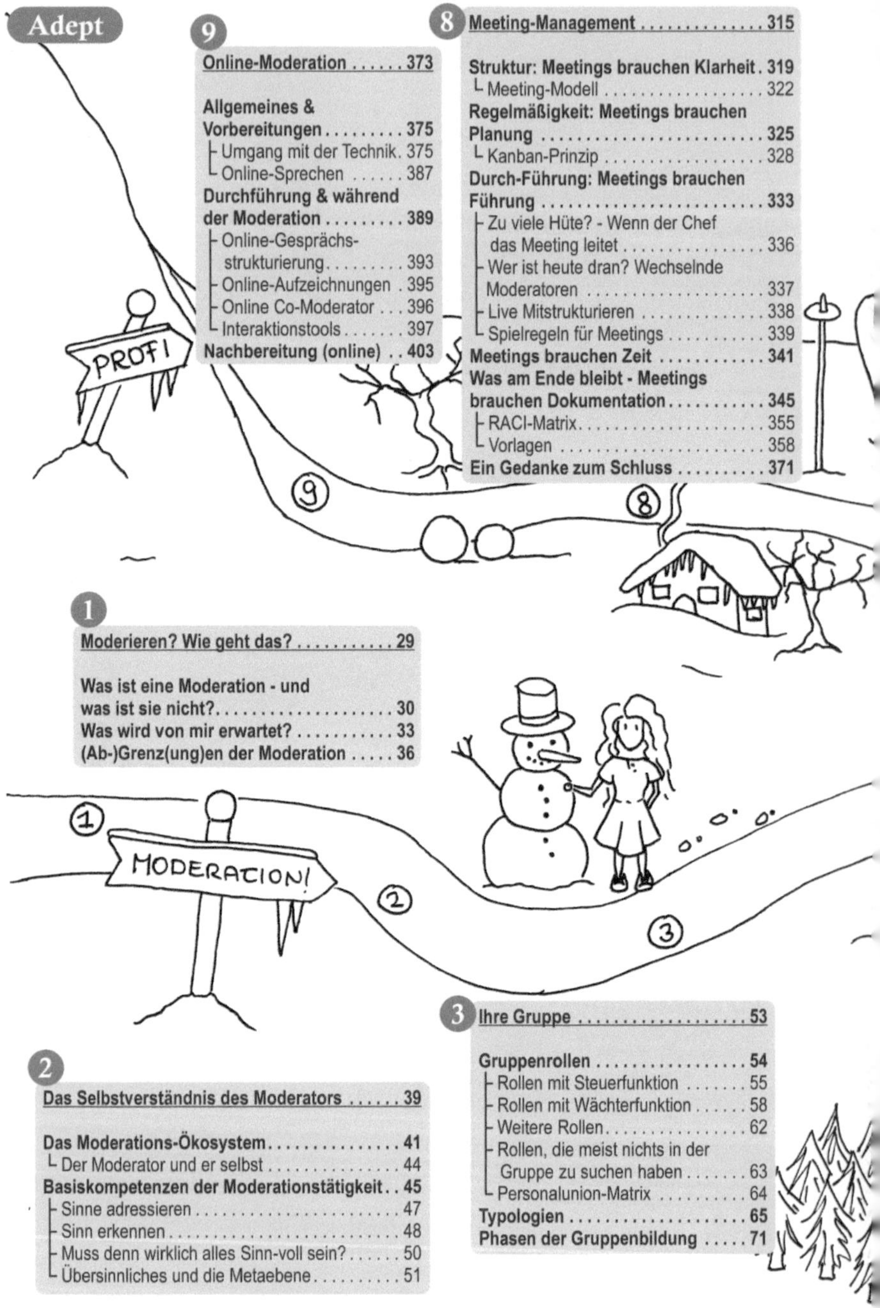

Abbildung 5: Grafisches Inhaltsverzeichnis, das Adepten den Weg durch die Themen dieses Buches weist.

Profi

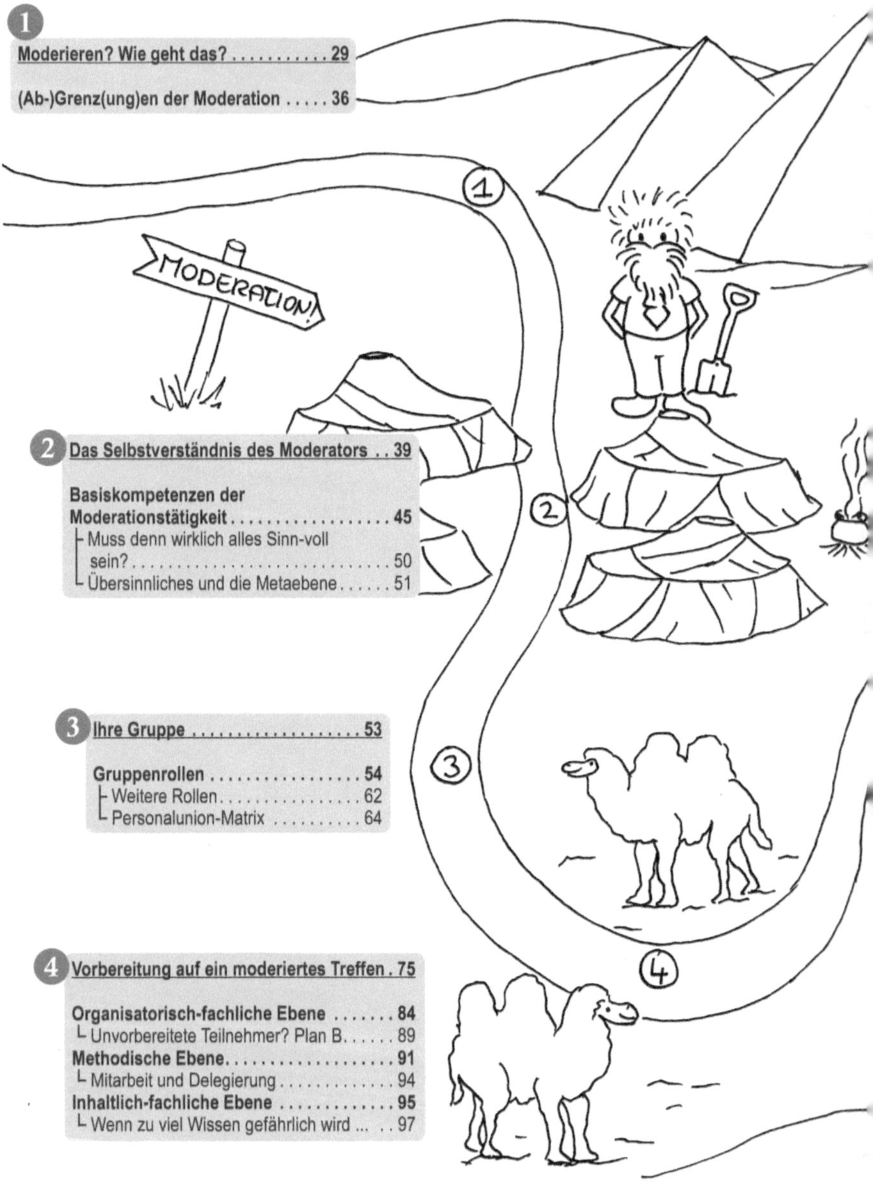

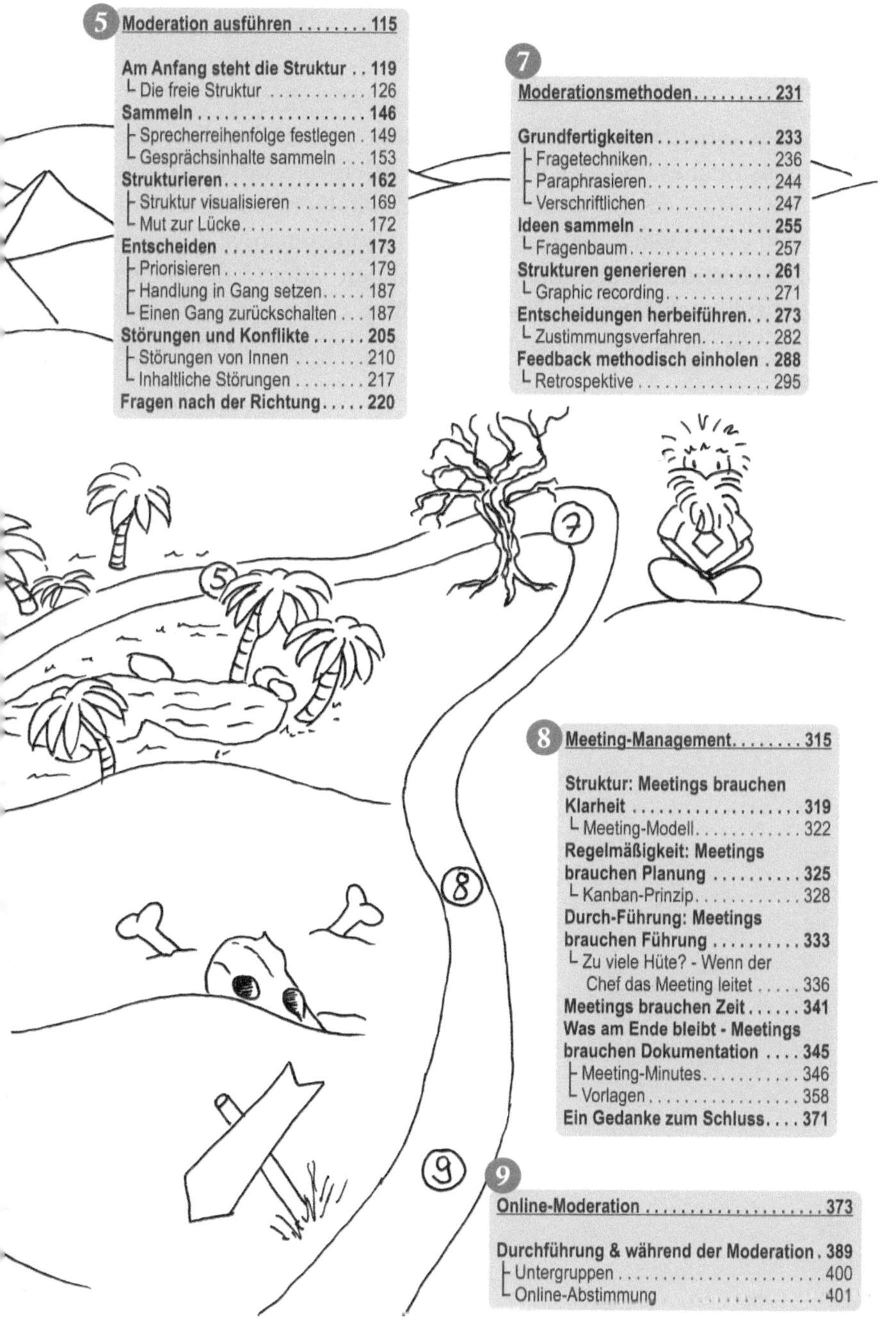

Abbildung 6: Grafisches Inhaltsverzeichnis, das Profis den Weg durch die Themen dieses Buches weist.

Die grafischen Inhaltsverzeichnisse geben Ihnen den Überblick über die Ziele dieses Buches und gleichzeitig über Ihr eigenes Entwicklungspotential. Sie ergänzen die strukturierten Kapitelverzeichnissen, die die Themen dieses Buches im Detail Ihrem Kompetenzniveau zuordnen, um den Gesamtzusammenhang. Sie können anhand der obigen Abbildungen frei nach Interesse Themen wählen und über die Kapitelverzeichnisse vertiefen oder genauso dem kompletten Pfad durch das Buch folgen.

Welchen Weg Sie auch wählen, wir laden Sie ein, regelmäßig zu diesem Abschnitt zurückzukehren und sich zu orientieren, neue Inspiration zu holen und auch gerne einen Blick zurück zu werfen auf denjenigen Weg, den Sie gekommen sind. Wir wünschen Ihnen viel Spaß dabei!

Moderieren? Wie geht das?

Take everything in moderation, including moderation.[1] (Oscar Wilde)

„Moderieren – Wie geht das?" … *Das ist aber mal eine seltsame Frage als Kapitelüberschrift*, mögen Sie jetzt denken, und das zurecht. Denn wenn Sie überhaupt keine Vorstellung davon hätten, was eine *Moderation* ist und wie das Moderieren funktionieren kann, hätten Sie dieses Buch wahrscheinlich gar nicht erst zur Hand genommen. Das Problem ist nun, dass Sie als Leser durch dieses Buch eine sehr genaue Vorstellung davon haben (werden), was *wir als Autoren* unter *Moderation* verstehen, aber wir als Autoren natürlich keine Ahnung davon haben, was *Sie als Leser* unter Moderation verstehen.

1 Die Doppeldeutigkeit des englischen Begriffs *moderation* ist für dieses Kapitel auch durchaus doppeldeutig interpretiert.

Denn ganz so einfach ist das mit der Moderation nicht, wie wir gleich sehen werden. Da man sich aber leichter über etwas unterhalten kann, wenn alle Beteiligten die gleichen Grundlagen teilen, sollten wir Ihnen zunächst beschreiben, was wir im Rahmen dieses Buches unter Moderation verstehen.

Was ist eine Moderation – und was ist sie nicht?

Das Wort *Moderation*, aber auch die Bezeichnung *Moderatorin* oder *Moderator* für jemanden, der moderierend tätig wird, ist nicht eindeutig besetzt. Der *Duden* (Stand Anfang 2021) verortet die *Moderation* zunächst in Rundfunk und Fernsehen („die Moderation einer Sendung übernehmen"), nennt dann aber auch in übertragender Bedeutung vermittelnde Tätigkeiten („unter der Moderation eines neutralen Vermittlers kam es schließlich zu einer Einigung")[2]. *Wikipedia* (Stand Anfang 2021) listet für den Kontext *Gruppenarbeit* u.a. die Bereiche Förderung der Kreativität, Zugang zu Ideen, Schaffung von Konsens und gemeinsame Umsetzung von Aufgaben auf. Die Webseiten zahlreicher Beratungs- und Coaching-Agenturen sind sich darin einig, dass *Moderation* die Kommunikation im Team unterstützt ohne selbst Partei zu ergreifen und daher eigentlich eine Arbeitstechnik mit Gruppen bezeichnet, die sich bestimmter, kontextsensitiver Gruppenarbeitsmethoden bedient. Letztlich finden sich in zahlreichen Foren im Internet Moderatoren („Mods"), die ein Auge auf die Inhalte und Stil der Forenkommunikation haben. Bei Bedarf, wenn zum Beispiel einzelne Beiträge die Forenregeln verletzt haben, können diese Mods solche Beiträge kommentieren oder auch löschen.

Zu den herausragenden Aufgabengebieten eines Moderators gehören sicherlich die Gesprächsleitung und die Begleitung von Teamarbeiten. Aus unserer Sicht, die der Autoren, lautet die Antwort auf die Frage

„Bedeutet Moderation mehr als Gesprächs- und Teamleitung?"

„Ja. Nämlich viel weniger."

Dass Moderation mehr als nur die Leitung einer Diskussion bedeutet, wird spätestens dann ersichtlich, wenn man sich den Umfang des vor Ihnen lie-

---

2 Die Verwendung des Wortes im physikalischen Kontext als Bezeichnung für einen Stoff, der Neutronen hoher Energie abbremst, lassen wir hier einmal außen vor – obwohl die Absorption großer Energien in Teams bisweilen auch zu den Aufgaben eines Moderators gehört.

genden Buches anschaut. Vielschichtige Aufgaben erwarten Sie, die bereits vor dem Zusammentreffen mit Ihrer Arbeitsgruppe beginnen und nicht mit deren Auseinandergehen enden. Sie werden sich unter anderem über die Projektarbeit und die Teilnehmer informieren, Arbeitsmethoden auswählen, im Gespräch führen, anleiten und auch protokollieren und auch mal hinter allen aufräumen. Genau dann aber, in der heißen Phase, wenn sich die Teilnehmer unter Ihrer Anleitung zur produktiven Arbeit treffen, Beiträge liefern, konstruktiv und kreativ mit allen Sinnen Ergebnisse produzieren, sich dem Ziel nähern und es erreichen – genau dann stehen Sie unauffällig daneben, bisweilen sogar im Hintergrund, und lassen geschehen. Das *Mehr* hat sich hier in ein konsequentes und notwendiges *Weniger* gewandelt. Ihre Aufgabe besteht zum großen Teil darin, zwischen diametralen Positionen tragfähige Brücken zu errichten, wie in →Tabelle 1 dargestellt ist.

Sie haben einen großen Anteil an der Erreichung der Projektziele, ...	... aber so gut wie keinen Anteil an der Anerkennung des Erfolgs.
Sie verfügen möglicherweise über eine projektbezogene fachliche Expertise, ...	... die Sie aber üblicherweise nicht einbringen.
Sie ermöglichen Gruppenmitgliedern einen geregelten Arbeitsablauf, ...	... obwohl manche von diesen lieber ihren eigenen Vorstellungen folgen würden.
Sie stellen als Spielmacher die Regeln für eine produktive Arbeitsphase bereit, ...	... und müssen als Schiedsrichter bereit sein, Regelüberschreitungen zu sanktionieren.
Sie stehen methodisch mitten im Geschehen, ...	... und sind fachlich randständig bis unsichtbar.
Sie verfügen über ein breites Spektrum an Methoden...	... wovon Sie aber präzise nur das zeigen, was gerade zielführend ist.

Tabelle 1: Gegenüberstellung der Moderationsschicksale.

Bevor Sie jetzt dieses Buch enttäuscht oder gar verärgert zuschlagen und in die hinterste Ecke Ihres Bücherschranks verbannen, stellen Sie sich bitte ein schönes Feuerwerk vor, das den dunklen Nachthimmel mit funkelnden Farben erhellt. Die Raketen in Ihrer Vorstellung würden weder mit einem zischenden Ton in die Höhe aufsteigen noch dort oben in einem bunten

Lichtermeer explodieren, wenn sie niemand unten auf dem Boden aufgestellt und anschließend mit einer Streichholzflamme entzündet hätte.

Dieses Streichholz sind Sie! Bei aller professionell gebotenen Zurückhaltung in der Moderationsarbeit stellt sich der Lohn für Ihre Arbeit mit den Gruppenmitgliedern und für die Mühen der Vorbereitung und Nachbereitung dennoch vielfältig und erfüllend dar:

- Sie werden es sein, der das Feuer entfacht, weil Sie die Gruppenmitglieder motivieren können, gemeinsam zum Erfolg des Projekts beizutragen.
- Sie weisen den Weg, weil Sie Ihre vorab ausgewählten Arbeitsmethoden genau auf das gemeinsame Ziel abgestimmt haben.
- Sie räumen Stolpersteine aus dem Weg, da Sie spontan auftretende Probleme in unterstützende Hilfen umdefinieren können.
- Sie werden es sein, der versteckte Schätze findet, weil Sie unausgesprochenen und unaussprechlichen[3] Gedanken Gehör und Gefühl verschaffen.
- Sie setzen den Gruppenmitgliedern rechtzeitig die Sonnenbrillen auf, damit sie sich nicht vom hellen Schein verblendender Argumente irritieren lassen.
- Sie sorgen dafür, dass alle in Richtung Feuerwerk schauen, indem Sie die gesamte Gruppe auf die vor ihr liegende Aufgabe fokussieren.
- Sie können auch das Leuchten in den Augen der Teilnehmer beim Betrachten des Feuerwerks bewusst machen, indem Sie zur richtigen Zeit Feedback einholen.
- Sie dürfen es genießen, wenn Ihre Teilnehmer das Feuer selbstständig weitertragen, da Ihre Methoden nicht nur zielführend sind, sondern auch für die Mitarbeit begeistern.

---

3 Was unaussprechlich ist, kann zwischen den Zeilen kommuniziert werden, geschrieben, gezeichnet oder durch Mimik, Gestik ausgedrückt oder in Knete geformt sein. Sie werden im Laufe Ihrer Professionalisierung als Moderator noch einige Gruppenarbeitsmethoden kennenlernen, die diese non- und paraverbalen Informationen bewusst und nutzbar machen.

Was wird von mir erwartet?

Um Sie von diesem zugegebenermaßen tiefen Griff in die Metaphernkiste ein wenig abzulenken, werfen wir gemeinsam einen Blick auf einige der Erwartungen, mit denen Sie sich konfrontiert sehen werden. Man wird unter anderem von Ihnen erwarten, dass Sie alle Arbeitstreffen gründlich logistisch und inhaltlich vorbereitet haben, *vor* allen kommen und *nach* allen gehen, gut gelaunt jedwedes organisatorische Problem nicht nur vor allen anderen sehen, sondern auch reibungslos lösen können, Verantwortung für das verspätete Eintreffen des Caterings übernehmen und alle Nachbereitungsaufgaben spätestens am Tag nach dem Treffen in einem perfekten Layout versenden. Während Sie selbstredend während des Arbeitstreffen stets eloquent auch kompliziertestes Sachverhalte blitzschnell und allgemeinverständlich zusammenfassen ... Das klingt nicht nur nach Superman – diese und weitere Anforderungen alle zu erfüllen ist auch genau so real wie Superman.

Es stimmt, dass Sie viele Inhalte vorab bedenken, viel Aufwand in die Vorbereitung der von Ihnen moderierten Arbeitstreffen stecken, während des Treffens auf 120 % laufen und nach dem Treffen nochmals einsteigen werden, um eine saubere Nachbereitung schon am nächsten Tag zur Verfügung stellen zu können. Bei vielen dieser Aufgaben kann und wird Ihnen dieses Buch Hilfestellungen geben. Aber auch wir als Autoren können nicht jede Eventualität voraussehen und dafür einen hilfreichen Tipp zur Verfügung stellen. Und das wollen wir auch gar nicht! Denn es ist eines der vorrangigen Ziele dieses Buches, Sie auf Ihrem Weg zu einem selbstständig und verantwortungsvoll agierenden Moderator ein Stück zu begleiten, und nicht zu einem Menschen zu machen, der glaubt, durch das Lesen eines oder mehrerer Moderationsbücher automatisch und traumwandlerisch moderieren zu können. Denn zu allen Tipps, Regeln und Checklisten, die wir Ihnen an die *Hand geben, legen* wir Ihnen ans *Herz,* damit vertrauensvoll und an sich selbst angepasst umzugehen. Da wir Sie aber nicht persönlich kennen, wünschen wir uns von Ihnen:

- Bleiben Sie authentisch. Tun Sie nur das, zu dem Sie stehen können.
- Zweifeln Sie stets ein wenig an den Inhalten dieses Buches. Alles, was Sie hier lesen, stammt aus dem und ist angepasst an das Arbeitsumfeld der Autoren.[4]
- Zweifeln Sie aber auch stets ein wenig an sich. Sich selbst auf den Prüfstand zu stellen hilft dabei, positive Veränderungen anzustoßen.
- Vertrauen Sie darauf, das die aufgeworfenen Probleme (meist) bereits Lösungsansätze in sich tragen. Wenn wir bereit sind, solche Probleme als Herausforderung zu sehen und uns (ver-)trauen, neue Perspektiven einzunehmen, erhalten wir die Energie[5] zur Veränderung.
- Gehen Sie immer davon aus, dass andere Menschen zunächst einmal ok sind. Das Gegenteil müssten Sie Ihnen schon beweisen, was sehr schwer ist.
- Hören Sie zu, sehen Sie an, berühren Sie – setzen Sie Ihre Sinne bewusst ein. Kleine, leise Dinge können Großes bewegen. Und viele kleine Schritte führen schlussendlich zu großen Zielen.
- Hören Sie zu, sehen Sie an, berühren Sie – und falls Sie hier nicht gemerkt haben, dass Sie dies gerade schon einmal gelesen haben, gönnen Sie sich jetzt eine Pause.[6]
- Bleiben Sie neugierig. Bleiben Sie einzigartig. Freuen Sie sich über den Zauber des Neuen, wenn Sie etwas (noch) nicht wissen. Menschen, die wirklich alles Wissen und zu allem etwas sagen können, gibt es schon genug.
- Und am allerwichtigsten: Fragen Sie und laden Sie andere ein, ebenfalls Fragen zu stellen. Bisweilen kann man aus gestellten Fragen viel mehr Information herauslesen als aus gegebenen Kommentaren (→Fragetechniken [S. 236]).

---

4 Wir, die Autoren, sind seit Jahren in Hochschule, Verwaltung und Industrie unterwegs. Daher sind wir eigentlich aber auch sehr zuversichtlich, dass dieses Buch in vielen verschiedenen Einsatzbereichen ein hilfreicher Begleiter sein wird.

5 Aus der Naturwissenschaft wissen wir, dass Energie Potential in Bewegung umsetzen kann. Genau so verstehen wir auch die Energie im Zwischenmenschlichen: Als Möglichmacher, Antreiber und Bekräftigung zur (positiven) Veränderung.

6 Die Nutzung ausreichender →Pausen [S. 204] ist ein wichtiges Hilfsmittel bei der Erhaltung Ihres eigenen und des Arbeitspotentials Ihrer Gruppe – und genauso auch beim Lesen eines Buches.

Zu welchen Anlässen wird moderiert?

Eine Moderationstätigkeit ist immer dann sinnvoll, wenn mehrere Personen zeitgleich ein gemeinsames Ziel erreichen oder gemeinsames Verständnis entwickeln wollen. Im Lehr- und Forschungsbetrieb einer Hochschule etwa, müssen in Seminaren Texte analysiert werden und Forschungsgruppen müssen entscheiden, welche Experimente in der verbleibenden Projektlaufzeit den größten Nutzen liefern. In der Wirtschaft müssen beispielsweise sinnvolle Produktänderungen gegen die Produktionskosten abgewogen oder Entwicklungsentscheidungen im Team getroffen werden und im privaten Umfeld möchte der Vorstand des Sportvereins seine Mitglieder an der Gestaltung der neuen Trikots beteiligen. Dass zahlreiche dieser gruppenbasierten Arbeitsprozesse sehr geschmeidig ablaufen, ist Ihnen aus der eigenen Erfahrung sicher bekannt – ebenso wie das Gegenteil. Denn schlimmstenfalls kann passieren, dass während eines solchen Prozesses einer oder mehrere der folgenden Umstände eintreten:

- Das gemeinsame Treffen beginnt mit peinlichem Schweigen, weil keiner vorbereitet ist und weiß, was jetzt zu tun ist.
- Beiträge von verschiedenen Personen treffen gleichzeitig ein, können aber nur nacheinander wahrgenommen bzw. abgearbeitet werden.
- Über längere Zeit leistet niemand aus der Gruppe einen Beitrag und die dadurch entstehende Pause wird zu lang, um noch als kreative Pause gelten zu können.
- Die Arbeitsgruppe plant kopflos einzelne Details und arbeitet ohne Methode oder ohne Blick aufs große Ganze.
- Man eiert um das eigentliche Problem herum und kümmert dafür sich aufopferungsvoll um kleinteilige Problemchen.
- Entscheidungen werden stets durch direkte Abstimmung und Mehrheitsvotum herbeigeführt. – Es bleibt immer ein gewisser Frust am Ergebnis spürbar.
- Entscheidungen werden vom stärksten, lautesten, bestbezahlten, rhetorisch begabtesten, hierarchisch am weitesten oben stehenden, beleidigendsten, drängelndsten ... Gruppenmitglied explizit vorgegeben oder implizit durchgesetzt.
- Sachliche Widersprüche eskalieren zu persönlichen Streitereien und Aufkündigung der Kooperation. – Im schlimmsten Fall zerbricht die Arbeitsgruppe am Konflikt.

- Die Dokumentation zwischenzeitlich erarbeiteter Ergebnisse findet nicht statt und nachher kann sich jeder nur noch an seinen persönlichen Favoriten erinnern. – In Summe passiert bis zum nächsten Treffen meist aber nichts.
- Da niemand aus der Gruppe weiß, wo es gute Filzstifte oder neues Flipchartpapier gibt, kostet die Suche danach viel zu viel Zeit und nimmt die Fahrt aus dem Treffen.
- Einigen Gruppenmitgliedern kann man regelrecht ansehen, dass sie froh über viele der oben genannten verzögernden Problemfälle sind, da sie davor zurückscheuen, Entscheidungen treffen zu müssen.
- Trotz guter Dokumentation sind viele Aufgaben zum nächsten Treffen nicht erledigt und blockieren die Weiterarbeit. – Es gab keine klar benannten Verantwortlichen.

Bevor einer dieser Umstände oder ein ähnlicher Umstand eintritt und Zeit, Nerven und gute Laune raubt, ist es sinnvoll, über den Einsatz von Moderationstechniken nachzudenken. Denn wenn es erst einmal so weit gekommen ist, dass die Arbeitsgruppe sich entweder zerstritten hat oder frustriert, da ergebnislos, auseinandergefallen ist, fällt es sehr schwer, die konstruktive Arbeit wieder aufzunehmen.

(Ab-)Grenz(ung)en der Moderation

Die Moderation, die wir in diesem Buch beschreiben, ist keine Moderation vor Publikum, live oder für eine Fernsehübertragung, keine Radiomoderation und auch keine Mediation im Sinne des vermittelnden Eingreifens im Streit zweier Parteien. Vielmehr geht es hier um die Unterstützung im (Gruppen-)gesprächs- und -arbeitsprozess über einen definierten Zeitraum hinweg und auf ein bestimmtes Ziel hin.

Ebenfalls grenzen wir unsere Inhalte von jeglichem Therapiebezug ab. Es ist auch im Rahmen von Therapiegesprächen möglich und notwendig, strukturierte Gesprächsführungskonzepte zielführend anzuwenden. Jedoch unterliegt diese Art der Moderation anderen und zusätzlichen Randbedingungen und ist daher zu weit entfernt von der von uns beabsichtigten Führung von Gruppengesprächen und -arbeiten.

Vielmehr ist unser Ansinnen, diese Art von Gruppenprozessen – und seien sie noch so vielschichtig und individuell – durch Gesprächsführung und Moderation zu formen, zu kanalisieren und somit zu mehr Wirkung und Effizienz zu verhelfen. Unsere Zielgruppe bilden dabei all jene, die als Dozenten, Lehrer oder Teamleiter Gespräche führen und strukturieren wollen – im Seminar oder im Meeting, im Unterricht oder zu Hause. Also überall dort, wo Gespräche in Gruppen mit einer gewissen Intention oder Zielverfolgung abgehalten werden und wenn Gespräche zur Vermittlung, Erarbeitung, Strukturierung oder Sicherung von Informationen und gemeinsamen Erkenntnissen eingesetzt werden.

Dieses Buch kann Ihnen also dabei helfen, die für Ihre Moderation anstehenden Aufgaben zu verstehen, zu planen, durchzuführen und nachzubereiten. Es kann Sie vor Stolperfallen warnen sowie erprobte Tipps für Routineaufgaben und kritische Situationen liefern. Es wird Sie gerne an die Hand nehmen – aber *es kann weder Ihre Moderation verantworten noch übernehmen.* Das klingt an dieser Stelle trivial, ist aber durchaus sehr ernst gemeint: Um eine Moderation durchzuführen, benötigt die Gesprächs- oder Arbeitsgruppe eine Person als Moderator, die ihre Aufgabe ernst nimmt und beherrscht, die Probleme unmittelbar wahrnehmen und darauf reagieren kann, die als Mensch andere Menschen motiviert und die spürbar Freude an der Arbeit und zugleich Zielstrebigkeit an der Sache mitbringt. Und wenn Sie jetzt immer noch Lust auf die Moderationstätigkeit haben oder vielleicht sogar richtig heiß darauf geworden sind, dann kann dieses Buch Ihr treuer Begleiter sein, von der ersten Planung bis zur abschließenden Dokumentation und bei Ihrer Entwicklung vom Novizen über den Adepten bis hin zum Profi.

Das Selbstverständnis des Moderators

> Man muss die Welt nicht verstehen, man muss sich nur darin zurechtfinden.
> (ALBERT EINSTEIN)

Eine zielführende Zusammenarbeit in einer Gruppe mit mehreren Teilnehmern, und sei es „nur“ ein Gespräch, bedarf einer Struktur. Zielsetzungen dürfen nicht aus den Augen verloren werden, Spielregeln sollten bekannt sein und eingehalten werden, ein Miteinander soll über dem Egoismus rangieren. Es ist daher höchst sinnvoll, die Einhaltung dieser und ähnlicher Strukturelemente keiner Selbststeuerung oder einer freiwilligen Selbstverpflichtung zu überlassen, sondern damit eine Person bzw. Gruppe zu betrauen: den Moderator bzw. ein Team aus Moderator und Co-Moderator(en). Durch Impulse an die Gruppe unterstützt der Moderator in der Entwicklung, Fokussierung und Ausgestaltung von gemeinsamen Gedanken zu einem bestimmten Thema. Nicht zuletzt nutzt er aber ggf. auch Führungskompetenzen, um im Streitfall zur Klärung beizutragen. Dabei steht das wechselseitige Erarbeiten und das Wohl aller im Zentrum, während der Moderator stets eine zum Thema hin neutral ausgerichtete Position vertritt. Der Moderator, wie wir ihn verstehen, ist also nicht dominant oder thematisch „Ton angebend“, sondern eine „der Gruppe dienende“ Führungskraft, die ihre von der Gruppengemeinschaft erhaltene Autorität verantwortungsbewusst ausfüllt.

Dies verstehen wir wirklich so: Die Gruppe hat dem Moderator das Mandat zum Führen des Gesprächs erteilt. Dies kann entweder per Wahl (z. B. Vereinsvorsitzender), per Autorität (z. B. der Chef befindet sich mit im Meeting), per delegierter Autorität (z. B. hat der Chef für das Meeting einen Mitarbeiter mit den entsprechenden Befugnissen ausgestattet) oder per eingekaufter Autorität (z. B. wurde ein professioneller externer Moderator für eine Strategieentwicklung angeheuert) geschehen. In jedem Fall muss das Mandat aber sowohl vom Moderator, als auch von allen Gruppenmitgliedern akzeptiert und anerkannt werden, damit Moderation gelingen kann.

Vom Moderator wird folglich verlangt, dass er seine eigene Meinung zum Thema hintenanstellt und für die Dauer seiner Amtsausübung eine neutrale Position vertritt. Vielmehr ist sein Beitrag zur Themenbearbeitung die Strukturierung, Präzisierung und Priorisierung von Gesprächsbeiträgen und -abläufen und damit vor allem die (Hin-)Führung des Gesprächs auf ein (gemeinsam festgelegtes) Ziel . Zusätzlich kommt ihm die Verantwortung zur Ergebnissicherung und Zeitkontrolle zu, welche er jedoch auch delegieren kann. Die Erfolgskontrolle liegt dabei nicht zwangsläufig in seinem Verantwortungsbereich, denn er ist nicht für die Qualität der Beiträge und des Ergebnisses verantwortlich. Je nach Position kann er aber durchaus eine Qualitätskontrolle durchführen, muss dabei allerdings auf die Wahrung seiner Neutralität achten. Schließlich ist der Moderator auch dafür verantwortlich, die bestmöglichen Rahmenbedingungen für die Arbeitsgruppe zu schaffen, die die Zusammenarbeit produktiv gestalten.

Das Moderations-Ökosystem

Der Moderator und die Gruppe

Wann immer wir vor eine Gruppe Menschen treten und das Wort ergreifen, exponieren wir einen Teil unserer Persönlichkeit und interagieren ganz automatisch mit der Gruppe: Ob wir es wollen oder nicht, wir können *nicht nicht kommunizieren*, wie es Paul Watzlawick ausdrückt – nicht einmal, wenn wir schweigen. Sie werden auf verschiedensten Ebenen kommunizieren:

- mit Wörtern und mit Worten
- mit Formen und mit Farben
- zwischen stringent und laissez-faire
- mit Mimik und mit Gesten
- mit Augenkontakt und vielsagenden Blicken
- zwischen begründet und rigoros
- persönlich nah bis sachlich distanziert

Lesen Sie Ihre Gruppe, während Sie mit ihr arbeiten. Nur so werden Sie es schaffen, sich und Ihre Kommunikation an die Bedürfnisse der Gruppe zu adaptieren. Aber auch dabei lassen wir Sie nicht alleine: Im folgenden Kapitel werden wir →Ihre Gruppe [S. 53] noch im Detail besprechen.

Gewöhnen Sie sich an Ihre Sonderstellung. Sie sind einerseits Teil der Arbeitsgruppe und andererseits stehen Sie neben der Gruppe. →Tabelle 2 versucht, die Aufgaben der Teilnehmer und die des Moderators zu trennen[1]. Während dies für die Teilnehmer gut möglich ist, sollten Sie sich daran gewöhnen, das für Sie oft beide Spalten gültig sind. Stellen Sie dies für sich selbst und für die Gruppe klar, falls erforderlich. Im Abschnitt →Gruppenrollen [S. 54] erhalten Sie Hinweise, wie Sie die notwendigen Aufgaben verteilen können.

---

1 Und basiert dabei auf der Darstellung von Klaus Pawlowski [PAWLOWSKI, 2005].

Aufgaben der Teilnehmer	Aufgaben des Moderators
* zuhören * auf die Sache bezogen bleiben * Organisation der Arbeitsphasen einhalten * Arbeitsbeziehungen konstruktiv mitgestalten	* Arbeitsphase eröffnen und abschließen * durch die Agenda / die Arbeitsphase führen * Arbeitsphase formal organisieren * Arbeitsphase straffen * inhaltlich sammeln, strukturieren und bündeln * Impulse geben * alle Teilnehmer beteiligen

Tabelle 2: Aufgaben der Gruppenmitglieder und des Moderators. Als Moderator müssen Sie beide Spalten abdecken! Adaptiert von Klaus Pawlowski (Pawlowski, 2005) und angepasst auf allgemeine Moderationsaufgaben.

Der Moderator und der Ort

Der Verlauf Ihrer produktiven Arbeit in und mit der Gruppe hängt nicht nur davon ab, wie gut vorbereitet alle Spieler das Spielfeld betreten und wissen, was zu tun ist. Was im Fußball das gefüllte Stadion oder beim Yoga die passende Umgebung darstellt, gilt auch für die gemeinsame Arbeit in der Gruppe. Es gibt Orte, zu denen man für bestimmte Tätigkeiten gerne geht, wo man sich wohlfühlt und zu denen man immer wieder gerne zurückkehren würde. Tragen Sie Sorge dafür, dass Ihre Räumlichkeiten ebenso nicht bloß funktionieren, sondern darüber hinaus eine Atmosphäre bereitstellen, die das Arbeiten angenehm macht und die das Erinnern positiv fördert. Tun Sie dies für alle Beteiligten: für die Gruppe und für sich selbst.

Lichteinfall, Raumklima, Materialversorgung und -zustand, Verpflegung, Umfeld sind Parameter, die Sie zwar nicht immer ausnahmslos so verändern können, wie Sie vielleicht gerne möchten, die Ihnen aber einen zumindest teilweisen Einfluss auf die Gestaltung des Ortes geben können. Wir geben Ihnen später im Abschnitt →Abgehakt: Listen und To-Dos [S. 99] noch einige →Allgemeine Informationen zur Logistik [S. 101], mit denen Sie Einfluss auf den Ort nehmen können.

Der Moderator und die Zeit

Eine produktive Atmosphäre wird auch durch die Wahl der passenden Gruppenarbeitszeit mitbestimmt. Der frühe Vogel fängt zwar den Wurm, aber das bedeutet nicht, dass auch die ganze Gruppe der Vögel bereit ist, schon in der Morgendämmerung gemeinsam auf Nahrungssuche zu gehen. Gleiches gilt für die Abendstunden. Als Moderator haben Sie es bis zu einem bestimmten Punkt in der Hand, die Gruppe für die Arbeit zu motivieren, oder sogar zu begeistern, aber Sie können damit langfristig nicht den individuellen Biorhythmus oder den Abholtermin bei der Kita wegzaubern.

Der Faktor Zeit erwischt Sie aber auch noch auf einer zweiten Ebene. Vielen Interaktionen mit Ihrer Gruppe werden relative Zeitvorgaben im Nacken sitzen, also Zeitfenster, die Sie einhalten müssen. Einige methodische Vorgehen, die Sie vorbereitet haben, werden auf Zeit angelegt sein, um beste Ergebnisse produzieren zu können und die Folge mehrerer Arbeitsabschnitte darf das zur Verfügung stehende Zeitkontingent nicht überschreiten. Damit ist die Zeit sowohl Ihr Freund als auch Ihr Gegenspieler:

- Zeitvorgaben unterstützen Ihre Gruppe und Sie bei der Einhaltung von Arbeitsphasen, steigern die Stringenz und Terminvorgaben verbindlich, wodurch Planungssicherheit erzeugt wird.
- Zeitvorgaben setzen Sie unter Druck, wollen manche Arbeitsphasen mitten in einer produktiven Phase kappen und verringern das Gefühl des selbstbestimmten Arbeitens, wodurch Unruhe erzeugt wird.

Es liegt in Ihrem Fingerspitzengefühl, wie exakt Sie mit diesen Zeitfragen umgehen werden. Meist – aber eben nicht immer – fahren Sie besser damit, wenn Sie Ihre diesbezüglichen Entscheidungen im Sinne der Projektziele treffen, und nicht im Diktat eines schrill läutenden Weckers. Für die konkrete Anwendung folgen allgemeine →Zeitmanagement-Methoden [S. 250] und eine Erklärung zur Aussage →Meetings brauchen Zeit [S. 341] in späteren Kapiteln.

Der Moderator und das Projekt

Was ist eigentlich genau *Ihr* Projekt? Die Gruppe, die Sie mit der Moderation begleiten, bearbeitet ein Arbeitsthema bzw. -Projekt. Jedes einzelne der Gruppenmitglieder kann wertvolle sachliche und fachliche Beiträge dazu liefern. Sie hingegen haben von diesem Arbeitsprojekt nur eine ungefähre Vorstellung und wahrscheinlich maximal nur eine oberflächliche Sachkenntnis.[2] Ihr Projekt ist daher weniger das oben genannte Arbeitsprojekt der Gruppe – *Ihr Projekt ist die Gruppe!* Sie sind verantwortlich dafür, dass alle Gruppenmitglieder effizient arbeiten, innovativ sind, gemeinsam funktionieren, immer wieder auf das Ziel ausgerichtet werden und am Ende der Arbeitsphase(n) ein Ergebnis abliefern, dass den vorab definierten Erwartungen entspricht oder diese übertrifft und schlussendlich auch gesichert (dokumentiert) ist. Sie bauen die *Santa Maria*[3], mit denen andere zu neuen Kontinenten aufbrechen. Freuen Sie sich, wenn Sie ein Stück mitsegeln dürfen und später eine Postkarte erhalten – dann hat die Mannschaft Sie nicht vergessen und ist Ihnen noch immer dankbar für das robuste Schiff und den unbestechlichen Kompass, der Sie im Arbeitsprojekt auf Kurs hält.

Der Moderator und er selbst

Aus den vorangegangenen drei Abschnitten ist deutlich geworden, dass Moderieren nichts ist, was autonom ablaufen könnte – Interaktion ist *Voraussetzung* und *Prozess* zugleich. Dies bedeutet aber auch, dass Sie selbst sich fragen müssen, *wer Sie sind* (Voraussetzung) und *wie Sie sich weiterentwickeln möchten* (Prozess). Nicht beantworten aber sollten Sie die Frage, *zu wem Sie letztlich werden möchten* (Resultat). Denn sobald Sie sich selbst diesbezüglich ein definiertes Ziel setzen, behindern Sie sich selbst und Ihre professionelle Arbeit als Moderator, denn:

- Wie wollen Sie anderen Personen glaubhaft vermitteln, dass sie kreativ ergebnisoffen arbeiten sollen, wenn Sie selbst schon wissen, wo Ihr eigener Weg endet?
- Wie wollen Sie die zahlreichen Alternativen rechts und links Ihres Weges wahrnehmen, wenn Sie Ihren Scheuklappenblick stets auf das vermeintlich einzige Ziel richten?

---

2 Und das ist richtig so. Wenn es nämlich andersherum wäre, sollten Sie in Erwägung ziehen, Ihren Moderationsjob mit einem der anderen, weniger fachlich versierten Mitglieder der Arbeitsgruppe zu tauschen.

3 Die Santa Maria war das Flaggschiff mit dem Christoph Kolumbus auf seiner ersten Expedition 1492 Amerika entdeckte. Übrigens lief das Schiff vor Haiti auf Grund; sein Holz wurde zum Bau der ersten spanischen Siedlung auf dem amerikanischen Kontinent genutzt – eine schöne Metapher für die Tragweite und Vielfältigkeit, die Ihre Moderation der Gruppe geben kann.

- Wo bleibt die Freude an der Arbeit, wenn Sie auf Ihrem Weg nicht mal spontan in Matschpfützen springen und dabei sich und andere einsauen?[4]

Der einfachste Rat an dieser Stelle ist auch zugleich der beste: Bleiben Sie *kongruent und authentisch,* d.h. bleiben Sie verbindlich und sich selbst treu.

Wenn Sie dauerhaft widersprüchliche Signale senden, also *nicht kongruent* handeln, werden Sie damit bestenfalls Ihre Gruppe verwirren. Schlimmstenfalls wird niemand Ihnen folgen können oder wollen, da niemand weiß, auf was Sie hinaus wollen oder was Sie im Schilde führen. Zu deutlichen Worten gehört eine feste Stimme, zu freundlichen Einladungen eine öffnende Gestik und zu ehrlichen Fragen ein auffordernder Blickkontakt.

Wenn Sie auf Dauer schauspielern, also *nicht authentisch* agieren, geben Sie vor, jemand anders zu sein, als Sie sind oder Sie spiegeln Kompetenzen vor, über die Sie nicht verfügen. Dies ist erstens sehr anstrengend und zweitens sehr gefährlich. Anstrengend ist es, weil Sie Ihre schauspielerische Rolle und die Arbeit mit Ihrer Gruppe parallel managen müssen. Gefährlich ist es, weil Sie dabei stets damit rechnen müssen, enttarnt zu werden. Viele Menschen haben ein Gespür dafür, wenn ihnen nicht ehrlich begegnet wird. Setzen Sie das Vertrauen, das Ihre Gruppe Ihnen entgegenbringt, nicht leichtfertig auf's Spiel, denn es ist das Fundament, auf dem Ihre Moderation Früchte trägt.

Basiskompetenzen der Moderationstätigkeit

An dieser Stelle dürfen wir Ihnen einen herzlichen Glückwunsch aussprechen, denn Sie verfügen wahrscheinlich bereits über alle Basiskompetenzen, die für Ihre Moderationen notwendig sind. Darunter verstehen wir die folgenden sinnvollen Kompetenzen:

- →Sinne einsetzen [S. 46]
- →Sinne adressieren [S. 47]
- →Sinn erkennen [S. 48]
- →Sinn stiften [S. 49]

---

4 Und wenn Sie unsere Grundhaltung hier auch noch so intensiv ablehnen sollten, so glauben Sie uns bitte das Eine: Ohne eine innere Freude beim Moderieren zu spüren, kann man zwar technisch und formal durchaus erfolgreich moderieren, aber erst mit dieser positiven inneren Grundhaltung fühlt man sich als Moderator!

Damit Sie im Bilde darüber sind, was wir genau damit meinen, haben wir diese Kompetenzen im folgenden genauer dargestellt und werden abschließend noch auf die Frage →Muss denn wirklich alles Sinn-voll sein? [S. 50] und →Übersinnliches und die Metaebene [S. 51] eingehen.

Sinne einsetzen

Als Moderator sind Sie stets *Auge* und *Ohr*. Ihre wahrscheinlich wichtigste Tätigkeit während Ihrer Moderation ist das *Hören, denn d*er **akustische Kommunikationskanal** ist meist der am intensivsten eingesetzte Kanal. Stellen Sie sicher, dass Ihnen kein Wort eines Teilnehmerbeitrags entgeht. Sie können dies befördern, indem Sie den akustischen Kanal für den jeweiligen Sender (den Sprecher) exklusiv nutzbar machen. Verbannen Sie permanente Straßengeräusche durch Schließen der Fenster. Bitten Sie darum, Handys in den Flugmodus oder auf Nicht-Stören zu setzen. Bitten Sie ggf. einzelne Teilnehmer, lauter zu sprechen oder ein Mikrofon zu benutzen. Der schöne Nebeneffekt dieser Maßnahmen ist, dass nicht nur Sie besser hören können, sondern auch alle anderen Teilnehmer. Für digitale Moderationen gibt es noch weitere Tipps zum →Online Sprechen [S. 387].

Auch wenn es bisweilen schwer fällt, so hören Sie normalerweise zu, bis der Beitrag des Teilnehmers beendet ist. Ausnahmen von dieser Regel gelten für Beiträge, die mangels Relevanz die Geduldsgrenze der Teilnehmergruppe überschreiten oder aus ethisch-moralischen Gründen nicht weiter ausgeführt werden sollten. Diese Beiträge ~~dürfen~~ müssen Sie unterbrechen und ggf. auf der Metaebene (→Übersinnliches und die Metaebene [S. 51]) kommentieren.

Analoge Hinweise gelten für den **optischen Kommunikationskanal**, den Sie ebenfalls sehr ausgiebig nutzen werden. Achten Sie darauf, freien Blick auf den beitragenden Teilnehmer bzw. seine präsentierten Medien zu haben. Kommunizieren Sie durch Ihren Augenkontakt Ihr Interesse am Beitrag. Über den Blickkontakt lässt sich ebenso die →Sprecherreihenfolge festlegen [S. 149]. Stellen Sie ggf. sicher, dass die optische Information nicht durch kontrastarme Darstellung, ausgelaugte Stifte oder blendendes Licht eingeschränkt wird.

Aus wenn es Ihnen seltsam vorkommen mag, so sind Sie bisweilen aber auch *fühlende Hand*. Der Handschlag zur Begrüßung, falls angemessen, oder das Testen des Arbeitsmaterials für bestimmte Gruppenarbeiten bedient sich eines (mit)fühlenden Einsatzes Ihrer Hände.[5]

Sinne adressieren

In Ihrer Rolle als Moderator interagieren Sie mit Ihren Teilnehmern und kommunizieren zu ihnen bevorzugt auf dem akustischen und dem optischen Kanal. Reizen Sie die Bandbreite der Kanäle aus und kombinieren Sie diese, um eine möglichst ungeteilte Aufmerksamkeit der Teilnehmer zu erhalten und Ihre Informationen mit mehr Nachhaltigkeit auszustatten.

Wenn Sie nicht nur mit dem Mund, sondern mit dem ganzen Körper sprechen, adressieren Sie Ihre Teilnehmer sehr viel direkter und persönlicher. Ihre Gestik und Mimik sind dabei *kongruent* zur Ihren Worten, d. h. sie unterstützen Ihre Botschaft durch passende Bewegungen. Variationen in Ihrer Stimmlage, im Sprechtempo und der Lautstärke machen Ihre Beiträge interessanter und hörenswürdiger. Kompliziertere Informationen können Sie digital visualisieren und per Beamer projizieren, auf einem Flipchart niederschreiben oder als Handouts verteilen, um die Teilnehmer zusätzlich zu aktivieren. Auch hilft Ihnen das visuelle Festhalten dabei, Ihnen die Angst davor zu nehmen, ein Detail überhört oder übersehen zu haben. Konkrete Hinweise wie Sie Gehörtes →Festhalten [S. 158] oder →Struktur visualisieren [S. 169] können, folgen in späteren Abschnitten.

Nutzen Sie Ihre Position im Raum, um Akzente zu setzen, z. B. indem Sie bei der Aufzählung dreier Standpunkte bei deren jeweiligen Nennung einen Schritt zur Seite auf einen neuen konkreten Standort machen. Verwenden Sie diverse vorhandene oder mitgebrachte Gegenstände als Gedächtnisanker. Letztere dürfen Sie auch an die Teilnehmer weitergeben, um weitere Sinne (Fühlen, vielleicht auch Riechen) zu adressieren. Generell gilt: Je mehr Sinne kongruent adressiert werden, um so nachhaltiger ist üblicherweise das Erlebnis.

---

5 In seltenen Fällen bedienen Sie sich auch der olfaktorischen Sinne Ihrer *Nase*. Den Autoren oblag es in einer Moderation in einem Seminarhotel einmal, einen Teilnehmer am Morgen vor Beginn der Arbeit dezent, aber nachdrücklich, auf seinen unbeabsichtigt strengen Körpergeruch hinzuweisen und ihm Gelegenheit zur Körperpflege einzuräumen, *bevor* dies allen anderen Gruppenteilnehmer spürbar unangenehm wurde. Der dankbare Blick bei der Rückkehr des Teilnehmers war die Bestätigung dafür, dass der Hinweis richtig war und angemessen platziert wurde. Glücklicherweise treten derartige Fälle nur sehr selten auf.

Eine kleine Warnung sei hier notiert: *Viel* kann auch manchmal *zu viel* sein. Genauso, wie man Präsentationsfolien mit Texten und Grafiken überladen kann und genauso, wie man die Informationsdichte durch zu schnelles Sprechen unangenehm hoch treiben kann, kann man die Sinne der Teilnehmer durch Reizüberflutung sättigen. Setzen Sie daher derartige Akzente bewusst und so sparsam ein, dass ihr besonderer Charakter nicht gefährdet wird. Weniger ist in solchen Fällen wirklich mehr, denn es hilft den Fokus zu halten!

Sinn erkennen

Vielleicht ist Ihnen aufgefallen, dass oben im Abschnitt →Sinne einsetzen [S. 46] zwar vom Hören, aber noch nicht vom *Zu*hören gesprochen wird. Beides ist wichtig für die Arbeit mit Ihrer Gruppe. Indem Sie hören, sind sie technisch in der Lage, mit der Gruppe zu interagieren. Indem Sie *zu*hören, können Sie inhaltlich auf sie eingehen und ihr Potential nutzbar machen. Auch deshalb betrachten wir das →Zuhören [S. 234] als Grundfertigkeit im Methodenteil noch einmal ausführlich. Indem Sie ihre Aufmerksamkeit durch Gesten (Kopfnicken, Augenkontakt) und Interaktionen (mit eigenen Gesten begleiten, nachfragen) unterstützen, kommunizieren sie nicht nur allen Teilnehmern, dass sie wirklich bei der Sache sind, Sie unterstützen auch Ihre eigene Aufmerksamkeit aktiv. Erst wenn Sie sich so auf die Teilnehmer einlassen, können Sie Metabotschaften wahrnehmen und Informationen heraushören, die „zwischen den Zeilen“ kommuniziert werden.

Dabei ist es aber nicht erforderlich, und meistens auch gar nicht möglich, dass Sie *alle* kommunizierten fachlichen Inhalte und Details verstehen und einordnen können. Dies überlassen Sie bitte allen Teilnehmern, denn dafür sind diese ja da. Erst wenn Sie die Reaktionen der Teilnehmer erkennen, können Sie diese Verstärken, indem Sie diesen einen Kanal zur Verfügung stellen. Verzweifelnde Blickkontakte zwischen zwei Teilnehmern, das ungeduldige Spiel mit dem Kugelschreiber, der rot anlaufende Kopf oder das erlösende Nicken sind Beispiele für Reaktionen, die Ihnen einen Leitfaden für die unmittelbare Moderation der Kommentare geben.

Achtung: Die Wahrnehmung dieser Signale und das Lesen Ihrer Gruppe sind anstrengende Tätigkeiten, die Ihre eigene Aufmerksamkeit vollständig in Anspruch nehmen können. Hier wird deutlich, dass Moderieren sehr viel mehr als das Verteilen von Rederechten und das Aufhängen von Flipchartpapier bedeutet:

- Haben Sie bitte die ganze Gruppe im Blickfeld, und nicht nur den Tisch, an dem besonders engagierte Gruppenmitglieder sitzen.
- Achten Sie auf Untertöne, Gesten und Minenspiel, die konträr zur Intonation stehen.
- Zwischenrufe, Raunen, Lachen oder Wegdrehen sind ähnlich wertvoll zu behandeln wie Wortbeiträge.

Auch wenn es jetzt ein wenig deprimierend klingt: Ihre Sinne einzusetzen, um den Sinn der Teilnehmerbeiträge zu erkennen, gehört zwar zu Ihren notwendigen Moderationseigenschaften, ist aber keinesfalls hinreichend für Ihre Moderationstätigkeit. Denn erst danach können Sie beginnen, den Kern Ihrer Moderationstätigkeit auszuführen, indem Sie in der Gruppe einen →Sinn stiften [S. 49].

Sinn stiften

Das in den vorangegangenen Abschnitten beschriebene Erkennen vorliegender Informationen, deren Verknüpfung und Präzisierung infolge der Interaktion mit Ihrer Gruppe, um daraus die Kernbotschaften wahrzunehmen, dient letztlich der Vorbereitung Ihres eigentlichen Moderationsauftrags: Der Anleitung und Befähigung der Gruppe, zielorientiert und sinnvoll zu arbeiten. Diese Sinn-stiftende Tätigkeit nimmt noch einmal die Grundfrage →Was ist eine Moderation – und was ist sie nicht? [S. 30] auf, worin erarbeitet wurde, dass Ihre Moderationstätigkeit nicht daraus besteht, jeden notwendigen Gedanken selbst zu denken. Ja, Sie müssen diese Gedanken ja nicht einmal kennen, geschweige denn wissen, ob sie überhaupt existieren. Sie müssen vielmehr nur[6] Sorge dafür tragen, dass diese wichtigen Gedanken von den Teilnehmern ge- und bedacht werden können.

Auch wenn Sie der Gruppe nicht inhaltlich zuarbeiten, sind Sie durch die methodische Arbeit in die Gruppe integriert und werden als Person wahrgenommen. Dadurch haben Sie auch auf der sozialen Ebene eine

6 Das beiläufige Wort „nur“ adressiert Ihre Tätigkeit hier eher in der Bedeutung „ausschließlich“ als „lediglich“. Ihre Hauptaufgabe während der Interaktion mit der Gruppe ist es, der Gruppe bei der Ergebnisfindung intelligent zu assistieren – somit sind Sie in der Gruppe *ausschließlich* als Moderator tätig und nicht z. B. als Ideenlieferant, Entscheider oder Caterer. Dass Ihre Moderationstätigkeit nicht trivial ist, sondern eine verantwortliche Tätigkeit darstellt, und Sie daher nicht *lediglich* ein wenig nebenher moderieren können, wird sofort klar, wenn Sie z. B. einen →Sinn erkennen [S. 48] wollen oder sich einfach einmal die Bandbreite dieses Buches anschauen.

unmittelbare Wirkung auf die Gruppe. Nutzen Sie diese zur Unterstützung Ihrer Sinn stiftenden Tätigkeit, indem Sie sich vorbildlich verhalten und als sog. *role model* agieren. Leben Sie diejenigen Eigenschaften vor, die Sie als relevant für die gemeinsame Tätigkeit erachten:

- Seien Sie beispielsweise pünktlich, freundlich und zuvorkommend.
- Kommunizieren Sie deutlich, verständlich und präzise.
- Lassen Sie Ausnahmen zu, fünf gerade sein und auch mal Luft ab.

– Je nachdem, was Sie denken, was Ihre Gruppe zum Arbeiten braucht. Aber vor allem: Orientieren Sie sich bei der Auswahl Ihrer Verhaltensweisen nicht sklavisch an den Vorgaben dieses Buches oder eines allwissenden Ratgebers aus dem Internet. Es ist *Ihre* Gruppe, *Ihre* Moderation und es sind vor allen Dingen *Sie*, um die es geht. Und weder dieses Buch noch das Internet kennen Ihre Gruppe[7], Ihre Moderation noch Sie selbst. Sie allein wählen und verantworten Ihre Tätigkeiten und Methoden.

Muss denn wirklich *alles* Sinn-voll sein?

Kurze Antwort: **Nein.**

Lange Antwort: **Ein Sinn-stiftendes Arbeiten ist manchmal auch nur dann möglich, wenn zwischendurch mal der Sinn stiften geht.**

Begründung für beide Antworten: Für die Stringenz der Arbeit mit der Gruppe (und ebenso beispielsweise für die schriftlichen Tätigkeitsberichte an den Vorstand) ist es notwendig, geradlinig, fokussiert und zielorientiert zu arbeiten. Jedoch ist ein solches stromlinienförmiges Vorgehen nicht unter allen Umständen und für alle Arbeitsthemen gleich gut geeignet, das ganze Potential der Gruppe hervorzuholen. Zahlreiche Methoden der kreativen Gruppenarbeit basieren geradezu darauf, sich mit vermeintlich unpassenden Inhalten auseinanderzusetzen (→Brainstorming [S. 255]), Gedankengänge auf den Kopf zu stellen (→Kopfstand-Methode [S. 256]) oder anderweitig konsequent um die Ecke zu denken [BAUMANN et al., 2020]. Bei guten Kreativmethoden ergibt letztlich wieder alles einen Sinn, da der gut ausgetretene Pfad der soliden und sinnstiftenden Erkenntnis zwischenzeitlich *kontrolliert* verlassen wurde. Spätestens zum Ende Ihres

---

7 Und dennoch werden wir Ihnen im folgenden Kapitel für →Ihre Gruppe [S. 53] einige Stereotype und Typologien erklären, mit denen Sie Ihre Gruppe trotz aller Individualität besser verstehen können.

Treffens kehren Sie dann aber durch das →Sichern [S. 188] wieder zielsicher auf den bekannten Pfad zurück.

Aber auch abseits der methodischen Arbeit *dürfen*, *sollen* und *müssen* Sie vielleicht sogar zwischendurch die sicheren und sinnvoll eingespielten Konventionen und Prozesse bewusst durchbrechen: Nicht jeder beißend satirische Kommentar muss sanktioniert werden, spontane Versprecher können wunderbare Anker für neue Argumentationslinien darstellen und vielleicht regt das verschüttete Mineralwasser auf dem Teppich zu einer Pause oder einer geänderten Sitzordnung an. Warnen hingegen können wir an dieser Stelle davor, diese Extempores einzustudieren und bei Bedarf abzuspulen. Die Gefahr, dass dies erzwungen und sehr bemüht oder gar manipulativ von der Gruppe wahrgenommen wird, ist sehr groß und gefährdet auf diese Weise Ihre Authentizität nachhaltig. Schauspieler und andere Künstler mit großer Bühnenerfahrung schaffen es, gut einstudierte Missgeschicke wie spontan wirken zu lassen. Solange Sie sich nicht wirklich sicher sind, dass Sie es ebenso gut können, raten wir Ihnen, die Finger davon zu lassen und sich einfach überraschen zu lassen, wann diese Situationen in Ihrer Moderation auftreten und sie dann zuzulassen. Finden Sie aus dieser zulassenden Akzeptanz heraus spontane Worte und Reaktionen und bauen sich somit ein gutes Gefühl aus positiven Referenzerlebnissen auf. Dieses Gefühl ist es, was Sie viel authentischer durch diese (vermeintlich) missglückten Situationen trägt.

Übersinnliches und die Metaebene

Der größte Anteil Ihrer moderierenden Tätigkeit mit der Gruppe besteht daraus, die Gruppe inhaltlich-fachlich dem Gruppenziel näherzubringen. Dazu wenden Sie das Methodenspektrum an, das Sie vorab identifiziert haben oder spontan während der Moderation ein- und umsetzen. Vor und nach Ihrer professionellen Arbeit mit der Gruppe stehen Sie wahrscheinlich aber auch für den einen oder anderen persönlichen Smalltalk zur Verfügung. Neben dieser persönlichen, der fachlichen, der methodischen und der Arbeitsebene gibt es eine weitere, übergeordnete Ebene, auf die Sie sich bisweilen begeben müssen, um eine konstant gute Arbeit in der Gruppe gewährleisten zu können. Auf dieser *Metaebene* besprechen Sie mit der Gruppe alles, was nicht in die anderen Ebenen passt oder was mehrere der anderen Ebenen berührt. Ein paar Beispiele vermitteln die Situationen, in denen ein Wechsel auf die Metaebene sinnvoll ist, besser als viele theoretische Betrachtungen:

- In wiederkehrenden Meetings kommen zwei Gruppenmitglieder oft zu spät. Dies erzeugt bei den anderen, stets pünktlichen Mitgliedern Reaktanz, da mit der gemeinsamen Arbeit erst begonnen werden kann, wenn auch die Nachzügler eingetroffen sind.
- Während einer Kreativmethode liefert ein Gruppenmitglied allein fast alle Ideen, die durchweg auch sehr gut sind. Sie gewinnen den Eindruck, dass sich dadurch stillere Teilnehmer eingeschüchtert fühlen, keine Ideen beitragen oder sich sogar innerlich zurückziehen.
- Eine Teilnehmerin erhält einen Anruf der Schule, dass ihr Sohn auf dem Pausenhof gestürzt ist und ins Krankenhaus eingeliefert wurde.
- Fünf Minuten vor dem im Vorfeld kommunizierten Ende des Gruppentermins ist es absehbar, dass weitere 15 Minuten ausreichen würden, um die gerade laufende methodische Arbeit zu einem sauberen Ende zu bringen. Ein Gruppenmitglied signalisiert, dass es sehr pünktlich gehen muss.
- Profis können auch Fragen zum Moderationsprozess an sich an die Gruppe richten und damit die Metaebene ansprechen (Details dazu finden Sie hier →Fragen nach der Richtung [S. 220]).

Diese Situationen betreffen jeweils mehrere der angesprochenen Ebenen, was bedeutet, dass Sie sie wahrscheinlich nicht auf einer Ebene allein zur Lösung bringen können. Die nun erforderlichen Kommentare, Absprachen und Regieanweisungen finden daher auf der Metaebene statt, die Sie meistens explizit betreten und im Anschluss genauso explizit wieder verlassen müssen. Denn es muss den Teilnehmern stets klar sein, in welcher Rolle Sie mit ihnen kommunizieren. Gemäß dem Konzept „Störungen haben Vorrang“ aus der *Themenzentrierten Interaktion* (zu finden im Abschnitt →Störungen von Innen [S. 210]) betreten Sie nun vorübergehend die Metaebene, um die Situation klären. Zum Thema →Störungen und Konflikte [S. 205] finden Sie im gleichnamigen Kapitel einige häufig auftretende Beispiele aufgeführt.

Wie ausführlich, d. h. mit welchen Worten Sie die Metaebene betreten und wieder verlassen, hängt von der Situation ab. Auch mit einem intensiven Augenkontakt können Sie kommunizieren, dass Sie ein bestimmtes Verhalten für unangemessen erachten oder einen stillen Teilnehmer auffordern, seinen Beitrag laut auszusprechen. Darüber hinaus ist zwischen einem kurzen Satz („Das klären wir gleich in der Pause!“) und einer ausführlichen Besprechung („Ich unterbreche hier kurz Ihre Arbeit. Im Moment laufen hier zwei parallele Stränge ab, die wir erst zusammenfügen müssen, bevor es weitergehen kann. ...“) alles möglich.

Ihre Gruppe

> Wo alle befehlen, wird keiner gehorchen. (Sprichwort)

Gruppenrollen

Im Verlauf Ihrer moderierenden Tätigkeit wird Ihre Gruppe methodisch vorgehen, kreativ sein, strukturiert arbeiten, Entscheidungen treffen und (Zwischen-)Ergebnisse erzeugen. Je nach der von Ihnen für die Gruppe gewählten Arbeitsmethode werden alle Mitglieder der Gruppe gemeinsam arbeiten oder für eine definierte Zeit in Untergruppen aufgeteilt sein, sei es wegen der höheren Vielfalt der zu erarbeitenden Ideen, den Vorgaben der verwendeten Methode oder aus logistischen Erwägungen. Der Zeitraum, in dem diese Untergruppen voneinander unabhängig arbeiten, kann wenige Minuten kurz oder auch mehrere Stunden lang sein. Als Moderator haben Sie mehrere Möglichkeiten, diese Arbeitsphasen zu begleiten:

- Sie können die Untergruppen vollständig beaufsichtigen und begleiten und stehen für alle Anfragen unmittelbar zur Verfügung. Der Preis dafür ist Ihre ständige Wachsamkeit. Eher unerfahrene Untergruppen nehmen diese Aufsicht oft dankbar an, da sie so stets auf einen Ansprechpartner zurückgreifen können. Bei erfahreneren Untergruppen hingegen kann sich ggf. auch ein Gefühl des Beobachtetwerdens einstellen.
- Sie können sich zwischendurch blicken lassen, um mal „nach dem Rechten zu sehen“ und etwaige Fragen kurz zu beantworten. Dadurch riskieren Sie ggf. eine Phase des Stillstands in einer Untergruppe, da Sie im Falle der notwendigen Klärung eines Schlüsselproblems nicht unmittelbar zur Verfügung stehen. Die Autonomie der Untergruppe und damit deren Verantwortlichkeit steigen aber an.
- Sie können den Untergruppen auch die vollständige Arbeitsautonomie für die jeweilige Arbeitsphase übertragen. Da auftretende Probleme nun selbstständig von und in der Gruppe zu lösen sind, können Sie auch mal ein wenig verschnaufen.

Die beiden erstgenannten Strategien bieten den Vorteil, Missverständnisse, die z. B. durch eine fehlerhafte Arbeitsanweisung entstanden sind, frühzeitig festzustellen und anschließend in allen Untergruppen zu korrigieren. Auch können – falls erforderlich – inhaltliche Synchronisationen leicht durchgeführt werden. Es ist durchaus möglich, Ihre Interaktion mit den Untergruppen adaptiv nach Bedarf zu gestalten. Wenn Sie die Arbeit der Untergruppen unauffällig beobachten, entwickeln Sie ein Gespür dafür, wann Sie unterstützend, regulierend oder gar nicht eingreifen sollten.

Sobald eine Untergruppe auch nur eine kurze Phase autonom agiert, ist es wichtig, dass auch ohne Ihren steuernden Einfluss ein produktives Arbeiten möglich wird. Am besten wird dies erreicht, indem Sie sicherstellen, dass die →Arbeitsmaterialien und Handouts [S. 108] vorliegen und dass die Gruppe eine Binnenstruktur erhält bzw. sich selbst gibt. In dieser Binnenstruktur gibt es einige *Funktionsbereiche, Gruppenrollen* oder Gruppenaufgaben, die nachfolgend beschrieben werden. Personen, die mit einer solchen Funktion, Rolle oder Aufgabe betraut sind, übernehmen dann eine eng umgrenzte Aufgabe für die ganze Untergruppe.

Die Entscheidung, *ob* und *wie* Sie sicherstellen, dass diese Gruppenrollen ausgefüllt werden, hängt davon ab, ob es sich um eine methodisch erfahrene Gruppe handelt oder um eine Gruppe, die sich zum ersten Mal sieht und hinsichtlich der methodischen Arbeit in diesem Kontext noch sehr unerfahren ist. Ihr Handlungsspielraum rangiert dabei zwischen der direktiven Verteilung einzelner Rollen bis hin zum abwartenden Beobachten der Arbeitsphase, ob die Erinnerung an die Gruppenrollen gegeben werden sollte.

Die folgende Zusammenstellung von Gruppenrollen ist sowohl global, also auf Sie und Ihre gesamte Arbeitsgruppe, als auch lokal, also auf einzelne Untergruppen, anwendbar.

Rollen mit Steuerfunktion

Von einer Rolle mit Steuerfunktion sprechen wir, wenn die Erfüllung der dahinterstehenden Aufgabe einen unmittelbaren Einfluss auf die weitere Arbeit der Gruppe ausübt oder die Gruppe oder ihre Arbeit und Ergebnisse repräsentiert.

Moderator und Co-Moderator

Ja, *Sie* moderieren die gesamte Arbeit in der Gruppe vom Beginn bis zum Ende. Wenn Sie aber bei der Durchführung einer methodischen Gruppenarbeit die Arbeit an kleinere Unter-Arbeitsgruppen delegieren, müssen Sie sicherstellen, dass auch dort das produktive Arbeiten möglich wird. In kleineren Untergruppen von bis zu drei oder vier Personen können Sie meist davon ausgehen, dass eine separate moderierende Funktion nicht erforderlich sein wird. Befinden sich aber mehr Personen in der Untergruppe, sollten Sie erwägen, dort eine lokale Moderationsfunktion anzuregen, die dann von einem der Teilnehmer übernommen werden kann. Dieser lokale Moderator verfügt nicht über die gleichen übergeordneten Rechte und Pflichten wie Sie selbst, sondern benötigt nur wenig mehr als die Kenntnis über den Ablauf der jeweiligen Gruppenaufgabe und Ihre Legitimation vor „seiner" Untergruppe. Die Erfahrung zeigt, dass ein solcher Moderator in der gesamten Untergruppe als Aufwertung wahrgenommen wird. Auch ist es mit einem solchen Moderator wahrscheinlicher, dass die Gruppe auftretende fachliche oder überfachliche Probleme zunächst lokal versuchen wird zu lösen, bevor sie sich an Sie wendet. Ein Moderator macht die Gruppe also zumeist autarker.

Der Moderator der Untergruppe ist gut von einem Co-Moderator zu unterscheiden, da letzterer üblicherweise Aufgaben während Arbeit des Moderators übernehmen kann. Weitere Hinweise zur Co-Moderation sind in den Abschnitten →Wenn zu viel Wissen gefährlich wird ... [S. 97] und →Online Co-Moderator [S. 396] zu finden.

Gruppenleiter

Auch wenn die harmonischste aller Gruppen die produktivste aller Arbeitsphasen durchläuft und dabei die bemerkenswertesten aller Ergebnisse erarbeitet, so muss ab und zu jemand den Hut aufhaben, um eine Richtungsentscheidung zu fällen. Insbesondere bei Unentscheidbarkeit zwischen mehreren Alternativen, Zeitknappheit für die verbleibenden Aufgaben oder unauflösbarer Vermischung sachlicher und persönlicher Ebenen ist es notwendig, dass jemand eine Richtlinienentscheidung trifft, die ab diesem Zeitpunkt bei allen Gruppenmitgliedern akzeptiert ist. Es ist daher sofort einsichtig, dass die Person des Gruppenleiters selbst bei allen Gruppenmitgliedern eine sehr hohe Akzeptanz besitzen muss.

Außerhalb dieser Richtlinienentscheidungen tut der Gruppenleiter aber stets gut daran, nicht als solcher in Erscheinung zu treten und sich weiterhin in seiner normalen Rolle, meist als →Akteur [S. 62] zu bewegen. Keinesfalls darf der Gruppenleiter die Machtposition, die mit seiner Richtlinienkompetenz verbunden ist, während der Arbeitsphasen ausnutzen, vom Arbeitsalltag in die Arbeitsgruppe hineintragen oder aus der Arbeitsgruppe heraus mit in den Arbeitstag nehmen.

Sprecher

Der Sprecher hat die Aufgabe, die Gruppe und ihre Ergebnisse nach außen darzustellen und zu vertreten. Dies kann Kontakte mit der Presse, mit Gremien oder mit Entscheidungsträgern außerhalb Ihrer Moderation umfassen. Es ist daher auf jeden Fall von Vorteil, einen Sprecher aus dem Kreis der Gruppenmitglieder zu bestimmen, da er bisweilen für seine argumentativen Darstellungen Kenntnisse aus dem Entscheidungsfindungsprozess benötigt. Weiterhin gereichen dem Sprecher eine gute Erfahrung im Umgang mit Medienvertretern und ein gewisser Bekanntheitsgrad in der adressierten Fachgemeinschaft durchaus zum Vorteil. Wie auch in der Personalunion-Matrix in →Tabelle 3 ersichtlich wird, können die Rollen des Gruppenleiters und des Sprechers meist sehr gut kombiniert werden.

Präsentator

Wenn Untergruppen voneinander isoliert arbeiten, werden sie sehr häufig aufgefordert, im Anschluss an die Arbeitsphase ihre Gruppenergebnisse im Plenum vorzustellen. Aber auch die Arbeit der gesamten Gruppe muss nach Ende Ihrer Moderation nicht selten einem externen Gremium oder Vertretern der Presse präsentiert werden. Während letzteres meist von dem →Gruppenleiter [S. 56] oder →Sprecher [S. 57] übernommen wird, erfolgt die interne Kommunikation im Plenum durch den jeweiligen Präsentator der Untergruppe. Diese Aufgabe leidet daran, unbeliebt zu sein („Wenn kein anderer will, dann mach' ich das eben.") oder sogar ganz vergessen zu werden („Äääh, das haben wir jetzt noch gar nicht festgelegt, wer das machen soll ..."). Sie ist aber tatsächlich eine sehr wichtige Gruppenrolle, denn Gruppenergebnisse, die nicht oder sehr schlecht (da unvorbereitet) präsentiert werden, werden weniger positiv wahrgenommen und neigen dazu, schneller in Vergessenheit zu geraten. Der Präsentator unterscheidet sich in der Tätigkeit nur wenig, in der Außenwirkung jedoch erheblich vom →Sprecher [S. 57] der Arbeitsgruppe.

Es bietet verständlicherweise gewisse Vorteile, die Aufgaben des Präsentators mit denen von →Schreiber [S. 59] zu vereinen. Weitere sinnvolle oder übliche Aufgabenkombinationen sind in der →Personalunion-Matrix [S. 64] zu finden. Sie können das Zeitmanagement insbesondere bei unerfahrenen Untergruppen gewaltig unterstützen, wenn Sie bereits zu Beginn der jeweiligen Arbeitsphase darauf hinweisen, die Rolle des Präsentators gleich zu Beginn zu berücksichtigen.

Rollen mit Wächterfunktion

Von einer Rolle mit Wächterfunktion sprechen wir, wenn die Erfüllung der dahinterstehenden Aufgaben Einfluss auf die gruppeninternen Abläufe während der Arbeitsphasen nimmt.

Zeitwächter

Es gibt wohl nur ganz wenige Szenarien, in denen einer Arbeitsgruppe so viel Zeit zur Bearbeitung einer Aufgabe eingeräumt wird, wie sie sich wünscht. Meistens hängt über uns allen die Zeit wie ein Damoklesschwert und wir tun unser Bestes, unsere Arbeit erfolgreich zu beenden, um zu verhindern, dass es auf uns fällt. Dabei helfen eine zeitliche Orientierung und Strukturierung der anstehenden Arbeitsaufgaben ungemein, intern und extern gesetzte Deadlines zu beachten. Wenn ein Gruppenmitglied gesondert dafür abgestellt wird, auf die Zeit zu achten, können mehrere Dinge gleichzeitig passieren:

- Das betroffene Mitglied kann sich aufgewertet fühlen, da ihm eine Aufgabe übertragen wurde, die wichtig für die ganze Gruppe ist und zugleich einen höheren persönlichen Einfluss auf die Gruppenarbeit mit sich bringt.
- Die Berücksichtigung der Arbeitszeit nimmt eine höhere Relevanz in der Wahrnehmung aller Teilnehmer ein. Dies führt meist automatisch dazu, dass die Notwendigkeit der Zeitplanung erkannt und von allen anerkannt wird und in der Folge auch eine Zeitplanung erstellt wird.
- Vermeintliche Nebenaufgaben wie die Erstellung eines Flipcharts für die anschließende Präsentation der Arbeitsergebnisse im Plenum in

der Rolle als →Präsentator [S. 57] werden meist automatisch mit berücksichtigt.

- Der Zeitwächter erfährt Stress.
  - Er hat eine wichtige Aufgabe erhalten und erfährt damit auch mehr Aufmerksamkeit in der Gruppe.
  - Die Aufgabe des Zeitwächters erfüllt er zusätzlich zu seiner normalen Tätigkeit als mitarbeitendes Gruppenmitglied, auch →Akteur [S. 62] genannt, und erfährt dadurch eine Mehrfachbelastung.
  - Er macht sich möglicherweise unbeliebt, wenn er mitten in einer sehr gut verlaufenden Produktivitätsphase daran erinnern muss, dass nur noch zwei Minuten bis zur geplanten Fertigstellung zur Verfügung stehen.[1]

Der Zeitwächter muss gut zwischen absoluten („bis 14:00 Uhr") und relativen Zeitansagen („noch 30 Minuten") unterscheiden und auswählen, wie er die Zeitinformationen am besten kommuniziert. Absolute Zeitangaben schaffen Orientierung hinsichtlich äußerer Vorgaben wie Abgabedeadlines oder Termine für das Mittagessen. Relative Zeitangaben verleihen mehr Übersicht und Kontrolle über innere Abläufe wie die Dauer einzelner Arbeitsphasen oder die verbleibende Zeitspanne bis zum Abgabetermin. Zeitwächter können sich in späteren Abschnitten weitere Hinweise zu →Zeitmanagement-Methoden [S. 250] einholen.

Schreiber

Die meiste Information wird innerhalb der (Unter-)Gruppe mündlich ausgetauscht. So hervorragend diese Kommunikationsform auch für die kreative und produktive Arbeit der Teilnehmer ist, für die Nachhaltigkeit aller erarbeiteten (Zwischen-)Ergebnisse ist sie eine Katastrophe. Denn das gesprochene Wort ist transient. Einmal ausgesprochen, verhallt es im Raum und findet sich bestenfalls als persönliche Erinnerung im Gedächtnis derjenigen Teilnehmer, die zugehört haben und für die das Gesagte einen Sinn ergab. Wir erzählen Ihnen aber nichts Neues, wenn wir sagen, dass die behaltenen Erinnerungen von der jeweiligen Persönlichkeit, ihren Vorerfahrungen und ihren Vorurteilen stark beeinflusst werden und damit höchst subjektiv sind. Dies zeigt sich spätestens bei der individuellen Wiedergabe dieser Inhalte.

1 Daher nennen wir diese Aufgabe hier auch lieber *Zeitwächter* als *Zeitnehmer*.

Auf Basis solche transienter und individueller Informationen kann aber kaum eine kooperative Arbeit stattfinden und damit kann auch kein von allen Mitgliedern gemeinsam getragenes Ergebnis resultieren. Die Notwendigkeit eines möglichst objektiven Speichers, der nach Anforderung Redebeiträge, Zwischenergebnisse oder Gesamtresultate für alle Teilnehmer sichtbar zur Verfügung stellt, liegt auf der Hand. Und aus dieser Anforderung ergibt sich auch folgerichtig sofort der Auftrag des Schreibers oder Schriftführers. Auf einem Medium, das für alle Gruppenmitglieder stets einsehbar ist, notiert oder skizziert der Schreiber die notwendigen Inhalte (und kann so z. B. →Struktur visualisieren [S. 169]). Ob es sich dabei um ein Flipchart, einen geteilten Bildschirm, eine beschreibbare Tischdecke oder eines der vielen anderen Visualisierungsmedien handelt, wird von der Arbeitsmethode, der Gruppengröße und den vorhandenen Materialien festgelegt (weitere Hinweise zum →Verschriftlichen [S. 247] und zur →Dokumentation [S. 189] von Ergebnissen folgen in späteren Abschnitten). Des Schreibers lesbare Schrift, mehrere Farben und seine freundliche Nachfrage, ob der zuvor gegebene Kommentar so richtig protokolliert sei, helfen allen Gruppenmitgliedern bei der Revisitation älterer Beiträge und vermindern die Wahrscheinlichkeit, dass späte Missverständnisse auftreten.[2]

Wenn es zur gestellten Aufgabe gehört, das die (Unter-)Gruppe ihre Arbeitsergebnisse im Anschluss präsentieren soll, kann die Ergebnissicherung des Schreibers dies bereits berücksichtigen. Nicht leicht, aber durchaus möglich, ist, dass die Mitschrift gleich in einer präsentationsfähigen Form erstellt wird. Falls das nicht möglich ist, vergessen wurde oder sich im Verlauf herausgestellt hat, dass das Präsentationsmedium neu erstellt werden muss, ist dafür gesondert Zeit einzuplanen – womit auch gleich an die Rolle →Zeitwächter [S. 58] erinnert wird.

Schriftführer, Protokollant

Der Schriftführer oder Protokollant unterscheidet sich vom →Schreiber [S. 59] weniger durch die Fähigkeit, (Zwischen-)Ergebnisse schriftlich festzu-

2 Sie haben möglicherweise bemerkt, dass wir in diesem Satz *nicht* sagen, dass durch die Mitschrift alle Missverständnisse *verhindert* werden, sondern nur, dass sie *wahrscheinlich seltener* werden. Gewöhnen Sie sich frühzeitig daran, dass es bei Ihrer moderierenden Arbeit mit Menschen nur sehr selten passieren wird, dass die Regeln *zu 100 %* eingehalten, die Arbeitsmethoden *ohne jede* Störung ablaufen und Sie *immer alle* Teilnehmer in *ausnahmslos allen* Spektren zufrieden stellen können.

halten, als in der Art, wie er dies macht und für wen. Im Vereinsrecht wurde die schriftführende Person gewählt und hat bei einer Sitzung ein Protokoll anzufertigen (zu „führen") und zu beurkunden. Die Mitschrift dient also eher archivierenden und dokumentarischen Zwecken als der unmittelbaren Nutzung in einer oder zwischen mehreren Arbeitsphase(n). Demzufolge reicht es für den Schriftführer auch meist aus, das Protokoll auf einem nur persönlich einsehbaren Medium (Schreibblock, Laptop) zu führen und nicht auf einem für alle Teilnehmer sichtbaren Medium. Auch ist die Verwendung von Skizzen bei der Schriftführung unwahrscheinlich, bei der Arbeit von einem →Schreiber [S. 59] jedoch oft sehr vorteilhaft.

Da es in den meisten moderierten Gruppenarbeiten eher auf das Arbeitsergebnis als auf einen detailliert rekonstruierbaren Verlauf des Arbeitsprozesses ankommt, ist die Rolle des Schriftführers hier auch eher selten vertreten.

Spielregel-Wächter

Es mag trivial klingen: Strukturiertes Arbeiten setzt Struktur voraus – ist aber gar nicht so leicht umzusetzen, denn a priori folgt jede Person der Arbeitsgruppe zunächst einmal den eigenen subjektiven (Spiel-)Regeln. Sie tun also gut daran, Regeln für die gesamte Gruppe verbindlich zu machen. Hinweise, wie dies funktionieren kann, finden Sie dort: →Stelle Spielregeln auf [S. 135]. Regeln erfüllen aber nur ihren Zweck, wenn sie auch eingehalten werden. Dies zu überwachen kann die Aufgabe des Spielregel-Wächters sein. Mit der Installation dieser Rolle beabsichtigen Sie nachvollziehbar *nicht*, einen scharfen Wachhund oder einen hinterlistigen Denunzianten in die Gruppe einzuschleusen, da Sie die Gründe dafür offen kommunizieren. Zu diesen Gründen können gehören:

- Die Gruppe ist viel zu groß, als dass Sie als Moderator alle Untergruppen diesbezüglich unterstützen könnten.
- Es hat während vergangener Arbeitsphasen Reibungsverluste durch unterschiedliche Interpretationen der Absprachen gegeben, die die Gruppenmitglieder Zeit und Nerven gekostet haben.
- Die Rolle wird nur prophylaktisch am Beginn der Arbeitsphase besetzt, um sicherzustellen, dass alle Teilnehmer dem Kodex folgen. Anschließend wird sie nicht mehr wahrgenommen, um die Umsetzung gemeinsam erarbeiteter Gruppenregeln in die Verantwortung der Gruppenmitglieder zurück zu geben.

Weitere Rollen

Möglicherweise kommt Ihnen die noch zu beschreibende Rolle des →Akteurs [S. 62] sehr trivial und die Rolle des →Beobachters [S. 62] als sehr abgehoben vor. Da mit beiden Rollen wichtige Funktionen innerhalb der Gruppe verbunden sind bzw. sein können, lohnt sich ein genauerer Blick auf sie.

Akteur

Irgendjemand muss ja die Arbeit tun ...

Die Auflistung der bisherigen Gruppenrollen soll natürlich nicht dazu führen, eine Vielzahl wunderbarer Posten mit wohlklingenden Namen zu vergeben, so dass niemand übrig bleibt, der die Arbeit wirklich tut. Einerseits müssen nicht alle der oben genannten Gruppenrollen in allen (Unter-)Gruppen besetzt sein, andererseits können durchaus mehrere Rollen auch in einer Person vereint wahrgenommen werden, wie die →Personalunion-Matrix [S. 64] deutlich macht. Und nicht zuletzt sollte die Arbeitsgruppe ohnehin derart zusammengestellt worden sein, dass es allen Teilnehmern ein inneres Bedürfnis ist, an der gestellten Aufgabe mitzuarbeiten, also als Akteur zu fungieren[3].

Die explizite Erwähnung dieser Rolle ist aber vonnöten, da sie sehr oft vergessen wird – weniger bei der Verteilung der anstehenden Arbeitslast, sondern mehr bei der Anerkennung der geleisteten Arbeit. Während Sie als Moderator zumindest in der Arbeitsgruppe noch eine gewisse Sichtbarkeit genießen, wird die Arbeitsleistung der Akteure sehr oft gar nicht mehr gesondert wahrgenommen, geschweige denn lobend erwähnt. Spätestens beim Abschluss Ihrer Moderationstätigkeit sollten Sie überlegen, dies zu tun. Im Abschnitt zu den →Typologien [S. 65] finden Sie diese Rolle wieder als die *fleißige Maus* oder die *emsige Biene.*

Beobachter

Mit der Gruppenrolle des Beobachters begeben wir uns auf die Metaebene, die in →Übersinnliches und die Metaebene [S. 51] erläutert ist. Üblicher-

3 Wenn Sie im Verlauf Ihrer Arbeit mit der Gruppe feststellen, dass dies nicht so ist – also zahlreiche Gruppenmitglieder sich ernstlich fragen, warum sie für diese Gruppe abgestellt wurden – sollten Sie die Gruppenzusammensetzung bei nächster Gelegenheit mit den Verantwortlichen klären.

weise werden Beobachter eingesetzt, wenn das Arbeitsverhalten an sich analysiert werden soll. Diese Analyse kann methodische Aspekte betreffen und/oder soziale oder hierarchische. Die Beobachtung des Arbeitsverhaltens einer Gruppe kann in den folgenden Modi durchgeführt werden:

- Offen oder verdeckt. Ein *offener Beobachter* ist für alle anderen Gruppenteilnehmer als solcher zu erkennen, da er ihnen in dieser Rolle vorgestellt wurde. Es empfiehlt sich, der Arbeitsgruppe gegenüber seine Tätigkeit zu begründen, damit keine wilden Spekulationen über die Gründe der Beobachtung die Arbeitsphasen lähmen. Damit ist die offene Beobachtung sehr viel häufiger als die *verdeckte Beobachtung* anzutreffen. Im verdeckten Beobachtungsmodus wissen die Gruppenmitglieder nicht, dass ihr Verhalten beobachtet wird. Eine verdeckte Beobachtung kann mit Hilfe technischer Hilfsmittel durchgeführt werden (sehr selten, da sehr aufwändig und datenschutzrechtlich hoch problematisch) oder durch Personen, die als mitarbeitende Gruppenmitglieder auftreten und ihren Beobachtungsauftrag nicht offenbaren. Wann immer eine Beobachtung durchzuführen ist, empfehlen wir den offenen Modus.
- Teilnehmend oder nicht teilnehmend. Ein *nicht teilnehmender Beobachter* führt seinen Beobachtungsauftrag rein rezeptiv aus, d.h. er registriert, was passiert, ohne auf die Ereignisse Einfluss zu nehmen. Demgegenüber darf, kann oder soll ein *teilnehmender Beobachter* aktiv in das Szenario eingreifen und es damit ggf. in eine bestimmte Richtung lenken. Eine teilnehmende Beobachtung kann sowohl im offenen als auch im verdeckten Modus stattfinden.

Die Durchführung einer Beobachtung ist stets mit zusätzlichem Aufwand verbunden, da Sie separate →Arbeitsanweisungen geben [S. 140] müssen und sollte daher nur stattfinden, wenn es einen guten Grund für sie gibt. Darüber hinaus ist sie nur sinnvoll, wenn Sie bereit sind, die Beobachtungsergebnisse zu prüfen und ggf. Konsequenzen daraus zu ziehen. Wenn Sie dies ohnehin nicht vorhaben, besitzt eine Beobachtung eine reine Alibifunktion.

Rollen, die meist nichts in der Gruppe zu suchen haben

Die oben aufgelisteten Rollen dienen sämtlich der Unterstützung der fachlichen (und im Fall des →Beobachters [S. 62] auch der methodischen) Arbeit in der Gruppe während Ihrer moderierenden Tätigkeit. Einige andere Rollen, die in der alltäglichen Projektarbeit selbstverständlich sind, haben dort allerdings meist nichts zu suchen, weil sie den Mikrokosmos der moderierten Gruppenarbeit empfindlich stören können. Je nach Ziel der Gruppenarbeit sind der *Chef*, der *Projektfinanzierer*, ein *Sponsor* oder ggf. auch die *Kunden*, der für die Noten verantwortliche *Dozent* oder sozial eng verbundene Personen wie *Ehepartner* Beispiele für Personen(kreise), bei deren aktiver Teilnahme die Gefahr besteht, dass fachliche und nebenfachliche Inhalte oder Motive durch Befangenheit miteinander verwoben werden können. Dadurch besteht nicht nur eine hohe Wahrscheinlichkeit, dass Arbeitsergebnisse beeinflusst werden, auch kann die soziale Interaktion dadurch erheblich und nachhaltig in Mitleidenschaft gezogen werden.

Um Missverständnissen vorzubeugen: Es ist durchaus möglich, dass die oben genannten Personengruppen sinnvolle Mitglieder der Arbeitsgruppe werden können und dadurch wertvolle Beiträge liefern. Sehr bedenklich, wenn nicht gar behindernd wird es aber ab demjenigen Zeitpunkt, wenn diese Personen entweder während der Gruppenarbeit ihre Rolle (z. B. als Chef, Sponsor oder Kunde) einnehmen oder auch nur von den anderen Gruppenmitgliedern als solche wahrgenommen werden. Falls eine solche Teilnahme unvermeidlich ist, liegt es an Ihnen als Moderator, hier einerseits vorbeugend tätig zu werden und auf der Metaebene (→Übersinnliches und die Metaebene [S. 51]) die Teilnahme dieser besonderen Personen zu klären, und andererseits im Verlauf Ihrer Moderationstätigkeit darauf zu achten, dass keine dieser Personen seine zugewiesene Gruppenrolle verlässt.

Personalunion-Matrix

Wie bereits angedeutet, lassen sich viele der aufgeführten Rollen gut miteinander verbinden, da sie entweder gekoppelte Aufgaben zu erledigen haben oder gut zeitlich kombinierbar sind, ohne inhaltlich zu überfordern. Es ergibt sich dann die in →Tabelle 3 gezeigte Matrix. Diese Matrix stellt unsere Empfehlung für die Vereinbarkeit von Gruppenrollen dar. In Anbhängigkeit von äußeren Randbedingungen (z. B. Verfügbarkeit von Personen oder Vertrautheit innerhalb der Arbeitsgruppe) können Sie als Moderator auch davon abweichen. Es empfiehlt sich für diese Fälle, die entsprechende Konzentration von Gruppenrollen in einer Person den anderen Gruppenmitglieder kurz zu begründen.[4]

4 Und falls Sie sie nicht begründen können, sollten Sie besser die Finger davon lassen.

Rolle	Abk.	Beob	Akt	SpW	SchrF	Prot	ZeitW	Spr	GrL	Präs
Moderator / Co-Mod.	CMod	o	o	+	+	+	+	o	-	-
Präsentator	Präs	-	+	+	+	+	+	+	+	
Gruppenlei-ter	GrL	-	o	+	o	o	+	+		
Sprecher	Spr	-	+	+	+	+	+			
Zeitwächter	ZeitW	-	+	+	+	+				
Protokollant	Prot	-	+	+	+					
Schriftführer	SchrF	-	+	+						
Spielre-gel-Wächter	SpW	-	+							
Akteur	Akt	o								
Beobachter	Beob									

Tabelle 3: Die Personalunion-Matrix zeigt die Vereinbarkeit verschiedener Gruppenrollen in einer Person an. Schlüssel: +: vorteilhaft bzw. gut möglich, o: bitte vorsichtig damit bzw. nur in sehr gut begründeten Fällen, -: möglichst vermeiden bzw. gar nicht in Erwägung ziehen.

Typologien

Mit hoher Wahrscheinlichkeit sind Sie im Rahmen Ihrer methodischen Vorbereitungen auf Moderationen oder Ihrer Recherchetätigkeit für den Umgang mit Arbeitsgruppen schon einmal auf Darstellungen gestoßen, in denen verschiedene Charaktere von Gruppenmitgliedern – ähnlich einer Fabel – mit verschieden Tieren verglichen werden. Da gibt es das stille Lämmchen, das so gut wie nie etwas beiträgt, die Giraffe, die alles aus einem etwas abgehobenen Blickwinkel beobachtet oder die Bulldogge, die nach allen Richtungen beißende Kommentare austeilt. So plakativ und vermeintlich nachvollziehbar diese Tiervergleiche auch beschrieben werden, bitten wir Sie um einen vorsichtigen Umgang damit:

- Derartige Klassifikationen neigen bisweilen dazu, einen Ausschließlichkeitsanspruch für sich einzunehmen. Es gibt aber nicht *den* Mitarbeiter, der stets das gleiche Verhalten in der Gruppe offenbart. In den meisten Fällen haben Gruppenmitglieder sehr gut nachvollziehbare Gründe, warum sie sich in bestimmten Situationen in einer bestimmten Art verhalten. Mit Änderung der Situation ändert sich dann auch oft das Verhalten.

- Auch besteht die Gefahr, dass Sie unabsichtlich einzelne Gruppenmitglieder einem bestimmten Typus zuordnen. Ihre darauf folgende Wahrnehmung der Personen ist dann allerdings sowohl eingeschränkt als auch voreingenommen, was Gift für Ihren weiteren Umgang mit diesen Personen und mit der gesamten Gruppe ist, insbesondere in entwicklungsoffenen Szenarien und Fragestellungen.
- Viele Tier-Typologien listen nicht nur die „typischen" Verhaltensweisen der entsprechenden Charaktere zur leichteren Identifizierung. Sie liefern darüber hinaus auch gleich einige Mittel, mit denen Sie die entsprechenden Typen (vermeintlich) in den Griff kriegen können. Weder Sie noch wir kennen Ihre zukünftigen Arbeitsgruppen. Wir können Ihnen aber versichern, dass Sie bei der Ausführung Ihrer Moderation auf Dauer nur die wenigsten Probleme durch die Befolgung eines starren Wenn-dann-Algorithmus in den Griff bekommen werden.
- Manche dieser Vergleiche erscheinen uns wirklich unfair gegenüber dem jeweiligen Tier ;)
- Nicht zuletzt gibt es innerhalb der vielen kursierenden Tier-Schemata auch bei gleichen Tieren gravierende Unterschiede in der jeweiligen Interpretation des Verhaltens: Ist ein Fuchs gewitzt oder hinterlistig?

Dies vorausgeschickt ist es dennoch für den Adepten, teilweise bereits auch für den Novizen, sehr sinnvoll, die wichtigsten dieser Typen erkennen zu können. Nicht, um immer unmittelbar zu intervenieren, sondern eher, um ein wenig die Augen offen zu halten, und um zu bemerken, ab wann das Verhalten der jeweiligen Person die Gruppe oder deren Arbeit in unangemessener Weise beeinflusst oder unter welchen Umständen Sie die besonderen Eigenschaften des jeweiligen Charakters zum Wohle der Gruppe nutzen können. Zusätzlich bieten die Tipps zur Hilfestellung für den jeweiligen Tiercharakter Anregungen zum Umgang mit Ihrer Gruppe allgemein. Allein aus diesen Gründen listet die folgende Übersicht einige oft beobachtbare

Typen auf. Aber auch hier gilt: Der Einsatz Ihres gesunden Menschenverstandes unter Einbeziehung Ihrer bereits gemachten Erfahrungen sollten im

Umgang mit Ihrer Gruppe stets dem sturen Befolgen von Schemata vorgezogen werden.

- Als *stille Lämmchen* oder *Kaninchen* werden oft Gruppenmitglieder bezeichnet, die nur sehr wenige oder gar keine Beiträge im Plenum liefern – und wenn, dann meist erst nach expliziter Aufforderung. Sie stimmen oft schnell der Meinung von dominanten Mitgliedern zu, äußern sich in Kleingruppen oder Zwiegesprächen aber häufig sehr differenziert und detailliert und ihre Beiträge fußen dann auf ihrer meist guten Beobachtungsgabe. Sie können diese Personen und damit die Gruppe unterstützen, indem Sie sie um einen Beitrag bitten, sobald Sie den Eindruck haben, dass diese etwas sagen möchten, sich aber nicht trauen. Zu einem späteren Zeitpunkt können Sie ihr Selbstvertrauen stärken, indem Sie an ihre vorherigen guten Beiträge erinnern. Auch können Formulierungshilfen den Weg für ihre Beiträge ebnen.
- Ein ewig *quakender Frosch* oder ein *redseliger Papagei* sind Bilder für diejenigen Gruppenmitglieder, die oft um den heißen Brei herumreden und um sich selbst kreisen – und dies oftmals mit einer bemerkenswerten Eloquenz und Ausdauer. Insbesondere solche Details, die nur sekundär zu der zu bearbeitenden Thematik gehören, in denen sie sich aber besonders gut auskennen, werden von ihnen sehr ausführlich dargelegt. Sobald Ihnen auffällt, dass dieses Verhalten den Arbeitsfluss der Gruppe stört, können Sie sie (ggf. mit Verweis auf die Zeit oder auf andere anstehende Beitragsmeldungen) auffordern, die wesentlichen Inhalte konkret zusammenzufassen. In einer verschärften Variante können auch Sie das →Zusammenfassen [S. 196] selbst übernehmen oder über die Begrenzung der Redezeit nachdenken. Vielleicht schaffen Sie es auch, einzelne Aspekte der zahlreich gegebenen Inhalte auf das tatsächlich behandelte Thema umzuleiten.
- Ebenfalls viele Worte verliert die *schwatzende Hyäne* oder das *unruhige Äffchen*. Der Unterschied zum oben genannten Frosch bzw. Papagei besteht dann auch weniger in der Quantität als in der Qualität der Beiträge. Die von Hyäne oder Äffchen gegebenen Informationen sind relevant und gehaltvoll – nur sind sie eben in weit mehr Worte gekleidet, als es notwendig oder auch sinnvoll wäre. In vielen Gruppen erkennen die anderen Gruppenmitglieder sehr wohl die hervorragende Qualität der Beiträge an, schauen sich aber dennoch genervt untereinander bzw. verzweifelnd die Zimmerdecke an, wenn das Äffchen zu seinem

nächsten Monolog ansetzt. Der Umgang mit diesen Personen ähnelt dem Umgang mit Frosch und Papagei, jedoch können Sie ggf. auch noch die Qualität der Beitrage gewinnbringend hervorheben.

- Die *weise Eule* weiß ebenfalls Beiträge von erheblicher Güte zu liefern, tut dieses aber oft nur dann, wenn sie sich sicher ist, dass ihr alle Teilnehmer zuhören oder wenn ihr die Bühne dafür bereitet wird. Dies ist insbesondere dann der Fall, wenn diese Person der einzige anerkannte Experte für das zu bearbeitende Problem im Raum ist und sie wiederholt um ihre Einschätzung des Sachverhalts gebeten wird. Ihr Verhalten birgt dann die Gefahr, dass sie die Rolle einer grauen Eminenz annimmt, also die fachliche Leitung des Arbeitsprojekts übernimmt, ohne in der Rolle des Gruppenleiters legitimiert worden zu sein. Eine Eule zu erkennen fällt nicht immer leicht. Glücklicherweise ist die Motivation dieses Typs nur in den seltensten Fällen die Geltungssucht, so dass sie einer an die ganze Gruppe adressierten begründeten Bitte um gleichwertige Berücksichtigung aller Beiträge oder aktivere Mitarbeit am Thema offen gegenübersteht.
- Das *positiv eingestellte Einhorn* oder *Pferd* findet alles gut, stimmt allem zu, findet Superlative auch für die trivialsten Beiträge, ist sichtbar gut gelaunt und würde am liebsten an alle Gruppenmitglieder Freundschaftsarmbänder verteilen. So positiv dieses Verhalten für das soziale Gefüge einer Arbeitsgruppe auch sein mag, so kurzfristig ist leider oft auch seine Gewinn bringende Wirkung. Da in den fachlichen Arbeitsphasen der Kontrast zwischen einzelnen Beiträgen herausgearbeitet werden muss, ist die durchgängige unreflektierte Positivierung genau so kontraproduktiv wie die pauschale Negativierung (vgl. Igel unten) oder die fachliche Negativierung (vgl. Bulldogge weiter unten). Es kann helfen, wenn Sie dem Einhorn oder der gesamten Gruppe dabei helfen, die Kehrseite der Medaille herauszuarbeiten (indem Sie →Entscheidungen herbeiführen [S. 273] z. B. durch eine →Widerstandsabfrage [S. 278]) oder auf die oft lähmenden Wirkungen einer omnipräsenten „Friede, Freude, Eierkuchen"-Diskussionskultur verweisen.
- Der Gegenpart zu der durchgängig positiven Haltungen stellt der *abwehrende Igel* oder das *Stinktier* dar. Mit indifferent destruktiven Kommentaren zerlegt diese Person alles, was ihr zu Ohren kommt – mal laut hörbar im Plenum, mal leise stichelnd nur für seine unmittelbaren Nachbarn wahrnehmbar. Mit ihren Killerphrasen kann sie sowohl Gruppenmitglieder beleidigen als auch Arbeitsprozesse sabotieren

(„Das wird sowieso nie klappen / genehmigt“). Wie beim Einhorn hier ebenfalls die Kehrseite der Medaille herauszuarbeiten (oder herausarbeiten zu lassen), ist möglich, fällt aber ungleich schwerer. Da der Igel seine Kommentare oft auf der persönlichen und nicht auf der sachlichen Ebene lanciert, versprechen ein Wechsel in die Metaebene oder auch das persönliche Pausengespräch Erfolg bei der Bearbeitung des Problems.

- Die *beißende Bulldogge* oder allgemein ein *scharfer Hund* fallen in der Gruppe mehr durch bissige, manchmal auch sarkastische Kommentare auf, als durch hilfreiche Beiträge. Bisweilen können Sie diesen Personen ansehen, wie sie darauf warten, zuschlagen zu können. Die Beiträge werden im fachlichen Kontext gegeben, oft mit zweifelnden Formulierungen oder einem „Aber“ eingeleitet und fokussieren üblicherweise die negativen Anteile und die Nachteile anderer fachlicher Beiträge. Nicht selten gipfeln die Kommentare in Polemik, die Sie sofort erkennen und unterbinden sollten; wenn es nicht anders geht auch auf der Metaebene (→Übersinnliches und die Metaebene [S. 51]). Lassen Sie durchblicken, dass dieses Verhalten die Gruppe eher bremst als weiter voran bringt. Auch ein Gespräch unter vier Augen in einer Pause kann hilfreich sein. Tadeln Sie dort nicht, sondern begründen Sie, dass zweifelnde Kommentare, die sachlich und wertschätzend vorgebracht werden, sehr viel mehr Einfluss haben als ihre sarkastischen Pendants. Fachliche Zweifel können dann in einer →Konsent-Abstimmung [S. 277] überwunden bzw. integriert werden.
- Dem *dickhäutigen Nilpferd* oder dem *dickfelligen Bären* geht es eigentlich meist gar nicht um das zu bearbeitende Projekt. Ihm geht es auch nicht um das Arbeitstreffen. Oder um die Personen dort. Eigentlich geht es ihm um gar nichts, denn dieser Charakter weiß vermutlich gar nicht einmal so genau, welchen Anteil er an diesem Projekt hat oder warum er für das Projektteam aufgestellt wurde. Vielleicht hat er sich auch einfach nicht vorbereitet. Oder denkt über die Frührente nach. Man weiß es nicht. Was Sie sehen, ist ein stiller, zurückgezogener, träger Mensch, dessen größte Aktivität sich bei seiner Annäherung an das Mittagsbuffet entfaltet. Ob Sie diesen Dickhäuter letztendlich zu einer produktiven Mitarbeit überzeugen können, hängt wesentlich davon ab, wie er in das Projektteam hineingerutscht ist. Sollte dies nur aus

Alibigründen geschehen sein[5], ohne dass Relevantes beigetragen wird, sollten Sie ernstlich in Erwägung ziehen, ihn von der Teilnahme an künftigen Projekttreffen zu diesem Thema freizustellen bzw. freistellen zu lassen.

- Als *fleißige Maus, emsige Biene,* und manchmal auch als Person mit dem Namen *Herbert*[6], wird derjenige Typ beschrieben, der so arbeitet, wie es von ihm erwartet wird. Im Mittel immer gut bei der Sache, einige sehr aktive Phasen wechseln sich mit einigen eher trägen Beiträgen ab, er ist aufmerksam und engagiert. Bei diesem Typ besteht die große Gefahr, dass Sie als Moderator ihn als selbstverständlich ansehen und anschließend nicht weiter beachten. Für weite Strecken Ihrer Moderationstätigkeit mag dies auch gut funktionieren. Wie bereits bei der Rolle des →Akteurs [S. 62] erwähnt, bitten wir Sie aber ausdrücklich, auch dieses unauffällige Mitglied Ihrer Arbeitsgruppe aktiv wahrzunehmen und seine Arbeit durch zwischenzeitliche spürbare Registrierung und aktive Erwähnung zu adeln. Auch Sie selbst fühlen sich von dem einen oder anderen geäußerten Lob wahrscheinlich motiviert, ihre gute Arbeit fortzusetzen oder gar auszubauen. Herbert geht es nicht anders.

Bei aller nachvollziehbaren Plakativität der oben beschriebenen Auswahl von Typen bitten wir Sie, im Umgang mit Ihrer Gruppe Folgendes zu bedenken:

- Der Fokus *Ihrer* Arbeit sind das *Gruppen*arbeitsergebnis und die *Gruppe* selbst. Versuchen Sie daher, dem Drang zu widerstehen, sich dauerhaft individuell um das eine oder andere problematische Gruppenmitglied kümmern zu wollen. Denn nur in den seltensten Fällen stimmt das Arbeitsergebnis der gesamten Gruppe auch zugleich mit dem Wunschergebnis jedes einzelnen Gruppenmitglieds überein. Damit ist klar, dass

---

5 Es passiert leider häufiger, dass Personen zu moderierten Arbeitssitzungen in Projektteams eingeladen werden, ohne dass diese in der Lage oder Willens sind, fachlich oder methodisch dort beizutragen. Dies geschieht oft aus Rücksicht vor der betrieblichen Hierarchie, eingefahrenen Gewohnheiten oder Befindlichkeiten („Wenn wir die Mayer ins Team holen, dann müssen wir auch den Müller aufstellen, sonst ist der beleidigt."), verflossenen oder angedichteten Kompetenzen („Hat der nicht vor 20 Jahren in dem Bereich publiziert?") oder einfach Unkenntnis über die Natur des Projekts.

6 Vielleicht ist Ihnen die Darstellung des emsigen Herbert auf der Baustelle aus dem Internet bekannt. Falls nicht, bemühen Sie gerne die Suchmaschine Ihres Vertrauens unter dem Betriff „Herbert Bauarbeiter" und lassen sich überraschen …

weder Sie noch die Gruppe es jedem einzelnen Gruppenmitglied recht machen können.

- Es gibt keine *per se* schlechten oder guten Typen, wenngleich auch die obige Darstellung dies für einzelne Typen nahelegt. So kann beispielsweise auch die beißende Bulldogge im Gruppengefüge sehr wertvoll sein, wenn sie sich als einziger Teilnehmer traut, nachteilige Entwicklungen beim Namen zu nennen. Und das stille Lämmchen würde, wenn es wirklich nichts anderes tut, als nur still dazusitzen, um seine genialen Gedankengänge für sich zu behalten, besser genau so still zurück an seinen Schreibtisch schleichen, um den Platz in der Gruppe für einen engagierten Teilnehmer freizumachen.

Phasen der Gruppenbildung

Unabhängig von den jeweiligen Gruppenrollen durchläuft jede Arbeitsgruppe, die zusammenarbeitet, einen gruppendynamischen Teamfindungsprozess. Dieser Prozess lässt sich nach Bruce Tuckman in fünf aufeinander folgende Phasen gliedern [TUCKMAN, 1965]:

1. **Forming**: Man beschnuppert und beobachtet sich; die Gruppe lernt sich kennen. Jedes Mitglied gibt bewusst oder unbewusst stille Einschätzungen übereinander ab. Informationen übereinander werden ausgetauscht und zu einem Gesamtbild zusammen gesetzt. Oftmals werden schnell Vorurteile, Sympathien und Antipathien gesammelt, um einander besser einschätzen zu können. Der Umgang untereinander ist noch zurückhaltend, abwartend, höflich.
2. **Storming**: Die Gruppenhierarchie wird verhandelt, Rollen werden geklärt; Konflikte entstehen dort, wo persönliche Grenzen durch Provokationen gesetzt oder ausgetestet werden. Die Gruppe setzt sich mit sich selbst auseinander, teilweise offensiv und im offenen Konflikt; teilweise auch im Versuch, verbindliche Regeln aufzustellen, versteckt. In dieser Phase bildet sich die Gruppenhierarchie.
3. **Norming**: Die Gruppe entwickelt für die Zusammenarbeit verbindliche Normen und Werte. Die Hierarchie und Gruppenrollen sind geklärt und man weiß sich gegenseitig einzuschätzen. Der Umgang untereinander ist gemäßigt und sachlich, teilweise auch wertschöpfend. Das ermöglicht ab hier auch eine Feedbackkultur.

4. **Performing**: Die Gruppe kennt sich untereinander gut, die Zusammenarbeit ist verbindlich und verlässlich geregelt; dadurch entsteht eine Atmosphäre der Kooperation und auch unter Stress ein produktives „Wir"-Gefühl. Die Gruppe fokussiert sich leicht auf Ergebnisse und hat eine hohe Wertschöpfungskraft in der Zusammenarbeit, aber auch die Fähigkeit, einzelne Mitglieder durch Nähe zu unterstützen, wenn nötig.
5. **Adjourning**: Die Gruppe verlässt den Arbeitsmodus und geht auseinander, da die Zusammenarbeit beendet ist. Manchmal kommt es dabei zu unangenehmen Verlustgefühlen, wenn man sich von liebgewonnene Gruppenmitgliedern trennen muss oder der guten Zusammenarbeit hinterher trauert.

Diese Phasen werden in dieser Reihenfolge von jeder Gruppe im Laufe der Zusammenarbeit durchschritten werden – und zwar jedes Mal aufs Neue, sobald sich die (Unter-)Gruppenkonstellation, in der zusammengearbeitet werden soll, ändert. Dies sollten Sie als Moderator ebenfalls berücksichtigen, sobald Sie (Unter-)Gruppen zusammenarbeiten lassen, indem Sie ...

- ... neuen Gruppen, die wenig (nichts) übereinander wissen, Raum zum Kennenlernen bieten, beispielsweise indem sie sich mit Hilfe bestimmter Methoden →Kennenlernen: Das Eis brechen [S. 252].
- ... sich nicht von frühen Konflikten in neuen Gruppen abschrecken lassen; in Maßen müssen diese sein und sind normal. Aber Sie müssen sich durch das Setzen von Regeln gemeinsam schnell legen, sonst liegt etwas anderes dahinter, das geklärt werden muss.
- ... dem Bedürfnis nach Norming entgegen kommen, indem Sie in der →Begrüßung [S. 131] bereits den Ablauf klar kommunizieren und Spielregeln aufstellen.
- ... eine eingespielte Arbeitsgruppe möglichst direkt beim Einstieg im (inhaltlichen) Performing abholen, z. B. durch ein →Brainstorming [S. 254] oder die →Kopfstand-Methode [S. 256], um direkt in die Zusammenarbeit zu kommen.
- ... neuen Gruppen generell etwas mehr Zeit einräumen, bis sich dort ein produktiver Arbeitsmodus einstellt.
- ... negative Emotionen im Auseinandergehen abfangen, indem Sie beispielsweise positiv mit den Ergebnissen und der Zusammenarbeit allgemein im →Wertschätzendes Speed-Feedbacking [S. 293] umgehen.
- ... sich vorab möglichst über die zu moderierende Gruppe informieren, um die obigen Punkte sinnvoll umsetzen zu können.

Wie auch in den vorangegangenen Abschnitten dieses Kapitels gilt auch für die Phasen der Gruppenbildung: Dieses Modell soll Ihnen helfen, Ihre Gruppe besser zu verstehen, aber nicht um sich sklavisch daran zu halten. Wie erwähnt: Sie und Ihre Gruppe sind und bleiben individuell und nicht jede der fünf Phasen kommt immer in gleicher Ausprägung oder in der angegebenen Reihenfolge daher. Als Anhaltspunkte mögen Sie aber vor allem dem Novizen helfen, die Gruppenentwicklung hin zur Produktivarbeit besser zu verstehen.

Vorbereitung auf ein moderiertes Treffen

> Pläne machen und Vorsätze fassen bringt viel gute Empfindungen mit sich.
> (Friedrich Nietzsche)

Jedwede verantwortungsvolle Tätigkeit, insbesondere wenn sie gemeinsam mit Menschen abläuft, sollte mit einem Mindestmaß an Planung durchgeführt werden. Das Ergebnis kreativer Prozesse, insbesondere wenn es auf den Beiträgen verschiedener Menschen fußt, kann kaum geplant werden. Wir sollten uns diesen scheinbaren Widerspruch genauer anschauen, um ihn für unsere Moderation zielführend zu lösen.

Auch erscheint es widersprüchlich, dass die von Ihnen moderierte Arbeitsgruppe hart arbeiten und dadurch viele Arbeitsergebnisse produzieren wird, dieses Buch aber *Sie* auf einem teils recht langen erscheinenden Weg darüber informiert, wie wichtig *Ihre* Vorbereitung auf das moderierte Treffen ist. Und unfair scheint es obendrein, denn Ihre Gruppe wird schöpferisch tätig und wird den Lohn / das Lob für die geleistete kreative Arbeit einheimsen, während Sie Ihre Moderationsutensilien zusammenpacken, den Moderationskoffer aufräumen und sich auf die nächste Moderation vorbereiten. Sie finden, dass sich das nicht richtig anfühlt? Recht haben Sie – denn diese Darstellung ist ja auch faktisch nicht ganz korrekt.

Als Moderator werden Sie Ihre Gruppe durch ein noch zu ergründendes, teilweise unbekanntes Themengebiet hindurch (beg)leiten, wenn Sie die →Moderation ausführen [S. 115]. Ihre Vorbereitungen, Ihre Moderationstätigkeit und Ihre Nachbereitungen dienen daher dem Zweck, die zielführende Arbeit der Gruppe überhaupt erst zu ermöglichen. Ihre Arbeit bezieht sich damit stets sowohl auf Ihre eigenen Aufgaben, als auch auf die Geschicke der Gruppe. Daher werden Sie Ihre Moderation umso besser umsetzen können, je mehr Rahmenbedingungen Ihnen vorher bekannt sind und somit von Ihnen berücksichtigt werden können. Diese Rahmenbedingungen können vorteilhaft in vier Ebenen abgehandelt werden, woraus sich ein schneller und praktikabler Ansatz zur Vorbereitung auf ein moderiertes Treffen ergibt:

1. die →Persönliche Ebene [S. 77]
2. die →Organisatorisch-fachliche Ebene [S. 84]
3. die →Methodische Ebene [S. 91]
4. die →Inhaltlich-fachliche Ebene [S. 95]

Alle vier Ebenen hängen natürlich voneinander ab und beeinflussen sich auch gegenseitig. Zum genaueren Kennenlernen Ihres eigenen Verhaltens und der Reichweite der einzelnen Ebenen werden sie im Folgenden gesondert dargestellt und bewertet.

Persönliche Ebene

Die beiden wichtigsten Fragen auf der persönlichen Ebene betreffen erstens die nach Innen gerichteten Erwartungen, die ein Moderator an sich selbst hat und zweitens die nach Außen gerichteten Erwartungen, die das Publikum an den Moderator stellt. Viele der hier zu findenden Antworten und Lösungen haben unmittelbar mit der Persönlichkeit des Moderators – also *Ihrer* Persönlichkeit – zu tun.

Unsere Persönlichkeit beeinflusst unsere Einstellung zur Moderationstätigkeit, sei es zum fachlichen Thema, zur Dynamik in der Gruppe oder zu der Moderation an sich. Je kongruenter Ihre Persönlichkeit für die

Gruppe spürbar wird, desto mehr verleiht es Ihrer Moderationstätigkeit Authentizität. Unbewusste Handlungen, die intuitiv getroffene Wortwahl und insbesondere unsere Körpersprache geben immer auch Einblick in unsere eigenen Haltungen und Werte[1]. Die Kopplung aus Erwartung und innerer Haltung wird am stärksten anhand von negativen oder positiven *Emotionen* sicht- und spürbar: Stellen Sie sich vor, Sie werden von Ihrem Vorgesetzen beauftragt, die einstündige Teamsitzung zu moderieren. Wenn Sie sich vom Vertrauensvorschuss Ihres Chefs geschmeichelt fühlen, sich selbst bereits selbstbewusst und voller Motivation vor dem Team stehen sehen und dort sicher und gewandt durch das Arbeitstreffen leiten – dann sehen Sie Ihren Erfolg bereits vor dem inneren Auge und fühlen sich gut. Während Sie diese Zeilen lesen und sich in die Situation denken, bemerken Sie vielleicht schon, dass Sie sich leicht im Sitzen aufrichten und selbstbewusst fühlen. Bravo – Sie haben sich gerade selbsttätig in einen positiven Gefühlszustand versetzt und diese direkt auch körperlich umgesetzt! Umgekehrt können Sie natürlich genauso mit negativen Emotionen Ihren Zustand beeinflussen – und dies ist den meisten Menschen leider viel näher. Nehmen Sie für den Eigenversuch diesmal an, dass Sie durch die Moderationsaufgabe an eigene Ängste und Zweifel erinnert werden (Sie stehen ja schon irgendwie unter Beobachtung Ihres Chefs, die Arbeitsgruppe hat „Gruppenarbeit“ so gerne wie unbezahlte Überstunden und überhaupt: →Brainstorming [S. 255] kann ja jeder – wozu braucht es da so einen Moderator?): Sofort stürmen eine Vielzahl an zweifelnden Fragen auf Sie ein: *„Bin ich gut genug?“*, *„Was werden die anderen wohl denken und erwarten?“*, *„Was, wenn ich zwischendrin nicht weiterweiß…?“*. Diese Liste an Selbstzweifeln ist beliebig erweiterbar. Entscheidend für den Misserfolg ist hier, dass Sie sich selbst vor dem inneren Auge versagen sehen, z. B. wie paralysiert und ängstlich vor dem Publikum stehen. Vielleicht bemerken Sie auch jetzt beim Lesen dieser Zeilen, wie sich die eigene Körperhaltung unter dem Einfluss negativer Gedankenbilder verändert: Sie sinken innerlich ein wenig zusammen, vielleicht krampft der Magen sich leicht zusammen und alle guten Gedanken und Gefühle in Bezug auf das Sprechen vor anderen sind wie weggeblasen. Gleichzeitig distanzieren Sie sich innerlich von der Aufgabe und schieben sich selbst im Angehen der Aufgabe mental einen Riegel vor. Dieser Riegel wird Sie bei

---

1 „Wer etwas von sich gibt, *gibt* etwas von sich.“ Sobald Sie mit der Gruppe kommunizieren und sich äußern, öffnen Sie zugleich auch ein Fenster, durch das Ihre Gruppe von außen einen Einblick in Sie erhält.

der Ausübung ebenfalls blockieren, wenn Sie ihn nicht aktiv zur Seite legen, Ihr inneres gutes Gefühl wieder freilegen und so ihr Potential mit positiver Energie zur Wirkung bringen.

Diese Beispiele haben Ihnen eine Idee gegeben, dass die eigenen Gefühle und inneren Bilder, die wir über unsere persönliche Einstellung zur Moderationssituation aufbauen, starken Einfluss auf unsere Moderationstätigkeit ausüben können. Wie aber können Sie diese Verbindung zwischen innerer Gefühlslage und äußerer Moderationstätigkeit jetzt nutzen, um sich erfolgreich auf eine Moderation vorzubereiten? – Kurze Antwort: Indem wir uns positive Gefühle und bestärkende innere Bilder über unsere Moderationstätigkeit aufbauen, durch gute Vorbereitung, positive, selbstbestärkende Referenzerlebnisse und kontinuierliche Selbstreflexion des Erlebten[2]. Die ausführlichen Antworten finden Sie in den folgenden Abschnitten.

Wir alle besitzen nämlich unsere ganz individuellen Erfahrungen, persönlichen Stärken und Schwächen, die uns zu dem Menschen machen, der wir sind. Dies ist der Grund, warum unterschiedliche Menschen in scheinbar gleichen Situationen unterschiedlich reagieren. Darüber hinaus ist unser Erfahrungsschatz transient, d. h. er ändert und erweitert sich fortlaufend durch die bewusste und unbewusste Verarbeitung aller Situationen, in denen wir uns befinden. Auch bei identischer Vorbereitung, identischer Zusammensetzung der Teilnehmergruppe und identischen Randbedingungen wird keine Ihrer Moderationen identisch verlaufen. Zum Glück. Sonst würde es ja auch irgendwann langweilig werden.

Die fehlerlose perfekte Moderation

Basierend auf das im vorangehenden Abschnitt Gesagte dürfen wir an dieser Stelle daher ganz bewusst den Druck aus dem Kessel nehmen:

> Die bestmögliche Moderation ist nicht die perfekte Moderation, sondern die solide und gute Moderation.

---

2 Erlebnisse und Erfahrungen alleine bringen uns nicht weiter – erst reflektiert und verarbeitet entfalten sie ihre wahre(n) (innere(n)) Stärk(ung)en als positive Referenzen. Wie das im Detail gelingen kann erklärt beispielsweise Barbara Fredrickson anschaulich über „die Macht der guten Gefühle“ [FREDRICKSON, 2011].

Fehler dürfen passieren. Fehler werden passieren. Trotz aller Ihrer noch so gründlichen Vorbereitungstätigkeiten, dem peniblen, fast sklavischen Befolgen der Ratschläge aus diesem Buch und dem mehr als gewissenhaften abhaken der Checklisten aus Abschnitt →Abgehakt: Listen und To-Dos [S. 99] kann beispielsweise die Klimaanlage ausfallen, ein persönlicher Streit zwischen zwei Teilnehmern entstehen, das Flipchartpapier aufgrund eines Wasserschadens nass sein oder der eingeladene Referent für den wichtigen Impulsvortrag verspätet erscheinen. Sie können einfach nicht für *alle* Probleme, mit denen Sie potentiell konfrontiert werden könnten, vorab einen Plan B erarbeitet haben. Es kommt daher weniger darauf an, dass Sie Ihre Moderationstätigkeit – auch in unvorhergesehenen Situationen – nach Kochrezept oder gemäß Handbuch durchführen können, sondern dass Sie unter allen Umständen kreativ, zielorientiert und authentisch handeln[3]. Dabei helfen Souveränität (diese bringen Sie zum großen Teil schon mit, denn sonst würden Sie dieses Buch gar nicht erst lesen), Erfahrung (die kann Ihnen dieses Buch nicht geben, denn diese wächst mit der Anzahl der von Ihnen durchgeführten Moderationen) und ein paar Tipps und Tricks (diese allerdings kann und wird Ihnen dieses Buch mit auf den Weg geben).

Niemand kann unter allen Umständen eine perfekte Moderation abliefern oder erwarten. Ein allzu starker Hang zur Perfektion zwingt uns dazu, nachts noch an den letzten 2 % der Formulierungen zur morgigen Moderation zu feilen, lässt aber außer Acht, dass doch eigentlich der gesunde Schlaf bzw. der Freiraum eines erholten Geistes uns erst die mentale Flexibilität schenkt, spontan und angemessen auf unerwartete Situationen in der Moderationssituation einzugehen … Als Perfektionist versucht man immer, alles bestmöglich vorherzusehen – doch scheitert dieser Wunsch nur allzu leicht und ohne dass wir dies beeinflussen könnten, wie die Beispiele oben angedeutet haben. An dieser Stelle mit einem starren Kochrezept weiterzuarbeiten könnte im Gegenteil der Moderation sogar schaden: Nutzen Sie das Potential, das in Konflikten und Unzulänglichkeiten steckt, für Ihre Moderation aus. Dabei können neue Meinungen im Dialog entstehen, Positionen sich wandeln und Inhalte ganz neu geschaffen werden – dies ist ja gerade einer der besonderen

3 Das „unter *allen* Umständen" meinen wir auch so: Bleiben Sie kreativ, auch wenn alles wie am Schnürchen läuft. Nutzen Sie die Gunst der Stunde und probieren Neues und sich dann aus. Wann sonst hätten Sie dazu eine bessere Gelegenheit als bei Ihrer nächsten Moderation?

Mehrwerte von moderierten Treffen[4]. Nur ist all das eben nicht plan- und vorhersagbar, sondern das Ergebnis von dynamischen Prozessen innerhalb der Gruppe sowie zwischen Ihnen und der Gruppe. Oftmals schweißen Probleme, denen man gemeinsam ausgesetzt ist, die Gruppe auch enger zusammen, da sich so die gemeinsamen Werte festigen (→Phasen der Gruppenbildung [S. 71]).

Perfektionismus ist weder der große Freund noch der große Feind Ihrer Vorbereitung auf eine Moderation und darf daher durchaus aktiv beachtet, zugleich ein wenig missachtet oder in einigen Fällen auch ganz ignoriert werden.

Lampenfieber

Das Gefühl von Aufregung und Angst vor dem Sprechen bzw. Agieren vor Publikum – die meisten kennen diese Anspannung. Moderatoren sind hiervon natürlich nicht ausgenommen, da die Tätigkeit an exponierter Stelle mit Führungsverantwortung für den strukturierten Arbeits- oder Gesprächsprozess durchgeführt wird. Lampenfieber ist ganz normal und ist jedem Sprecher vor Publikum bekannt. Ein wenig Lampenfieber ist gut, da es Ihre Wachheit und Flexibilität erhöht und den Muskeltonus, den Blutfluss und die Gehirnaktivität hormonell aktiviert. Dadurch können wir effizienter denken und größere Leistungen vollbringen. Ein Zusammenhang zwischen Anspannung (dem Aktivierungsniveau) und der Leistungsfähigkeit ist seit über 100 Jahren bekannt und wurde zuerst von Yerkes und Dodson berichtet [YERKES et. al., 1908].

4 Es gibt sogar Gruppenarbeitsmethoden, die Widersprüche und Probleme als Ausgangspunkt für kreative Gruppenprozesse aktiv ausnutzen, wie z. B. die →Kopfstand-Methode [S. 256] oder die Walt-Disney-Methode [BAUMANN et al., 2020]. Diese sollten Sie sich auf jeden Fall einmal vornehmen, wenn Sie sich auf dem Weg zum Adepten befinden.

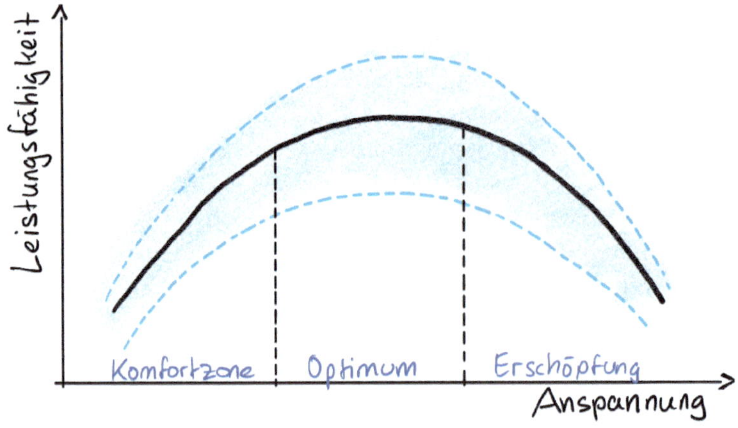

Abbildung 7: Grafische Darstellung des Yerkes-Dodson-Gesetzes zur Veranschaulichung der Abhängigkeit von (kognitiver) Leistungsfähigkeit von (nervöser) Anspannung: Bis zu einem Maximalwert steigert sich die Leistungsfähigkeit mit zunehmender Anspannung. Geht die Anspannung darüber hinaus, verringert sich die Leistungsfähigkeit mit zunehmender Erschöpfung. Diese Abhängigkeit (Kurvenanstieg, Maximalwert, Abstieg) ist stark individuell geprägt, wie der blaue Bereich andeutet.

Dieser Zusammenhang, der in →Abbildung 7 skizziert ist, deutet an, was Sie wahrscheinlich bereits am eigenen Leibe erlebt haben: Ein wenig Anspannung (Lampenfieber) ist durchaus förderlich für Ihre Aktivitäten vor dem Publikum bzw. mit der Arbeitsgruppe. Sobald die Anspannung aber zu groß wird, lenkt sie Sie zu sehr von Ihrer eigentlichen Aktivität ab, sodass Ihre Leistungsfähigkeit sinkt. Ein gutes Maß an Lampenfieber gehört also nicht nur zur Moderation, sondern ist sogar förderlich. Außerdem sorgt eine erfolgreiche Bewältigung von Tätigkeiten mit Lampenfieber für die Ausschüttung des Hormons Dopamin, wodurch ein Glücksgefühl erzeugt wird. Achten Sie bei Ihrer nächsten Moderationstätigkeit einmal darauf: Falls Sie zuvor ängstlich dieser Situation gegenüberstanden und sie nachher trotzdem gemeistert haben, fühlen Sie sich hinterher besser – garantiert! Erinnern Sie sich vor Ihrer darauf folgenden Moderationsaufgabe gerne einmal daran ... Bravo! Damit haben Sie sich soeben ein positives Referenzerlebnis selbst geschaffen!

Improvisation

In unbekannten Situationen mit den wenigen zur Verfügung stehenden Mitteln das Ziel bestmöglich noch zu erreichen, ist keine Leistung, die nur im Trekking-Urlaub im Dschungel zu erbringen ist. Falls Sie mit Ihrer Arbeitsgruppe in eine unvorhergesehene Situation hineingeraten, die in Konflikt mit Ihrer Planung steht, müssen Sie diese Situation wahrnehmen und aktiv bearbeiten. Leider lösen sich nur die wenigsten dieser störenden Probleme von selbst, und darauf zu hoffen und passiv abzuwarten, könnte sich als fatal erweisen. Daher gilt: *Störungen haben Vorrang* (mehr dazu finden Sie im Abschnitt →Störungen von Innen [S. 210]): Es ist nachvollziehbar, dass eine Weiterarbeit nach Plan scheitern wird, wenn sich Ihre Mitarbeiter eher der Störung widmen als der fachlichen Problemlösung.

Es kann sich in solchen Störungsszenarien als durchaus vorteilhaft erweisen, die Störung von zwei Seiten aus zu bedenken. *Von vorne*: Wie kann ich das entstandene Defizit am besten funktionsgleich ersetzen? und *von hinten*: Wie kann ich das entstandene Defizit am besten für die Gruppe nutzbar machen, um einen alternativen Weg zum Ziel beschreiten zu können? Es ist keine schlechte Idee, wenn Sie in solchen Situationen den größten Erfahrungspool, der Ihnen während Ihrer Moderation zur Verfügung steht, dafür rekrutieren: die Kreativität Ihrer Teilnehmer (s. Anwendungsbeispiel unten). Denn diese beschränkt sich mit Sicherheit nicht allein auf die von Ihnen moderierte Fragestellung.

Anwendungsbeispiel: Während Sie einen Impulsvortrag zu Beginn Ihrer Moderationstätigkeit halten, gibt der Beamer seinen Geist auf und Sie können keine der problemrelevanten Grafiken auf den Präsentationsfolien mehr zeigen. Gemeinsam mit Ihren Teilnehmern können Sie Lösungsoptionen sammeln und die für alle beste umsetzen. Möglich wären u. a.

- Schlüsselaussagen verbalisieren und auf Flipcharts skizzieren (→Zusammenfassen [S. 196]).
- Laptop umdrehen und dessen Bildschirm nutzen.
- Das vorbereitete Handout verteilen oder eine kurze Pause machen, in der Ihre Datei für alle ausgedruckt wird. Anschließend mit dem Ausdruck weiterarbeiten.

- Die Präsentationsdatei auf die Laptops oder die smarten Geräte der Teilnehmer versenden.
- Kurze Pause oder direkt Gruppenarbeit mit Arbeitsauftrag (→Mündliche Anweisungen [S. 141]) ausrufen und den Haustechniker anrufen.
- Das Sekretariat fragen, ob ein anderer Raum bezogen werden kann oder ob ein Ersatzbeamer oder ein größerer Monitor zur Verfügung steht.

Organisatorisch-fachliche Ebene

Damit das von Ihnen moderierte Treffen überhaupt stattfinden kann, müssen **Personen**, **Raum**, **Zeit** und **Material** *zielführend* aufeinandertreffen. Beginnen Sie mit der Organisation Ihres jeweiligen Arbeitstreffens, indem Sie herausfinden, was davon überhaupt in Ihrer Zuständigkeit liegt. Denn ja nachdem, wie Sie in die Organisation Ihres Auftraggebers, für den Sie Ihre Moderation durchführen werden, eingebunden sind, kann es sein, dass viele logistische Vorbereitungsaufgaben gar nicht in Ihren Zuständigkeitsbereich fallen.

Warnung: Verlassen Sie sich bitte nicht blind darauf, dass alles automatisch in Ihrem Sinne geschieht. Sprechen Sie sich mit den zuständigen Stellen ab und geben Sie Ihre Anforderungen und Wünsche an, damit diese mit den gegebenen Randbedingungen vor Ort abgeglichen werden können. Sie hätten gerne vier Flipchartständer für die Vier-Ecken-Methode (→Vier-Felder-Schema [S. 263])? Dann ist es kein Problem, wenn nur einer vorhanden ist, die Wände des Raums das Befestigen von Papier gestatten und der zur Verfügung gestellte Moderationskoffer mit Magneten oder Kreppband ausgestattet vor Ort bereitsteht. Sie legen Wert auf vollwertige Pausenverpflegung? Überraschen Sie das Sekretariat Ihres Auftraggebers mit dem Hinweis darauf, dass Teilnehmer das Ersetzen von Kongresskeksen in Blechdosen durch lokales Obst und Riegeln mit fair gehandelter Schokolade durchaus sehr positiv wahrnehmen.

Einladung

Je nach Usus der Institution, für die Sie die Moderation durchführen, kann es ein schöner Zug sein, sich bereits im Rahmen der ersten Einladung zu dem Arbeitstreffen bei den Teilnehmern in einem kurzen Schreiben vorzustellen. Insbesondere die Neulinge in Ihrer Arbeitsgruppe können Sie dort mit einigen Worten beruhigen, indem Sie einen kurzen Abriss über den Ablauf des Treffens geben (konkrete Hinweise, was in die →Einladung (Meeting) [S. 326] und die →Agenda (Meeting) [S. 327] von Meetings hinein gehört, besprechen wir im Kapitel →Meeting-Management [S. 315]). Den Zweiflern können Sie ein wenig Wind aus den Segeln nehmen, indem Sie auf Erfolge vergangener Arbeitstreffen verweisen (hier ist nicht primär von *Ihren* Erfolgen die Rede, sondern von einer erfolgreichen, d.h. zum Ziel führenden, Zusammenarbeit.). Alle zusammen können Sie auf das Treffen einstimmen, indem Sie Ihrer Freude Ausdruck verleihen und ggf. auf die eine oder andere Überraschung verweisen, die Sie vorbereitet haben.

Das Einfordern und Nachhalten der Rückbestätigungen sowie das Versenden eines Reminders fallen wahrscheinlich nicht mehr in Ihren Zuständigkeitsbereich.

Zusammenhang zwischen Inhalt und Durchführung

Bisweilen werden Sie von Ihrem Auftraggeber auch mit spezifischen Fragen zu dem moderierten Treffen angesprochen werden, was z. B. Raumgröße oder -ausstattung betrifft. Viele dieser spezifischen Fragen können Sie aber nur mit spezifischen Kenntnissen über das Ziel des Treffens beantworten. So werden Sie die Anforderung an die Räumlichkeiten an die Arbeitsmethoden koppeln, die ihrerseits wieder an die Zusammensetzung der Teilnehmer, die zur Verfügung stehende Zeit und das zu bearbeitende Problem gekoppelt sind, welches direkt mit dem zu erreichenden Ziel zusammenhängt. Damit ist ersichtlich, dass die organisatorische Planung Ihre Anforderungen an und Kenntnisse über die →Inhaltlich-fachliche Ebene [S. 95] mit einschließt. Auch wenn Sie von den technischen oder fachlichen Details der zu bewältigenden Arbeit keine oder nur rudimentäre Kenntnisse haben müssen – und je nach eingesetzten Arbeitsmethoden auch gar nicht haben sollten – sind zwei Ebenen an Hintergrundwissen sehr nützlich:

- Ein *gesundes Maß an* ***Allgemeinwissen*** *über das Arbeitsthema / die Branche / das Fachgebiet*, das Sie moderieren, hilft Ihnen dabei, grob unsinnige von sinnhaften Beiträgen unterscheiden zu können; insbesondere wenn es ums →Entscheiden [S. 173] geht. Auch ermöglichen Ihnen diese Kenntnisse, die bei einigen Arbeitsmethoden erforderlichen Abbruchbedingungen zu erkennen und umzusetzen.

- Ihre Arbeit mit der Arbeitsgruppe wird davon beeinflusst, *auf welcher **Entwicklungsstufe** sich das zu erreichende (Teil-)Ziel bereits befindet.* Ihr zur Verfügung stehendes Repertoire an Gruppenarbeitsmethoden hängt davon ab, ob Sie Ihre Gruppe darin unterstützen sollen, neue Ideen zu finden und zu →Sammeln [S. 146], Konzepte zu erarbeiten und zu →Strukturieren [S. 162], Prioritäten festzulegen und zu →Entscheiden [S. 173] etc. Weitere Anregungen finden Sie in [BAUMANN et al., 2020].

Vorbereitungsaufgaben

Falls einige der von Ihnen gewählten Arbeitsmethoden eine inhaltliche oder formale teilnehmerseitige Vorbereitung verlangen, sollten Sie überlegen, ob Sie diese in der →Einladung [S. 85] ebenfalls schon bekannt geben möchten, oder dies in einer späteren – dem Arbeitstreffen näheren – Nachricht tun wollen.

Erste Warnung: Gehen Sie nicht davon aus, dass es selbstverständlich ist, dass alle Teilnehmer gut in der Zeit, gut gelaunt und vor allem gut vorbereitet zum terminierten Arbeitstreffen erscheinen werden.

Falls Sie dieselbe Gruppe in mehreren Sitzungen moderieren, können Sie zu Beginn der ersten Sitzung die Gelegenheit nutzen, die geltenden Spielregeln zu kommunizieren, vgl. Abschnitt →Stelle Spielregeln auf [S. 135], und verbindlich zu machen. Dann können viele Vorbereitungen ebenfalls routiniert und rollierend ausgeführt werden, wie wir im Kapitel →Meeting-Management [S. 315] ausführlich darstellen. Falls Sie nur einmalig mit der Gruppe arbeiten werden, müssen Sie alle notwendigerweise vorab zu beachtenden Hinweise und Aufgaben auch vorab kommunizieren. Sie können die Wahrscheinlichkeit, dass diese auch beachtet werden, mit folgenden Tipps erhöhen:

Tipp 1: In der Kürze steckt die Würze. Ihr Anschreiben (wahrscheinlich eher eine E-Mail oder ein pdf-Dokument als ein Brief) ist *nur so lang, wie es sein muss.* Lange Begrüßungsorgien, ausschweifende Formulierungen, verschachtelte Satzkonstruktionen und nicht-enden-wollende Detailangaben überlassen wir politischen Debattenbeiträgen und ausschweifenden

Festreden, aber übertragen sie nicht hierhin. *Kürzen* bedeutet weniger, dass Sie grammatische Artikel weglassen und im Telegrammstil schreiben. Es bedeutet eher, dass *Sie* sich sehr gute Gedanken darüber machen müssen, welche Inhalte und Informationen *wirklich* notwendig für die Vorbereitung sind, und welche nett wären, aber letztlich nicht unbedingt erforderlich sind.

Anwendungsbeispiel: „Ich schreibe dir einen langen Brief, weil ich für einen kurzen keine Zeit habe."[5] Es ist tatsächlich eine umfassende und in ihrem Zeitbedarf nicht zu unterschätzende Aufgabe, lange Texte, die zahlreiche Informationen z. B. im Fließtext, in Listenform, als Tabelle formatiert oder in jedweder Kombination daraus, enthalten, dahingehend zu analysieren, ob – angepasst an die jeweilige in Zukunft zu moderierende Arbeitsgruppe – nicht nur die Informationen vollständig wiedergegeben werden, sondern ob diese Informationen zur Erreichung des gemeinsamen Arbeitsziels sämtlich überhaupt das notwendige Maß der Erforderlichkeit erreichen, denn mit (viel zu) vielen Informationen ist es gerade so wie mit zu langen Satzformulierungen (und indem Sie diesen Satz lesen, wissen Sie, wovon wir, die Autoren, hier sprechen): Man hat als Angehöriger der Adressatengruppe entweder irgendwann keine Lust mehr, die Informationen verständig aufzunehmen, oder man hat schlicht und einfach mittendrin die Lust verloren, sich damit weiter auseinanderzusetzen, was beides nicht in Ihrem Sinne sein kann. Priorisieren Sie von Beginn an. Was *muss vorab* bekannt sein und was kann *sinnvoll während des Treffens kommuniziert* werden? Und trauen Sie sich dann auch, Inhalte zu streichen.

Tipp 2: Form und Funktion. Angenehme Schriftgrößen, Vermeidung von Schmuckschriften, kurze Absätze und Vermeidung von Blocksatz erleichtern die optische Erfassung Ihres Texts. Listen helfen beim Abhaken. Leider tendieren Listen und Tabellen oftmals dazu, immer weiter verlängert zu werden. Beschränken Sie bewusst diese Aufzählungen.

Tipp 3: Wichtiges ist wichtig. Und was wirklich wichtig ist, das wissen die Leser Ihrer Vorbereitungstexte, weil Sie die Kernaussagen oder

---

5 Autor unklar, möglicherweise Johann Wolfgang von Goethe, Georg Christoph Lichtenberg, Jonathan Swift, Blaise Pascal, Heinrich von Kleist oder auch mehrere dieser Personen.

Kernwörter, die relevanten Datumsangaben oder Uhrzeiten **fett** oder farbig gedruckt, ABGESETZT oder unterstrichen haben, sie

allein in einer Zeile **zentriert** drucken

oder gegebenenfalls am Ende Ihres Texts in Form eines „Bitte nicht vergessen"-Abschnitts noch einmal in Form einer kompakten **Checkliste** wiederholt haben. Gehen Sie sparsam mit diesen Textattributen um – denn wenn *Sie* jedes **zweite** Wort markieren, *ist* der SIGNALCHARAKTER dahin. Weitere Infos über →Schriftliche Anweisungen [S. 143] folgen im nächsten Kapitel.

Und: Unwichtiges ist unwichtig. Daher müssen sich Ihre Teilnehmer auch nicht damit auseinandersetzen. Lassen Sie Unwichtiges weg. Wirklich.

Tipp 4: Keep smiling. Im persönlichen Umgang hilft ein freundliches Lächeln stets weiter. In Ihrem Anschreiben ist es die freundliche Formulierung, mit der Sie Türen öffnen. Steigen Sie freundlich lächelnd (nicht unterwürfig) ein, geben Sie Ihre Informationen sachlich an und enden Sie mit einem freundlich-festen Handschlag. Ihr zukünftiger Teilnehmer soll Sie nun persönlich kennenlernen wollen.

Tipp 5: Der Köder fängt den Fisch. Warum sollten Ihre Teilnehmer eigentlich einen Teil ihrer wertvollen eigenen Arbeitszeit der Vorbereitung Ihres Treffens widmen? Argumentieren Sie mit den wichtigsten nur gemeinsam zu erreichenden Zielen und motivieren Sie, indem Sie den Wert der individuellen Teilnehmer für das Gesamtergebnis hervorheben. Überlegen Sie sich, wer für das Arbeitstreffen einlädt und wem letztlich das Ergebnis dient: dem Chef? Ihnen? der Firma? der Belegschaft? der Region? …

Tipp 6: Informationsmaterial aufbereiten. Falls sich die Teilnehmer durch das Lesen von Texten inhaltlich vorbereiten müssen, sollten Sie dafür einerseits mehr Vorlaufzeit einplanen, andererseits die Wahrscheinlichkeit erhöhen, dass diese Texte auch *sinnentnehmend* gelesen werden. Das inflationäre Anhängen von Originalartikeln, von schlecht eingescannten Grafiken und von der unkommentierten Powerpoint-Datei aus der Marketing-Abteilung schaffen dies zumeist aber nicht. Wenn Sie durch die Weitergabe einer unangepassten Materialschwemme kommunizieren, dass Sie sich keine Mühe bei der Zusammenstellung der Vorab-Informationen gegeben haben, warum sollten die Teilnehmer sich ihrerseits Mühe in ihrer eigenen Vorbereitung machen? Prüfen Sie daher, ob die Materialien überhaupt im Original und ungekürzt vorliegen *müssen*. Fassen Sie Texte zusammen, bzw. erbitten Sie von der fachlichen Leitungsebene Zusammenfassungen und verteilen Sie diese anstelle der Originalquellen. Übersetzen Sie Informationen in grafische Äquivalente. Der Aufwand für diese Optimierungsarbeiten ist nicht unerheblich, aber sehr gut investiert, denn dieser *1*-malige Aufwand ergibt eine „eine" *n*-fache (*n* = Anzahl der Teilnehmer des Treffens) Zeitersparnis und erhöht zugleich die Wahrscheinlichkeit, dass die Teilnehmer vorbereitet zum Treffen erscheinen.

Tipp 7: Persönliche Arbeitsaufträge. Falls sinnvoll und möglich können Sie Teilaufgaben auf *alle* Teilnehmer zur Vorbereitung verteilen und zu Beginn des Treffens vorstellen lassen. Dadurch schließen Sie den Bogen zu *Tipp 6* (s. o.), indem Sie klar und präzise formulieren, was mit angehängtem Informationsmaterial genau gemacht werden soll. Damit wird ebenso die Motivation jedes Einzelnen erhöht (denn die wenigsten Teilnehmer wollen sich dann die Blöße geben, in der Arbeitsgruppe – und damit quasi öffentlich – unvorbereitet zu erscheinen) und zugleich die Arbeitslast der Vorbereitung pro Teilnehmer reduziert. Formal ähnelt diese Art der Vorbereitung der Methode „Gruppenpuzzle" [BAUMANN et al., 2020] und kann auch genauso im Anschreiben motiviert werden.

Zweite Warnung: Gehen Sie nach Berücksichtigung aller Tipps noch immer nicht davon aus, dass *alle* Teilnehmer gut in der Zeit, gut gelaunt und vor allem gut vorbereitet zum terminierten Arbeitstreffen erscheinen werden.

Die Gründe für dieses Teilnehmerverhalten liegen höchstwahrscheinlich nicht allein in einer schlechten Kinderstube oder in einem Boykott des Arbeitstreffens an sich. Manch einer vergisst auch schonmal etwas und manch anderen treffen unvorhergesehene und nicht zu verschiebende zwingende Pflichten. Die Handhabung von Situationen, in der die kritische Anzahl unvorbereiteter Teilnehmer überschritten ist, verlangt ein wenig mehr Routine und Erfahrung, wie im folgenden Abschnitt beschrieben wird.

Unvorbereitete Teilnehmer? Plan B

Der zielführende Umgang mit unvorbereiteten Teilnehmern setzt einiges an Moderationserfahrung voraus – auch Menschenkenntnis und Konfliktmanagement sind hier nicht die schlechtesten Berater. Wir nennen eine ungeplante (nicht unbedingt unvorhersehbare!) Situation, die die reguläre Erreichung des gemeinsamen Arbeitsziels gefährdet, eine Störung. Hinweise zum Umgang mit den vielfältigen Störungen, die während einer Arbeitsphase auftreten, erhalten Sie im Abschnitt →Störungen und Konflikte [S. 205].

Im Falle unvorbereiteter Teilnehmer ist es zunächst wichtig, zu erkennen, ob und in welchem Maße Sie es in dem Treffen mit mangelnder Vorbereitung zu tun haben. Falls Sie durch Flurgespräche persönliche Kommunikationen vor Beginn Ihrer Moderationstätigkeit oder durch eine einfache und ehrliche Abfrage zu Beginn Ihrer Moderation den Eindruck erhalten haben, dass die mangelnde Vorbereitung ein Ausmaß erreicht hat, das einen plangemäßen →Einstieg [S. 138] in die Arbeit nicht gestattet, sollten Sie dies thematisieren und die notwendigen Inhalte für die Gruppe nachholen bzw. durch einen der Teilnehmer nachholen lassen. Versuchen Sie, wenn es irgend geht, ein Scheitern des Treffens zu vermeiden und alle Teilnehmer unverrichteter Dinge nach Hause zu schicken. Ein sowohl klärendes als auch klares Wort an dieser Stelle, welche Konsequenzen die Vernachlässigung der Aufgaben hat (persönliche Verlängerung der Gruppenarbeitszeit, reißen von gemeinsamen Deadlines, Frustration der wenigen vorbereiteten Teilnehmer, ...), stellt an dieser Stelle meist eine gute Investition in Ihre künftigen Arbeiten in dieser Abteilung dar. Das Äußern von Verständnis und eine (gemeinsame) Suche nach Möglichkeiten zur unmittelbaren Weiterarbeit sind einer Moralpredigt herab von der Kanzel und der Nennung von einzelnen Schuldigen vorzuziehen.

Falls nur einzelne wenige Teilnehmer unvorbereitet erscheinen, können diese dennoch am laufenden Arbeitsprozess teilhaben, indem Sie die erforderlichen Informationen kontextbezogen erfragen, solange diese zusätzliche Informationsgabe den Arbeitsfluss nicht stark behindert. Ob Sie die betroffenen Einzelpersonen persönlich oder vor der Gruppe ansprechen, oder ob Sie die entsprechend modifizierten Arbeitshinweise pauschal kommunizieren, hängt von Ihrem Umgang mit der Gruppe, aber auch von dem Umgang der Teilnehmer untereinander ab.

Teilnehmer, die zu spät kommen, stellen meist kein Hindernis für einen Einstieg in die Arbeit dar, solange es tolerierbar wenige sind und es sich nicht um Schlüsselpersonen (bspw. →Sprecher [S. 57] oder →Präsentator [S. 57]) handelt. Auch hier liegt es in Ihrer Entscheidung, ob, auf welcher Ebene (persönlich, gruppenweit) und in welchem Stil (formal, freundschaftlich) Sie die Störung kommunizieren.

Methodische Ebene

Ihre Zusammenarbeit mit der Gruppe ist genau das: eine *Zusammen-Arbeit.* Damit diese gelingen kann, müssen Sie für die Gruppe auf Basis der zu erreichenden Ziele und der logistischen Möglichkeiten die passende(n) Arbeitsmethode(n) identifizieren und vorbereiten. Und es schadet nichts, immer noch ein wenig mehr Arbeitsmaterial, z. B. in Form eines gut gefüllten Moderationskoffers, zur Verfügung zu haben, denn es wäre ja schade, wenn die Kreativität und Arbeitslaune einer Gruppe durch leere Stifte oder fehlendes Papier abgewürgt würden.

Handwerkszeug

Unabhängig davon, ob Sie eine reine Gesprächsrunde leiten oder mit Bastelmaterial in Kleingruppen arbeiten lassen: Im Verlaufe des Arbeitsprozesses werden Ergebnisse erzielt, die gesichert werden müssen (→Sichern [S. 188]). Dies ist der Grund, warum Sie in jedem halbwegs gut ausgestatteten Seminarraum einen Moderationskoffer und mindestens eine großflächige Schreibwand (Flipchart, Metaplanwand oder Whiteboard) finden.[6] Machen Sie es sich zur Regel, *immer* dafür Sorge zu tragen, dass *gutes* Schreibmaterial vor Ort ist: Filzstifte sind in mehreren Farben vorhanden und schreiben mit vollem Strich. Papier (und Ersatzpapier) liegt bereit und kann für alle sichtbar befestigt und eingesetzt werden. Geordnete Stapel von Moderationskarten können in mehreren Farben und Formen von den Teilnehmern beschrieben sowie ablös- und wiederanheftbar an einer senkrechten Fläche benutzt werden. Schere(n) und Pinn-Nadeln nehmen nicht viel Platz weg. Kleber und Klebeband werden ebenfalls schmerzlich vermisst, wenn sie verbraucht oder überaltert sind und nicht nachgefüllt wurden. Und ein paar (Wisch-)Tücher, mit denen Teile des Whiteboardanschriebs oder der vergossene Kaffee weggewischt werden können, sind stille aber wertvolle Helfer.

Je größer Ihre Gruppe ist, umso mehr *Arbeitsmaterial* wird potentiell benötigt. Es gehört zu Ihrer →Voraussicht [S. 189], den Bedarf abzuschätzen

---

6 Bei der →Online-Moderation [S. 373] ändern sich die Art der Kollaboration und auch das verwendete Arbeitsmaterial, obwohl die zahlreichen online verfügbaren Kollaborations-Tools sehr bemüht sind, die analogen Arbeitsmaterialien nachzuempfinden. Dies ist der Grund, warum Sie zur →Online-Moderation [S. 373] in diesem Buch ein eigenes Kapitel finden.

und vor Beginn des Treffens dafür zu sorgen, dass er gestillt werden kann. Während das Treffen läuft, ist es nicht nur peinlich, wenn keiner der vorhandenen Stifte mehr schreibt, die Besorgung von Ersatz stellt zugleich eine zumeist sehr störende Unterbrechung im Arbeitsfluss dar. *Zumeist*, weil Ihre Moderation sehr oft auch aus →Improvisation [S. 83] besteht und Sie daher mit Plan B gut fahren können: Sie müssen neue Stifte aus dem Sekretariat besorgen? Fügen Sie eine kurze Arbeitspause ein. Das Flipchartpapier ist ausgegangen? Nutzen Sie die Rückseiten der beschriebenen Blätter. Die Klebebandrolle zur Befestigung der Moderationskarten ist aufgebraucht? Legen Sie die Karten in der entsprechenden Anordnung auf den Boden.

Für den Fall, dass Sie mit digitalen Inhalten arbeiten werden, reicht es nicht aus, dass die entsprechenden Komponenten vorhanden sind. Sie müssen zusätzlich auch funktionieren, untereinander verbunden sein und letztlich von Ihnen sicher bedient werden können. Das gilt insbesondere in der →Online-Moderation [S. 373], bei der Sie →Umgang mit der Technik [S. 375] besonders einüben sollten.

Es empfiehlt sich daher, vor Ort nicht nur zu prüfen, ob alle potentiell benötigten Materialien vollständig vorhanden sind, sondern auch, ob sie (miteinander) arbeiten. Dazu ist es insbesondere bei der digitalen Ausstattung erforderlich, dass Sie mindestens einen →Testlauf [S. 111] rechtzeitig vor Ihrem Arbeitstreffen durchführen und dabei alle benötigten Funktionsmerkmale durchprobieren. Falls eine bestimmte Software installiert ist, stellen Sie sicher, dass sie diese ohne Probleme bedienen können. In den weiter unten angegebenen Checklisten (→Abgehakt: Listen und To-Dos [S. 99]) finden Sie weitere Hinweise zur Nutzung der digitalen und analogen Raumtechnik.

Arbeitsmethoden

Ihre Moderation funktioniert nur, wenn Sie selbst strukturiert arbeiten und Ihre Arbeitsgruppe zur strukturierten Arbeit anleiten. Die Arbeitsmethoden, die Sie dafür auswählen, hängen von zahlreichen Determinanten ab, z.B.:

- die Aufgabenstellung mit den anvisierten Zielen (dem „Wozu?“ Ihres Treffens)
- die Gruppengröße und -zusammensetzung
- die Raumgröße und -aufteilung
- die zur Verfügung stehende Zeit

- die Anzahl der Arbeitstreffen sowie die Zeit zwischen ihnen
- die Vorlaufzeit bis zum (ersten) Arbeitstreffen
- die Arbeitsmethoden, die Sie gut kennen und sicher einsetzen können
- Ihr Bauchgefühl

Diese Auflistung ist nicht so zu verstehen, dass Sie gar keine Freiheit in der Methodenwahl oder im Umgang mit Ihrer Arbeitsgruppe haben. Vielmehr hilft die Analyse aller Randbedingungen dabei, aus Ihrem Methodenset (Ihrem Werkzeugkasten) diejenige(n) Methode(n) zu identifizieren, die die effizienteste Arbeitsweise garantieren. Sie haben wahrscheinlich bereits unbewusst oder bewusst damit begonnen, Ihren Werkzeugkasten mit Arbeitsmethoden und deren Varianten zu füllen und dabei genauso unbewusst oder bewusst sich moderationstechnisch weiterentwickelt: → Novize → Adept → Profi [S. 18]. Richten Sie sich darauf ein, dass Ihr Werkzeugkasten im Verlauf Ihrer künftigen Moderationstätigkeiten immer weiter angefüllt werden wird. Dies führt unweigerlich dazu, dass Sie einige Methoden öfter einsetzen werden als andere und auch dazu, dass Sie einige Lieblingsmethoden haben werden. Nicht umsonst lautet der letzte Begriff in der obigen Liste *Bauchgefühl*. Wir können Sie hier nur dazu einladen, Ihre Moderationen nicht ausschließlich nach Schema F und dem sturen (be)folgen einer Liste ablaufen zu lassen – auch wenn viele hilfreiche Listen und Strukturen hier in diesem Buch Ihres Vertrauens abgedruckt sind. Mit jeder Moderation werden Sie weitere methodische Sicherheit gewinnen, die Sie in folgenden Moderationen zunächst bewusst, später unbewusst, nutzen werden bei der Auswahl von passenden Arbeitsmethoden. Bei aller Methodentreue und durchdachten Arbeitsweise, sind es immer noch Sie als Mensch, der die Moderation durchführt und die Arbeit anleitet, und nicht die sorgfältig niedergeschriebene Methode, die Sie auswendig gelernt haben und der Sie dann assistieren dürfen[7].

Es gibt beinahe unüberblickbar viele Online- und Buchquellen für Arbeitsmethoden, die im Rahmen einer Moderation durchgeführt werden können. Einige sehr hilfreiche →Moderationsmethoden [S. 231] finden Sie natürlich auch in diesem Buch. Selbstverständlich können wir hier aber auch das Buch *Gruppenarbeit – Methoden, Techniken, Anwendungen* von M. Baumann und C. Gordalla empfehlen [BAUMANN et al., 2020].

7 Erinnern Sie sich an →Die fehlerlose perfekte Moderation [S. 79] aus dem ersten Abschnitt? – Dann wissen Sie, dass Sie als authentischer Mensch die Moderation zum Ziel führen; nicht ihr Perfektionismus.

Mitarbeit und Delegierung

Viele Arbeitsmethoden, die während einer Moderation eingesetzt werden, sind an die Nutzung und Bedienung von Materialien gekoppelt. Mal müssen Flipcharts im Rahmen einer Ergebnissicherung mit zugerufenen Wortbeiträgen beschrieben werden, mal müssen beschriebene Moderationskärtchen umsortiert aufgehangen werden, oder es müssen auch mal Arbeitsmaterialien zu einem bestimmten Zeitpunkt an die Arbeitsgruppen in verschiedenen Räumen verteilt werden. Diese Tätigkeiten stellen sich einerseits als integrale Bestandteile der Gruppenarbeitsphasen dar und werden der Gruppe bzw. den Gruppen im Rahmen der Vorstellung der Methode überantwortet. Insbesondere in den Synthesephasen im Plenum geschieht es aber andererseits sehr oft, dass Sie in Ihrer Rolle als Moderator Schlüsselaufgaben übernehmen, indem Sie z. B. die Resümees der Gruppe für alle sichtbar am Flipchart notieren (→Festhalten [S. 158]) oder auf Zuruf Moderationskärtchen an der Pinnwand neu clustern (→Strukturieren [S. 162]).

Überlegen Sie sich, ob Sie diese und ähnliche Aufgaben nicht ganz oder teilweise ebenfalls in die Gruppe tragen können und einzelnen Gruppenmitgliedern überantworten. Die Vorteile dieser Delegierung sind:

- Die Verantwortung bleibt weiterhin sicht- und spürbar in der Gruppe und damit auch das Gefühl, den Lösungsprozess weitestgehend aus eigener Kraft vorangetrieben zu haben.
- Sie sind von formalen (Schreib-)Arbeiten entlastet und können sich dadurch wieder mehr auf Ihre Gruppe und die methodischen Abläufe konzentrieren.
- Sie erwecken nicht den Anschein, an zentraler Stelle stehend Inhalte bewerten oder modifizieren zu können.
- Sie kommunizieren der Gruppe Ihr großes Vertrauen in die eigenverantwortliche Gruppenarbeit.
- Sie aktivieren die Gruppe und insbesondere ein Gruppenmitglied zusätzlich.

Achtung! Delegieren von Vorbereitungsaufgaben bedeutet weder, unbequeme oder gar lästige Routineaufgaben von sich zu weisen, noch abzugeben und auszuruhen. Es bedeutet vielmehr, mit Augenmaß denjenigen Arbeit anzuvertrauen, die sie besser ausführen können als man selbst. *Besser* mag dabei z. B. *schneller*, *gründlicher* oder *effizienter* bedeuten, vielleicht aber auch: *hat die Zeit, die ich nicht habe.* Sobald Sie Aufgaben delegieren möchten und die geeignete(n) Person(en) identifiziert haben, stellen Sie einen persönlichen Kontakt her, beschreiben die Aufgabe sowie den Grund, warum Sie genau dieser Person diese Arbeit übertragen, geben Gelegenheit zu Rückfragen, hinterlassen eine Kontaktadresse und eine Deadline (zur finalen Entscheidung oder Durchführung) und bedanken sich. Und dann vergessen Sie die delegierte Aufgabe bitte *nicht.* Denn auch wenn Sie sie delegiert haben, sind Sie weiterhin verantwortlicher Ansprechpartner. Fragen Sie ggf. rechtzeitig vor Ende der Deadline noch einmal nach und erneuern Sie Ihren Dank nach Erledigung und Rückmeldung über die delegierte Aufgabe.

- Sie achten darauf, dass die mit der Durchführung beauftragte Person daraus keine Machtposition für sich ableitet, indem sie z. B. Beiträge parteiisch filtert.
- Unleserliche Schrift oder Zeitüberschreitungen müssen von Ihnen adressiert werden, wenn die Teilnehmer dies nicht bereits von sich aus tun.
- Sie müssen jederzeit in der Lage sein, die Delegierung aufzuheben und die Moderationsrolle wieder aktiv einnehmen zu können.

Formale und globale Schlüsselelemente der Moderationstätigkeit wie z. B. die Festlegung Uhrzeit, zu der nach der Mittagspause weitergearbeitet wird, oder die Verabschiedung nach einem Arbeitstreffen werden nicht delegiert.

Inhaltlich-fachliche Ebene

Die in den vorangehenden Abschnitten thematisierten Ebenen der Vorbereitung sind formaler Natur und unbedingt notwendig, um das Arbeitstreffen auf einer technischen Ebene geschmeidig ablaufen zu lassen. Da sich jede Moderation in einem spezifischen Themengebiet bewegt, lohnt ein Blick auf den Einfluss Ihrer Fachkenntnisse in diesem Gebiet auf die Ihre Arbeit als Moderator.

Ihre Fachkenntnisse im Kontext der Methodenauswahl

Vorangehend haben wir bereits kurz thematisiert, wie →Der Moderator und das Projekt [S. 43] zusammenhängen und dass es von Ihnen, dem Projekt und der Art Ihrer Moderationstätigkeit abhängt, ob eine inhaltliche Vorbereitung obligat und sehr ausführlich (da notwendig), nur oberflächlich oder gar ungewollt (da potentiell schädlich) ist. Veranschaulichen lässt sich dies mit zwei Schiebereglern wie in →Abbildung 8 gezeigt. Der obere Regler markiert Ihre vorhandenen Fachkenntnisse über das Thema des zu moderierenden Arbeitstreffens von links „keine Kenntnisse“ über die Mitte „Basiswissen“ bis rechts „Expertenwissen“. Der untere Regler markiert Ihren fachlichen Interaktionsgrad der in Ihrer Moderation gewählten Arbeitsmethode(n) von links „autonome Gruppenarbeit ohne Moderator“ über die Mitte „Mitarbeit des Moderators“ bis rechts „zentrale Steuerung durch Moderator“ (Relaismodell).

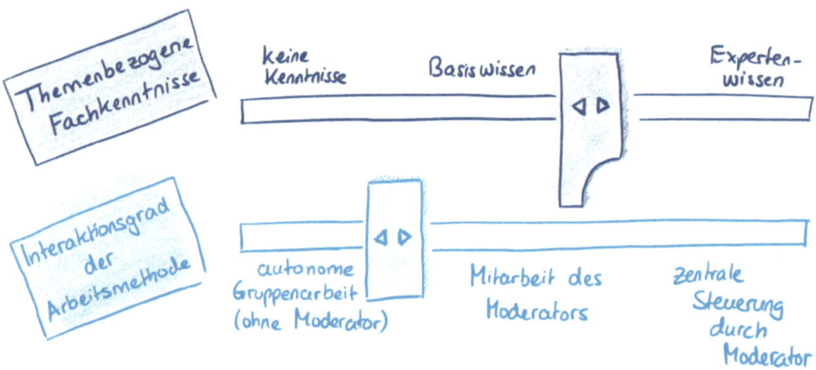

Abbildung 8: Diese symbolischen Schieberegler veranschaulichen den Zusammenhang zwischen Ihren themenbezogenen Fachkenntnissen (oben) und dem Interkationsgrad der Arbeitsmethoden (unten). Der untere Regler kann nach rechts bis maximal zur Position des oberen Reglers geschoben werden.

Wenn Sie den oberen Regler auf das aktuelle Maß Ihrer themenbezogenen Fachkenntnisse justieren, so können Sie den unteren Regler zwischen dem linken Anschlag bis rechts maximal zur Position des oberen Reglers einstellen. Durch den Anschlag der beiden Regler wird verhindert, dass Sie trotz unzureichender Fachkenntnisse Arbeitsmethoden einsetzen, bei denen Ihre fachliche Mitarbeit gefordert bzw. notwendig ist. Ob Sie sich überhaupt fachlich einbringen wollen, können Sie daran ermessen, was passiert, →Wenn zu viel Wissen gefährlich wird ... [S. 97].

Bitte beachten Sie, dass sich dieses Schema auf Ihre fachliche Integration in die Gruppe bezieht, und nicht auf die technisch-organisatorische. Natürlich können Sie auch mit fachlichem Basiswissen (oberer Regler in der Mitte) eine exzellente methodische Relaisfunktion (unterer Regler ganz rechts) einnehmen, wenn sich diese Funktion z. B. auf die zentrale Sammlung und Verschriftlichung von Arbeitsergebnissen der Gruppe bezieht.

Bei der Antwort auf die Frage „Und wie erfahre ich, welche Fachkenntnisse ich bezüglich des Themas des zu moderierenden Arbeitstreffens verfüge?“ kann Ihnen natürlich auch Ihr Auftraggeber helfen. Er wird Ihnen ohnehin im Gespräch weitreichende Informationen über Themen und Ziele Ihrer Moderation zur Verfügung stellen. Auch ist er einer Ihrer ersten Ansprechpartner, wenn Sie sich fachlich intensiver vorbereiten müssen, z. B. dann, wenn Sie eine Arbeitsmethode einsetzen möchten oder müssen, die auf der Skala des oberen Reglers weiter rechts sitzt.

Wenn zu viel Wissen gefährlich wird ...

In Ihren bisherigen Moderationen haben Sie sehr wahrscheinlich schon einmal bemerkt, dass über-engagierte Teilnehmer die Ergebnisse von Gruppenarbeiten bisweilen nachträglich noch in ihrem Sinne zu beeinflussen suchen. Gelegenheiten dazu gibt es vielfältig, z. B. bei einer abschließenden Ergebnissammlung am Flipchart, wo der Teilnehmer als Protokollant unbemerkt filtert oder bestimmte Wörter ersetzt. Oder wenn im Plenum die Arbeitsergebnisse aus den Kleingruppenarbeiten so referiert werden, dass der Teilnehmer seine Sicht der Dinge favorisiert darstellt. Ähnliches kann Ihnen als Moderator auch unbewusst passieren! Die Trennung zwischen neutraler Moderationsfunktion und meinungsbildendem Engagement fällt schwerer, je emotionaler Sie als Moderator von dem Thema betroffen sind oder je mehr Fachkenntnisse Sie über das Thema besitzen.

Insbesondere in den Moderationsphasen →Sammeln [S. 146], →Strukturieren [S. 162] und →Entscheiden [S. 173] kann es durchaus vorkommen, dass Sie feststellen, selbst auch inhaltlich involviert zu sein. Dies merken Sie meist sofort daran, dass Sie den Drang verspüren, zu der im Raum stehenden Frage selbst etwas Inhaltliches beisteuern zu müssen. Falls Sie ehrlich vor sich nicht ausschließen können, dass eine solch ungewollte Beeinflussung stattfinden könnte oder gar wird – Sie sich also in einem Interessenkonflikt befinden oder befangen sind –, ist es notwendig, Maßnahmen zu ergreifen, die Ihre Neutralität bzw. die des Moderators wahren.

Enthaltsamkeit

Die methodisch einfachste, zugleich aber persönlich schwierigste Lösung besteht darin, Ihre Moderationsaufgabe weiterhin *ausschließlich* wahrzunehmen und sich nicht inhaltlich einzubringen. Beobachten Sie sich ab jetzt sehr gut: Auch wenn Sie keinen Wortbeitrag leisten, so stehen Ihnen gemeinerweise noch andere Möglichkeiten zur Verfügung, Einfluss zu nehmen. Die Lenkung von Mitschriften, die einseitige Zusammenfassung von Beiträgen und das kontextabhängige Minenspiel sind nur einige davon. Es wäre unter diesen Umständen sehr unprofessionell, wenn Sie derart eingreifen würden. Falls es Ihnen nicht gelingen sollte, enthaltsam zu sein, spielen Sie besser mit offenen Karten und wählen eine der folgenden Alternativen.

Phasenweise Co-Moderation

Da Sie mit Ihrem Beitrag phasenweise eigene inhaltliche Ziele verfolgen könnten, können Sie an entsprechender Stelle in diesen Phasen aus Ihrer Moderatorenrolle bewusst und für alle sichtbar in die Seminarteilnehmerrolle schlüpfen und ihren Beitrag gemäß den von Ihnen definierten Spielregeln einbringen (vgl. →Stelle Spielregeln auf [S. 135]). Je nach Länge Ihres Beitrags und emotionalem Engagement im Thema können Sie für diesen Teil der Moderation auch einen stellvertretenden Moderator benennen. Solange dieser Vorgang für die Teilnehmer transparent und nachvollziehbar abläuft, Sie also rollenklar zwischen →Moderator und Co-Moderator [S. 56] unterscheiden, kann dieses Vorgehen maßgeblich zu einem gelungenen Seminarverlauf beitragen. Auch beweist ein solches Vorgehen den Teilnehmern Ihren verantwortungsvollen Umgang mit dem erteilten Moderations-Mandat und stärkt so das Vertrauen der Gruppe in Ihre Moderationstätigkeit.

Da Sie Ihre Arbeitsgruppe bis dahin schon gut kennengelernt haben, wird es Ihnen möglich sein, einen geeigneten Teilnehmer dafür auszuwählen und diesen für die kurzfristige Tätigkeit als Co-Moderator zu motivieren.

Permanente Co-Moderation

Falls Sie aber bereits in der Planungsphase einen der oben angesprochenen Konflikte wähnen, können Sie auch vorab einen Co-Moderator mitplanen.

Und natürlich ist die Hinzuziehung eines Co-Moderators auch sinnvoll, wenn Ihre Arbeitsgruppe sehr groß sein sollte, oder wenn Sie sie während der Gruppenarbeitsphasen in viele Untergruppen aufspalten möchten, die Sie allein gar nicht betreuen können.

Ablehnung der Moderationstätigkeit

Sollte jedoch der Interessenkonflikt sehr prominent und auch nicht zeitlich eingrenzbar sein, sollten Sie im Sinne der Sache Ihren Auftraggeber frühzeitig hinzuziehen und die Umstände offen darlegen. Weder Sie noch Ihr Auftraggeber haben Interesse daran, etliche Ressourcen in die Bearbeitung einer Gruppenaufgabe zu investieren, wenn zu erwarten ist, dass das Ergebnis einseitig (von einer Person oder einem kleinen Personenkreis) dominiert wird. Diese Ehrlichkeit und Offenheit können im Zweifelsfall auch bedeuten, dass Sie die Moderation abgeben sollten, was einerseits schmerzlich ist, Ihnen andererseits aber Pluspunkte hinsichtlich Ihrer Ehrlichkeit und Vertrauenswürdigkeit einbringen wird – schließlich ist dieses Vorgehen auch kongruent und authentisch.

Abgehakt: Listen und To-Dos

Eine Reise von tausend Meilen beginnt mit dem ersten Schritt. (Laotse)

Die Gunst der Stunde zu nutzen oder die Energie, die einer Gruppe innewohnt, in nutzbare Arbeitsergebnisse zu wandeln, stellen natürlich wunderbare Motivationen für eine moderierte Gruppenarbeit dar. Sie taugen allerdings zumeist eher für einen hoffnungsvollen Kalenderspruch denn als sinnvoller Einstieg in Ihre handfeste Moderationstätigkeit. Schritte zur Vorbereitung auf vier Ebenen haben sich bereits in diesem Kapitel kennengelernt, und auch die Hinweise zur →Nachbereitung eines moderierten Treffens [S. 223] legen dar, dass gründliche Vor- und Nachbereitungen obligate Bestandteile der Moderationstätigkeit sind, die über Erfolg und Nichterfolg mitentscheiden. Denn eine saubere Planung ist notwendig dafür, dass strukturierte Prozesse so ablaufen können, dass sie ihren Namen auch verdienen.

Der folgende Abschnitt stellt Ihnen die wichtigsten (und einige sehr nützliche) Vorbereitungen auf eine Moderation anhand mehrerer Checklisten vor. Er dient, wie üblich, als Vorschlag für Ihre Umsetzung. Dies bedeutet, dass Sie eingeladen – wenn nicht sogar aufgefordert – sind, diese Checkliste an Ihre Moderationstätigkeit und -situation anzupassen. Haben Sie Ihren Stift gezückt?

Warum noch eine (Check-)Liste?

Wir raten Ihnen dringend, alle wiederkehrenden Tätigkeiten mit Hilfe *lebender* Checklisten zu organisieren. Wenn Sie zum ersten Mal eine Moderationstätigkeit vorbereiten, notieren Sie parallel zu Ihrer Vorbereitung, was Sie wann getan haben. Dies mag beim ersten Angang lästig erscheinen, bietet aber langfristig viele Vorteile:

- Bei den Vorbereitungen zu Folgemoderationen müssen Sie sich nicht daran erinnern, was Sie in welcher Reihenfolge erledigt haben. Sie lesen es einfach ab. Dann müssen Sie nämlich nicht mehr raten, welche Dateien mit Arbeitsanweisungen Sie damals ausgedruckt hatten – Sie schauen auf Ihre Liste, schicken dort benannte Dateien in der entsprechenden Anzahl zum Drucker und setzen ein Häkchen auf Ihre Liste.
- Es ist ein sehr gutes Gefühl, so ein Häkchen auf eine Checkliste zu setzen.
- Ihre Liste lebt. Sie halten sie stets aktuell, indem Sie sie anpassen: Nicht mehr benötigte Aufgaben werden gestrichen, zusätzlich anfallende ergänzt und Daten für andere Aufgaben ggf. modifiziert. Wenn Sie Ihre Checkliste als Textdatei vorhalten oder mit entsprechenden Programmen digital organisieren und zwischen Ihren smarten Geräten synchronisieren, gestaltet sich deren Organisation sehr einfach.
- Eine Checkliste ist eine ideale Basis für die Delegierung einzelner Vorbereitungsaufgaben.
- Es ist ein wahnsinnig gutes Gefühl, das *letzte* Häkchen auf eine Checkliste zu setzen.

Die hier vorgestellten Checklisten stellen selbstverständlich nur *eine mögliche* Auflistung der Vorbereitungsorganisation dar. Daher sind mit Sicherheit nicht alle Aspekte für alle Moderatoren, Zielgruppen, Räumlichkeiten, Zeiten oder Themen relevant und wiederum andere könnten Ihnen fehlen – Sie sehen, auch diese Listen werden erst dann lebendig, sobald Sie *Ihre* Handschrift tragen.

Checklistenvorlage

Notieren Sie sich zuoberst auf Ihrer Vorlage **organisatorische Metainformationen**, um nicht durcheinanderzukommen, falls Sie mehrere Moderationen zeitgleich vorbereiten müssen, also mehrere Checklisten parallel führen:

- Schlagwort:
- Thema der Moderation (Wozu dient Ihr Treffen?; falls unklar, siehe →Zielsetzung [S. 319]):
- Termin bzw. Termine (jeweiliges Datum und die Uhrzeit(en)):
- Ort(e):
- →Permanente Co-Moderation [S. 99] erfolgt durch: [Name]
- Ansprechpartner Logistik (Name und Kontaktdaten):
- Besonderheiten und anderes, das nicht vergessen werden darf:

Allgemeine Informationen zur Logistik

Wir gehen hier davon aus, dass Sie schon mit der Problemstellung inhaltlich vertraut sind, die im Rahmen Ihrer Moderationstätigkeit zu bearbeiten ist. Dann haben Sie auch schon gute Ideen, welche Arbeitsmethoden Sie einsetzen werden. An dieser Stelle ist die Logistik ihr drängelndster Taktgeber. Schön für Sie, wenn Sie die Mehrzahl der folgenden Arbeiten delegieren können (→Mitarbeit und Delegierung [S. 94]). Aber dies bedeutet nicht, dass Sie deren Abarbeitung vollständig an den Rand Ihrer Wahrnehmung schieben dürfen – Sie bleiben auch hier in der Verantwortung! Checklisten sorgen für den nötigen Überblick, um dies auch zu verantworten.

Eine Anmerkung zur Zusammenarbeit von *Deadlines* und Kalendern: Eine gesetzte Deadline ist ein nur ein Zeit*punkt*. Bis zu diesem Zeitpunkt müssen bestimmte Aufgaben bearbeitet werden, was eine gewisse Zeit dauern wird. Dies bedeutet, dass das Eintragen allein der Deadline in den Kalender für einen sehr aufregenden Tag sorgen wird, wenn man nämlich am Tag der Deadline von seinem Kalender daran erinnert wird, dass die Deadline ansteht und damit auch die mit ihr verbundenen Aufgaben nun unmittelbar erledigt werden müssen. Wir raten daher dazu, eine gesetzte Deadline so zu verstehen (und dies Ihren Gruppenmitgliedern auch so zu kommunizieren), dass eine Deadline den letzten Tag definiert, an dem die zugehörige Aufgabe als Arbeitstermin mit einer Dauer in den Kalender eingetragen wird. Danach kann die Deadline der Vollständigkeit halber noch dem Kalender hinzufügt werden – muss es aber eigentlich nicht mehr.

Es gibt im Vorlauf einige Aufgaben, für die Sie – je nach Ihrem Selbstverständnis oder demjenigen Ihres Auftraggebers – mehr oder minder zuständig sind. Wenngleich die folgende Liste nicht immer vollständig in Ihrem Verantwortungsbereich liegt, schadet es nicht – und hat sich bei uns, den Autoren, sogar schon oft als Vorteil herausgestellt –, darüber Bescheid zu wissen, sobald sich die ersten Teilnehmer am Ort einfinden.

Logistik im Haus

- ☐ Welcher Raum / welche Räume sind gebucht?[8] Und wo befinden sich diese? (Lageplan vorhanden?)
- ☐ Wo und wann sind die Schlüssel abzuholen und wieder abzugeben?
- ☐ Wo befinden sich Damen/Herren/Behinderten-Toiletten?
- ☐ Wie kommt man zum Raucherbereich?
- ☐ Wo findet man die Rezeption und wann hat sie geöffnet?
- ☐ Gibt es ein Lager / einen Vorrat mit Ersatzarbeitsmaterial für die Moderation?
- ☐ Gibt es eine Kleinkindbetreuung / einen Wickelraum und wo sind diese jeweils zu finden?

Logistik außer Haus

- ☐ Wie findet man zum Taxistand?
- ☐ Alternativ: wie lautet die Durchwahl für den Taxiruf?
- ☐ Wie kommt man zur nächsten Bushaltestelle und welche Buslinien fahren in die Innenstadt bzw. zum Bahnhof?
- ☐ Wo kann man sich in der Mittagspause in der Nähe verpflegen / erholen?

---

8 Details für →Digitale und sonstige elektrische Raumtechnik [S. 105] sowie →Analoge Raumtechnik (also alles ohne Stecker) [S. 107] folgen weiter unten.

Im Falle eines Notfalls

- □ Wie lautet die Adresse des Hauses?
- □ Wo befinden sich Erste-Hilfe-Schränke, Feuerlöscher, Brandmelder, Fluchtwege und Sammelstellen?
- □ Befindet sich im logistischen Umfeld jemand, der als Ersthelfer ausgebildet ist?

Catering

- □ Wo und wann steht das Essen zur Verfügung?
- □ Wer liefert?
- □ Wer ist Ansprechpartner bei Fragen zum Catering?
- □ Welche Speisen (fleischhaltig, vegetarisch, vegan) und Getränke werden angeboten? Muss hierzu ggf. vorab eine Teilnehmerbefragung durchgeführt werden? (dann nutzen Sie dafür die →Einladung [S. 85]).
- □ Muss teilnehmerseitig ein Kostenbeitrag geleistet werden?
- □ Wo wird das gebrauchte Geschirr/Besteck gesammelt?

Lokales und Aktuelles[9]

- □ Wie entwickelt sich das Wetter heute, morgen und am Wochenende?
- □ Wo kann man hingehen, um Kultur zu erfahren oder zur Entspannung nach einem anstrengenden Tag?
- □ Welche politischen / gesellschaftlichen Top-Meldungen verbreiten die seriösen Tageszeitungen oder Nachrichtenportale heute Morgen?
- □ Gibt es besondere oder aktuelle Informationen zum Auftraggeber, zur Stadt, in der die Moderation stattfindet oder zu den Herkunftsorten einzelner Teilnehmer?

---

9 Zugegeben: Die folgenden und vergleichbare Informationen sind nicht überlebenswichtig und werden Ihre professionelle Moderationstätigkeit kaum beeinflussen. Sie sind aber Gold wert in Gesprächen vor Beginn der Veranstaltung, in den Pausen oder bei der Verabschiedung. Und öfter als man meinen mag, können solche Informationen als Anker während Ihrer Moderation Einsatz finden.

Falls Sie die Gewinnung von Informationen zu einer oder mehrerer der oben abgedruckten Checklisten delegieren können oder falls Sie nicht für deren Erfüllung verantwortlich sind, notieren Sie sich trotzdem die jeweiligen Ansprechpartner. So können Sie sich im Zweifelsfall informieren oder im Verlaufe Ihrer Moderationstätigkeit aufgekommene Wünsche gezielt in den Pausen an die Verantwortlichen weitergeben.

Es wird ernst: Beginn der konkreten Planung

Auch wenn Sie schon mit der Problemstellung inhaltlich vertraut sind, gibt es einige übergreifende Vorbereitungshinweise.

Zeitplanung

- □ Geplante Dauer der Moderationsaufgabe vor Ort:
- □ Geschätzter Zeitaufwand für die Vorbereitung vor Ort:
- □ Geschätzter Zeitaufwand für die Nachbereitung vor Ort:
- □ Frühestmöglicher Beginn der Vorbereitung vor Ort:
- □ Nachbereitung vor Ort muss beendet sein am/um:

Arbeitsraum, -räume

- □ Raumbesichtigung vorab möglich? Wann und mit wem?
- □ Werden die Räume für Sie aufgeschlossen oder bekommen Sie einen Schlüssel? Wo, wann und von wem?
- □ Wie sieht die Raumaufteilung / Größe und Art aus? Steht ggf. ein Grundriss zur Verfügung?
- □ Ist die Sitzplatzanordnung bzw. sind die Tische fest / mobil?
- □ Wer ist zuständig für die Änderung der Sitzordnung?
- □ Störender Lichteinfall möglich (Teilnehmer, Projektionsfläche)?
- □ Wie erfolgt die Steuerung von Heizung / Klimaanlage / Lüftung / elektrischen Fenstern?
- □ Wo befinden sich wie viele Steckdosen? Wo sind ggf. notwendige Verlängerungskabel zu finden?
- □ Welche Lichtschalter schalten welche Raumlampen?
- □ Gibt es Wegweiser zu den Arbeitsräumen, insbesondere wenn mehrere Arbeitsräume nicht unmittelbar nebeneinander liegen?

- □ Gibt es besondere Hinweise / Verbote die Raumnutzung betreffend? Verbieten z. B. die Hausregeln das Essen bzw. Trinken im Arbeitsraum?
- □ Würden einige Pflanzen das Ambiente aufwerten?

Digitale und sonstige elektrische Raumtechnik

Zum reibungslosen Ablauf Ihrer Moderation trägt Ihr sicherer Umgang mit der Technik bei. Es wirkt nicht nur unprofessionell, sondern es kann auch eine so richtig in Fahrt gekommene Arbeitsphase vollständig ausbremsen, wenn das zu zeigende Video stumm bleibt oder Sie wiederholt alle acht Lichtschalter ausprobieren müssen, bis Sie denjenigen finden, mit dem Sie die Ausleuchtung der Projektionsfläche dimmen können.

Digitale und analoge Projektion

- □ Wie funktioniert die Bedienung mit Fernsteuerung / Panel?
- □ Adapterkabel (VGA/DVI/HDMI/DP) zur Verbindung mit eigenem Laptop vorhanden?
- □ Synchronisation mit eigenem Laptop möglich und das Bild wird formatfüllend im gewünschten Seitenverhältnis dargestellt?
- □ Interaktive Projektionsfläche mit Hand/Stiftbedienung vorhanden? Ggf. Treiberinstallation erforderlich?
- □ Wird ein Overhead Projektor benötigt bzw. ist er vorhanden (inkl. Stifte, Folien)?
- □ Wie fährt man ggf. die Leinwand hoch und runter? Wie lange dauert dies?
- □ Ist die Helligkeit der Projektion den Lichtverhältnissen im Raum angepasst?
- □ Wo und wie werden die Jalousien bedient?

Computer / Laptop

- □ Eigener PC vor Ort mit funktionierendem USB-Anschluss / Netzwerkanbindung / Internetverbindung?
  - Vorinstallierte Softwareversionen kompatibel mit eigenen Anforderungen?
  - Passwort bekannt?

- Wurden alle relevanten Updates vorab durchgeführt und ist das System so eingestellt, dass während Ihrer Arbeitsphase keine automatischen Updates eingespielt werden?

- □ Eigener Laptop: Hintergrundprogramme geschlossen bzw. stummgeschaltet (Windows oder Virenwächterupdate, ...)?[10]
  - Netzteil vorhanden, Akku geladen?
  - Wo findet man im Bedarfsfall ein Ersatzgerät?
  - Angemessener Hintergrund eingestellt?
- □ Sicherheitskopie der eigenen Präsentation auf geeignetem Speichermedium eingesteckt?
- □ Für gebrannte Kinder: Zweite Sicherheitskopie der eigenen Präsentation in der Cloud verfügbar?

Audiogeräte

- □ Sind Raumlautsprecher vorhanden?
  - Wo befindet sich die Lautstärkeregelung für die Raumlautsprecher?
  - Audio getestet: Startet ohne Verzögerung und brummt nicht?
  - Wie wird zwischen verschiedenen Audioquellen umgeschaltet?
- □ Ist die Verwendung von Mikrofonen erforderlich?
  - Welche Typen von Mikrofonen sind verfügbar (Handmikro, Headset, Kragen)?
  - Wie sind diese konnektiert (Funkverbindung, Kabelverbindung, oder gar fest an einem Rednerpult installiert[11])?
  - Wie können die Mikrofone am Gerät selbst und zentral stumm und aktiv geschaltet werden?

---

10 Wenn Sie Ihren Laptop für Präsentationen *und* Büroarbeit nutzen, empfiehlt es sicht, zwei Nutzerprofile einzurichten. Das Präsentationsprofil richten Sie dann so ein, dass ausschließlich diejenigen Hintergrundprogramme gestartet werden, die für Ihre Moderationstätigkeit erforderlich sind. Die automatische Bildschirmabschaltung und der Standby werden deaktiviert. Das Hintergrundbild zeigt nicht den Schnappschuss mit Ihrer Familie beim letzten Strandurlaub. Falls vorhanden, richten Sie den Fingerabdrucksensor so ein, dass die Finger einer Hand Sie im Büroprofil, die Finger der anderen Hand Sie im Präsentationsprofil anmelden.

11 Falls das einzige nutzbare Mikrofon im Raum fest installiert ist und Sie aber auf dessen Nutzung angewiesen sind: Bestehen Sie unbedingt auf einer mobilen Lösung!

Weitere Funktionen

□ Presenter vorhanden und funktioniert?
□ Ersatzbatterien vor Ort vorgehalten? Wo?
□ WLAN gewünscht / benötigt?
  - Wie erfolgt der teilnehmerseitige Zugang zum Internet? Registrierung oder Passwort erforderlich?
  - Funktioniert der Zugang, auch für die vorgesehene Anzahl gleichzeitiger Nutzer?
□ Werden Audience Response Systeme eingesetzt? Gibt es ein installiertes System oder werden smarte Teilnehmergeräte genutzt?

Analoge Raumtechnik (also alles ohne Stecker)

Es ist leider häufig so, dass der Vorbereitung der digitalen Technik sehr viel mehr Aufmerksamkeit und Zeit gewidmet werden als der analogen Technik. Jedoch greifen beide meist so fest ineinander, dass die digitale Technik ohne ihr analoges Pendant nur reduziert einsatzfähig ist oder sich zuweilen auch ganz funktionslos zeigt. Man munkelt sogar, dass es schon vereinzelt spontane Ausfälle oder unlösbare Probleme mit digitalen Techniken gegeben haben soll ... In einem solchen Fall werden Sie froh sein, wenn Sie das hohe Lied des analogen Plans B ohne Probleme laut singen können.

Der Raum als Arbeitsplatz für alle Teilnehmer

□ Welche Fenster können für die Lüftung zwischenzeitlich geöffnet werden?
□ Falls Verdunklung nötig wird: Wo und wie ist das möglich?
□ Ist eine Uhr vorhanden? Ist sie gut für Sie / für die Teilnehmer ablesbar? (insbesondere wichtig für Ihre →Zeitmanagement-Methoden [S. 250])
□ Können die Teilnehmer mitschreiben, d. h. stehen Schreibmaterial und Schreibunterlagen zur Verfügung (ggf. am jeweiligen Platz)?
□ Sind Flipchartständer (Whiteboard, Pinnwand, Tafel, ...) mit ausreichend viel Papier und funktionierenden Stiften (unbedingt testen!) bzw. Kreide vorhanden? Gibt es ggf. einen funktionierenden Schwamm samt Wischer?
□ Ist ein Moderationskoffer vorhanden, voll ausgestattet und aufgeräumt?

- □ Könnten Personen über lose verlegte Kabel oder unmarkierte Stufen stolpern, oder sich an hervorstehenden Kanten stoßen?
- □ Könnte es Störquellen geben (quietschende Türen, Baustelle vor dem Fenster, ...)

Sie und Ihr Arbeitsplatz

- □ Benötigen Sie vor den Teilnehmern ein Pult / einen Tisch / nichts dergleichen?
- □ Stehen Sie auf einer Bühne / einem Podest / dem Boden?
- □ Wo lagern Sie Ihre vorbereiteten Handouts, Poster, Flipcharts vor deren Einsatz?
- □ Benötigen Sie zwischendurch einen Schluck Wasser und haben Sie einen Vorrat an Hustenbonbons (für Sie selbst und für die Teilnehmer)?
- □ Liegen Notizblock und Stift für schnelle persönliche Notizen zwischendurch bereit?

Sie und die Arbeitsgruppe

Viele der oben genannten Hinweise üben bereits einen unmittelbaren Einfluss auf Ihre Moderationstätigkeit aus. Für Ihre unmittelbare Arbeit mit Ihrer Gruppe und innerhalb der Gruppe gibt es einige weitere relevante Hinweise.

Arbeitsmaterialien und Handouts

- □ Ist die Bereitstellung von Arbeitsmaterialien und Handouts möglich, sinnvoll, erwünscht oder obligat?
- □ Haben Sie Arbeitsmaterialien und Handouts in ausreichender Anzahl erstellt und ggf. vorab zum schnellen Verteilen geheftet?
- □ Haben Sie an Reserveexemplare für alle Fälle gedacht, falls mehr Teilnehmer anwesend sind als geplant oder einige Kopien unbrauchbar sein sollten?
- □ Haben Sie das zu verteilende Material so vorsortiert, dass Sie den relevanten Stapel mit einem Griff in die Hand nehmen können?

- □ Ist auf den Ausdrucken genug Platz vorhanden, um teilnehmerseitige Notizen aufnehmen zu können oder schriftliche Arbeitsaufträge erfüllen zu können?
- □ Manchmal nehmen Teilnehmer nicht wahr, dass einige der ausgeteilten Papierkopien beidseitig bedruckt sind. Ein kleiner aber unübersehbarer Hinweis am unteren Blattrand kann sie darauf hinweisen.

Identifikation

Gründlich unterschätzt werden auch die Fehler, die man bei den permanenten Entanonymisierungshilfsmitteln (auch bekannt unter dem Namen *Namensschilder*) machen kann. Richtig eingesetzt und gestaltet unterstützen diese nicht nur das Kennenlernen aller anwesenden Personen untereinander, sondern können die methodische Arbeit auch sehr viel persönlicher und verbindlicher machen. Nicht zuletzt können sie auch einen integralen Teil beim →Kennenlernen: Das Eis brechen [S. 252] darstellen.

In Arbeitsgruppen, bei denen Sie sich sicher sind, dass sich *alle* anwesenden Personen (d. h. inklusive Ihrer Person) namentlich kennen, wirken Namensschilder hingegen deplatziert. Schlimmer noch: Es könnte der falsche Eindruck entstehen, dass Sie sich vorab zu wenige Gedanken hinsichtlich der Zusammensetzung der Gruppe gemacht haben und Ihren Moderationstermin stur nach Schema F abarbeiten wollen.

Falls Namensschilder also erforderlich sind und verteilt werden müssen:

- □ Liegen oder stehen die Namensschilder sortiert[12] an einer Stelle in der Nähe des Eingangs bereit, so dass sie nicht übersehen werden können?
- □ Möchten Sie diese Abholstelle nutzen, um an die Namensschilder etwas anzuheften, das auf diese Weise jedem Teilnehmer persönlich zukommt? Dabei kann es sich um einen individuellen Satz mit Handouts oder Arbeitsmaterial handeln, oder auch um eine nette kleine Aufmerksamkeit.

12 Werden Sie kreativ! Neben der alphabetischen Sortierung (Nach Nachnamen? Nach Vornamen?) und Platzierung (Linear? In Kreisform?) oder der Gruppierung nach Funktion oder Abteilung bieten sich auch andere Möglichkeiten an. Für Teilnehmer aus dem gesamten Bundesgebiet könnten Sie die Namensschilder beispielsweise auch auf einer Landkarte auf dem jeweiligen Herkunftsort bereit legen.

- □ Wird die Angabe der Firmenposition und/oder des akademischen Titels auf dem Namensschild erwartet?
- □ Können Ersatznamensschilder im Bedarfsfall schnell und sauber erstellt werden?
- □ Kann der Einsatz von Farben für den Aufdruck und/oder das Druckmedium sinnvoll für Funktionszuweisungen innerhalb Ihrer Moderationstätigkeit genutzt werden?
- □ Namensschilder, die einen zusätzlichen Code tragen oder eine Farbe besitzen, können in methodischen Arbeitsphasen, z. B. in der „Expertenrunde" und im „Gruppenpuzzle" [BAUMANN et al., 2020] sinnvoll eingesetzt werden.

Namensschilder zum Anstecken („Visitenkartenhalter")

- □ Ist das Firmenlogo kleiner als der Name und ist der Name (und ggf. der akademische Titel) so groß und kontrastreich gedruckt, dass er auch aus 1,5 m Entfernung einfach lesbar ist?
- □ Ist das Befestigungssystem (Nadel, Magnet, Klemme, Klebefläche) angemessen und einheitlich?
- □ Wurde auf einen vermeidbaren Anteil an Kunststoffen verzichtet?
- □ Gibt es eine Box, in die die Namensschilder nach dem Arbeitstreffen zur Wiederverwendung zurückgelegt werden können?

Namensschilder zum Aufkleben

Namensschilder zum Aufkleben gibt es in der Luxusvariante mit vorgestanzten selbstklebenden Gewebebögen zum Bedrucken, oder in der einfachen Variante aus Kreppband und Filzstift. Für welche Form Sie sich entscheiden, hängt u. a. auch davon ab, in welcher Umgebung das Arbeitstreffen stattfindet und welche Anmutung Sie ihm geben möchten.

- □ Lassen Sie den Namen so groß aufschreiben, dass er auch aus 1,5 m Entfernung einfach lesbar ist. Woher Ihre Teilnehmer das wissen sollen? Sie gehen mit gutem Beispiel voran und erinnern zu gegebener Zeit daran.
- □ Kreppband ist meist sehr gut wieder abziehbar. Mit den vorgestanzten Bögen haben wir nicht immer gute Erfahrungen gemacht, da einige der verwendeten Klebstoffe so stark waren, dass sie beim Abziehen das Gewebe des Kleidungsstücks in Mitleidenschaft gezogen haben. Vorher testen!

- ☐ Wenn Sie das Kreppband zuvor in passende Stücke zerschneiden und an der Tischkante zum einfachen Abziehen platzieren, geht das Beschriften etwas schneller voran und die Namensschilder sehen ein wenig gefälliger aus.
- ☐ Wasserbasierte Stifte trocknen meist nur sehr langsam auf Kreppband und können daher zu unschönen und auch unangenehmen Farbverschmierungen führen. Schnelltrocknende Faserstifte sind für diese Zwecke daher besser geeignet.

Namensschilder als Tischaufsteller

- ☐ Ist das Firmenlogo kleiner als der Name und ist der Name so groß und kontrastreich gedruckt, dass er auch vom anderen Ende des Raumes aus lesbar ist?
- ☐ Ist der Name auf beiden Seiten des aufgestellten Namensschilds gedruckt, damit auch die jeweiligen Sitznachbarn den Namen lesen können?
- ☐ Stehen die Schilder von selbst? DIN A-5 160 g-Pappe horizontal mittig gefaltet steht ohne Probleme wie eine eins. DIN A-4 Druckerpapier horizontal mittig gefaltet erzeugt nur Mitleid, während es langsam in sich zusammensinkt.[13]

Testlauf

Dass Sie und die Technik in der Theorie harmonieren, ist zwar gut, treibt Ihnen im Falle von praktischen Problemen aber den Schweiß auf die Stirn. Ein rechtzeitiger Testlauf vor Ort ist zwar auch keine Garantie für einen reibungslosen Ablauf Ihrer Moderation, beruhigt aber und ist für die frühzeitige Identifikation und Behebung von Fehlern sehr wertvoll.

---

13 In diesen Fällen werden die technisch Versierten Ihrer Teilnehmer meist sehr aktiv und erhöhen die Stabilität der papiernen Tischaufsteller durch zusätzliche Falzkanten. Dies kann (a) dazu führen, dass die Tischaufsteller anschließend sehr individuell, aber nicht mehr so schön aussehen und/oder (b) ein wunderbarer Anlass sein, um ein Gespräch über die Kreativität und das Engagement der Teilnehmer zu beginnen …

Techniktest

- □ Haben Sie die eigene Präsentation vollständig (inkl. Video- und Audiodateien) vor Ort durchgeklickt?
- □ Sind die Projektions- und Schreibflächen von allen Sitzen aus sichtbar?
- □ Ist die Mikrofonlautstärke angemessen?
- □ Bei stiftfähigen Bildschirmen: Sind Stift und Bildschirm korrekt kalibriert?

Warmlaufen

- □ Kennen Sie Ihre ersten Sätze, die Sie zur Eröffnung der Arbeitsphase an die Teilnehmer richten, wirklich gut?
- □ Haben Sie strategische Standorte im Raum identifiziert, an denen Sie gut zu sehen sind, nicht geblendet werden, einen angemessenen Abstand zu den Teilnehmern einnehmen und sich wohlfühlen?

Kleine Ursache, große Wirkung

Es gibt in jeder Moderation einige Besonderheiten, die nur manchmal berücksichtigt werden müssen, dafür aber sehr wichtig sind und den Erfolg wesentlich mitbestimmen.

- □ Gibt es Einschränkungen im Raum / im Ablauf, die vor Beginn der Arbeitsphase nicht mehr zu beheben sind und auf die daher gesondert hingewiesen werden muss?
- □ Befinden sich sehbehinderte Menschen unter den Teilnehmern, deren Anforderungen an die Arbeitsmaterialien zu berücksichtigen ist?
- □ Da nicht allen körper- oder sehbehinderten Menschen eine gleichberechtigte Teilhabe an vielen Arbeitsmethoden uneingeschränkt möglich ist: Wurde dies bei der Auswahl der Arbeitsmethoden berücksichtigt?
- □ Wird ein (Gebärden-)Dolmetscher benötigt?
- □ Ist die Diversität der Arbeitsgruppe relevant bzw. in den Arbeitsphasen aktiv nutzbar?
- □ Freuen Sie sich auf Ihre Teilnehmer und haben Sie ein ehrliches und freundliches Lächeln auf den Lippen, sobald die ersten den Raum betreten?

Jetzt müssen Sie nur noch Ihre Visitenkarten in ausreichender Menge einstecken, und schon sind Sie auf die Mehrzahl aversiver Eventualitäten vorbereitet.

Dies stimmt allerdings nicht ganz. So ausführlich die Einträge in der obigen Systematik der Checklisten auch ausfallen mögen, werden Sie im Verlaufe Ihrer Moderationstätigkeiten feststellen, dass es immer wieder neue Moderationsaufträge gibt, die einfach anders sind. Diese machen aber einerseits die Moderation besonders einzigartig und interessant für Sie und sorgen andererseits dafür, dass Sie nicht in einen monotone Routine verfallen, sondern stets das Neue suchen, um das Alte zu hinterfragen.

> Der Worte sind genug gewechselt, lasst mich auch endlich Taten sehn! Indes ihr Komplimente drechselt, kann etwas Nützliches geschehn.
> (Johann Wolfgang von Goethe)

Moderation ausführen

> The world can only be grasped by action, not contemplation [alone]. The hand is the cutting edge of the mind. (Jacob Bronowski)

Moderation ausführen	Seite	N	A	P
Arbeitsanweisungen geben	140	■	■	
Mündliche Anweisungen	141	■		
Schriftliche Anweisungen	143		■	
Sammeln	146	■	■	■
Sprecherreihenfolge festlegen	149	■	■	■
Rednerliste	151	■		
Feste Reihenfolge	151	■		
Reihenfolge nach Dringlichkeit	152		■	
Laissez-faire	153		■	■
Gesprächsinhalte sammeln	153	■	■	■
Inspirieren	154	■		
Klarstellen	157		■	
Festhalten	158	■		
Mind Mapping	160		■	■
Strukturieren	162	■	■	■
Kontext und Kategorien	164	■		
Beziehungen und Abhängigkeiten	167	■	■	
Präzisierungen	168	■	■	
Struktur visualisieren	169		■	■
Mut zur Lücke	172		■	■
Entscheiden	173	■	■	■
Relevanz und Konsequenz	175		■	
Priorisieren	179		■	■
Abstimmen und Zustimmen	182	■	■	
Handlung in Gang setzen	187		■	■
Einen Gang zurück schalten	187			■
Sichern	188	■	■	

In diesem Kapitel geht es jetzt also zur eigentlich Sache: Was tut man während des Moderierens? Sie führen die Teilnehmer durch ein Treffen, ein Seminar oder ein Arbeitsprogramm: Sie sind als Moderator für den Prozess und das „Drumherum" verantwortlich, die Teilnehmer hingegen für den Inhalt. Von Ihnen wird erwartet, dass Sie den Ablauf einerseits gut strukturiert im Blick haben und andererseits flexibel auf die fachlichen und gruppendynamischen Impulse eingehen können, die aus der Arbeit in der Gruppe entstehen. Damit Sie diese kreativen Energien in geordnete Bahnen lenken können, haben Sie sich bereits vor dem Treffen bestmöglich vorbereitet. Im Optimalfall konnten Sie vorab die →Persönliche Ebene [S. 77] für Ihre mentale, die →Organisatorisch-fachliche Ebene [S. 84] für Ihre strukturelle und die →Inhaltlich-fachliche Ebene [S. 95] für Ihre thematische Vorbereitung nutzen sowie die →Methodische Ebene [S. 91] für die Identifikation der passenden Abläufe heranziehen. Je besser Ihre Vorbereitung vorab ist, desto besser können Sie die Zusammenarbeit in Ihrer Gruppe strukturieren und geeignete →Moderationsmethoden [S. 231] gezielt auswählen.

Die Tätigkeiten der Moderation haben wir in *Phasen* gegliedert. Zusammengesetzt, bzw. in Reihenfolge gebracht, bilden diese Phasen wiederum eine *Grundstruktur* der Moderation, die mit Ihrer steigenden Moderations-Erfahrung mehr Facetten hinzugewinnt. Damit möchten wir dem Novizen eine klare Handlungsanweisung, dem Adepten eine Übersicht zur Orientierung und dem Profi eine reichhaltige Auswahl je nach Bedarf anbieten. Deshalb erläutern wir im ersten Abschnitt →Am Anfang steht die Struktur [S. 119] den Aufbau einer Moderation für den Novizen, den Adepten und den Profi separat.

> Diese Grundstruktur bildet den Kernpunkt unseres Moderationsverständnisses. Beginnen Sie das Lesen hier und kehren Sie beliebig oft zurück, um die Wirkung einzelner Phasen im Gesamtkontext der Moderation zu sehen[1].

Wir beginnen auf dem Weg durch die Phasen mit der →Begrüßung [S. 131] und stellen dar, wie Sie die Akteure in möglichst angenehmer und zugleich produktiver Atmosphäre zusammenbringen. Dann geht es mit dem Themen-→Einstieg [S. 138] ans Eingemachte: Ideen werden aus der Gruppe heraus entwickelt, die von Ihnen moderierend gesammelt und strukturiert werden wollen, womit wir uns auf den Wegen →Sammeln [S. 146] und

---

1 An genau dieser Stelle drängt sich wieder ein Klebezettel oder Digital-Marker auf.

→Strukturieren [S. 162] befinden. Für Novizen und Adepten kann es interessant sein, vorher noch über die Zwischenschritte →Themen motivieren [S. 138] und dann →Arbeitsanweisungen geben [S. 140] zu lesen, um den Übergang in die Arbeitsphase geschickt zu gestalten. Beim →Sammeln [S. 146] kann es richtig zur Sache gehen, wobei es mit zunehmender Erfahrung Ihre Aufgabe sein kann, aus dieser Phase auf den Weg →Zusammenfassen [S. 196] weiterzuleiten, sodass schlussendlich aus der Gruppe heraus das →Entscheiden [S. 173] ermöglicht wird. Die Früchte dieses Prozesses dürfen schließlich in einer Form des →Sichern [S. 188] dokumentiert werden. Adepten lernen zusätzlich, wie sie aus dem Thema herausführen und ggf. durch →Übergänge [S. 203] zwischen mehreren Arbeitsthemen moderieren. Zum Abschluss runden Sie das moderierte Treffen stets durch eine gelungene →Verabschiedung [S. 194] ab. Mit der →Nachbereitung eines moderierten Treffens [S. 223] eines Arbeitstreffens beschäftigen wir uns dann im folgenden Kapitel. Diesen grundsätzlichen Ablauf des Moderationsgeschehens können Novizen als Blaupause für Ihre moderierten Treffen nutzen. Interessierte Adepten können sich darüber hinaus weiterführend mit →Pausen [S. 204] beschäftigen oder über →Störungen und Konflikte [S. 205] informieren, in dem wir klären, was zu tun ist, wenn Störungen Ihren wohl überlegten Moderationsprozess durcheinanderzubringen drohen.

Aufbauend auf der für alle gleichen Grundstruktur beschreiben wir anschließend die einzelnen Phasen der Moderationstätigkeit im Detail. Am Ende dieses Kapitels fassen wir die Kernaussagen als →Diese Fragen bringen Sie weiter [S. 406] nochmals zusammen und erklären, wie Sie mittels Fragen durch den Moderationsprozess führen. Sie sollen Ihnen als Inspiration für die Anwendung dienen: Zum Ausprobieren, Adaptieren, Experimentieren und Interpretieren. Nutzen Sie diese gerne zur konkreten Anwendung in Ihrer Moderation und schreiben Sie uns gerne, was für Sie funktioniert und / oder wie Sie diese Fragen aus Ihrer Erfahrung erweitert haben. Wir freuen uns darauf, mit Ihnen in Kontakt zu kommen: → Der letzte Schritt [S. 422]!

Am Anfang steht die Struktur NAP

„Was mache ich, wenn ich in einem Treffen plötzlich nicht mehr weiter weiß? Wie bereite ich mich auf alle möglichen Situationen / inhaltlichen Themen vor, wenn ich doch gar nicht der Experte bin?“ mag der innere Kritiker Ihnen

zurufen, wenn Sie die vielfältigen Aufgaben des Moderators aus dem letzten Abschnitt noch im Kopf haben ... Ja, als Moderator haben Sie viel zu tun, und dennoch möchten wir Sie und Ihren Kritiker an dieser Stelle sofort wieder beruhigen: die grundlegende Struktur moderierter Treffen ist verblüffend ähnlich aufgebaut – egal wie unterschiedlich die inhaltlichen Themen gelagert sind! Ob Sie das auch so sehen hängt natürlich stark von Ihren Erfahrungen ab. Daher gabelt sich dieses Kapitel bereits zu Beginn in eine Einführung für Novizen, Adepten und Profis. Denn jeder wird aus seiner Perspektive mit seinen individuellen Erfahrungen etwas anderes sehen, wenn auf die Ausführung von Moderation geblickt wird. Doch tatsächlich schauen alle auf die gleiche Sache – jeweils nur durch eine andere Brille. Sie wissen nicht, was wir damit meinen? Dann beantworten Sie kurz folgende Fragen:

1. *Welche Farbe hat eine Zitrone, wenn Sie sie durch eine blaue Brille betrachten?* Schreiben Sie Ihre Antwort in das folgende Kästchen. Gut.

2. Jetzt wechseln Sie von der blauen zur roten Brille. *Welche Farbe hat die Zitrone jetzt, wenn Sie sie ansehen?* Bitte schreiben Sie Ihre Antwort in dieses Kästchen. Sehr gut.

Die Antwort lautet für beide Fragen gleich:[2] Überrascht? Dann hat unser kleines Gedankenexperiment gewirkt. Denn genauso, wie die Zitrone je nach Brillenfärbung (Perspektive) *andersfarbig aussieht*, aber selbst immer gelb *bleibt*, wird die *gleiche* Moderationtätigkeit und Situation je nach Erfahrungswissen *anders wahrgenommen.*

Somit gliedert sich der Einstieg in das Moderieren unterschiedlich für den Novizen, den Adepten und den erfahrenen Profi, sodass je nach Erfahrung mit einer anderen Wahrnehmung auf das Thema begonnen wird.

2 gelb!

Grundstruktur der Moderation

Als Novize sind Sie neu im Moderationsalltag und die Moderation wirkt möglichweise wie ein sehr hoher Berg, der mit viel Anstrengung zu erklimmen ist. Auch wissen Sie nicht, wie genau Sie auf und über diesen Berg kommen, denn der Weg verschwindet bereits hinter der nächsten Biegung unsichtbar ... An dieser Stelle dürfen wir Sie direkt beruhigen, denn wir erläutern Ihnen eine allgemein gültige Struktur für den Ablauf von Moderationen. Diese Struktur können Sie ohne besonderes Vorwissen für die von Ihnen moderierten Treffen zur Hand nehmen und verwenden. Wie auf einer Bergbesteigung dient Ihnen diese Struktur als Karte, die Ihnen an jedem Punkt der Reise Orientierung gibt und diese somit planbar macht.

> Als Novize begegnen Sie der Dynamik eines moderierten Gesprächs mit **Struktur** und geben sich selbst sowie den Teilnehmern dadurch Klarheit und Sicherheit.

Diese Struktur ist in →Abbildung 9 gezeigt. Sie bildet den Ausgangspunkt und das Rückgrat dieses Kapitels.

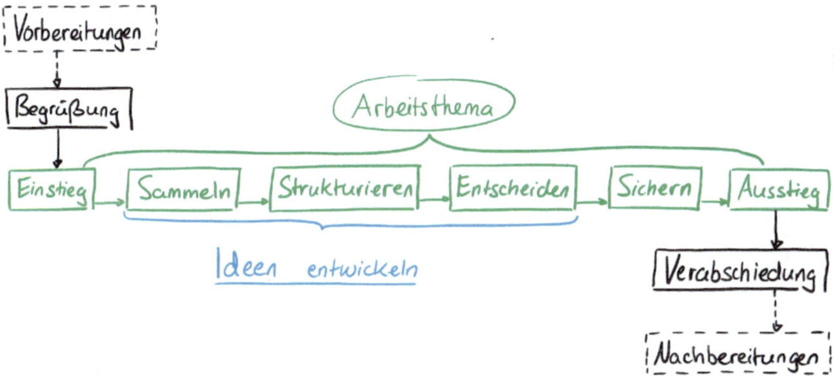

Abbildung 9: Grundstruktur zur Moderation eines Arbeitsthemas, wobei die Ausführung sechs festgelegte Phasen durchläuft. Im Kern entwickelt eine Moderation immer Ideen in der Gruppe entlang der Phasen Sammeln, Strukturieren und Entscheiden.

Wie Sie sehen, dreht sich die grundlegende Moderationstätigkeit um die Bearbeitung eines Arbeitsthemas und wird von einer Begrüßung aller Teilnehmer und ihrer Verabschiedung eingerahmt. Die methodische Hauptaufgabe der Moderation bildet also das strukturierte Durchlaufen aufeinander aufbauender Phasen innerhalb eines Prozesses (der Grundstruktur), an dessen Ende für möglichst viele Teilnehmer ein Fortschritt im Arbeitsthema steht – das können ein Ergebnisse, Entscheidungen, Erkenntnisgewinne oder auch nächste Handlungsschritte sein. Der Weg dorthin besteht aus den aufeinander aufbauenden Phasen:

- **Einstieg:** *Das Thema motivieren und die Arbeit anleiten. Sie machen die Gruppe mit der anstehenden Arbeit vertraut.* (→Einstieg [S. 138])
- **Sammeln:** *Inhalte und Meinungen zum Thema abfragen, klarstellen und festhalten. Sie zapfen hier das Wissen aller Beteiligten an und nutzen erste Synergieeffekte aus der Gruppe.* (→Sammeln [S. 146])
- **Strukturieren:** *Inhalte zum Thema weiterverarbeiten, eingrenzen und greifbarer machen. Sie verknüpfen und bündeln das gesammelte Wissen der Gruppe, setzen es in Beziehung zueinander und schaffen so gemeinsam etwas Neues – hier nutzen Sie weitere Synergieeffekte aus der Gruppe.* (→Strukturieren [S. 162])
- **Entscheiden:** *Gemeinsam festlegen, wie auf Basis der gesammelten und strukturierten Themen zukünftig weiter mit dem Thema umgegangen wird. Sie machen sich und der Gruppe die (zukünftige) Bedeutung des Neuen bewusst und bestimmen daraus eine neue gemeinsame Richtung.* (→Entscheiden [S. 173])
- **Sichern:** *Ergebnisse über das Treffen hinaus (mit-)teilbar und greifbar machen. Sie dokumentieren visuell die strukturierte Sammlung und die Entscheidung(en), wie damit zukünftig verfahren werden soll.* (→Sichern [S. 188])
- **Ausstieg:** *Das Thema schließen. Sie sorgen für einen positiven Abschluss der Arbeit am Thema.* (→Ausstieg [S. 192])

Die Grundstruktur der Moderation gibt Ihnen einen klaren methodischen „Fahrplan“, nach dem Sie sich auf Ihre moderierten Treffen vorbereiten können und auch während der Moderation stets wissen, was wann zu tun ist. Wie man diese Kunst, während der Moderation auch noch an die Strukturierung Ihrer Phasen zu denken, umsetzen kann, beschreiben wir im Abschnitt →Fragen nach der Richtung [S. 220].

Jede dieser Phasen besprechen wir im Folgenden ausführlich in je einem Unterkapitel und gehen auf Details und Besonderheiten in der Durchführung ein. Analog finden Sie im Kapitel →Moderationsmethoden [231] zu jeder Phase passende Methoden, die Sie in der konkreten Ausführung der Phasen unterstützen.

Inhaltlich steht bei der Moderation allgemein die gemeinsame Entwicklung von Ideen in der Gruppe im Fokus. Im Kern spielt sich diese Entwicklung in den Phasen →Sammeln [S. 146], →Strukturieren [S. 162] und →Entscheiden [S. 173] ab und geht dabei vom Allgemeinen zum Speziellen, bzw. von einem sehr weiten, offenen „Einsammeln" aller Ideen, über das gemeinsame „Zuspitzen" bis hin auf eine (bestenfalls) ganz konkrete (Entscheidungs-)handlung vor. Diese unterschiedlichen Perspektiven (im Folgenden „Mindsets" genannt), fasst →Abbildung 10 noch einmal als inhaltliche Kernaufgaben der Moderation grafisch zusammen.

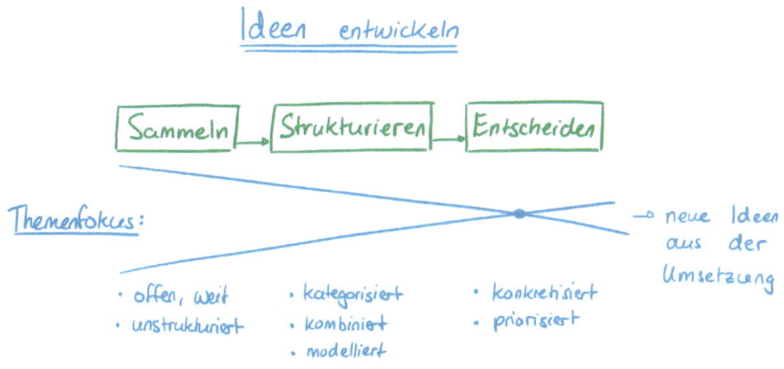

Abbildung 10: Im inhaltlichen Kern begleitet die Moderation die Entwicklung von Ideen durch die Phasen Sammeln, Strukturieren bis Entscheiden hindurch. Dabei führt der Themenfokus von Offenheit im Sammeln über fokussierte Kategorisierung und Modellierung aus dem Strukturieren hin auf ganz konkrete Prioritäten im Entscheiden. Werden Entscheidungen umgesetzt, öffnet sich der Themenfokus durch die Umsetzung wieder für neue Ideen und die Entwicklung kann wieder offen im Sammeln beginnen.

Diese „Mindsets" nehmen wir für die folgenden Detailbeschreibungen der Phasen an und richten unser empfohlenes Vorgehen entlang dieser aus.

Erweiterung der Grundstruktur

Als Adept haben Sie bereits erste Erfahrungen in der Moderation von Treffen, Sie kennen die Grundstruktur zur Moderation eines Arbeitsthemas (s. →Abbildung 9) und sind mit ihren Phasen vertraut. Dank Ihrer wachsenden Erfahrung beginnen Sie die Tätigkeit als Moderator flexibler auszuführen und merken, dass eine starre Grundstruktur durch dynamische Impulse aus der Gruppe durchbrochen werden kann. Dadurch werden Arbeitsthemen effektiver und umfassender als gemeinsam Erfahrung erlebt und spontane Synergieeffekte beflügeln die Zusammenarbeit. Mit diesem erweiterten Horizont erkennen Sie aber auch zusätzliche Herausforderungen, die auf Sie als Moderator zukommen, wie beispielsweise den Umgang mit Störungen. Außerdem fragen Sie sich vielleicht auch zunehmend, wie Sie dieses „Mehr" an Flexibilität noch steuern und strukturieren können, um Ihren Teilnehmern und sich selbst weiterhin Sicherheit und Klarheit in der Moderation zu bieten.

> Als Adept begegnen Sie der Dynamik eines moderierten Gesprächs mit der Flexibilität Ihrer **Erfahrungen innerhalb bekannter Strukturen** und geben sich selbst sowie den Teilnehmern dadurch mehr Möglichkeiten, umfassende und zielführende Treffen abzuhalten.

Das bedeutet, dass Sie den Ablauf der sechs Phasen der →Grundstruktur der Moderation [S. 121] aus Abbildung 9 bewusst und zielgerichtet umstellen können, um flexibel auf die Dynamik des moderierten Gesprächs reagieren zu können. Diese Grundstruktur wird um die flexiblen Elemente des Zusammenfassens, der Störungen und der Pausen erweitert, wie in →Abbildung 11 gezeigt.

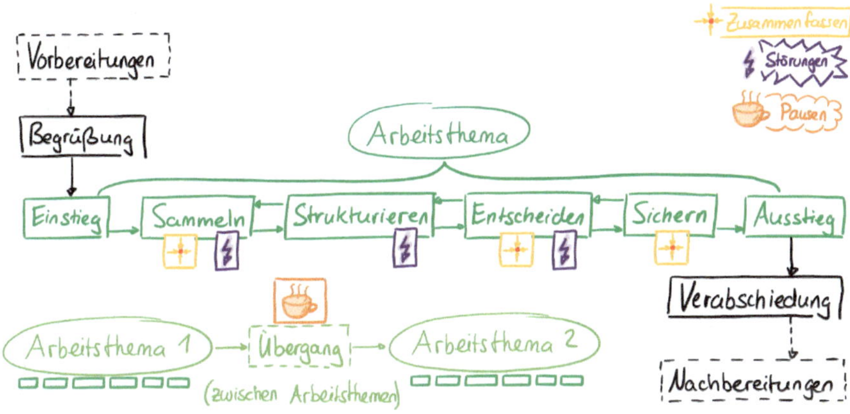

Abbildung 11: Erweiterte Struktur für das Ausführen einer Moderation für Adepten: Die Phasen müssen nicht mehr zwingend nacheinander durchlaufen werden und werden durch die Elemente des Zusammenfassens, der Störungen und Pausen flexibel ergänzt. Ebenfalls hinzu kommt das optionale Element der Übergänge zwischen mehreren moderierten Arbeitsthemen.

Die flexiblen Erweiterungen der Grundstruktur tragen Ihrer gestiegenen bewussten Kompetenz als Moderator Rechnung und lassen sich wie folgt beschreiben:

- **Flexiblere Struktur:** *Sie können die Phasen der Grundstruktur stellenweise aufweichen, wenn es die Dynamik in der Gruppe erfordert. Unserer Erfahrung nach lässt sich zum Beispiel die Phase* →Sammeln [S. 146] *iterativ mit der Phase* →Strukturieren [S. 162] *kombinieren, da beim Strukturieren oft noch weitere Ideen spontan dazu kommen oder Lücken offenbar werden. Ebenso kann die Zielsetzung etwas* →Entscheiden [S. 173] zu wollen *das* Sammeln *oder* Strukturieren *von Ideen nötig machen, wenn beispielsweise eine neue Entscheidungsgrundlage geschaffen werden muss oder Inhalte noch nicht ausreichend geklärt sind. Schließlich kann es auch nötig werden (insbesondere bei umfangreichen Arbeitsthemen) schon Zwischenergebnisse des Sammelns oder Strukturierens zu sichern und die Entscheidung zu vertagen.* →Einstieg [S. 138] *und* →Ausstieg [S. 192] *bleiben meist als Anfangs- und Endpunkt des Arbeitsthemas bestehen. Als Faustregel strukturieren Sie Ihre moderierten Treffen weiter so, dass Sie die Phasen von links nach rechts durchlaufen. Sie können* *aber jederzeit flexibel von rechts nach links laufend zu einer vorherigen Phase zurückkehren und durchlaufen den Prozess dann wieder stringent durch alle folgenden Phasen hindurch. Wie man während der Moderation entscheidet, wann ein solcher Schritt zurück sinnvoll ist und wie man ihn initiiert erläutern wir im Abschnitt* →Fragen nach der Richtung [S. 220].

- **Übergänge** zwischen mehreren Arbeitsthemen: *Die Grundstruktur lässt sich auf mehrere Arbeitsthemen in Folge anwenden; die Übergänge verknüpfen elegant und eloquent den Ausstieg aus dem einen Thema mit dem Einstieg ins nächste. Weitere Hinweise dazu finden Sie auf dem Abschnitt* →Übergänge [S. 203].
- **Zusammenfassen:** *Das gezielte Zuspitzen und Präzisieren von Gesagtem sorgt für Klarheit und gemeinsames Verständnis und bringt weitläufige Diskussionen auf den Punkt. Es ist besonders gefragt, wenn Ideen synchronisiert, Weichen gestellt und Dokumente erstellt werden, also in den Phasen* Sammeln, Entscheiden *und* Sichern. *Es wird im Abschnitt* →Zusammenfassen [S. 196] *vertieft.*
- **Störungen und Konflikte:** *In der Zusammenarbeit kommt es zwangsläufig zu Missverständnissen und Missstimmungen. Dabei liegt in der Lösung von Konflikten großes Potential zur gemeinsamen Weiterentwicklung – sowohl inhaltich im Arbeitsthema als auch auf der Beziehungsebene – denn jede Konfliktpartei hat einen wahren Kern beizutragen. In jedem Fall müssen Konflikte angesprochen werden – wie wir im Abschnitt* →Störungen und Konflikte [S. 205] *im Detail erörtern.*
- **Pausen:** *Moderation und Gruppenarbeit sind* spannend – *und brauchen daher unbedingt auch Phasen der* Entspannung. *Im Abschnitt zu den* →Pausen [S. 204] *verraten wir Ihnen, wann Sie diese sinnvoll ansetzen und wie Sie diese entspannend gestalten können.*

Jedes dieser Elemente beschreiben wir im folgenden Kapitel ausführlich und geben Tipps und Anregungen, wie Sie sich im jeweiligen Tätigkeitsfeld weiterentwickeln können.

Die freie Struktur

Als Profi sind Ihnen die Tätigkeitsschritte während einer Moderation bereits bestens vertraut. Sie wissen um die (chrono-)logische innere Grundstruktur der Moderation aus →Abbildung 9, können aber nach Bedarf zwischen den Phasen wechseln. Dabei experimentieren Sie auch mal bewusst mit

Abweichungen von der Grundstruktur, um neue Wege in festgefahrenen Diskussionen zu eröffnen. Ihre Souveränität im Moderieren lässt Sie diese Wege intuitiv finden. Damit sind Sie in der Lage, flexibel auf die Situationsdynamik in der Gruppe zu reagieren und Ihre Moderation entsprechend anzupassen.

> Als Profi begegnen Sie der Dynamik eines moderierten Gesprächs mit **intuitivem Selbstvertrauen und flexibler Gelassenheit**, indem Sie Ihr Wissen und Ihre Methoden dynamisch mit der individuellen Situation kombinieren.

Diese Freiheiten im Ausführen der Moderationstätigkeit zeigt →Abbildung 12, in der die Phasen frei angeordnet sind und von Vorbereitungen & Begrüßung vorweg bzw. Verabschiedung und Nachbereitung abschließend eingerahmt werden. Das Element des →Zusammenfassens [S. 196] ist dabei als frei einsetzbare Kompetenz ebenfalls als eigenständige Phase in den Moderationsprozess eingegliedert, während →Störungen und Konflikte [S. 205] sowie→Pausen [S. 204] ebenso flexibel nach Bedarf eingebunden werden können.

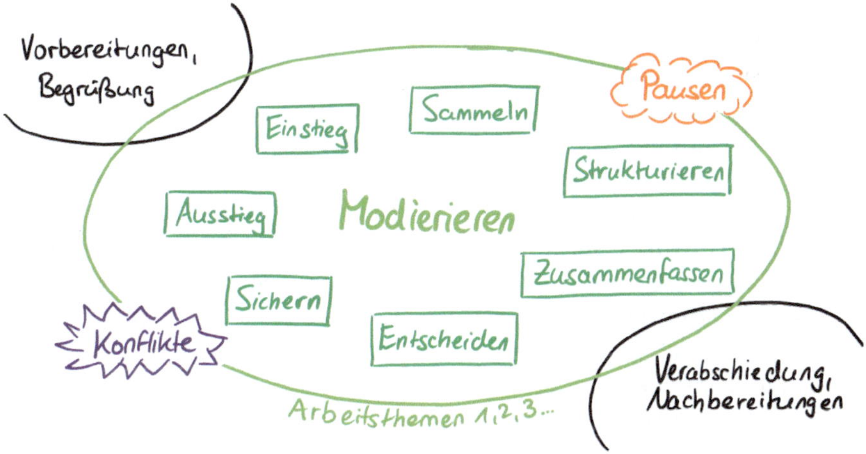

Abbildung 12: Mögliche Struktur für die Ausführung einer Moderation für Profis: Die Elemente sind frei nach Situationsdynamik und Bedarf kombinierbar und werden von Vorbereitungen & Begrüßung sowie Verabschiedung & Nachbereitungen eingerahmt.

Die Zusammensetzung der einzelnen Elemente während Ihrer Moderation und auch wie Sie auf →Störungen und Konflikte [S. 205] reagieren oder →Pausen [S. 204] ansetzen, ist eine sehr individuelle und intuitive Entscheidung, die wir Ihnen weder vorschreiben können noch wollen. Sie basiert auf Ihren reflektierten Erfahrungen und dem ehrlichen Umgang mit persönlichen Stärken und Schwächen, sowie Ihrem aktuellen Energielevel und den Umständen der Situation, in der Sie moderieren. Auf diesem Niveau gibt es wenig „richtig oder falsch“ und viel „anders oder stattdessen“ – sprich: Sie dürfen sich und Ihre Gruppe durch die Moderationstätigkeit stetig weiterentwickeln, indem Sie es beim nächsten Mal einfach anders machen, als zuvor und die Wirkung beobachten und reflektieren.

Lösungsfokussierte Weiterentwicklung

Im Folgenden geben wir Ihnen eine paar kurze Impulse, die Sie auf dieser Weiterentwicklung Ihres persönlichen Moderationsstils begleiten möchten. Sie basieren auf dem *lösungsfokussierten Ansatz* von Steve de Shazer, mit dem konkrete, positive Veränderungen in den Fokus gestellt werden (und damit Lösungen statt Probleme betrachtet werden; daher die Bezeichnung „lösungsfokussiert“)[3]. Einen ausführlichen Blick auf sich selbst als Moderator bietet Ihnen überdies der Abschnitt →Das Selbstverständnis des Moderators [S. 39].

- **Behalten Sie das „Wozu?“ im Blick**
  Ihre Moderation hat (fast) immer ein „Wozu?“, einen Auftrag mit dem Sie Ihre Moderation antreten (und falls nicht, ist es Ihr Auftrag gemeinsam mit der Gruppe das „Wozu?“ herauszuarbeiten): Behalten Sie dieses Wozu stets im Hinterkopf und richten Sie Ihre Moderationsausführung daraufhin aus. Fragen Sie sich beispielsweise in der Pause, ob Ihnen selbst das „Wozu?“ im aktuellen Verlauf der Diskussion noch klar ist. Sie können das „Wozu?“ auch visuell im Raum für alle sichtbar verankern (bspw. als Poster) – was sich insbesondere dann anbietet, wenn Sie dieses „Wozu“ gemeinsam in der Gruppe erarbeitet haben.
  Fokussieren Sie sich bei der Formulierung des „Wozu?“ auf Lösungen und Ergebnisse (anstatt auf Probleme und Beschränkungen) und werden Sie dabei konkret:

---

3 Unsere Impulse basieren auf der Darstellung von Kotrba und Miarka [KOTBRA et al., 2019].

- Was wird sich in Zukunft durch Ihr Zusammenkommen als Gruppe ganz greifbar und sichtbar ändern? – Involvieren Sie auch gerne die eigenen Sinne und die Ihrer Teilnehmer in der konkreten Beschreibung der Lösung.
- Welche Auswirkungen hat Ihre Lösung auf die (gemeinsame) Zukunft?

  Dadurch behalten Sie eine positive Ausrichtung Ihrer Moderationstätigkeit im Blick und können entsprechende Elemente kombinieren. Das kann beispielsweise bedeuten, dass Sie in der Phase des Sammelns bewusst intervenieren, wenn Sie merken, dass die Gruppe nur Probleme sammelt. Dann hilft zum Beispiel die Frage *„Und was stattdessen?“*, um den Fokus wieder auf die Lösung und das „Wozu?“ zu richten.

  Weitere Hinweise zum „Wozu?“ in regelmäßigen Treffen finden Sie im Abschnitt zur →Zielsetzung [S. 319].

- **Sehen Sie die kleinen Veränderungsschritte?**
  Auch Sie als Moderator verändern sich stetig, denn *„nichts ist beständiger als der Wandel“*, wie es schon der Grieche Heraklit in der Antike formulierte. Machen Sie sich diesen Wandel in seinen vielen kleinen Schritten bewusst, indem Sie reflektiert beobachten und experimentieren:
  - Welche Wirkung hat das, was Sie tun? Ist die Wirkung verlässlich gleich oder abhängig von den Umständen, den Teilnehmern, Ihrem Energielevel, ...?
  - Welche kleinen Veränderungen haben gegebenenfalls große Auswirkungen auf Sie, Ihre Moderation, Ihre Gruppe oder auch das „Wozu?“ des moderierten Treffens?
- **(Hinter-)Fragen Sie Ihre Erwartungshaltung von Zeit zu Zeit?**
  Mit zunehmender Erfahrung kommt auch immer mehr Routine. Das gibt einerseits Sicherheit, andererseits aber auch immer größere Erwartungshaltungen an das, wie ein Treffen abzulaufen hat. Gerade wenn die Dinge im moderierten Treffen dann mal nicht so laufen, wie wir uns das vorgestellt haben, neigen wir dazu, innerlich zu versteifen. Lösungsfokussiert zu bleiben bedeutet, (auch) in diesen Situationen einen offenen Blick auf mögliche Lösungen zu bewahren. Machen Sie sich dazu bewusst, dass Probleme unterschiedlich wahrgenommen werden: Mal sehr stark und intensiv, quasi ‚unüberwindlich‘ und manchmal wirkt

dasselbe Problem nichtig und irrelevant ... Folgende Fragen laden Sie ein, den Umgang mit Ihrer eigenen Erwartungshaltung zu reflektieren:

- □ Wann haben Sie ein und dasselbe Problem einmal sehr intensiv wahrgenommen und dann als (beinahe) nichtig? Wie haben Sie sich dabei gefühlt und was haben Sie gemacht, um sich besser zu fühlen?
- □ Was können Sie für sich tun, um offen und neugierig auf Veränderungen gespannt zu bleiben? Wie könnte stetige Veränderung Teil Ihrer Erwartungshaltung an moderierte Treffen werden?

- **Tun Sie die richtigen Dinge oder tun Sie die Dinge richtig? – Oder beides?**
  Eine sehr spannende Frage, denn auch sie ist mit dem „Wozu?“ Ihres Treffens verknüpft: Führt Ihre Moderation auf das „Wozu?“ hin, tun Sie die richtigen Dinge. Tun Sie Dinge nur aus Prinzip, besteht die Gefahr, dass Sie nur die Dinge richtig tun, ohne dem „Wozu?“ näher zu kommen. Als Faustregel können Sie sich folgende Fragen stellen:
  - □ **Was klappt?** bzw. Was bringt die Gruppe weiter im „Wozu“? – Und machen Sie mehr davon!
  - □ **Was klappt nicht (mehr)?** bzw. Was führt die Gruppe weg vom / blockiert im „Wozu“? – Was können Sie stattdessen ander(e)s machen?
    Diese beiden Fragen richten Sie auf die richtigen Dinge aus, die zu Ihnen passen. Anhand dieser Fragen können Sie Ihre aktuelle Moderationstätigkeit bewerten und verändern oder auch für sich selbst passende Methoden auszuwählen.

Schlussendlich ist uns wichtig, dass Sie sich auf Ihre Stärken in der Moderation verlassen können und um Ihre Schwächen wissen, bzw. auch, wie Sie diese in der Arbeit mit anderen ausgleichen können. Insbesondere die letzten zwei Fragen helfen Ihnen dabei, sich hierbei in Ihrer Rolle als Moderator besser kennenzulernen und Stärken zu betonen bzw. Schwächen zu reduzieren. Behalten Sie bei aller Reflexion immer die Freude an der eigenen Entwicklung und dem Entdecken neuer Seiten an sich und der Moderationstätigkeit bei und messen Sie Ihren Erfolg schlussendlich daran. Dann werden Sie – und da sprechen wir aus eigener Erfahrung – dauerhaft motiviert und zielführend moderieren!

Begrüßung

Wie im Sport gilt auch bei der Moderation: Sie können das Rennen beim Start nicht gewinnen, aber Sie können es dort verlieren. Ihre gute →Vorbereitung auf ein moderiertes Treffen [S. 75] ist daher unerlässlich und mündet in einer gelungenen Begrüßung. Diese erfüllt im Kern eine wesentliche Aufgabe: Sie setzt den Rahmen für die gemeinsame Zusammenarbeit in Ihrer Gruppe. Nehmen Sie sich für die Vorbereitung der Begrüßung daher ausreichend Zeit, um zu einem guten Start beizutragen. Folgende fünf Grundsätze sollten Sie dabei im Blick behalten:

- →Schaffe Atmosphäre [S. 131]
- →Beginne pünktlich [S. 132]
- →Stelle den Ablauf vor [S. 133]
- →Stelle dich vor [S. 134]
- →Stelle Spielregeln auf [S. 135]

Möglicherweise vermissen Sie hier die inhaltliche Vorstellung – diese geben Sie gemeinsam mit dem Arbeitsthema bei Ihrem inhaltlichen →Einstieg [S. 138].

Schaffe Atmosphäre

Gehen wir davon aus, dass Sie Ihre Hausaufgaben gemacht haben. Alle Vorbereitungen zu Raum und Technik sind getroffen bzw. alle Checklisten abgehakt (→Checklistenvorlage [S. 101]). Sie warten also gespannt auf den ersten Teilnehmer. Bei kleineren Treffen bis ca. 15 Personen können Sie die Begrüßung persönlich und individuell gestalten. Positionieren Sie sich dafür gut sichtbar im Raum und mit aufrechter Haltung. Signalisieren Sie ein „Herzliches Willkommen" bereits bevor Sie es sagen durch einen offenen, freundlichen Gesichtsausdruck. Gehen Sie proaktiv auf die eintreffenden Teilnehmer zu und halten Sie kurz unverfänglichen Smalltalk (Sie wollen ja ungebunden bleiben, um neu eintreffende Teilnehmer direkt begrüßen zu können). Dafür bieten sich zum Beispiel Fragen nach der Anreise („Haben Sie gut hergefunden?"), dem Anlass des Treffens („Freuen Sie sich schon auf xyz?") oder situationsbezogene Hinweise, z. B. auf Namensschilder, das Catering oder einen Kaffee („Bedienen Sie sich gerne hier …") an.

Sollten Sie sich bereits kennen, eröffnen sich natürlich vielfältige weitere Gesprächsthemen für Smalltalk. Sie können bei entsprechender Kenntnis sogar interessante Gesprächspartner zusammenführen und kurz einander vorstellen. Hier haben Sie mit einer guten Vorbereitung auf die Teilnehmer stets die Nase vorn und können so quasi „im Vorbeigehen“ Netzwerke initiieren. Zusätzlich schaffen Sie so einen Bezug für die Teilnehmer untereinander, der Ihnen im Verlauf der Zusammenarbeit zu Gute kommen wird. Respektieren Sie aber genauso, dass manche Teilnehmer gerade am Anfang lieber in Ruhe die neue Situation auf sich wirken lassen möchten und erstmal für sich bleiben wollen. Das passiert insbesondere dann, wenn sich die Teilnehmer noch nicht untereinander kennen. Dann reicht ein freundlicher Begrüßungssatz und ein Lächeln und anschließend wenden Sie sich weiteren Teilnehmern zu.

Zusätzlich können Sie Ihr Willkommen auch visuell unterstreichen, indem Sie – je nach Ihrem Präsentationsmedium – die erste Flipchart-Seite oder die erste Folie Ihres Powerpoint-Vortrags entsprechend aufbereiten (vielleicht auch mit einem ansprechenden oder gar rätselhaften Bild, um Interesse zu wecken? – auf dieses können Sie dann in Ihrer Begrüßung oder auch dem Themeneinstieg direkt elegant Bezug nehmen).

Zu einer guten Arbeitsatmosphäre trägt übrigens auch das Raumgefühl maßgeblich bei. Je nach Außentemperatur lüften Sie 15 Minuten vor Beginn des Treffens für 10 Minuten bei offenen Fenstern. So sorgen Sie mit frischer Luft für optimale Bedingungen. Achten Sie außerdem auf eine helle, nicht blendende Beleuchtung, im besten Fall durch Tageslicht. Vorsicht beim Einsatz von (insb. lichtschwachen) Beamern: die Folien müssen gut sichtbar bleiben. Falls Sie in einem hellen Raum sind, in dem Ihre Folien nur bei Abdunkelung erkennbar sind, lassen Sie dennoch erst Licht in den Raum, bis Sie die Präsentation starten. Die Checkliste zu →Arbeitsraum, -räume [S. 104] gibt Ihnen weitere Anhaltspunkte.

Beginne pünktlich

Pünktlichkeit vermittelt Verlässlichkeit und gibt Ihrer Veranstaltung gleichzeitig einen festen zeitlichen Rahmen. Wenden Sie sich daher pünktlich zur angesetzten Zeit mit eröffnenden Worten an alle Anwesenden. Das vermittelt Klarheit und Fokus, denn naturgemäß sind die Teilnehmer gespannt auf das, was kommt und erwarten einen Beginn zur vorab festgelegten Zeit. Zusätzlich leben Sie damit vor, dass Sie sich an die (noch ungeschriebene) Regel „Pünktlichkeit“ halten und zeigen Respekt vor der Zeit aller Anwesenden (→Stelle Spielregeln auf [S. 135]). Eröffnen Sie mit einem herzlichen Willkommen und danken Sie den Anwesenden für ihr pünktlich Erscheinen. Damit schätzen Sie Zeit und Engagement der Anwesenden, was besonders vor angespannten Gesprächen wichtig ist. Anschließend stellen Sie in wenigen, prägnanten Sätzen den Anlass Ihres Treffens vor. Damit setzen Sie den inhaltlichen Rahmen und beantworten das „Wozu?" des gemeinsamen Treffens (mehr dazu im folgenden Abschnitt →Stelle den Ablauf vor [S. 133]).

Sollten Sie das Treffen verspätet beginnen müssen (beispielsweise, weil zahlreiche angemeldete Teilnehmer wegen Wetterwidrigkeiten noch fehlen), sagen und begründen Sie dies zur festgelegten Startzeit kurz vor den bereits anwesenden Teilnehmern. Sorgen Sie in einem solchen Fall für einen raschen und klaren Informationsfluss an die Teilnehmer. Denn man verlässt sich insbesondere organisatorisch auf Sie. Falls es einen anderen (externen) Organisator gibt, können Sie diese Verantwortung natürlich entsprechend abgeben.

Wird der Beginn massiv verzögert (15 Minuten und mehr), treffen Sie eine Entscheidung über eine mögliche Verschiebung des offiziellen Arbeitsbeginns und wie Sie gedenken, mit den anwesenden Teilnehmern die Zeit bis dahin sinnvoll zu gestalten. Um hierbei zu einer Entscheidung zu kommen, können Sie direkt Ihre Moderationskenntnisse anwenden, indem Sie Ideen sammeln, strukturieren und entscheiden ...

Stelle den Ablauf vor

Stellen Sie zu Beginn kurz den zeitlichen Ablauf des Treffens vor. Falls vorhanden, können Sie auch auf die →Einladung [S. 85] aus der Vorbereitung verweisen oder die →Agenda (Meeting) [S. 327] kurz durchgehen. Dabei bietet es sich an, den Ablauf in Stichpunkten bereits auf ein vorbereitetes Flipchart oder auch einer Folie zu notieren. Dann haben die Teilnehmer auch visuell einen Anhaltspunkt.

Es ist übrigens erlaubt oder manchmal sogar wünschenswert, den Ablauf kurz zur Diskussion zu stellen. Damit setzen Sie schon frühzeitig das Signal für einen gemeinschaftlichen Austausch und aktive Teilnahme an der Gestaltung der Inhalte. Dadurch können Sie auch frühzeitig einen Eindruck über die Diskussionskultur der Teilnehmer machen. Wählen Sie für einen solchen offenen Austausch aber eine klar kommunizierte zeitliche Grenze. Novizen sollten diesen Schritt nur mit einer klar strukturierten Methode angehen (z. B. über eine →Punktabfrage [S. 275] oder indem Sie die →Zustimmung abfragen [S. 290]). Machen Sie sich gleichzeitig bewusst, dass Sie damit auch ein Stück Souveränität und Kontrolle direkt zum Beginn abgeben. Falls Sie also selbst aufgeregt sind oder mit →Lampenfieber [S. 81] zu kämpfen haben, kann Ihnen umgekehrt die Struktur der Agenda selbst Sicherheit und Orientierung geben. Die Entscheidung, ob Sie eine Diskussion zulassen, hängt also sowohl von den äußeren Umständen, den Zielen des moderierten Treffens, als auch Ihrer individuellen Vorliebe und aktuellen Verfassung ab.

Der gezeigte zeitliche Ablauf sollte auch geplante →Pausen [S. 204] umfassen. An dieser Stelle ist es dann sinnvoll, abzufragen, ob ein Teilnehmer ggf. früher gehen oder das Meeting zeitweilig aus dringendem Grund verlassen muss. Dadurch entsteht für alle Teilnehmer eine Transparenz.

Stelle dich vor

Zu Ihrem →Einstieg [S. 138], also vor der eigentlichen inhaltlichen Zusammenarbeit, ist eine kurze Vorstellung Ihrer selbst angebracht. Insbesondere dann, wenn man Sie noch nicht kennt, aber auch dann, wenn Sie in einer bekannten Runde die Rolle des Moderators neu bekleiden. Halten Sie sich dabei kurz und auf die relevanten Fakten beschränkt. Eine Orientierung können dabei die folgenden Fragen geben:

- Wie heißen Sie und was ist Ihr professioneller Hintergrund?[4]
- Was qualifiziert Sie zur Moderation dieses Treffens?
- In welcher Verbindung stehen Sie zum Thema oder zu einem (oder mehreren) der Anwesenden?
- Warum wurden Sie beauftragt und von wem?
- Was verbindet Sie mit der heutigen Situation?
- Was dürfen die Teilnehmer noch über Sie wissen, damit Sie Ihnen vertrauen können?[5]

Dadurch geben Sie Ihren Zuhörern die Möglichkeit, Sie und die Situation besser einordnen zu können und stärken dadurch das Vertrauen in Ihre Führung durch das moderierte Treffen. Beziehen Sie beim Beantworten der

4 Ihre(n) akademische(n) Titel können Sie beifügen, wenn es in dem Umfeld, in dem Sie sich befinden, Usus ist, erwartet wird oder wenn Sie sich davon versprechen, eine gefestigtere Position als Moderator einnehmen zu können.

5 Bitte gehen Sie hier um so sparsamer mit Details aus Ihrem privaten Leben um, je offizieller bzw. formaler der Anlass Ihrer Moderation ist.

obigen Fragen auch mögliches Vorwissen über die Teilnehmer mit ein und (er-)klären Sie das Mandat, unter dem Sie die Moderation durchführen – von wem wurde es an Sie vergeben und warum? Behalten Sie dabei im Hinterkopf, dass das Ziel Ihrer Selbstvorstellung in der Information der Teilnehmer und Transparenz Ihrer Veranstaltung liegt (und nicht in einer inszenierten Selbstdarstellung).

Falls Sie eine →Permanente Co-Moderation [S. 99] durchführen, stellen sich Ihr Co-Moderator und Sie ähnlich kurz vor. Gern können Sie sich auch gegenseitig vorstellen, was im Allgemeinen interaktiver und lockerer wirkt.

Je nach zeitlichem Rahmen und Vernetzung der Teilnehmer ist auch eine kurze Vorstellung der Teilnehmer sinnvoll. Dafür bieten sich neben der klassischen Vorstellung reihum „Name, Tätigkeit, Bezug zum Thema" auch spielerische Auflockerungen an, wozu wir einige Methoden zum →Kennenlernen: Das Eis brechen [S. 252] gesammelt haben.

In einer bekannten und eingespielten Gruppe, z. B. bei wöchentlichen Mitarbeiterrunden oder im Seminarturnus entfällt die Vorstellungsrunde selbstverständlich nach dem ersten Termin. Einzig neu hinzugekommene Personen sollten Sie kurz Gelegenheit geben, sich vorzustellen, damit ihr Eingang in die Gruppe leichter fällt. Im Abschnitt zum →Meeting-Management [S. 315] finden Sie weitere Hinweise für Ihren regelmäßigen Umgang mit der Gruppe.

Stelle Spielregeln auf

Ein zentrales Element Ihrer Moderationsarbeit ist das Strukturieren der Kommunikation in der Gruppe. Dafür bedarf es gedanklicher Leitplanken in Form klarer Spielregeln[6]. Viele dieser Spielregeln sind uns intuitiv aus unseren Alltagsgesprächen bekannt: Beispielsweise wissen wir, dass wir einander nicht unterbrechen, sondern das Wort erst dann zu ergreifen, wenn wir an der Reihe sind. Die Aufforderung zu sprechen wiederum erkennen wir intuitiv aus einem Blickkontakt, einer einladenden oder auffordernden Gesten, einer Stimmhebung am Satzende (impliziert eine Frage) oder einer Pause – auch eine Kombination aus dem Genannten

6 Und bei aller Klarheit und allem Ernst sprechen wir hier bewusst von *Spiel*regeln – denn Ihre Kommunikation soll auch stets einen spielerischen Anteil haben dürfen. Wir sind überzeugt davon: Wenn Menschen in Gruppen zusammen kommen und etwas Neues gemeinsam erarbeiten, dann braucht es für das beste Ergebnis auch einen gewissen *Flow*, der sich aus der Freude und Spielereien ergibt.

kann die →Sprecherreihenfolge festlegen [S. 149]. Spielregeln eingangs gemeinsam zu definieren ist aber dennoch wichtig, denn in einer hitzigen Diskussion, einer zähen Verhandlung oder beim Besprechen von Themen, die uns persönlich nahegehen, gehen diese intuitive Gesprächsregeln häufig über Bord ... Weiterhin sind Menschen verschieden und legen nicht eindeutige Absprachen unterschiedlich aus, was dann zu Frust oder gar Konflikten führen kann: Beispielsweise sorgt das Thema Pünktlichkeit immer wieder für Reibereien, wenn es unterschiedlich (z. B. mit oder ohne der „akademischen Viertelstunde“) interpretiert wird. Daher empfehlen wir dringend, eingangs gemeinsame Arbeitsregeln zu sammeln, an die sich die gesamte Gruppe (selbst-)verpflichtend hält.

Nehmen Sie dazu am besten ein Flipchart zur Hand und sammeln die aus der Teilnehmerrunde kommenden Impulse stichpunktartig auf dem Flipchart. Eine gute Einstiegsfrage ist hierzu zum Beispiel „Was brauchen Sie, um heute gut zusammenarbeiten zu können?“ Erfahrungsgemäß kommen dabei unter anderem folgende Punkte auf (und falls nicht, nennen Sie mindestens die ersten beiden von sich aus[7]):

- Gegenseitig aussprechen lassen / nicht ins Wort fallen
- Pünktlicher Beginn / Ende / Wiedereinstieg nach Pausen
- Gegenseitig respektieren / auf Augenhöhe kommunizieren (wie zeigt sich das konkret?)
- Vertraulicher Umgang mit Informationen (was hier gesagt wird, bleibt unter den Anwesenden)
- Vertrauen in die Führung des Moderators (Mandat erteilen)
- Handyfreie Zone (außer in den Pausen)

Als Moderator dürfen auch Sie hier natürlich Ihre Vorstellungen und Wünsche einbringen. Wenn also eine für Sie wichtige Regel in der obigen Liste noch nicht genannt wurde, sorgen Sie dafür, dass sie auf der Liste landet. Vergessen Sie aber nicht, insbesondere auch diese Regel kurz zu erläutern, um Verständnis zu erzeugen. Mit der abschließenden Frage in die Runde, ob alle mit diesen gemeinsamen Regeln einverstanden sind, machen Sie aus der Liste dann die gemeinsam getragenen Gruppenregeln für die gemeinsame Zusammenarbeit.

---

7 An dieser Stelle dürfen Sie sich als Moderator also auch selbstständig als Ideengeber einbringen – denn Sie sind genauso Teil der Gruppe und damit beitragsberechtigt wie alle anderen Teilnehmer auch.

Zusatzinformation: Getriggerte Listenergänzung: Vielen Teilnehmern fällt es leichter, die eigenen Regeln einzuhalten, als den Regeln anderer zu folgen. Falls Sie Ihre Regelliste oder eine beliebige andere Auflistung am Flipchart um einen oder mehrere Regeln ergänzen wollen, diese aber nicht selbst vorgeben wollen, leiten Sie die Gedanken der Teilnehmer durch geschicktes direktes bzw. indirektes Fragen („Und was machen wir mit den Handys?" bzw. „Kennen Sie eigentlich einen der größten Störfaktoren in der Gruppenarbeit?"), durch Kopfkino („Stellen Sie sich einmal vor, mitten in der schönsten Konzentrationsphase passiert Folgendes:" [Hier ahmen Sie das Geräusch eines beliebigen Klingeltons nach.]) oder durch Verweis auf Ihre Erfahrung („Wissen Sie, was den Teilnehmern des letzten moderierten Treffens am Ende aufgefallen ist? – Es gab *nicht eine* Unterbrechung durch ein klingelndes Handy!") und arbeiten Sie den Vorteil für die Teilnehmer heraus.
Wir empfehlen Ihnen, diese Technik der getriggerten Listenergänzung immer dann anzuwenden, wenn die Listenbeiträge der Teilnehmer von einer zu großen Einseitigkeit geprägt sind und aus Ihrer Erfahrung Regeln fehlen, von denen Sie wissen, dass sie für die folgenden Arbeitsphasen benötigt werden.

Die Liste aller Regeln sollte anschließend gut sichtbar im Raum ausgehängt werden. Falls Sie einen häufigen Regelbruch beobachten oder von vorne herein auf strenge Regeleinhaltung achten möchten, können Sie auch einen →Spielregeln für Meetings [S. 339] einführen.

Im gleichen Kontext können auch Feedbackregeln gemeinsam aufgestellt und für die Gruppe bindend vereinbart werden. Dies ist insbesondere in Seminarkontexten häufig der Fall, wenn nämlich Übungen anstehen, in denen sich die Teilnehmer später gegenseitig beurteilen und kommentieren (z. B. wird der Vortrag eines Einzelnen im Anschluss von allen in der Feedback-Runde kommentiert). Je nach Kenntnisstand und Heterogenität der Gruppe kann es beim Aufstellen der Feedback-Regeln sinnvoll sein, hier aus der Rolle des Moderators stärkere Vorgaben zu machen – um Zeit und Nerven zu sparen. Denn gutes, konstruktives, umsetzbares Feedback zu geben, ist mehr als ein Kommentar. Im Methodenteil finden Sie weitere Anregungen zum →Feedback methodisch einholen [S. 288].

Einstieg

Sie befinden sich an dieser Stelle Ihrer Moderation im produktiven Leerlauf, zugleich aber auch an einer der wichtigsten Stellen Ihrer professionellen Arbeit mit den Teilnehmern. Denn einerseits haben Sie die notwendigen Formalia jetzt hinter sich und sind aber noch nicht in die produktive Arbeitsphase der Ideenentwicklung (Sammeln, Strukturieren, Entscheiden) eingetreten. Andererseits müssen Sie nun aus einer doch eher formalen Struktur in eine kreative Arbeitsatmosphäre des →Sammeln [S. 146] wechseln. An dieser Stelle ist es sehr wichtig, Ihre Teilnehmer darauf vorzubereiten, dass ab jetzt Arbeitsphasen durchgeführt werden, in denen relevante Ergebnisse erzeugt und mit denen künftige Entwicklungsphasen gesteuert werden (→Abbildung 9 und →Abbildung 11 zeigen diese Phasen in grün). Aber tun Sie dies bitte nicht, indem Sie Ihren Teilnehmern sagen: „Ab jetzt werden Arbeitsphasen durchgeführt, in denen relevante Ergebnisse erzeugt und mit denen künftige Entwicklungen gesteuert werden." Eine solche Formulierung würde wahrscheinlich dafür sorgen, dass Ihre Teilnehmer nun konsequent verspätet aus den Pausen zurückkehren und ihre Beteiligung auf ein sozial gerade noch akzeptables Minimum reduzieren. Werden Sie stattdessen als Motivator aktiv und verankern das Thema im relevanten Kontext des „Wozu?", indem Sie →Themen motivieren [S. 138] und konkrete →Arbeitsanweisungen geben [S. 140].

Themen motivieren

Der *motivierende Einstieg* ist deswegen so wichtig, weil Sie es hier (und wiederkehrend an vergleichbaren Stellen in Ihrer Arbeit mit den Teilnehmern) in der Hand haben, Ihre Teilnehmer für die kommende Arbeitsphase zu begeistern, anzufeuern oder einfach nur zu interessieren. Wie bereits bei der →Begrüßung [S. 131] erwähnt, können Sie das „Rennen am Start sehr wohl verlieren" ... Sie werden Ihre Teilnehmer nur sehr schwer von einer produktiven Mitarbeit überzeugen können, deren Sinn und Zweck nicht transparent ist. Nutzen Sie daher diese Stellen, um Ihre Teilnehmer zu motivieren, indem Sie z. B. argumentieren mit[8] ...

8 Die folgenden Motivatoren sind angelehnt an Atkinson [ATKINSON, 2005].

- Einem geschichtlichem Hintergrund: Wir haben in der Vergangenheit etwas Bedeutendes geschaffen und werden diesen hohen Standard auch weiter beibehalten.
- Einer Krise: Wir müssen auf eine Bedrohung reagieren.
- Einer Enttäuschung: Wir wissen, dass eine in der Vergangenheit getroffene Entscheidung nicht richtig war und müssen daher eine Alternative finden.
- Einer besonderen Gelegenheit: Aus der aktuellen Lage ergeben sich neue Möglichkeiten, die wir ergreifen sollten.
- Einem Scheideweg: Unserem bisher eingeschlagenen Weg können wir nicht weiterfolgen, sondern müssen alternative Wege in Betracht ziehen.
- Einer aktuellen Herausforderung: Andere leisten Herausragendes. Wie können wir dies noch übertreffen?
- Einem Geständnis: Es hat zwar den Anschein hat, aber es ist nicht alles in Ordnung. Wir müssen handeln.
- Einem Abenteuer: Es ist zwar riskant, etwas Neues auszuprobieren, kann aber unter Umständen auch bessere Ergebnisse liefern.
- Einer Revolution: Wir bewegen uns ins Verderben, wenn wir das, was wir tun, in Zukunft nicht radikal anders machen.
- Einer Evolution: Umstände ändern sich, und wenn wir nicht Schritt halten oder uns anpassen können, geraten wir ins Hintertreffen.
- Dem großen Traum: Wie können wir aus Visionen Realitäten werden lassen?

Bei dieser Liste handelt es sich nur um Beispiele; Sie können sie in Ihr Repertoire übernehmen und sollten sie um Ihre eigenen Ideen erweitern. Weitere Anregungen aus der Perspektive von online Meetings (die aber auch allgemeinen Nutzen haben) finden Sie im Anschnitt zur →Online-Begrüßung [S. 389].

Übrigens: Ist Ihnen aufgefallen, dass alle oben genannten Motivatoren von der „wir“-Form Gebrauch machen?

Ja: Sehr gut, damit haben Sie den stärksten Motivator bereits identifiziert. Alles das, was eine individuelle Person oder deren Gruppe persönlich betrifft, hat für diese eine sehr hohe Relevanz.

Nein: Sehr gut, denn wenn es Ihnen nicht explizit aufgefallen ist, wird es auch Ihren Teilnehmern nicht explizit auffallen. Sie werden sich trotzdem von der persönlichen Formulierung implizit angesprochen fühlen.

Vorsicht, *running gag*: Ist Ihnen aufgefallen, dass beide Antworten auf die oben genannte Frage zwar widersprechend („Ja" vs. „Nein"), aber dennoch *beide* richtig waren? Ein solcher Umgang mit Teilnehmerkommentaren wird Ihnen in Ihrer Moderationstätigkeit zum Vorteil gereichen. Es gibt nur selten absolut falsche und absolut richtige Kommentare, Reaktionen oder Antworten. Viel öfter finden Sie auch in vermeintlich fehlerhaften Aussagen entweder wahre Teilaussagen, Anknüpfungsstellen für die Weiterentwicklung von Gedankengängen oder nutzbare Positionen und Provokationen, die Sie aufnehmen und spiegeln können. Merke: (Fast) jeder Kommentar kann konstruktiv genutzt werden.

Abschließende Warnung: Versuchen Sie nicht, in die Arbeitsphase einzutreten, ohne diese motiviert zu haben.

Arbeitsanweisungen geben

Sie haben sich als Moderator exzellent auf Ihre Aufgaben vorbereitet und kennen sowohl die Arbeitsmethoden als auch die Abläufe. Sie sind sich im Klaren über die abzuarbeitenden Aufgaben und verfügen in Ihrem Kopf über eine sehr präzise Vorstellung, wie die Arbeitsergebnisse zu sammeln und zu strukturieren sind.

Das ist sehr schön. Es hilft Ihnen bei Ihrer Moderationsarbeit aber leider überhaupt nicht weiter, wenn Sie der einzige Mensch im Raum sind, der weiß, wo es langgeht. Sie müssen den Mitgliedern Ihrer Arbeitsgruppe daher auf Ihren Stand heben, d. h. eindeutige und verständliche Arbeitsanweisungen geben, damit diese nicht nur wissen, was zu tun ist, sondern es auch umsetzen können.

Die meisten Ihrer Anweisungen werden Sie mündlich geben. Das funktioniert gut, solange die so angeleiteten Prozesse entweder wenig komplex oder der Gruppe bereits bekannt sind. Falls dies nicht der Fall ist, ist es sinnvoll, die Anweisungen zu verschriftlichen und als Gedächtnisstütze auf Papier oder digitalem Pendant auszuhändigen.

Mündliche Anweisungen

Beim Geben von mündlichen Anweisungen lohnt es sich, die Struktur bzw. den Prozess, den Sie im Kopf haben, den Gruppenmitgliedern zur Verfügung zu stellen:

- Legen Sie zum Beginn dar, worum es eigentlich geht und wie das Ziel aussieht, indem Sie die allgegenwärtige Frage nach dem *Warum* beantworten, bevor sie gestellt wird: „Warum, lieber Moderator, soll ich hier mitarbeiten?".
- Bei mehrstufigen Abläufen sorgen Sie für eine klare Trennung zwischen den Stufen.
- Zwischenfazits helfen bei dieser Trennung und dienen zugleich als Gedächtnisstütze.
- Weniger ist mehr. Verzichten Sie auf unnötige Details und Expertenwissen.
- Zeithorizont: Welcher Zeitraum steht für die Bearbeitung zur Verfügung?
- Logistik: Wer arbeitet mit wem wo und mit welchen Hilfsmitteln.
- Learning by doing: Nach einer präzisen und kurzen Anleitung lassen Sie die Teilnehmer Ihren Prozess ausführen und analysieren Sie gemeinsam das Ergebnis im Anschluss. Verzichten Sie stattdessen auf zu viel Hilfestellung und „Was wäre wenn ..."-Erklärungen.

Sie sind kein Buch und auch kein Arbeitsblatt. Dies bedeutet hier einen unschätzbaren Vorteil, da Sie die Reaktionen Ihrer Gruppe sehen und hören können. Dadurch können Sie unmittelbar auf die Ihnen gestellten Fragen, hilfreiche Ergänzungen oder hochgezogene Augenbrauen reagieren:

- Halten Sie Ihren Blick auf die Teilnehmer aufrecht. Dies wirkt nicht nur verbindlicher, Sie können in den Gesichtern auch ablesen, ob man Ihnen folgen konnte.
- Variieren Sie ihre Stimme in Abhängigkeit vom Kontext. Da Sie hilfreiche Textattribute wie Fett- und Kursivdruck oder Unterstreichung nicht sprechen können, ersetzen Sie diese durch Betonungen oder (Sprech-)Pausen.

- Unterschätzen Sie nicht die hilfreiche Wirkung von passenden Gesten und von Ihrer Mimik.
- Nutzen Sie Ihre natürliche emotionale Spannbreite: Lächeln Sie, um Einladungen auszusprechen und Erheben Sie sanft Ihre Stimme, wenn Sie einen fehleranfälligen oder schwierigen Schritt beschreiben.

Auch von Geschichten und Märchen kann man lernen:

- Arbeiten Sie die logische Abfolge der Prozessschritte Ihrer mehrstufigen Erklärung heraus.
- Der Einsatz eines Praxisbeispiels schadet nicht und kann vieles verdeutlichen.
- Sprechen Sie in Bildern, nutzen Sie Vergleiche und scheuen Sie keine Metaphern. Vielen Menschen bleiben visuelle Eindrücke – und seien sie nur in ihrer Vorstellung vorhanden – sehr viel länger im Gedächtnis.

Versichern Sie sich zwischendurch, spätestens aber am Ende Ihrer kurzen Erklärung, ob alles in Ihrem Sinne verstanden wurde:

- Vermeiden Sie passiv formulierte Suggestivfragen in der Art von „Jetzt ist doch alles verstanden worden, oder?“
- Offene Fragen bringen Sie bei der Identifikation von etwaigen Verständnisproblemen weiter als geschlossene Ja/Nein-Fragen (mehr dazu können Sie in den →Fragetechniken [S. 236] lesen).
- Geben Sie erst dann das Signal zum Beginn (also zur Umsetzung Ihrer Erklärungen), wenn Sie sicher sind, dass *jeder* in der Gruppe weiß, was er zu tun hat.

Es kommt nicht darauf an, dass Sie Ihre Anweisung aussprechen. Was allein zählt, ist, was von Ihrer Anweisung bei den Gruppenmitgliedern ankommt und hängenbleibt. Bleiben Sie stets der Ansprechpartner:

- Stehen Sie auch während der anschließenden Arbeitsphasen für Fragen zur Verfügung.
- Gehen Sie nicht davon aus, dass jede Ihrer Erklärungen schon beim ersten Mal perfekt in Handlungen umgesetzt werden kann und dass Sie nicht nichts wiederholen müssen.

Schriftliche Anweisungen

Falls die von Ihrer Gruppe autonom zu durchlaufenden Arbeitsphasen länger dauern oder die vorgesehene Arbeitsmethode eine präzise Taktung von zahlreichen kleinen Schritten erfordert, kann es notwendig sein, Ihre mündlich gegebenen Anweisungen durch schriftliche Anweisungen zu ergänzen oder gar zu ersetzen. Dass das schriftliche Abfassen von Texten sich aber grundsätzlich vom gesprochenen Wort unterscheidet, kann jeder bestätigen, der schon einmal versucht hat, eine Rede vorab niederzuschreiben und dann vorzulesen: Dies hört sich meist fürchterlich an, wenn kein professioneller Redenschreiber am Werk war. Daher lohnt es sich, bezüglich der Erstellung von schriftlichen Arbeitsanweisungen folgende Hinweise zu berücksichtigen, die sich auch auf Ihre →Vorbereitungsaufgaben [S. 86] erstrecken können.

Formatieren Sie die Arbeitsblätter:

- Seitenzahlen, Überschriften und Zwischenüberschriften sind kein lästiges Beiwerk. Sie helfen sowohl bei der schnellen Orientierung als auch beim Wiederauffinden von einzelnen Passagen.
- Schmale Spalten (z. B. zwei Spalten auf ein DIN A-4 Blatt hochkant) sind leichter zu lesen, wenn Ihre Teilnehmer die Blätter stehend in der Hand halten müssen.
- Ein wenig mehr Platz am Seitenrand ermöglicht den Teilnehmern, ihre handschriftlichen Notizen in der Nähe zum relevanten Text unterbringen zu können. Gleichzeitig wird verhindert, dass die Lesbarkeit dieser Notizen aufgrund einer zu kleinen Schrift leidet.
- Tabellen und Bullet-Listen, die auf Präsentationsfolien Zuschauer bisweilen zur Weißglut bringen können, schaffen auf Arbeitsblättern Struktur und sparen meistens auch noch Platz.
- Textauszeichnungen wie **Fettschrift**, *Kursivsatz* oder Unterstreichungen heben die wichtigen oder kritischen Begriffe hervor – aber nur, wenn sie weder inflationär noch alle gleichzeitig eingesetzt werden.
- Gleiches gilt auch für Grafiken, Pictogramme und Icons. Wenn ein grafisches Beiwerk die Anleitung und die Orientierung darin unterstützt, sollten Sie es einsetzen. Falls die Grafiken mehr verwirren als dienen oder ausschließlich ornamentalen Charakter haben, lassen Sie sie besser weg.

Denken Sie auch an Meta-Informationen, die die Arbeitsanweisungen begleiten:

- Zeitangaben können absolut („... bis 16:00 Uhr“) oder relativ („... für 45 Minuten“) gegeben werden. Wenn Sie die Arbeitsphasen verlässlich und exakt takten können, sind erstere weniger fehleranfällig, aber auch weniger flexibel, wenn es einmal zu Verzögerungen im geplanten Ablauf kommt.
- Falls die Arbeit parallel von mehreren Unterteams erledigt werden soll, deren Zusammensetzung vorab nicht bekannt war, können Sie Teamnamen nutzen, wie z. B. *Team 1*, *Gruppe Blau* oder *AG Kupfer*. Die Aufteilung der Gruppenmitglieder erfolgt dann vor oder nach der Verteilung der Arbeitsanweisungen.

Die Formulierungen auf Ihren gedruckten Arbeitsanweisungen sollten die Gruppenmitglieder persönlich ansprechen, da Sie als Person dies ja nicht tun:

> Ein persönliches „Als ersten Schritt erstellen Sie mit Ihrer Gruppe ...“ ist einem unpersönlichen „Zunächst erstelle man gruppenweise ...“ vorzuziehen, da es direkter, verbindlicher, ansprechender, persönlicher, ... und auch freundlicher klingt.

- Kurze Sätze bringen Botschaften auf den Punkt.
- Lange Sätze, die wunderbar geeignet sein können, um viele Informationen zwischen das erste und das letzte Wort im Satz zu packen, reduzieren aber, und das werden Sie kennen, durch einen notwendigerweise regen Gebrauch von Satzzeichen – und damit sind neben Kommata auch Klammern oder Gedankenstriche gemeint[9] – nicht nur die Lesbarkeit Ihrer gedruckten Botschaft, sondern, und das ist bei weitem schlimmer, auch das Verständnis seitens der Teilnehmer, so dass es später (nämlich genau dann, wenn es drauf ankommt) in der Arbeitsphase viel schlechter in die Anwendung zu bringen ist, und sich manchmal auch Formulierungs- und/oder Grammatikfehler einschleichen, die ihr Übriges zur allgemeinen Verwirrung beitragen.

---

9 ... und auch überflüssige Fußnoten können den Lesefluss empfindlich stören ...

Bitte machen Sie sich Gedanken darüber, ob und wenn ja welche Form des Genderns bzw. der Nutzung geschlechtergerechter Sprache Sie in den Arbeitsblättern verwenden möchten. Falls Ihre Organisation Richtlinien vorgibt oder Empfehlungen ausspricht, sollten Sie diese übernehmen. Falls nicht, sollten Sie sich für *eine* Form entscheiden und diese durchgängig beibehalten. Sie können sich dafür auch an den folgenden praktikablen Hinweisen orientieren:

- Pluralformen können kürzen: So wird aus „Semiarteilnehmerinnen und Seminarteilnehmer machen um 12:00 Uhr Mittagspause" ein „Alle machen um 12:00 Uhr Mittagspause". Noch persönlicher wäre die Formulierung „Wir machen um 12:00 Uhr Mittagspause". Noch kürzer, aber sehr unpersönlich, liest sich „Mittagspause 12:00 Uhr"
- Paarformen nennen beide Geschlechter und verbinden diese mit „und" oder „oder": „Damen und Herren", „Geschäftsführer und Geschäftsführerinnen". Um einen umständlichen Bezug auf diese Paarformen im Verlauf des Textes („ihr bzw. sein Konzept") zu vermeiden, können Sie auf das Possessivpronomen verzichten („das Konzept") und die Adressaten als „Personen" referenzieren – dies geht auch für den Lehrer oder die Lehrerin, die jeweils zu einer „Lehrperson" werden.
- Substantivierte Partizipe fassen die „Lehrerinnen und Lehrer" zu „Lehrende" zusammen.
- Nicht immer ist die Nutzung einer durchgehenden und expliziten geschlechtergerechten Sprache *möglich*: Zu *der* „Gast" gibt es beispielsweise keine grammatikalisch feminine Form und *die* „Ärztekammer" ist ein feststehender Begriff.
- Nicht immer ist die Nutzung einer durchgehenden und expliziten geschlechtergerechten Sprache *sinnvoll*: Wenn alle Teilnehmende in Ihrer Gruppe ausschließlich weiblich *oder* ausschließlich männlich sind, könnten Formulierungen, die sich durchgehend an beide Geschlechter wenden, auch deplatziert wirken.
- Nicht immer ist die Nutzung einer durchgehenden und expliziten geschlechtergerechten Sprache *erforderlich*: Wenn Sie eingangs klar kommuniziert haben, welche Art der Adressierung Sie nutzen und warum Sie dies tun[10], können Sie davon ausgehen, dass Ihre aufgeschlos-

10 So wie wir, die Autoren, dies in diesem Buch in den Abschnitten →A – Adept [S. 16] und →Novize → Adept → Profi [S. 18] getan haben.

senen Mitarbeiter dies zu Kenntnis nehmen und sich anschließend um die Arbeitsaufgabe kümmern.

In diesen Fällen können Sie prüfen, ob eine geringfügige Umformulierung vielleicht die beste Alternative darstellt: „Der zuständige Teilnehmer notiert alle Begriffe auf dem Flipchart." könnte werden zu „Sie schreiben alle genannten Begriffe auf das Flipchart." Oder: „Sie holen Rat bei den Fachmännern und -frauen ihrer Gruppe ein." könnte werden zu „Sie holen sich nun fachkundigen Rat aus Ihrer Gruppe."

Für welche Formulierungsmöglichkeit Sie sich auch entscheiden: Behalten Sie diese bitte bei und wechseln Sie nicht zwischenzeitlich. Bei den mehr als 20 existierenden Varianten für Genderformulierungen und -wortzusätzen könnte Ihr Text ansonsten sehr zerrissen wirken.

Und vergessen Sie nicht:

Immer eine oder zwei Kopien mehr in der Tasche zu haben, beugt unvorhergesehenen Problemen vor, wenn z. B. eine Kopie nicht lesbar oder unvollständig ist oder sich mehr Personen als erwartet in der Gruppe befinden.

Sammeln

Sobald die Arbeitsphase motiviert ist und die Arbeitsaufträge verteilt sind, geht es ans Kerngeschäft der Moderation: Ideen gemeinsam entwickeln. Dabei fassen wir die Entwicklung von Ideen entlang →Abbildung 10 als logische Folge von Sammeln, →Strukturieren [S. 162] und →Entscheiden [S. 173] auf. Im ersten Schritt des Sammelns nehmen Sie üblicherweise ein weite und offene Perspektive ein: Es geht darum Gedanken, Ideen, Meinungen und Argumente wahrzunehmen, und zwar so, dass sich jeder Teilnehmer gehört und vertreten fühlt. Ebenso sollten diese Ideen von allen gleichermaßen gewürdigt und verstanden werden, sowie schlussendlich auch dauerhaft und ohne Wertung für die weitere Arbeit festgehalten werden. Dabei geben Sie als Moderator den Teilnehmern methodisch einen Raum, in den diese ihre inhaltlichen Äußerungen hineingeben (und halten diesen im Prozess offen). Dabei ist es wichtig, jeden Teilnehmer zum Beitragen zu ermutigen und keine Äußerung (ab-)zuwerten, damit möglichst alle verfügbaren Ideen – und scheinen Sie zuerst noch so unrealistisch – zum Vorschein kommen.

Ziel ist es in der Phase *Sammeln*, dass aus möglichst vielen Perspektiven möglichst viele Ideen gleichwertig und allgemein verständlich „auf den Tisch" kommen.

In dieser Phase dürfen die Ideen sprudeln und die Gedanken fliegen: Es geht darum, das Arbeitsthema gedanklich in Fluss zu bringen. Denn egal, ob ein Ablaufplan zum gemeinsamem Kochen des Essens, neue Ideen für ein gemeinsames Referat oder strategische Managemententscheidungen getroffen werden sollen, zuerst kommt es darauf an, kreativ und offen Ideen zu sammeln. In Abhängigkeit der verwendeten Arbeitsmethode sollen und dürfen die Ideen ganz absichtlich unstrukturiert, ohne Hintergedanken, ohne Wertung und ohne „Modell" im Hinterkopf zufällig entstehen. Oder um im Wortsinn zu bleiben: uns *zufallen*. Konkret kommt es auf drei Dinge an:

- **Quantität vor Qualität**: Jede Idee (Gedanke) wird gehört (→Inspirieren [S. 154])
- **Allen verständlich, aber ohne Wertung**: Ideen (Gedanken) sollen klar sein (→Klarstellen [S. 157])
- **Festhalten, ohne zu analysieren / zu strukturieren**: Ideen (Gedanken) ohne Wertung sammeln (→Festhalten [S. 158])

Aus einem solchen „Mindset" heraus entstehen neue Ideen aus Assoziationen und Sie können mit der Gruppe die vollen Synergieeffekte entfalten. Denn wie Albert Einstein schon sagte: *„Probleme werden nicht durch dieselbe Denkweise* [Anm. d. Verf.: Mindset] *gelöst, durch die sie entstanden sind."* Dies zeigt, dass Lösungen meist ein Um-die-Ecke-Denken (Thinking-outside-the-box, s. Zusatzinformationen unten) bzw. neuartiges, unkonventionelles Denken erfordern. Beim Sammeln sorgen Sie für Impulse in Richtung dieses Denkens aus dem oben beschriebenen „Mindset" heraus. Das bedeutet einerseits, dass eine Stimmung herrscht, in der Kreativität gedeihen kann – niemandem ist geholfen, wenn Beiträge einzelner verlacht, verspottet oder totargumentiert werden, bevor sie ganz ausgesprochen sind. Andererseits bedeutet es auch, dass Sie zuerst alle Beiträge sammeln, ohne zu diskutieren, zu bewerten, zu kritisieren und auch ohne zu strukturieren (was zugegeben oftmals schwer fällt – aber die Kreativität wird es Ihnen rückblickend danken).

Zusatzinformationen: Das *Thinking-outside-the-box* wird meist mit dem folgenden Beispiel verdeutlicht: „Nimm einen Stift und verbinde alle neun in einem regelmäßigen Raster abgedruckten Punkte durch einen einzigen Linienzug, der aus möglichst wenigen geraden Teilstrecken besteht."

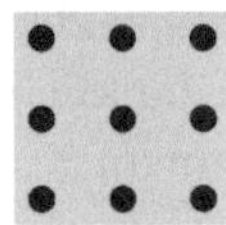

Unfairerweise wird dabei oft durch das umgebende Quadrat und die enge Nachbarschaft zum beschreibenden Text suggeriert, dass die geraden Linienzüge die Grenzen des Quadrats nicht überschreiten dürfen. Dies ist aber notwendig, um die Verbindung aller neun Punkte mit nur vier aneinanderhängenden Streckenzügen herzustellen; diese Linienzüge verlaufen eben teilweise *outside the box*:

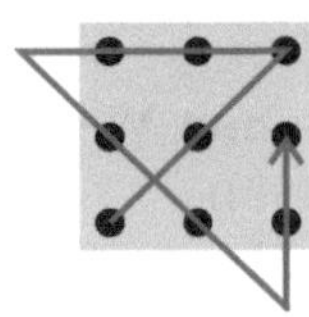

Interessant dabei ist, dass man durch *wirkliches Thinking-outside-the-box* noch mehrere Varianten aufstellen kann, die die Aufgabe mit *weniger als vier* Streckenzügen lösen. Gerne können Sie im →Anhang [S. 405] zu →Thinking-outside-the-box: Auflösung [S. 405] nachschlagen, *nachdem* Sie Ihre Lösungsideen außerhalb Ihres persönlichen Gedanken- und Gewohnheits-Käfigs geschickt haben. Für Sie in Ihrer Rolle als Moderator bedeutet dies: Sie sollten sich nicht unter allen Umständen damit zufriedengeben, wenn ihre Teilnehmer *eine* Lösung für das gestellte Problem erarbeitet haben. Denn der Umstand, dass eine Lösung gefunden wurde, bedeutet weder, dass es keine weiteren Lösungen gibt, noch, dass die gefundene Lösung zugleich die optimale Lösung darstellt. Auch hilft Ihnen der Ansatz, stets darauf vertrauen zu dürfen, dass es eine Lösung zu jedem Problem gibt – wenn wir bereit sind, Perspektiven zu wechseln und eine →Lösungsfokussierte Weiterentwicklung [S. 128] anstreben.

Beim Sammeln tritt die Gruppe in den Vordergrund und muss auf zwei Arten parallel von Ihnen als Moderator gesteuert werden:

- →Sprecherreihenfolge festlegen [S. 149]: Wer spricht wann?
- →Gesprächsinhalte sammeln [S. 153]: Was wird gesagt und was ist damit gemeint?

Als Moderator haben Sie die Hoheit über die Reihenfolge und haben mehrere Möglichkeiten diese zu lenken. Den Inhalt steuern die Teilnehmer bei. Sie sind dafür unterstützender Ideen-Sammler und inspirierender Fragensteller. Die folgenden Abschnitte beschäftigen sich im Detail mit Ihren Aufgaben dabei.

Sprecherreihenfolge festlegen

Im Alltagsgespräch haben wir selten Probleme, Gesprächsreihenfolgen festzulegen. Gefühlt reden wir oftmals „einfach drauf los" und es klappt. Schauen wir aber genauer hin, erkennen wir, dass sich die Sprecherreihenfolge schnell und geregelt durch sogenannte *Sprecherwechsel* ergibt. Erfahrung und Konventionen haben uns gelehrt, für diesen Wechsel auf verbale und non-verbale Signale zu achten (s. →Tabelle 4).

Verbal	Non-Verbal
* Rolle aktiv abgeben: „Hier weiß ich nichts mehr beizutragen." * Gerichtete Frage: „Was denken Sie darüber, Frau Fischer?" * Ungerichtete Frage: „Wer kann etwas dazu sagen?"	* Blickkontakt * Mimik (Augenbrauen hochziehen, zum Sprechen ansetzen,...) * Gestik (Hand heben, Kopfnicken/Kopfschütteln,...) * erweiterte Körpersprache (zuwenden, Vorlehnen („ins Gespräch hinein"), ...)
* Pause	

Tabelle 4: Verbale und non-verbale Signale, die einen Sprecherwechsel ankündigen. Die Pause ist formell ein non-verbales Signal, wirkt aber auf der verbalen Ebene und ist daher übergreifend eingetragen.

Gibt der aktive Sprecher seine Rolle verbal und aktiv ab, wird die Sprecherrolle vakant. Eine konkrete Aufforderung zum Sprecherwechsel ergibt sich indirekt aus einer ungerichteten Frage, z. B. „Wer kann etwas dazu sagen?"

oder „Was möchten Sie gerne verändern?". Dabei ist die Reihenfolge der Sprecher allerdings noch nicht mit inbegriffen. Eine direkte Ansprache mit Namen durch eine gerichtete Frage hat den gleichen direkten Effekt und teilt die Sprecherreihenfolge direkt zu. Oftmals wird ein Sprecherwechsel aber non-verbal angekündigt: Ein zugewandter oder bewusst gesuchter Blickkontakt zeigt dem aktuellen Sprecher an, dass ein weiterer Gesprächsteilnehmer ein Redebeitrag anmelden möchte und in Kürze etwas beizutragen hat. Ebenso kann die Weitergabe der Sprecherrolle durch den aktuellen Sprecher, als auch die Anmeldung eines bisherigen Zuhörers durch Mimik und Gestik (Hand ausstrecken / heben, Zeigen, Kopfnicken. etc.) verstärkt werden, oder durch die Zuwendung des Körpers unterstrichen werden. Das offensichtlichste Mittel des Sprecherwechsels ist jedoch die Gesprächspause. Durch Sie entsteht eine Lücke im Gesprächsfluss[11], die sich gleichbedeutend an alle Anwesenden richtet und den Drang entstehen lässt, diese Lücke (die Stille) zu füllen. Probieren Sie es doch gerne im nächsten Gespräch einmal aus: Wenn Sie eine Pause im Gespräch einbauen, wird in den meisten Fällen schnell ein weiterer Gesprächsteilnehmer das Gespräch wieder aufnehmen und die Stille füllen. Und wenn Sie schon dabei sind: Beobachten Sie gleich mit, wie leicht die Signale untereinander kombinierbar sind, um intuitiv die Sprecherreihenfolge festzulegen.

Auf die in →Tabelle 4 aufgeführten Signale für Sprecherwechsel sollten Sie als Moderator unbedingt beachten. Sie können diese auch in alltäglichen Gesprächen mit mehreren Teilnehmern trainieren. Denn auf diesen Grundregeln basiert auch der Sprecherwechsel in moderierten Treffen – frei nach dem Motto „never change a running system". Doch es gibt noch mehr zu beachten: Als Moderator sind Sie für die Reihenfolge der Sprecher organisatorisch verantwortlich und haben mehrere Möglichkeiten, diese zu strukturieren:

- →Rednerliste [S. 151]
- →Feste Reihenfolge [S. 151]
- →Reihenfolge nach Dringlichkeit [S. 152]
- →Laissez-faire [S. 153]

Die Entscheidung, wie Sie die Sprecherreihenfolge in Ihrer Gruppe organisieren, ist nicht einfach und pauschal zu treffen. Sie hängt von der

11 Daher steht die „Pause" in →Tabelle 4 auch außerhalb der verbalen und non-verbalen Signale, da sie den verbalen Gesprächsfluss non-verbal unterbricht.

Zusammensetzung Ihrer Gruppe, der Stimmung und dem Ziel Ihres Zusammenseins ab. Grundsächlich gilt:

- Je mehr Teilnehmer und je formaler das Setting, desto mehr Struktur und feste Abläufe.
- Mehr Freiheiten und Spontanität erlauben mehr Kreativität.
- Handeln Sie stets zum größtmöglichen Nutzen der ganzen Gruppe.
- Sie müssen sich wohl fühlen mit Ihrer Entscheidung.

Rednerliste

Intuitiv empfinden wir es meist als fair und gerecht, wenn Gesprächsbeiträge chronologisch abgerufen werden, also in der Reihe nach ihrer zeitlichen „Anmeldung" (rechte Spalte in →Tabelle 4). Dieses Konzept der angemeldeten Beiträge durch Meldung (z. B. durch Handheben oder Blickkontakt) ist jedem bereits aus der Schule bekannt (oftmals als *Meldekette*) und bedarf daher in der Anwendung zumeist keiner weiteren Erklärung. Kündigen Sie das Verfahren dennoch immer kurz an, damit alle wissen, wie gespielt wird. Ihre Aufgabe als Moderator ist es hierbei, die Meldungen chronologisch sortiert anzunehmen und dann dieser Reihenfolge entsprechend die Beiträge aufzurufen. Hilfreich kann es hierbei sein, eine *Rednerliste* zu führen. Dabei nehmen Sie neu angemeldete Beiträge (Redner) einfach ans Ende Ihrer Liste auf und streichen bereits aufgerufene Beiträge (Redner) wieder von der Liste herunter. So haben Sie immer eine klare Übersicht. Denken Sie daran, den Beitragsanmeldern kurz zu signalisieren, dass Sie sie in Ihre Liste aufgenommen haben. Das kann zum Beispiel durch einen kurzen Kommentar, ein Blickkontakt, ein Kopfnicken oder eine kurze Geste mit der Hand geschehen.

Sie werden aber auch schnell feststellen, dass dieses System bei aller ihm innewohnenden Stringenz dann nicht mehr funktioniert, wenn „mal eben schnell noch" ein Kommentar zu einem vorhergehenden Kommentar angemeldet wird. Dann greift die →Reihenfolge nach Dringlichkeit [S. 152].

Feste Reihenfolge

Eine weitere Art der Gesprächsreihenfolge bildet die fest vorgegebene Reihenfolge, in der die Teilnehmer sich z. B. reihum entsprechend der Sitzordnung äußern. Wir nutzen dieses Vorgehen gerne zum Kennenlernen oder zum Einholen eines Meinungsbildes – also immer dann, wenn jeder im Raum kurz und prägnant zu Wort kommen soll. Dafür können Sie die Teilnehmer auch bitten, sich auf maximal zwei Sätze zu beschränken. Eine Methode für dieses Vorgehen stellen wir hier vor: →Blitzlichtabfrage [S. 291]. Wieder andere Methoden basieren auf einer festen Reihenfolge zur gleichberechtigten Abfrage aller vorhandenen Meinungen und Perspektiven, wie zum Beispiel das →Zustimmungsverfahren [S. 282].

Reihenfolge nach Dringlichkeit

Oft funktionieren die bisher vorgestellten Methoden intuitiv gut, weil sie allen Teilnehmern bekannt sind. Sie werden in Ihren Moderationen wahrscheinlich aber auch oft merken, dass das Konzept für die →Feste Reihenfolge [S. 151] in engagierten Diskussionen an seine Grenzen stößt: Immer dann, wenn die Gesprächsrunde sehr emotional geführt wird, wenn konfliktreiche Themen anstehen oder wenn die Zeit knapp wird, steigt die Wahrscheinlichkeit, dass Teilnehmer sich abseits der Reihenfolge äußern wollen. Entweder, um direkten Bezug auf das unmittelbar zuvor Gesagte nehmen zu können, oder auch, um neue Diskussionspunkte zu eröffnen. Es liegt dann in Ihrer Verantwortung als Moderator, wie Sie mit diesen Regelüberschreitungen umgehen wollen. Damit wird die per →Rednerliste [S. 151] festgelegte Reihenfolge durch die Dringlichkeit von Beiträgen „überschrieben". Das können, aber müssen Sie nicht zulassen – folgende Optionen bieten sich Ihnen:

- **Sie können die dringlichen Kommentare zulassen**. Dies kann eine Diskussion an entscheidender Stelle voranbringen. Ebenso birgt es die Gefahr, dass die Diskussionsthemen sich impulsiv verschieben („hochschaukeln"). Zusätzlich riskieren Sie wachsenden Unmut bei denjenigen Teilnehmern, die auf der Rednerliste zurückgesetzt werden. Sollten Sie dringliche Kommentare zulassen, erklären Sie den Teilnehmern stets vorab, dass es sich um Ausnahmen handelt und fahren Sie anschließend mit Ihrer regulären Reihenfolge fort und kommunizieren Sie immer transparent, was Sie machen. Andernfalls entsteht schnell das Gefühl, dass Sie die Kontrolle über das Treffen verlieren – was im Extremfall auch tatsächlich vorkommen kann.
- **Sie können dringliche Kommentare unterbinden**. Mit dem Verweis auf die kommunizierten Gesprächsregeln entziehen Sie dem „Drängler" das Wort und fahren mit der Rednerliste fort. Bieten Sie an, den dringenden Kommentar aber regulär auf die Rednerliste zu

setzen. Hierbei riskieren Sie allerdings, eine dynamische Diskussion zu unterbinden, die kreative Gedanken fördern kann.

- Falls Sie in regelmäßigen Meetings zusammenkommen, können Sie einen Verantwortlichen für die →Spielregeln für Meetings [S. 339] einführen, der aus der Gruppe kommend auf die gemeinsam vereinbarten Spielregeln hinweist.

Laissez-faire

Eine andere Art der Gesprächsstrukturierung ergibt sich aus dem *Laissez-faire* Stil. Dieser Moderationsstil gibt keine klare Reihenfolge der Sprecher vor, sondern lässt die Gesprächsbeiträge sich selbst aus der Situation heraus ergänzen und ordnen. Dieses Vorgehen bietet insbesondere in kreativen Situationen Vorteile, wenn Ideen gefunden und Assoziationen aufgedeckt werden sollen, denn so können Beiträge spontan und ungezwungen den Gedankenimpulsen folgen. Auch hier ist es empfehlenswert, dieses Vorgehen anzukündigen und zeitlich zu begrenzen, da die Teilnehmer von Ihnen als Moderator Führung erwarten. Ohne entsprechenden Hinweis würden sich einige (gerade stillere, beobachtende) Teilnehmer schnell wundern, warum Sie nicht ordnend eingreifen. Laissez-faire bedeutet für Sie als Moderator dabei keinesfalls eine ruhige Kugel zu schieben! Im Gegenteil müssen Sie doppelt aufmerksam bleiben, um stillere Gesprächsteilnehmer ins Gespräch einzubinden oder dominantere Sprecher ggf. auszubremsen (Sie wollen wissen, wie Sie diese erkennen? Schauen Sie sich →Ihre Gruppe [S. 53] einmal an!).

Gesprächsinhalte sammeln

Unter *Gesprächsinhalte sammeln* verstehen wir, dass zuerst einmal Ideen und Beiträge ungefiltert geäußert und für die weitere Arbeit (mindestens die anschließende *Strukturierung*) zusammengetragen werden. Auch wenn Ihre Teilnehmer die Äußerungen tätigen, haben Sie als Moderator doch dabei zahlreiche Aufgaben.

Rechnen Sie nicht damit, dass in jeder Arbeitsgruppe die Beiträge nur so hervorsprudeln. Auf Sie kommen einerseits das →Inspirieren [S. 154] zu, andererseits auch das →Klarstellen [S. 157] und →Festhalten [S. 158] von Beiträgen. Machen Sie sich als Moderator gerne Notizen zum Gesagten, damit Sie den Gesprächsverlauf inhaltlich begleiten und nachvollziehen können. Dabei dürfen diese Aufzeichnungen nicht nur Sie unterstützen, sondern den kreativen Prozess der gesamten Gruppe: durch Ihr →Festhalten [S. 158] von Gesagtem tragen Sie maßgeblich dazu bei, Ideen zu entwickeln, gemeinsames Verständnis durch →Strukturieren [S. 162] aufzubauen und schlussendlich durch →Entscheiden [S. 173] einen Konsens zu finden.

Inspirieren

Während Sie durch einem gelungenen Einstieg →Themen motivieren [S. 138] können, gilt es in der Phase Sammeln, aus dieser Motivation heraus den Gedankenfluss in Schwung zu bringen und kreatives Assoziieren zu ermöglichen. Dabei möchten Sie für Ihre Gruppe vor allem einen Raum für neue Gedanken öffnen – sie *inspirieren* – auch und gerade zum *Um-die-Ecke-Denken* (→Thinking-outside-the-box: Auflösung [S. 406]). Dafür sammeln Sie grundsätzlich zunächst einmal alle Beträge ergebnis- und meinungssoffen, möglichst ohne nach einem Modell oder einer Struktur im Hintergrund zu fragen. Ebenso sind alle Ideen gleichwertig, d.h. bewertungsfrei zu behandeln. Das bedeutet praktisch: Es gibt keine „kleinen“ oder „großen“, keine „guten“ oder „schlechten“ und erst recht keine „richtigen“ oder „falschen“ Ideen. Auch wird nicht nach der Machbarkeit oder Umsetzbarkeit gefragt. Sondern schlicht und einfach nach Ideen. Nicht mehr, aber auch nicht weniger.

Erfahrungsgemäß ist dieses Nicht-wertende-Denken bei vielen Teilnehmern nicht der normale „Modus operandi“, sodass Sie Ihre Teilnehmer zur offenen Assoziation inspirieren dürfen. Das können Sie zum Beispiel sehr gut durch Fragen steuern, indem Sie folgendermaßen inspirieren und Perspektivwechsel anregen:

- **Was assoziieren Sie mit ...?** *(Assoziationsketten)*
  - Farben: „rot, gelb, grün“ / „schwarz und weiß“ / ...
  - Orten: „Hamburg, Frankfurt, München“ / „einem Badestrand“ / ...
  - (historischen) Zeiten: „Kaiser Karls Krönung“ / „3 Minuten“ / ...
  - Zitaten oder Sprichwörtern: „I have a dream.“ / „Wie Du mir, so ich Dir.“ / ...
  - Personen / Gemeinschaften: „Charlie Chaplin“ / „dem FC Bayern“ / ...
  - Klängen / Musik: „Martinshorn“ / „Lied: Sound of Silence“ / ...
  - Symbolen: „Einem Herz und einem Blitz“ / „dem Straßenschild ‚Sackgasse‘“ / ...

  - ◻ Bildern: „den Händen in Michelangelos ‚Die Erschaffung Adams'" / …[12]
  - ◻ …

    Hier eignet sich so ziemlich alles, was Ihnen zum Anregen von neuen Assoziationen geeignet erscheint.
- **Offene Fragen:** *(Blick in die Weite bzw. zur Seite oder zurück)*
  - ◻ Was haben andere zu diesem Thema gemacht?
  - ◻ Wie haben andere dieses Problem gelöst?
  - ◻ Wo und in welchem Kontext haben Sie [Thema] schon mal gehört?
  - ◻ …
- **Was würde … denken / sagen / machen?** *(Perspektivwechsel)*
  - ◻ Eine (bekannte) Person
  - ◻ Eine (Standard-) Rolle / Position / Beruf
  - ◻ Die Konkurrenz
  - ◻ Die vergangene (zukünftige) Generation vor (in) 30 Jahren
  - ◻ Der „Endnutzer"[13]
  - ◻ …

Eine gute Vorbereitung vorausgesetzt können Sie entweder durch ähnliche Begriffe die Assoziationsketten erweitern oder ganz bewusst Kontraste beleuchten, um neue Perspektiven zu provozieren (mehr dazu in der →Kopfstand-Methode [S. 256]).

Eine schlussendlich rein spielerische Methode fragt nach Assoziationen auf der sprachlichen Ebene: Durch Wortfindungsspiele können Sie in wirklich festgefahrenen oder angespannten Sammlungsphasen mit Humor die Spannung lösen. Inhaltlich führt es allerdings eher selten weiter (auch wenn wir es dennoch schon erlebt haben!). Weisen Sie dann zum Beispiel folgende Aufgaben an:

- Die genannten Ideen müssen sich Reimen.
- Das jeweils folgende Wort muss mit dem Endbuchstaben des zuvor genannten Wortes beginnen.

  Offensichtlich können Sie dabei nur einzelne Begriffe und keinen ganzen Satz (oder gar mehrere Sätze) abfragen. Auch daher eignet sich

---

12 Bei den letztgenannten Assoziationsankern ist es sinnvoller, diese als Medien (Bilder, Klänge) der Gruppe zu präsentieren, als die bloße textliche Information.

13 Wir können nur mutmaßen, aber vermutlich ist der bekannte und erfolgreiche Werbeslogan „Katzen würden Whiskas kaufen" aus einer Perspektivübernahme aus Sicht der Endnutzer „Katzen" entstanden.

diese Methode eher als kurze Auflockerung denn als standardmäßige Methode zum Sammeln. Dafür bietet sie sich an, um alle Teilnehmer gleichermaßen einzubinden, bspw. über eine →Blitzlichtabfrage [S. 291].

Oftmals kommen die besten Ideen erst mit der Zeit – dann nämlich, wenn die „Standardantworten" ausgegangen sind. Naturgemäß entgegnen Teilnehmer auf eine inhaltliche Frage wie z. B. „Welche Ideen haben Sie zur Lösung von XY?" zuerst und automatisch ihre Standardantworten. Erst wenn diese Standardantworten aufgeschrieben sind, scheinen sich die Teilnehmer innerlich zu entspannen und einander *wirklich* zuzuhören, sodass sie durch Assoziation mit den Beiträgen der anderen *wirklich* neue Ideen bilden können. Auf diesen Punkt arbeiten Sie als Moderator durch das gleichmütige und wertungsfreie →Festhalten [S. 158] aller Beiträge hin. In dieser Phase müssen Sie auch schonmal stumme Gesichter und ein gewisses Schweigen in Kauf nehmen und aushalten – genau dies sind aber die diejenigen Momente, in denen Ihre Teilnehmer aus dem Gewohnheits- in den Assoziativen-Modus umschalten und für die sie Ihnen im Anschluss dankbar sein werden. Über diese Umschaltmomente hinweg helfen Ihnen öffnende Fragen wie:

- **Und was noch?** Dies ist eine, wenn nicht sogar *die* universelle offene Frage, um den assoziativen Gedankenfluss am Laufen zu behalten. Stellen Sie sie immer wieder, um weitere Ideen zu generieren. Der stärkste Verbündete dieser Frage ist übrigens das anschließende Schweigen, in dem Sie Ihrem Gegenüber erlauben, die Frage wirken zu lassen – und Antworten zu finden. Halten Sie dieses Schweigen geduldig aus, dann kommen auch bald die wirklich guten Ideen!
- **Und was stattdessen?** Manchmal besteht bestimmten Themen gegenüber eine große Ablehnung oder Blockadehaltung bei einzelnen Teilnehmern oder gar der ganzen Gruppe. Dann gilt es, durch diese Frage den Fokus in eine andere Richtung auszurichten und damit einen Perspektivwechsel hervorzurufen. Das beste Beispiel sind die notorischen Nörgler, die an allem Kritik nach dem Motto „das wird so nie funktionieren..." äußern (s. →Typologien [S. 65]). Ihr Fokus ist ganz auf das, was nicht geht, ausgerichtet – fragen Sie hier nach dem „und was stattdessen...?" und Sie dürfen gespannt sein, auf interessante neue Ideen!

Klarstellen

Im *Klarstellen* setzen Sie sich dafür ein, dass eine geäußerte Idee allgemein verständlich ist. Damit legen Sie das Fundament für die weitere Ideenentwicklung aus der Gruppe heraus, denn das setzt ein gemeinsames Verständnis voraus. Hier sind Sie als Moderator der Prüfstein, auf dem dieses gemeinsame Verständnis einer Idee geprüft wird.

Ihr erstes Mittel der Wahl sind dabei Klärungs- und Rückfragen (bei den →Fragetechniken [S. 236] im Methodenteil erhalten Sie einen detaillierten Überblick in die generelle Funktion von Fragen im Gespräch und erlernen die Anwendung konkreter Fragetechniken in der Praxis.) *Klärungsfragen* eröffnen damit einen Raum, in dem das gemeinsame Verständnis wachsen kann. *Rückfragen* hingegen helfen beim gemeinsamen Definieren was genau gesagt wurde. Beispielsweise können Sie fragen:

- Können Sie ... nochmals wiederholen?
- Habe ich Sie richtig verstanden, dass ...?
- Was bedeutet für Sie ...?
- Was genau meinen Sie mit ...?
- In welchem Zusammenhang meinen Sie ...?

Die Impulse zu diesen Fragen (bzw. das „Wonach“ Sie fragen; dargestellt als „...“ in den obigen Fragen) ergeben sich meist schon beim →Zuhören [S. 234], sodass Sie bestenfalls direkt gestellt und geklärt werden. Bekommen Sie hierauf eine klare und verständlich Antwort, können Sie diese →Festhalten [S. 158], z. B. durch Aufschreiben. Falls nicht, versuchen Sie es insbesondere als geübter Moderator mit einer *Paraphrase* (im nächsten Absatz). Hier sind Sie als Moderator quasi in der Hauptverantwortung der „Verständnis-Wahrer“ der gesamten Gruppe, da die Gruppe diese Klärung zumeist von Ihnen erwartet. Allerdings dürfen Sie diese Verantwortung an geeigneten Stellen während der Sammelphase immer wieder in die Gruppe zurückspielen, indem Sie fragen, ob es noch (inhaltliche) Rückfragen oder Klärungsbedarf bei den Teilnehmern gibt.

Eine weitere elegante Möglichkeit, das gemeinsame Verständnis zu klären, ist das →Paraphrasieren [S. 244]. Hierbei geben Sie das Gehörte in eigenen Worten wieder, um das Verständnis zu überprüfen. Insofern lässt sich die Paraphrase sehr gut mit einer angehängten Klärungsfrage kombinieren: „[Paraphrase], habe ich Sie so richtig verstanden?“ oder „Bitte korrigieren Sie mich, doch ich habe es so verstanden [Paraphrase]“. So signalisieren Sie Ihre Klärungsbereitschaft noch weiter und bringen somit das gemeinsame Verständnis voran.

Fragen Sie auf jeden Fall immer nach, wenn Sie selbst nicht sicher sind, wie Sie den Beitrag schriftlich festhalten sollen (→Festhalten [S. 158]). Besteht auch nach mehrmaligem Rückfragen / Paraphrasieren weiter Unklarheit, lassen Sie sich die Formulierung im Zweifelsfall vom Beitragenden in die Feder diktieren. Damit stellen Sie sicher, dass genau das gehört und gebannt wird, was der Teilnehmer beitragen wollte – und der Beitrag wird entsprechend gewürdigt.

Beachten Sie weiterhin: Rückfragen sind für konstruktive Gespräche explizit nur auf den Inhalt beschränkt! Sie sollten also nur auf der Inhaltsebene nachfragen und auf persönliche Wertungen rigoros verzichten. Genauso gehört es zu Ihren Aufgaben als Moderator, das Gespräch auf der Inhaltsebene zu halten und mögliche Abweichler schnell wieder „einzufangen“, sofern Sie Rückfragen für die Gruppe zugelassen haben, damit →Störungen und Konflikte [S. 205] sich nicht ausbreiten können. Dabei ist es auch wichtig, *wie* Sie eine Frage stellen, denn besonders bei Fragen macht der Ton die Musik: Achten Sie auf eine ruhige Stimmlage und angemessen langsame Sprechweise bei Ihren Rückfragen, insbesondere bei heiklen Themen.

Festhalten

Unter *Festhalten* verstehen wir das visuelle Dokumentieren des Gesagten und insbesondere des gemeinsam Geklärten. Kurzum: es geht ums Aufschreiben (oft), skizzieren (selten) oder eine Kombination aus beidem (manchmal, z. B. im →Mind Mapping [S. 160]). Visuell Festgehaltenes schafft die gemeinsame Basis für Verständnis, auf der durch →Strukturieren [S. 162] Zusammenhänge entwickelt und schlussendlich auch gemeinsam getragenes und ausgeführtes Handeln gedeihen können (→Entscheiden [S. 173]). Durch das Festhalten begleiten Sie die Phase des Sammelns nachhaltig und unterstützen die Teilnehmer beim befreiten Äußern aller möglichen Assoziationen zum Thema, da Genanntes sichtbar bleibt. Genau das ist die große Stärke der Visualisierung für die Moderation: Nach dem →Sichern [S. 188] ist das Ergebnis ist für alle dokumentiert, ersichtlich, tragbar und schließlich auch mitteilbar.

Im visuellen Sammeln gilt es, Beiträge bewusst ohne Struktur und (vorerst) unsortiert festzuhalten, sodass eine lockere Ideensammlung ohne Wertung entsteht. Notieren Sie alle Beiträge möglichst direkt beim Nennen oder Klären auf Moderationskärtchen, damit nichts verloren geht. Maximale Gleichwertigkeit erzielen Sie, wenn Sie stets gleiche Farben, Formen und Materialien nutzen. Zum Umgang mit Formen, Farben und zur Schrift finden Sie im Abschnitt →Verschriftlichen [S. 247] weitere Hinweise. Verwenden Sie daher für jeden Beitrag, jede Idee bzw. jeden Gedanken eine eigene Moderationskarte. Diese können Sie schnell mit Nadel oder Kreppband an Metaplanwänden oder Tafeln festmachen und genauso schnell während der nächsten Phase →Strukturieren [S. 162] flexibel umsortieren. Sehr angenehm in der Nutzung sind auch selbstklebende Moderationskarten, die man problemlos öfter umpositionieren kann. Auf das Whiteboard selbst zu schreiben ist ebenfalls möglich, allerdings bleibt einmal Geschriebenes örtlich fixiert und kann später nicht so einfach umstrukturiert werden (gleiches gilt für die Arbeit am Flipchart). Wir empfehlen daher die flexiblere Variante mit (selbstklebenden) Moderationskarten. So behalten Sie sich alle Optionen für die anschließende Phase des →Strukturierens [S. 162] offen.

Die moderne Digitaltechnik ermöglicht hier durch Tablet und Notationsflächen-Software wie z. B. OneNote, Paper53, padlet, GoodNotes oder OpenBoard ebenfalls spannende Möglichkeiten[14]. Ein großer Vorteil dieser Medien liegt darin, dass die Inhalte sowohl schnell farblich umgestaltet und verschoben werden können und gleichzeitig ebenso schnell digital geteilt und vervielfältigt sind. Nutzen Sie am Besten ein Tablet mit Stift, um handschriftlich Beiträge zu sammeln. Dies wirkt persönlicher, ist flexibler und geht schneller. Zusätzlich ist ein →Strukturieren [S. 162] durch späteres Hinzufügen oder Verknüpfen durch Linien, Pfeile, Formen etc. leicht möglich. In jedem Fall sollten Sie das Schreiben am Digitalgerät vorab ausgiebig üben oder sogar gezielt trainieren: Sowohl die einzelnen Tablets als auch Programme haben teils ein sehr abweichendes Schriftgefühl und eine sehr unterschiedliche Darstellung im Vergleich zum Schreiben auf Papier! Das sollte Ihnen bewusst und gut bekannt sein, bevor Sie diese Technik vor Publikum nutzen.

Ein Wort der (Vor-)Warnung zum Schluss: Das Visualisieren von Inhalten bildet den direkten Übergang zwischen den Phasen *Sammeln* und Struktu-

14 Wahrscheinlich werden sich nicht alle der genannten Softwareprodukte über längere Zeit am Markt etablieren können, so dass Sie diese Hinweise zur „aktuellen“ Software besser mit einem zwinkernden Auge zur Kenntnis nehmen. Ebenso wahrscheinlich gibt es aufgrund der hohen Geschwindigkeit von Versionierungen und App-Entwicklungen bereits neue, bessere Software-Möglichkeiten, sobald Sie Ihr zwinkerndes Auge wieder geöffnet haben.

rieren, denn in den allermeisten Fällen denken wir unbewusst schon eine Struktur beim Visualisieren mit (wir haben also schon unbewusst ein inneres Bild vor Augen). Das lässt sich nur ganz schwer abtrainieren, da unser Gehirn auf das Mustererkennen trainiert und spezialisiert ist. Tatsächlich wollen wir uns das in der Phase →Strukturieren [S. 162] auch direkt wieder zunutze machen ... Sprich: Wir brauchen diese Fähigkeit. Ihnen als Moderator muss allerdings bewusst sein, dass unser Gehirn besonders beim Aufschreiben im Autopilot mitstrukturiert, damit Sie Ihre Gruppe entsprechend steuern können. Abhängig von Zeit, Teilnehmern und Ihrem Auftrag, ergeben sich verschiedenste Möglichkeiten damit umzugehen. Generell fahren Sie aber immer gut damit, wenn Sie die Beiträge gleichwertig und verständlich auf einzelnen Moderationskarten sammeln. So haben Sie für die anschließenden Strukturieren-Phase alle Flexibilität, Strukturen beliebig aus der Gruppe zu entwickeln. Eine Ausnahme bilden hier Mindmaps:

Mind Mapping

Mind Mapping ist eine visuelle und schriftliche Assozationsmethode um einen zentralen Begriff herum. Sie wurde in den 1970er Jahren von Tony und Barry Buzan entwickelt und ist mittlerweile weit bekannt und allgegenwärtig [BUZAN et al., 2002]. Um ein/e zentrale/s Aussage / Thema herum werden zuerst ungeordnete Assoziationen als „Strahlen" stichpunktartig gesammelt. Finden sich auf Basis eines dieser Strahlen weitere Assoziationen, werden diese an den entsprechenden Strahl angefügt, sodass sich mit zunehmender Fülle eine Struktur um die zentrale Aussage / das zentrale Thema herum herauskristallisiert. Ein Beispiel für eine Mindmap zeigt →Abbildung 13[15].

15 Wir haben uns hier absichtlich einen (spezial-)Fachinhalt ausgesucht – und noch dazu auf Englisch – damit Sie sich voll auf die Struktur der Darstellung konzentrieren können, ohne vom Inhalt abgelenkt zu werden.

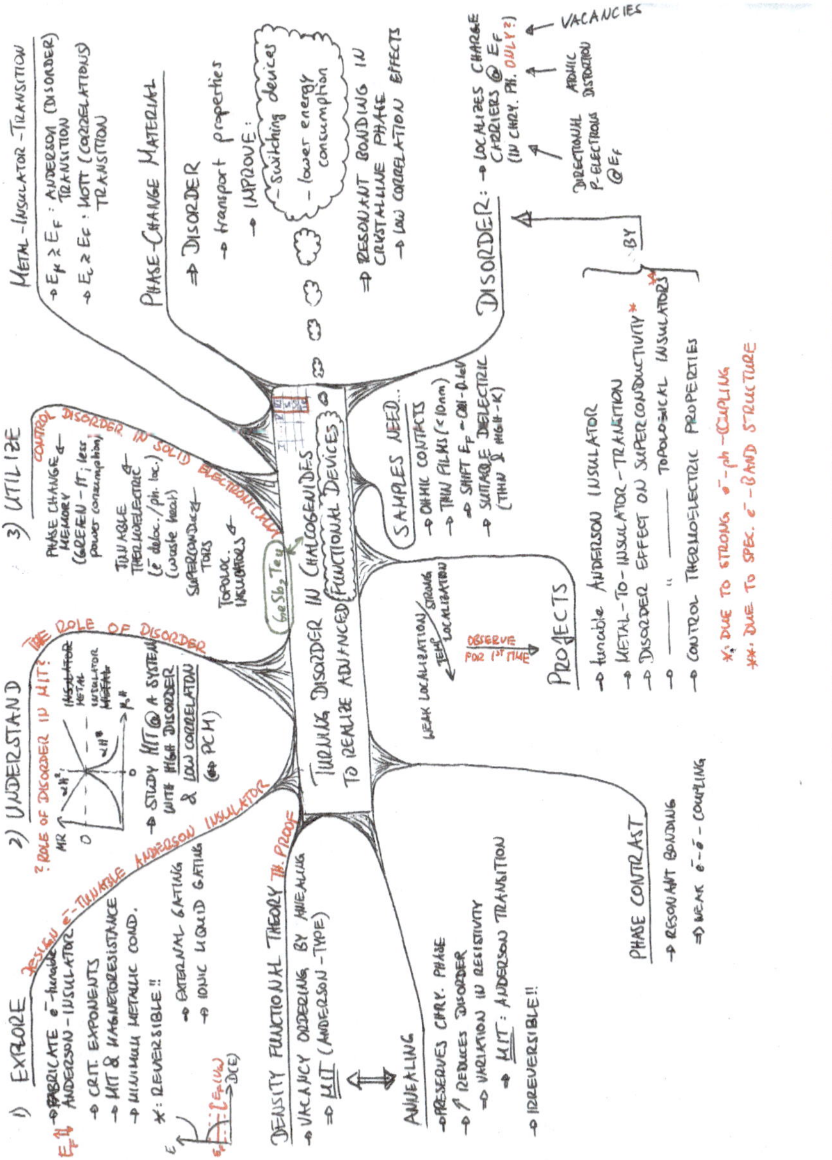

Abbildung 13: Beispielhafte Darstellung einer ausführlichen Mindmap, die sowohl Reihenfolgen (linke obere Ecke: „1), 2), 3)"), Zusammenhänge (untere rechte Ecke: „Projects by Disorder") und Beziehungen (rote Schrift auf manchen Strahlen) einbezieht.

Sie können eine Mindmap dann sinnvoll für das Sammeln einsetzen, wenn Sie von vorn herein einen Fokus um ein konkretes „Wozu?“ bzw. eine bestimmte(s) Aussage (Thema) herum vorgeben wollen. Mit einer Mindmap können Sie einen eleganten und absolut fließenden Übergang vom Sammeln zum Strukturieren abbilden, und aus dem Sammeln heraus eine natürlich wachsende Struktur formen sehen. Dabei erfordert der fließende Wechsel zwischen Sammeln und Strukturieren allerdings etwas Erfahrung im Umgang mit beiden Phasen, sodass wir dieses Vorgehen eher erfahrenen Moderatoren ab dem erfahrenen Adepten empfehlen möchten. Um sich als Novize mit dem Konzept des Mindmappings vertraut zu machen, können Sie es zuerst für Ihre eigenen Gedanken verwenden, um die Feinheiten zwischen Assoziationen und Struktur selbst zu erleben. Nutzen Sie Mindmapping beispielsweise in der Vorbereitung auf ein moderiertes Treffen: z. B. indem Sie eine →Checklistenvorlage [S. 101] in Form einer Mindmap anlegen, oder Sie bereiten sich im Rahmen der →Vorbereitung auf ein moderiertes Treffen [S. 75] gedanklich auf einer der Ebenen anhand einer Mindmap vor. Ebenso können Sie Mindmaps immer als eine visuelle Form des →Clusterns [S. 262] verwenden, worauf wir im folgenden Abschnitt genauer eingehen werden, wenn wir eine →Struktur visualisieren [S. 169].

Strukturieren

Wir gehen davon aus, die Phase des →Sammelns [S. 146] alle möglichen (und unmöglichen) Ideen zu Tage gefördert und für die Gruppe sichtbar gemacht hat. Diese Ideen sollen jetzt in ihrer Entwicklung verfeinert, sortiert und geordnet werden (→Abbildung 10). Ganz natürlich und von selbst fangen unsere Gehirne an, bereits in unzusammenhängenden, losen Ideen nach Mustern und Verbindungen zu suchen. Diese Suche läuft quasi automatisch in allen Teilnehmern individuell auf Autopilot ab. Die Herausforderung dieser Phase an Sie als Moderator ist nun, diesen Prozess transparent und synchronisiert in Ihrer Gruppe ablaufen zu lassen, sodass alle die gleichen Muster und Strukturen sehen (anstatt dass jeder seinen „eigenen Film“ sieht). Es geht also darum, Ideen zu Kategorien zusammenzufassen, Beziehungen und Abhängigkeiten zwischen Ideen aufzuzeigen und dadurch ein gemeinsames Muster zu strukturieren. Dazu gehört auch, Anteile zu präzisieren, entstehende Lücken aufzudecken und zu füllen.

Ziel der Phase Strukturieren ist es, Zusammenhänge zwischen Gesammeltem zu erkennen und diese gemeinsam zu Mustern zu verknüpfen.

Durch die gemeinsame Verknüpfung von Ideen und Gedanken zu Strukturen werten Sie diese auf. Eine brauchbare Versinnbildlichung liefert die Informationstechnik: Dort sind „Daten" *unstrukturierte* Ansammlungen von Fakten, während die Verknüpfung von Daten zu *strukturierten* „Informationen" diese Daten erst brauchbar macht. Als Moderator sammeln Sie in diesem Bild erst die Daten (Ideen) und strukturieren diese zu Informationen (Muster). Einen eindrucksvollen Vergleich zur Wertigkeit von Daten und Information hat jüngst Vince Ebert aufgestellt [EBERT, 2021]:

> Vince Ebert fragt, wie viel ein Ferrari mit Grundpreis von über 350.000 Euro nach einem Totalschaden wohl noch wert ist. Logisch: nicht so viel. Und doch fragt er weiter, warum das wohl so ist? – Denn die Atome des Wagens sind ja alle noch vorhanden, die Materie hat sich im Grunde nicht verringert – warum aber der Wert? Weil die *Anordnung* der Atome zueinander, also ihre Struktur, beim Totalschaden zerstört worden ist und den eigentlichen Wert von über 350.000 Euro erhält genau die Struktur „Ferrari".

Ebenso verhält es sich mit Daten (Ideen) und Informationen (Muster): Verknüpfte, strukturierte Daten werden in einem bestimmten Kontext zu wertvolleren Informationen. Ebenso heben Sie durch Strukturieren eine Sammlung aus unzusammenhängenden Ideen auf ein höheres Niveau der Nutzbarkeit. Beim Strukturieren gilt allerdings:

Wir können nicht sehen, was wir nicht kennen.

Daher kann es Ihre Aufgabe als Moderator sein, den Teilnehmern Möglichkeiten der Strukturierung anzubieten und aufzuzeigen, bestenfalls ohne dabei direkt schon die gesamte Struktur vorzugeben (andernfalls wäre es ja keine gemeinschaftliche Leistung mehr und Synergieeffekte blieben ungenutzt). Zugegeben: Das klingt ganz schön anspruchsvoll! Zum Glück gibt es auch dafür ein universelles „Heilmittel" in Form von Fragen. Denn geschickt gestellte Fragen geben zwar eine Richtung vor, in die strukturiert werden kann, lassen aber genug Raum, der beim Antworten selbstständig gefüllt wird. Wir haben daher im Folgenden vor allem Fragen für Sie zusammengestellt, die Sie stellen können, um anhand bestimmter Aspekte Strukturen für die Teilnehmer sichtbar zu machen:

- →Kontext und Kategorien [S. 164]
- →Beziehungen und Abhängigkeiten [S. 167]
- →Präzisierungen [S. 168]

Das zweite „Heilmittel" bieten Visualisierungen, denn für die meisten Menschen entstehen Muster und Strukturen vor ihrem inneren Auge. Wie schon beim →Sammeln [S. 146] erwähnt, sollte eine wachsende bzw. erfragte Struktur daher direkt durch Ihre Visualisierung begleitet werden, sodass das Muster für alle greifbar und konkret wird; diesem wichtigen Thema widmet sich der Abschnitt →Struktur visualisieren [S. 169].

Kontext und Kategorien

Sie wollen ungeordnet gesammelte Ideen und Beiträge strukturieren. Dazu bieten sich Kategorien als Sammel- bzw. Oberbegriffe bestens an: Sie fassen einzelne Ideen zusammen und machen Ideenkonstrukte durch Reduktion handhabbar. Dabei stehen Kategorien aber immer im Kontext der eigentlichen Betrachtung, die den Interpretationsrahmen bzw. die Perspektive auf die Kategorien vorgibt.

Ein kleines Gedankenexperiment dazu: Stellen Sie sich Ihr Gehirn als Raum vor. Dann sind die Gedanken und Ideen aus der Phase →Sammeln [S. 146] alles Dinge, die wir in diesem Raum ablegen. Damit es dort nicht völlig unübersichtlich wird, können wir uns Schränke mit Schubladen in den Raum stellen und die Dinge in die Schubladen einsortieren. Diese gedanklichen Schubladen sind Kategorien. Der Kontext wiederum bestimmt den Raum, in dem wir die Dinge und Schubladen sortieren; er ist quasi das Türschild zu verschiedenen Räumen und eine Art „Oberkategorie". Konkretisieren wir das Bild zur Veranschaulichung noch etwas: In Ihrer Schreibtischschublade befindet sich wahrscheinlich irgendwo ein Fach, in dem Sie Stifte sammeln: Bleistifte, Kugelschreiber, Filzstifte und meist noch in allen Farben bunt durcheinander. Das ist praktisch – so haben Sie die Stifte stets griffbereit. In einem anderen Kontext (bzw. einem anderen gedanklichen Raum) eines Künstlerateliers gibt es aber möglicherweise mehrere Schubladen für Stifte, und in jeder einzelnen befinden sich nur Bleistifte, oder nur Filzstifte. Oder es befinden sich nur blaue Stifte in der einen Schublade und nur rote in der anderen ... Dieses kleine Gedankenexperiment möchte Sie einladen,

den Zusammenhang zwischen Kontext und Kategorie besser zu verstehen. Der Kontext gibt vor, in welchen Kategorien wir (oder Ihre Teilnehmer) denken. Deshalb müssen Sie sich beim Strukturieren stets bewusst sein, aus welchem Kontext heraus Sie nach Kategorien fragen. Umgekehrt mag diese Wissen Profis auch dazu animieren, den Kontext einmal ganz bewusst und provokativ zu wechseln, um neue Gedanken zu provozieren.

Im Normalfalls steht der Kontext mit dem „Wozu?" Ihres Treffens fest[16]. Auch haben Sie das Thema über den →Einstieg [S. 138] zielführend motiviert und über geschickte Arbeitsanweisungen im Kontext verankert. Dennoch ist es wichtig, den Kontext stets mitzudenken, da sich manche Teilnehmer gerne daraus lösen, wenn strukturiert wird. Das gilt es zu erkennen und ggf. durch Fragen zurück in den eigentlichen Kontext zu führen.

Folgende **Fragen** können Ihnen dabei helfen, **den Kontext zu klären**:

- Aus welcher Perspektive betrachten Sie gerade die Struktur?
- Welche Perspektive nehmen Sie gerade in Bezug auf das Thema ein?
    - Wie passt Ihre Perspektive zum Thema [„Wozu?"]?
- Gilt die von Ihnen vorgeschlagene Kategorisierung (Struktur ...) auch im Kontext von ...?
    - Was wäre in diesem Kontext anders?

Nutzen Sie diese Fragen, wann immer Sie das Gefühl haben, dass die Strukturierung in der Gruppe nicht mehr auf Basis des gleichen Kontexts stattfindet, sprich, wenn Sie das Gefühl haben, es wird aneinander vorbei geredet.

Ist der Kontext geklärt bzw. schauen alle aus der gleichen Perspektive auf das Gesammelte, können Sie gemeinsam die einzelnen Gedanken zu Strukturen zusammenfassen. Dazu bieten sich Kategorien an, die Sie auf grundsätzlich zwei verschiedene Arten bilden können:

- **Top-down**: Auf Basis des Kontexts sind Kategorien vorgegeben. Es geht hier um die Zuordnung einzelner Ideen und Begriffe zu diesen Kategorien. Hierbei müssen die einzelnen Begriffe nicht in Bezug

16 Es gibt auch (insbesondere) spontane Treffen, in denen dieser Kontext noch ausgehandelt werden muss. Es ist zu beobachten, dass genau in diesen Fällen häufig aneinander vorbei geredet wird. Fragen Sie sich zukünftig in diesen Gesprächen einmal, ob hier vielleicht der Kontext als gemeinsamer Gesprächsrahmen zuerst geklärt werden muss, bevor das eigentlich Problem angegangen werden kann.

zueinander gesetzt werden. (Beispielsweise sind Projektphasen beim Planen eines Projektablaufs als Kategorien vorgegeben).
Fragen, die Sie bei der Zuordnung der Idee „A“ zu der Kategorie „K“ weiter bringen:
- Wo sehen Sie „A“?
- Wo sehen Sie „A“ nicht? *(Manchmal hilft auch das Ausschlusskriterium.)*
- Würden Sie „A“ eher zu „K1“ oder zu „K2“ zuordnen? – Oder nichts von alledem? *(Dann sollten Sie ggf. eine neue Kategorie „K3“ öffnen.)*
- Ist für Sie „A“ vielleicht sowohl in „K1“ als auch in „K2“ enthalten? *(Gibt es dann ggf. eine weitere Oberkategorie „K0“ = „K1“ + „K2“?)*
- Welche Art „K“ ist „A“?
- Welche Art „K“ ist „A“ nicht?

- **Bottom-up**: Durch direkten Vergleich der Ideen und Begriffe untereinander werden die Kategorien erst gebildet. Hierfür können Sie die Begriffe anhand von Gemeinsamkeiten und Unterschieden zuordnen.
  Fragen, die Sie beim Vergleich der Ideen „A“, „B“ und „C“ weiter bringen:
  - Was haben „A“ und „B“ gemeinsam?
  - Was verbindet „A“ und „B“?
  - Was unterscheidet „A“ von „B“?
  - Was trennt „A“ und „B“?
  - Wie weit sind „A“ und „B“ voneinander entfernt?
  - Welches „C“ könnte „A“ und „B“ näher zusammen bringen? Wie genau?

In der Praxis sind beide obigen Ansätze – top-down oder bottom-up – häufig vertreten. Erfahrungsgemäß ist aber der bottom-up-Ansatz immer an irgendeiner Stelle nötig, wenn nämlich einzelne Begriffe nicht einer vorgegebenen Kategorie zugeordnet werden können. Dann ist es notwendig, kreativ weitere Kategorien zu finden, die die gegebenen ergänzen. Dabei kann es passieren, dass bereits etablierte Strukturen vollständig hinterfragt werden müssen. Was manchem zunächst als Ärgernis erscheint, ist aber schlussendlich immer ein sehr wichtiges Ereignis, das insgesamt eine Verbesserung bestehender Strukturen mit sich bringt. Damit kann das Strukturieren auch ein wichtiger Prüfstein sein, ob im Gesamtkonzept nicht noch etwas fehlt (→Mut zur Lücke [S. 172]).

Beziehungen und Abhängigkeiten

Struktur und Muster entstehen nicht nur aus der Zuordnung von Begriffen zu Kategorien (bzw. der Abgrenzung von Begriffen durch Ausschluss aus Kategorien), sondern auch durch die Beziehung und Abhängigkeiten, in der Begriffe oder Kategorien zueinander stehen. Dazu schauen Sie detailliert auf das, was diese verbindet. Dabei findet für die meisten Menschen wie erwähnt eine natürliche Strukturierung bereits vor dem inneren Auge statt – wir strukturieren am liebsten, am schnellsten und am intuitivsten visuell. Daher sollten Sie die Zusammenhänge, erst abfragen (wie das geht, folgt weiter unten in diesem Abschnitt) und dann direkt für alle sichtbar umsetzen, was Sie verstanden haben, indem Sie die →Struktur visualisieren [S. 169]. Sie können Ihre Visualisierung als optische Paraphrase verstehen, mit der Sie stets die Frage an den Beitragenden richten: „Habe ich Sie so richtig verstanden?". Entsprechend der Antwort passen Sie Ihre Visualisierung an.

Unter *Beziehungen* verstehen wir alles, was zwei oder mehr Begriffe in einen Zusammenhang zueinander stellt. Dabei beschreibt häufig die Frage nach dem „Wie (genau)?" die Beziehung im Detail. Mit den folgenden Kontextfragen können Sie die Beziehungen zwischen den Begriffen „A" und „B" herausfinden:

- Wie bezieht sich „A" auf „B"? Und wie „B" auf „A"?
  - Einseitig? Gegenseitig? Gleichgerichtet? Gleichgewichtet?
- Wie genau funktioniert die Verbindung zwischen „A" und „B"? – Und wo verläuft sie? *(Frage nach Gemeinsamkeiten)*
- Wo widersprechen sich „A" und „B"? – Und wie genau? *(Frage nach Widersprüchen)*

Im Vergleich dazu beschreibt man mit einer *Abhängigkeit* eine „wenn ... dann"-Bedingung, also eine Art Unterkategorie der Beziehungen, die aber so wichtig und häufig ist, dass sie eine eigene Struktureinheit darstellt. Mit anderen Worten liegt immer dann Abhängigkeit vor, wenn die eine Sache eine andere bedingt. Folgendermaßen können Sie nach Abhängigkeiten fragen:

- Wovon hängt „A" ab?
- Welches „A" muss (zeitlich) vor „B" passieren / stehen? *(Frage nach [chrono-]logischer Ordnung)*
- Welches „B" folgt aus „A"? *(Frage nach logischer Abfolge)*

- Wenn „A“ zutrifft, was bedeutet das für „B“?
    - Wenn „A“ zutrifft, was bedeutet das für die Struktur global / alle anderen Begriffe?
- Wenn „A“ nicht zutrifft, was bedeutet das für „B“?
    - Wenn „A“ nicht zutrifft, was bedeutet das für die Struktur global / alle anderen Begriffe?

Präzisierungen

Dir Fragen aus den vorangegangenen Abschnitten →Kontext und Kategorien [S. 164] und →Beziehungen und Abhängigkeiten [S. 167] können Sie bzw. Ihre Teilnehmer theoretisch alle alleine für sich beantworten. Doch gegebenenfalls kommt es zu unterschiedlichen Antworten auf dieselben Fragen! Deshalb ist es nicht verwunderlich, dass es auf dem Weg zum gemeinsamen Verständnis einiger Präzisierungen bedarf, damit Strukturen und Muster *gemeinsam* entstehen. Ganz Ähnliches haben Sie bereits im Abschnitt →Klarstellen [S. 157] in der Phase →Sammeln [S. 146] bereits kennengelernt. Dabei hilft die stetige Visualisierung des gemeinsam Verstandenen sehr, die Knackpunkte und Diskussionspunkte herauszustellen und diese als Ansatzpunkt für Präzisierungen zu nehmen. Sie erkennen einen Einstiegspunkt für eine Präzisierung insbesondere daran, wenn Ihr Gegenüber auf Ihre Rückfrage „Habe ich Sie so richtig verstanden?“ zu Ihrem gerade erstellten Visualisierungsschritt eine ab- oder ausweichende Antwort gibt. Oder daran, dass Teilnehmer mit der Visualisierung zunehmend unzufriedener werden. Eine Präzisierung ist dabei schnell gemacht: Grundsätzlich ist sie nichts weiter als eine *Rückfrage* zur Klärung weiterer Details und Sie können die gleichen Fragen wie zum Sammeln stellen (→Klarstellen [S. 157]). Zusätzlich laden folgende Fragenformulierungen zur Präzisierung ein:

- Wie stellen Sie sich ... vor?
- Was genau meinen Sie mit ...?
- Bitte können Sie ... nochmal in anderen Worten für mich/uns wiederholen?
- Was würden Sie an der Darstellung ändern, damit sie klarer / eindeutiger / präziser für Sie ist?

- Welche Art von „A“ ist „A“? *(Dies fragt nach einer [neuen] Beschreibung eines Begriffs und präzisiert durch gemeinsame Reflexion bzw. Definition.)*[17]

Beispiel aus der Praxis: Als Moderator wurde der Autor zu einem Treffen über die Zuständigkeiten im Bereich „Operations“ gerufen. Bisher hatte man sich nicht auf verbindliche Absprachen einigen können. Im ersten Gespräch musste erstmal unter allen Beteiligten geklärt werden, was unter dem Begriff „Operations“ verstanden wird ... Mit der Frage „Welche Art von Operations ist unsere Operations?“ – an jeden einzeln gestellt – wurde allen erst klar, dass jeder aus einem anderen Verständnis von „Operations“ heraus argumentiert hatte. Mit einer gemeinsamen Definition konnte das Thema schließlich weiter bearbeitet werden.

Stellen Sie Präzisierungsfragen gerne häufig, aber bleiben Sie dabei stringent. Das bedeutet, folgen Sie Ihrem Impuls, etwas zu klären gerne intuitiv, aber fangen Sie Teilnehmer bei ausschweifenden Antworten schnell wieder ein (durch weitere Fragen zur Strukturierung; →Kontext und Kategorien [S. 164] und →Beziehungen und Abhängigkeiten [S. 167]). Und stellen Sie die Präzisierungsfragen bitte nicht um des Fragestellens wegen, d. h. gehen Sie mit Ihren Fragen niemandem auf den Keks. Ihre Teilnehmer merken schnell, ob Sie Fragen stellen, „weil man das eben so tut“, oder ob Sie durch Ihre Fragen den Prozess weitertragen möchten. Mit der Befolgung dieser Hinweise stellen Sie einerseits sicher, dass das gemeinsame Verständnis wächst, aber andererseits der Fokus des Strukturierens gewahrt bleibt.

Struktur visualisieren

Begleiten Sie wie beim →Sammeln [S. 146] die Entwicklung von Strukturen direkt visuell. Sortieren Sie dazu die einzelnen Ideen bzw. Beiträge (bestenfalls auf auf Moderationskärtchen o. Ä. gesammelt, →Festhalten [S. 158]) flexibel anhand des Gehörten bzw. der Antworten auf Ihre Strukturierungsfragen. Der Prozess des visuellen Strukturierens ist dabei unabdingbar dynamisch und flexibel: Mit jedem neuen Beitrag aus Ihrer Gruppe kann sich

17 Diese Frage eignet sich besonders, wenn Sie das Gefühl haben, dass aneinander vorbei geredet wird. Unserer Erfahrung nach vor allem dann, wenn Begriffsdefinition ungeklärt sind oder viel Interpretationsspielraum bleibt.

etwas ändern und die Antworten auf Ihre Fragen aus den vorangegangenen Abschnitten →Kontext und Kategorien [S. 164], →Beziehungen und Abhängigkeiten [S. 167] und →Präzisierungen [S. 168] können die Strukturen durcheinanderwirbeln. Das ist alles gut so! Bleiben Sie flexibel und offen und nutzen Sie die ganze Bandbreite visueller Darstellungen, um Informationen auszudrücken und zu strukturieren:

- **Anordnung im Raum:** Zentral, Randbereiche, gelistet ... Drückt die Stellung von Ideen im Gesamtkontext aus.
- **Schriftgröße:** Die Größe von Geschriebenem kann mit seiner Stellung oder Wertigkeit verknüpft werden. Ähnliche Wirkung können Sie mit **GROSS- und kleinschrift** oder der für die Buchstaben verwendeten **Strichdicke** erzielen.
- **Nähe und Ferne:** Nahegelegene Begriffe gehören zusammen, entfernte haben (große) Unterschiede.
- **Ein- bzw. Abgrenzungen:** Trennlinien, Kästen, Kreise fassen zusammen oder grenzen aus; drücken somit Kategorien aus.
- **Farben:** haben Signal- und Symbolwirkung und kategorisieren zusätzlich.
- **Reihungen:** Von links nach rechts oder von oben nach unten aufeinander aufbauend / folgend; drücken Abhängigkeiten aus. Reihungen können auch durch **Nummerierungen** (1., 2., 3. oder A, B, C, ...) erreicht werden.
- **Pfeile und andere Verbindungen**: Pfeile (gerichtete Verbindung; s. Reihung oben), Linien (ungerichtete Verbindung), gabelnde Linien ... – all das kann Zusammenhänge und Beziehungen ausdrücken. Mit Worten an der Linie können Sie diese zusätzlich beschreiben und charakterisieren. Im →Anhang [S. 405] finden Sie weitere Informationen, was Sie insbesondere zur Verwendung von →Pfeilen [S. 412] noch im Hinterkopf behalten sollten.
- (Meta-)**Text**: natürlich kann auch jegliche Art des Zusammenhangs oder der Beziehungen auch in Textform in beschrieben werden.
- **„All of the above":** die einprägsamsten und aussagekräftigsten Strukturen kombinieren mehrere der hier genannten Möglichkeiten (z. B. haben wir für →Abbildung 9 Anordnung, Abgrenzungen [Kästen], Farben [grün, blau, schwarz], Reihungen und Verbindungspfeile genutzt).

Beachten Sie dabei auch die methodischen Hinweise zum →Verschriftlichen [S. 247]. Auch, wenn Sie die Struktur nicht immer vorgeben wollen und sollten, ist es hilfreich, wenn Sie verschiedene Arten kennen, wie eine Struktur am Ende aussehen kann und was sie aussagt. Beispielhaft gehen wir dazu auf die Anwendung bekannter Darstellungen als Liste ein und vergleichen diese Struktur mit der einer Mindmap.

- **Listen**: eine Liste ist zuerst einmal eine Sammlung von Begriffen und Ideen. Die einzige zwingende Struktur kann zunächst eine Überschrift der Liste sein (z. B. eine Kategorie). Darüber hinaus kann eine Liste weitere Strukturinformationen enthalten:
  - *Reihenfolge*: Von-oben-nach-unten oder von links-nach-rechts. Darin kann auch Bedeutung stecken, z. B. Priorität, Abhängigkeit, chronologische Abfolge ... (zur Festlegung von Prioritäten eignet sich dann zum Beispiel die Methode der →Listen-Priorisierung [S. 261]).
  - *Abgrenzung / Gegenüberstellung*: Stellen Sie mehrere Listen nebeneinander, erhalten Sie automatisch eine *Tabelle* (eine zweidimensionale Liste), in der jede Spalte für eine eigene Liste steht, die von den anderen Listen (Spalten) abgegrenzte Begriffe (bzw. Begriffssammlungen) enthält. Ein klassisches Beispiel wäre die Pro-Con-Liste.
  - Unterkategorien können Sie durch Einrückungen unter Oberbegriffen darstellen.

    An Listen sind wir gut gewohnt und Sie können sie allgemein und intuitiv verwenden. Durch Farben, Umkreisen und Verschiebung von Reihenfolgen lässt sich schon sehr viel Information durch dieses einfache Visualisierungskonzept abbilden (siehe für visuelle Anregungen auch →Abbildung 18 unter den →Cluster-Maps [S. 265]). Allerdings sind Listen im Muster-Denken vorwiegend linear aufgebaut und regen daher eher „wenn ... dann"-Denken an.
- **Mindmap**: wie erwähnt (→Mind Mapping [S. 160]), sind Mindmaps ein Visualisierungskonzept an der Grenze zwischen assoziativer Sammlung und gedanklicher Strukturierung. Durch den zentral gesetzten Begriff kategorisieren Sie automatisch eindimensional mit, genau wie eine Liste. Anschließend ordnen Mindmaps Ideen aber nicht linear an, sondern über die Anordnung im Raum bzw. Nähe und Ferne, sowie Verbindungen. Dadurch entsteht ein anderes Muster im Kopf, das assoziatives Denken um Kategorien herum im Denkstil von „sowohl ... als auch ...". Denn Mindmaps grenzen die Begriffe (bzw. Begriffssammlungen) nicht per-se ab, wie Tabellen (s. o.) es tun. Methodisch nutzen

Sie zum Erstellen einer Mindmap automatisch das →Clustern [S. 262] (und ist damit vom Prinzip nichts anderes als eine →Cluster-Maps [S. 265] mit zentraler Anordnung; s. „Satellit", in →Abbildung 19). Eine Mindmap kann folgende Strukturinformationen abbilden (umgesetzt zu sehen in →Abbildung 13):

- **Unterkategorien**: durch fortlaufende Darstellung entlang eines Strahls.
- **Ein-/ und Abgrenzungen**: sind durch Boxen und Umrandungslinien ebenfalls möglich und bilden Cluster.
- **Reihenfolgen**: durch Nummerierungen 1), 2), 3), ... oder Pfeile zwischen Einträgen.
- **Beziehungen** zwischen einzelnen Einträgen entlang eines Strahls, indem diese Beziehungen entlang des Strahls in Worten beschrieben werden.
- **Beziehungen** zwischen einzelnen Einträgen verschiedener Strahlen, indem diese Beziehung per Linie (ungerichtet) / Pfeil (gerichtet) angezeigt und beschriftet werden.

Dabei sind Ihren Möglichkeiten in der Visualisierung von Strukturen lediglich handwerkliche Grenzen gesetzt. Grundsätzlich gilt: Je mehr Strukturen Sie kennen, desto mehr können Sie erkennen. Daher haben wir viele weitere visuelle Strukturierungsvarianten im Methodenteil unter →Cluster-Maps [S. 265] für Sie zusammengestellt. Doch auch diese sind nicht allumfassend. Wenn Sie das Thema weiter vertiefen wollen, empfehlen wir zusätzliches Training im Visualisieren über die Methode →Graphic Recording [S. 271] und überdies das umfangreiche und inspirierende Buch von Martin Haussmann [HAUSSMANN, 2019].

Mut zur Lücke

Die Phase des Strukturierens ist ein erster Realitätscheck der Ideen-Entwicklung, denn insbesondere Fragen nach den →Beziehungen und Abhängigkeiten [S. 167] decken Lücken in Abfolgen rigoros auf. Damit unterstreicht das Strukturieren seinen Wert auf dem Weg von vielen guten Ideen (→Sammeln [S. 146]) hin zur Umsetzung von wenigstens einer davon (→Entscheiden [S. 173]). Gegebenenfalls bedeuten Lücken auch, dass Sie und Ihre Gruppe zurück zu den Fragen des Sammelns kommen müssen, weil offenbar noch nicht alle Ideen (oder Lösungen) genannt wurden. In diesen Situationen ist es an Ihnen als Moderator, die Gruppe positiv darauf einzustimmen und diese Lücken in positivem Licht dazustellen: Sie sind wichtige Wegweiser darauf, dass entscheidende Anteile noch fehlen, um zum gemeinsamen Verständnis in einer einheitlichen Struktur vorzudringen. Sie sind ein klares Zeichen für einen Schritt zurück (→Fragen nach der Richtung [S. 220]). Wir möchten Sie dazu einladen, sich, wann immer Sie auf eine Lücke stoßen, innerlich freuen und sagen können „Gut. Ich habe meine Arbeit als Moderator gut gemacht, denn ich habe einen weiteren Wegweiser zum gemeinsamen Verständnis aufgedeckt." Denn genau das ist eine der wichtigsten Aufgaben von Ihnen als Moderator: Lücken aus der gemeinsamen Struktur-Arbeit heraus aufzudecken und dann mutig anzusprechen bzw. daraufhin zu handeln: Eben mit *Mut zur Lücke* das gemeinsame Verständnis voran bringen.

Entscheiden

Während die vorangehenden Phasen der Ideen-Entwicklung den Blick auf die Weite aller Möglichkeiten (→Sammeln [S. 146]) bzw. strukturierende Muster innerhalb dieser Möglichkeiten richten (→Strukturieren [S. 162]), fragt die Phase des Entscheidens nach der Umsetzung in der (nahen) Zukunft: „Welche (ganz konkreten) nächsten Schritte gehen wir von hier aus?" Als logischer Abschlussschritt der Ideenentwicklung fokussiert der Entscheidungsprozess ausschließlich auf das Machbare und Umsetzbare und zwingt die Teilnehmer dazu, sich festzulegen: Der Themenfokus ist somit maximal komprimiert (wie in →Abbildung 10 zu sehen). Als Moderator steuern Sie diesen Prozess maßgeblich mit, indem Sie mit Blick auf das gemeinsam entwickelte Verständnis Entscheidungskriterien anbieten und anwenden, wodurch die Gruppe in die Lage versetzt wird, relevante Optionen abzuwägen und zu priorisieren. Schlussendlich kann das weitere Vorgehen abgeglichen werden, um in die Handlung zu kommen. Sie machen sinnbildlich „den Sack zu" und sorgen somit dafür, dass die gemeinsamen Ideen konkret und Wirklichkeit werden, also über Ihr gemeinsames Treffen hinausgehen. So gesehen ist die Entscheidungsphase stark auf ein Ergebnis fokussiert, das die weitere Zusammenarbeit rund ums Thema prägt.

Ziel der Phase *Entscheiden* ist es, einen gemeinsamen Weg in die Umsetzung von Ideen zu definieren und Handlung in Gang zu setzen.

Im Idealfall können Sie auf Basis einer strukturierten Ideenentwicklung eine Entscheidung herbeiführen: Liegen alle Möglichkeiten und Ideen auf dem Tisch (→Sammeln [S. 146]) und sind gemeinsam sortiert (→Strukturieren [S. 162]), entsteht eine Entscheidung meist schon aus der Diskussion über die Beziehungen und Abhängigkeiten heraus. Das muss aber nicht so sein; manchmal werden ganze Treffen allein zum Entscheiden einberufen (den Anlässen und Abläufen von regelmäßigen Treffen widmet sich das ganze Kapitel →Meeting-Management [S. 315]). Auch in einem solchen Fall aber müssen die Entscheidungsgrundlagen allen Teilnehmern gleichermaßen vorab bekannt sein, um eine eindeutige und tragfähige Entscheidung zu treffen. Achten Sie daher stets auf eine ausreichende Vorabinformation und sorgen aktiv für einen unverstellten Blick auf die Entscheidungsgrundlagen und -kriterien, indem Sie ...

- ... die →Relevanz und Konsequenz[S. 175] der Entscheidung(en) in Bezug auf das „Wozu?" Ihres Treffens herausarbeiten und somit gemeinsame Entscheidungskriterien festlegen.
- ... die Möglichkeiten unter diesen Entscheidungskriterien bewerten und →Priorisieren [S. 179], um eine gemeinsame Entscheidungsgrundlage zu schaffen.
- ... eine Entscheidung herbeiführen, indem Sie in der Gruppe →Abstimmen und Zustimmen [S. 182].

Ein Wort der Warnung sei noch gegeben: Insbesondere in dieser Phase des Entscheidens prallen häufig verschiedene Meinungen und Ansichten der Teilnehmer aufeinander, sodass es vermehrt zu Konflikten in der Gruppe kommen kann, wie wir im Abschnitt →Störungen und Konflikte [S. 205] noch ausführlich besprechen werden. Das ist ganz natürlich in dieser Phase, da Entscheidungen untrennbar mit Gruppendynamik und dem Einfluss Einzelner auf die Gruppe verbunden sind. Behalten Sie außerdem im Kopf, dass eine Entscheidung *für* etwas immer auch gleichzeitig eine Entscheidung *gegen* etwas anderes ist – und diesen Unterschied nehmen manche Menschen feinfühliger und persönlicher wahr als andere. Damit möchten wir nicht sagen, dass Sie auf Entscheidungen verzichten sollten! Im Gegenteil:

Sie sind notwendiger Teil der Ideenentwicklung *besonders* in Gruppen, in denen Konflikte darüber herrschen (sonst wird nämlich keine Entscheidung getroffen und nichts in Gang gebracht; Stagnation und Frustration sind die oft beobachtete Folge). Seien Sie sich aber stets bewusst, dass Entscheidungen Konfliktpotential bergen und halten Sie Möglichkeiten für eine →Erste Hilfe bei Konflikten [S. 219] stets parat.

Klären Sie bei Ihrer →Vorbereitung auf ein moderiertes Treffen [S. 75] außerdem, wie weit Ihre *Entscheidungsbefugnis* im Rahmen Ihres Moderationsauftrags geht: Sie müssen wissen, ob überhaupt eine Entscheidung gewünscht ist und wenn ja, was diese Entscheidung leisten soll und nach welchen Kriterien sie entstehen soll. Falls erst im Verlauf einer Moderation die Notwendigkeit einer Entscheidung klar wird, klären Sie diese Fragen gemeinsam mit der ganzen Gruppe im Dialog. Kommt es zu keiner Einigung und ist diese Einigung aber notwendig für eine Weiterarbeit, so ist es legitim, das Treffen zu unterbrechen und erst einzelne Gespräche zu führen, bevor die Entscheidungsfindung in einem neuen Treffen wieder aufgenommen wird.

Relevanz und Konsequenz

Die Frage nach der Relevanz einer Entscheidung lässt sich einfach durch das bereits vielzitierte „Wozu?“ ausdrücken und deutet damit auf die Konsequenzen nach der Entscheidung hin. In dieser kleinen Frage steckt der ganze Kosmos an *Entscheidungskriterien*, der für eine Entscheidung notwendig ist. Bei genauerer Betrachtung können diese Kriterien umfassen (ohne Anspruch auf Vollständigkeit):

Für wen soll die Entscheidung gelten?
Wozu soll die Entscheidung getroffen werden? Bzw. wozu soll Sie dienen?
Wie lange soll die Entscheidung gelten?
Was ist die (erhoffte) Veränderung durch die Entscheidung?
Unter welchen Annahmen und Bedingungen soll Sie gelten?

Die Frage nach der Relevanz ist also untrennbar mit der Frage nach den Konsequenzen unter konkreten Umständen verbunden, aber auch und insbesondere damit, wie diese Umstände von den Entscheidern beurteilt und eingeschätzt werden. Dies kann auf einer hochgradig individuellen Sichtweise einzelner Teilnehmer beruhen, sodass Sie für eine objektive und gemeinsame Entscheidungsfindung in der Gruppe zuerst relevante Entscheidungskriterien definieren müssen. Neben den oben genannten Fragen, können Sie dazu folgende Hintergründe erfragen, um Ihrer Gruppe zu helfen, durch Fragen im Kontext der Entscheidung relevant Kriterien herauszuarbeiten:

- Ist die anstehende Entscheidung **richtig und wichtig?**
  Diese Fragenkombination fragt direkt nach der Genauigkeit (richtig?) und der Relevanz (wichtig?). Ursprünglich kommt diese Frage aus der Qualitätsprüfung („Rigour and Relevance") und richtet die Frage nach der Konsequenz einer Entscheidung in doppelter Perspektive an die Gruppe: Einerseits fragt sich die Gruppe „Ist das, was wir hier entscheiden wollen, wichtig? (insbesondere in Hinblick auf unser gemeinsames „Wozu?")" – und fragt damit hintergründig auch nach der Vollständigkeit aller (wichtigen) Optionen, bzw. ob bereits alles gesammelt und strukturiert wurde. Und weiter fragt das Entscheidungskriterium die Gruppe: „Sind wir in der Methodik wirklich *sauber* vorgegangen?" – also sind wir uns alle einig darüber, dass dies der richtige Weg ist. Damit wird ebenso hintergründig gefragt, ob es noch ungehörte Kritik oder Widerstand vor einer Entscheidungsabstimmung gibt.
  Andererseits werden auch Relevanz und Konsequenz als Entscheidungskriterium betont, indem gefragt wird: „Welchen Einfluss hat diese Lösung *wirklich* auf das Problem?" und „Ergibt diese Lösung nicht nur Sinn, sondern *stiftet* sie auch Sinn (und damit Mehrwert)?". Der zweite Anteil der Frage ist also nach vorne, auf die Wirkung der Entscheidung und damit auf die Umsetzung gerichtet.
  Diese Frage öffnet die Gruppe also für einen selbstkritischen Blick auf das eigene Vorgehen und die Wirkung der Lösung. Damit lässt diese Frage aber auch viel individuellen Interpretationsspielraum und Sie sollten sich ggf. etwas Zeit für anschließende Diskussionen lassen (und ggf. Anteile des →Sammeln [S. 146] und →Strukturierens [S. 162] erneut anwenden).
- Können die Teilnehmer **Einschränkungen nennen**?
  Oftmals beschränken uns gegebene äußere Umstände in den Möglichkeiten, eine Entscheidung treffen zu können. Diese Einschränkungen sollten Sie mit allen Teilnehmern →Sammeln [S. 146]. Das kann zum Beispiel schnell als Liste passieren. Allgemeine Einschränkungen, die Sie fast immer vorfinden werden, sind:

- □ Zeit und Aufwand
- □ Geld (Budget, Kosten)
- □ Ressourcen (wer macht's? – im Endeffekt wieder ein Zeitproblem)
- □ Nachteils-Vermeidung (auf vielfältige Weise geäußerte Gründe, warum etwas vermeintlich nicht geht)
- □ Skepsis und Unwillen, Verantwortung zu übernehmen

  Den letzten Punkt werden Sie häufig nicht auf einer offenen Liste finden, aber dafür in den Antworten Ihrer Gruppe mitschwingen hören: Immer dann, wenn Ihr Gegenüber unkonkret bei den Einschränkungen bleibt (erkennbar durch verallgemeinernde „*man*"-Sätze wie „hier sollte / müsste / könnte *man* mal ..." oder in „*Ja, aber*"-Sätzen wie „Ja, aber eigentlich ist es notwendig, vorher noch ...") sollten Sie hellhörig werden. Fragen Sie an diesen Stellen direkt nach und fordern eine Konkretisierung oder →Präzisierungen [S. 168]: „Sie sagen also, es fehlt noch [Paraphrase], richtig? Was muss *konkret* geschehen, um [...] zu ergänzen? Und was genau? [Nachfrage, falls weiterhin unkonkret]" oder „Was brauchen Sie jetzt gerade konkret, um eine Entscheidung treffen zu können?" Damit zwingen Sie Ihr Gegenüber geradezu, klar Stellung zu beziehen. Finden sich auf diese Fragen keine konkreten Antworten, ist dies ein Zeichen dafür, dass ggf. noch Lücken bei den Ideenoptionen herrschen oder die Strukturen unklar sind. Dann heißt es: →Einen Gang zurück schalten [S. 187] und die Grundlagen für die Entscheidungsfindung schärfen.

  Anhand der Einschränkungen können Sie durch Umkehr ins Gegenteil nach Bedarf auch konkrete Entscheidungskriterien herausarbeiten. Zum Beispiel:
- □ Einschränkung (Zeit): Abgabe muss bis Ende August vorliegen
- □ Kriterium: „Wir können nur das für die Abgabe umsetzen, was bis Ende August machbar ist."

■ Welche **relevanten Perspektiven** können die Teilnehmer **einnehmen?**

Meistens beeinflussen Entscheidungen mehrere Aspekte und Personen, sodass rein sachlich-äußere Einschränkungen (s. o.) oft nicht ausreichen, um die Konsequenzen abzuschätzen. Dabei können persönlich-individuelle Einschränkungen sinnvoll um die Sicht auf Konsequenzen einer Entscheidung aus verschiedenen Blickwinkeln durch *Perspektivenwechsel* ergänzt werden. Diese Sichtweisen bilden dann eine Grundlage für die anschließende Priorisierung der Entscheidungsmöglichkeiten. Perspektiven auf die Konsequenzen einer Entscheidung können Sie mittels →Fragetechniken [S. 236] vielfältig abbilden; einige sehr allgemeine und damit universell anwendbare sind dabei:

- Wen betrifft die Entscheidung? Wie genau?
- Wie würde [Person / Personengruppe] diese Entscheidung auffassen? Was bedeutet das konkret für die Genannten?
- Welche Auswirkungen hat die Entscheidung auf das Team – inklusive der Teammitglieder, die im Moment nicht anwesend sind?
- Welche Auswirkungen hat die Entscheidung auf Sie als Teammitglied persönlich?
- Welche Vorteile (Stärken / Gewinne / ...) bietet die Entscheidung?
- Welche Nachteile (Schwächen / Probleme / ...) bietet die Entscheidung?
- Worin liegen die Risiken hinter dieser Entscheidung?
- Worin liegt der größte Nutzen dieser Entscheidung für uns (den Kunden / ...)? Bzw. was ist die größte Chance?

  Während die ersten vier Fragen den betroffenen Personenkreis und die persönlich-individuellen Konsequenzen hinterfragen, nehmen die vier letzten die Situation multi-perspektivisch in den Blick. Die persönlich-individuellen Konsequenzen sind meist vielschichtig und – wie der Name schon sagt – individuell verschieden. Dennoch kann sich ein Hinterfragen lohnen, insbesondere bei wenigen zur Auswahl stehenden Entscheidungsmöglichkeiten: Eine Perspektivenübernahme sorgt für eine nachhaltig und einvernehmlich getroffene Entscheidung und kostet in der Durchführung nur einen Bruchteil der Zeit, die eine unbedacht getroffene Entscheidung auf lange Sicht kosten kann. Für den (häufig anzutreffenden) Fall einer Wahl zwischen nur zwei (vermeintlichen) Optionen, bietet das →Tetralemma [S. 280][18] eine erprobte Methode zur systematischen Perspektivübernahme in der Gruppe.

  Hinter dem zweiten Fragen-Quartett steckt wiederum die Idee einer generellen Perspektivenübernahme aus sachlicher Sicht, insbesondere der sogenannten SWOT-Analyse: SWOT steht im Englischen

---

18 Eine sehr ausführliche Darstellung findet sich bei Kotrba und Miarka [KOTBRA et al., 2019], von deren Darstellung wir uns haben inspirieren lassen.

für „Strength-Weakness-Opportunity-Threat“ und ist eine Spielart des →Vier-Felder-Schemas [S. 263], die Sie anwenden können, um Entscheidungen nochmals in einem neuen Licht zu betrachten. Dabei ist der Fokus stark auf Business-Entscheidungen und konsequente Entscheidungsfindung gerichtet. Sie können die vier Fragen natürlich selbstständig abwandeln, sodass sie der konkreten Entscheidungssituation Ihrer Gruppe am dienlichsten sind. Weitere methodische Ideen finden Sie unter dem →Vier-Felder-Schema [S. 263].

Relevanz und Konsequenz bilden also die grundlegenden Kriterien, auf deren Basis Sie die Gruppe beim →Priorisieren [S. 179] der Entscheidungsmöglichkeiten unterstützen können. Weitere methodische Ideen zum Thema finden Sie hier: →Entscheidungskriterien [S. 273].

Priorisieren

Haben Sie mehrere Entscheidungsmöglichkeiten zur Verfügung, brauchen Sie und Ihre Gruppe eine gemeinsame Abwägungsbasis, auf der sie diese Möglichkeiten gegeneinander abschätzen. In dieser Abwägung werden Entscheidungsmöglichkeiten vor dem Hintergrund der Entscheidungskriterien →Relevanz und Konsequenz [S. 175] miteinander verglichen und damit in einer Reihenfolge „bevorzugt“ gegenüber „nachrangig“ priorisiert. Dahinter steckt quasi die ständige Frage: „Was hat jetzt gerade für uns (die höchste) Relevanz?“. Priorisieren bedeutet also, zu vergleichen und Optionen gegenüberzustellen, um daraus eine Reihenfolge abzuleiten. Ganz allgemein können Sie das über folgende Fragen:

- **Was ist hiervon am wichtigsten?**
  - Was sind die wichtigsten drei Punkte[19] für Sie? (→Punktabfrage [S. 275])
  - Was möchten Sie hiervon jetzt sofort angehen?

19 Ersetzen Sie das Wort an solchen Stellen vielfach verwendete Wort „Punkte“ – es erinnert doch gar zu sehr an *bullet points* – auch gerne durch andere, in Ihrem Entscheidungskontext besser passende Begriffe wie „Aspekte“, „Kriterien“, „Hinweise“, „Ergebnisse“ oder „Konsequenzen“.

    - (Gedankenexperiment – Nächste Woche haben alle Urlaub): Was ist die *eine* Sache, die Sie jetzt hiervon noch vor Ihrem Urlaub bearbeiten wollen?
- **Worauf könnten Sie verzichten?**
    - (Gedankenexperiment – Nächste Woche ist Abgabe beim Kunden): Was lassen Sie alles weg, damit Sie dennoch etwas Zufriedenstellendes abgeben können?

Sie können die *Vergleiche* als Moderator auch noch dedizierter anwenden, indem Sie zwischen direkten, abgestuften oder (bei vielen Entscheidungsmöglichkeiten / Entscheidungskriterien) systematisch gelisteten Vergleichen in Form einer Matrixdarstellung unterscheiden:

- **Direkter Vergleich**: In der einfachsten Form wird immer eine Entscheidungsmöglichkeit im direkten Vergleich gegen eine andere Möglichkeit verglichen. Begleitet wird dieser Vergleich durch die Frage „Welche Option bevorzugen Sie, A oder B?". Diese Methode ist sofort einleuchtend und kennt nur die Antwort „A" oder „B". Damit ist es eine *Ent-Scheidung* in Reinform: *Für* das eine und *gegen* das andere. Führen Sie diese Frage konsequent mit allen Paarungen möglicher Methoden durch, müsste es am Ende eine klare Entscheidung für eine Option und gegen alle anderen geben. Theoretisch. Praktisch ist dieses Verfahren für mehr als fünf Optionen aber schon kaum noch durchzuführen, weil es viel zu lange dauert und Kreisschlüsse immer wahrscheinlicher werden. Für einfache Entscheidungen mit wenigen Optionen ist ein direkter Vergleich jedoch das Vorgehen der Wahl, die methodisch z. B. durch die →Punktabfrage [S. 275] begleitet werden kann.
- **Abgestufter Vergleich**: Um trennscharfe Entscheidungen (vorerst) zu vermeiden, kann die Priorisierung auch mit mehr als zwei Antwortmöglichkeiten („Ja" vs. „Nein") abgestuft durchgeführt werden. Beliebte Möglichkeiten sind hier Zwischenstufen „Ja", „Nein" und „Vielleicht" oder Abstufungen „A" > „B" > „C" > „D" wobei „A" folglich die höchste Priorität hat und Sie die Bezeichnungen „A" bis „D" natürlich beliebig und individuell nach den Bedürfnissen der Gruppe anpassen können. Der Übersichtlichkeit wegen sollten Sie aber nicht mehr als vier Kategorien wählen. Bei der Auswahl selbiger können Sie auch die Gruppe mit einbinden und gemeinsam über →Kontext und Kategorien [S. 164] entscheiden.

Dieses Vorgehen kann insbesondere dann helfen, wenn Ihre Gruppe Probleme hat, Entscheidungen konkret und trennscharf als „Ja" oder „Nein" zu fällen – die (gefühlte) Endgültigkeit dieser Entscheidung fällt manchen Teilnehmern sehr schwer, insbesondere, wenn gewichtige Konsequenzen die Folge sind und man sich Hintertüren offen halten möchte. Eine oder zwei Zwischenstufen in der Priorisierung helfen hier durch mehr Flexibilität dabei, dass Bewegung in eine stockende Priorisierung kommt. Beachten Sie dabei, dass am Ende trotzdem eine kategorisierte Priorität vorliegt und mit Prio „A" primär weitergearbeitet werden kann. Insofern sind die Abstufungen nur ein relativierender Weg zum gleichen Ergebnis: Einer Aufteilung in „prioritär" und „weniger prioritär".

- **Entscheidungsmatrix**: Wenn Sie viele Entscheidungsmöglichkeiten unter Berücksichtigung mehrerer Entscheidungskriterien gegeneinander abwägen wollen, können Sie dies systematisch über eine Matrixdarstellung abfragen: In den Zeilen können Sie die Entscheidungsmöglichkeiten listen und in den Spalten gegen die Kriterien vergleichen. Anschließend fragen Sie für jeden Tabelleneintrag (Kreuzungspunkt) entweder „Ja"/„Nein" ab (einfacher Vergleich) oder bestimmte Kategorien (s. o.). Vergewissern Sie sich unbedingt, dass alle Kriterien in den Spalten bekannt sind und schlagen Sie ggf. die Entscheidungskriterienbildung im Abschnitt →Relevanz und Konsequenz [S. 175] noch einmal nach. Sie können typische Kriterien wie Zeiten, Aufwand, Gewinn, Nutzen, Nachteilsvermeidung ... vorschlagen. Beachten Sie, dass die Methode der Entscheidungsmatrix als transparente Visualisierung komplexerer Zusammenhänge zwischen Entscheidungsmöglichkeiten der Entscheidungsfindung dient und noch nicht Entscheidung bzw. den Abgleich selbst (s. →Abstimmen und Zustimmen [S. 182]) ersetzt!

Auch an diesen Stellen bietet Ihnen die visuelle Begleitung der Priorisierung viele Vorteile im gezielten Unterstützen Ihrer Gruppe. Gestalten Sie die Anordnung der gegeneinander priorisierten Optionen unter Beachtung der bekannten Hinweise zu →Struktur visualisieren [S. 169], sodass am Ende die priorisierte Darstellung beim →Abstimmen und Zustimmen [S. 182] direkt zum Einsatz kommt. Folgende Tipps können zusätzlich helfen, Priorität darzustellen:

- Leserichtung gleich Priorität: Relevantes steht oben
- Leserichtung gleich Reihenfolge: links kommt vor rechts
- Farbsignal: Signalfarben (rot, gelb, hellgrün) lenken das Auge direkt auf die priorisierten Optionen
- Auszeichnung: Jegliche Art der Herausstellung, z. B. durch ein Asterisk * vor den priorisierten Optionen bzw. deren nachträgliche Unterstreichung.

Ein abschließendes Wort der Warnung: Die bekannte „*Eisenhower-Methode*" entscheidet über die Durchführung von Aufgaben anhand der Entscheidungskriterien „Wichtigkeit" und „Dringlichkeit" – wichtige und dringliche Aufgaben werden priorisiert. Erfahrungsgemäß sind diese beiden Entscheidungskriterien zum Priorisieren viel zu unscharf, da viele Personen die Dringlichkeit mit der Wichtigkeit gleichsetzen und dann keine differenzierte Auswahl mehr treffen können. Dann werden häufig nur noch die Entscheidungen getroffen, die wirklich zeitkritisch, also dringlich sind und langfristig Wichtiges wird vertagt und bleibt unentschieden. Das nennen wir die „Dringlichkeitsfalle". Egal, ob Sie die Eisenhower-Methode kennen und nutzen oder ob sie Ihnen unbekannt ist, empfehlen wir, dem Kriterium „wichtig" das Attribut „richtig" voranzustellen (→Relevanz und Konsequenz [S. 175]). Dadurch berücksichtigen Sie bei der Priorisierung übergeordnet die Frage nach der Relevanz mit und vermeiden es, in die Dinglichkeitsfalle zu tappen.

Abstimmen und Zustimmen

An diesem Punkt angekommen, sind Sie mit Ihrer Gruppe auf der Zielgeraden der Ideenentwicklung: Alle Ideen liegen vor und haben in der Priorisierung bereits eine Art Vorentscheidungsprozess durchlaufen. Es bleibt, die Weichen dafür zu stellen, was mit diesen priorisierten Ideen konkret geschehen soll: Es muss eine Entscheidung gefällt werden. Das bedeutet auch, dass die Teilnehmer an diesem Punkt allerspätestens durch Sie als Moderator gezwungen werden[20], Position zu beziehen und zu konkre-

---

20 Dabei dürfen Sie die Daumenschrauben aber nur metaphorisch anziehen. „Zwingen" bedeutet hier, dass Sie Ihre Gruppe methodisch zu einer Entscheidung drängen, d. h. zielgerichtet so darauf hinarbeiten lassen, dass das Treffen der Entscheidung unausweichlich ist.

tisieren, wie die gemeinsame Zukunft aussehen soll. Daher ist diese Phase auch ein potentieller Auslöser für Konflikte (→Störungen und Konflikte [S. 205]). Damit es Ihnen als Moderator gelingt, trotz dieses Konfliktpotentials Ihre Gruppe zu zielführenden und harmonischen Entscheidungen zu begleiten, ist es zuerst wichtig zu verstehen, das es zwei Wege zu „stimmigen" Entscheidungen gibt: Über klassische Abstimmung oder konsent-orientierte Zustimmung.

- **Klassische Abstimmung**
  Eine Abstimmung ist klassisch denkbar einfach: Nach ausgiebiger Vorbereitung und Diskussion der Entscheidungsgrundlagen erhält jeder Abstimmende eine feste Anzahl Stimmen und es wird nach dem Mehrheitsprinzip entschieden. Das Prinzip ist eingehend bekannt, leicht verständlich und gut umsetzbar. Im besten Fall begleiten Sie das als Moderator noch visuell, indem Sie die Abstimmungsergebnisse darstellen (z. B. per Strichliste). Mehrheitsentscheide sind uns dabei intuitiv bekannt, z. B. aus Bundestagsabstimmungen oder Schule (Klassensprecherwahlen). Doch genau wie bei der Wahl zum Klassensprecher damals, bestehen trotz dieses vermeintlich eindeutigen Abstimmungsverfahrens immer einige Probleme:
  - Es können Verfahrensfragen bestehen: „Reicht eine relative Mehrheit aus oder ist die absolute Mehrheit für diese Entscheidung erforderlich?"
  - Vielleicht sind einige Bedenken nicht ausgeräumt oder nicht auszuräumen: „Wenn Carl dagegen stimmt, was hat das zu bedeuten? Weiß er mehr als wir?"
  - Es werden Unstimmigkeiten überstimmt oder sogar Konflikte geschürt: „Ich kenn' den Mayer. Der stimmt ohnehin dagegen, nur um mir eins auszuwischen."
  - Ein Kuhhandel wird möglich: „Wenn Sie bei dieser Abstimmung mich unterstützen, dann unterstütze ich beim nächsten Mal Sie."
  - Und in welchem Modus soll eigentlich abgestimmt werden: „Stimmen wir darüber jetzt offen oder geheim ab?"

    Damit wollen wir die einfache Abstimmung (per Handzeichen oder Ja/Nein-Frage; →Zustimmung abfragen [S. 290], →Entscheidungskriterien [S. 273] oder →Punktabfrage [S. 275]) aber keinesfalls schlecht reden: Sie ist nach wie vor das schnellste und häufigste Mittel für die Ermittlung von Stimmungsbildern oder

Entscheidungen in vielen Situationen und das absolut zu recht. Aber sobald weitergehende oder (emotional) tiefschürfendere Entscheidungen getroffen werden müssen, werden Widerstände und Konfliktpotential größer. Das liegt daran, dass Abstimmungen einen endgültigen Charakter haben, zu dem jeder von seinem ganz eigenen Standpunkt aus beitragen (mitentscheiden) kann, *ohne* die Perspektiven der anderen berücksichtigen zu müssen. Dadurch kann es passieren, dass ein Gutteil der Abstimmenden (bis zu 49,9% bei einfachem Mehrheitsentscheid) gegen die abgestimmte Entscheidung war und diese damit nicht mitträgt. Nicht mitgetragene Entscheidungen halten jedoch nie besonders lange und sind selten belastbar. In diesen Situationen ist es sinnvoll, wenn Sie als Moderator alternative Ansätze kennen, mit denen Sie aus Abstimmungen Zustimmungen machen können, und damit die Bildung tragbarer Entscheidungen unterstützen gestalten können:

- **Skalen-Abfrage**
  Als ersten Zwischen-Schritt können Sie mehr Differenzierungsmöglichkeiten als ein „Ja" oder „Nein" anbieten, indem Sie den Grad der Zustimmung abfragen. Je höher (niedriger) die Zahl, desto größer (kleiner) die Zustimmung zur Entscheidung (Skalen-Abfrage; →Zustimmung abfragen [S. 290]). Diese Methode braucht wenig Aufwand und Erklärung und bietet dabei doch ein erstaunlich großes Potential für die Darstellung verschiedener Meinungen.
- **Konsent-orientierte Zustimmung**
  Echte Zustimmung basiert auf einer Entscheidungsfindung, die im gemeinsamen Einverständnis getroffen wird. Im Gegensatz zum Konsen*s* bei dem alle einwandfrei für etwas sind (salopp formuliert: „Alle sagen ja"), geht es beim Konsen*t* um Entscheidungen, bei denen Einsprüche teil der Lösung sind (salopp formuliert: „Keiner sagt nein"): Dabei wird wie in der Abstimmung auch nach Mehrheitsbeschluss entschieden, allerdings gilt zusätzlich, dass keine schwerwiegenden Einwände mehr vorherrschen dürfen. Jeder Teilnehmer hat also zusätzlich zu seiner Entscheidungsstimme ein Veto-Recht, um Bedenken/Einwände zu äußern und dadurch sowohl sachliche Verständnisprobleme, als auch persönliche Vorbehalte zum Zeitpunkt der Entscheidung vorzubringen. Eine Entscheidung ist nur dann gültig, wenn alle Einwände gehört und (im Normalfall) eingebunden oder behoben wurden (um eine Blockade

zu vermeiden, kann auch ein Einwand überstimmt werden, siehe dazu den Methodenteil weiter unten). Dadurch trägt die Zustimmung zu einer harmonischen, im Einklang gemeinsam getroffenen Entscheidung bei. Die Zustimmung kann man dabei mit ein wenig methodischer Vorbereitung sehr gut in bestehende Entscheidungsprozesse einbinden (→Konsent-Abstimmung [S. 277]) oder sogar als gesamten, eigenständigen Abstimmungsprozess im →Zustimmungsverfahren [S. 282] durchführen. Dieser Prozess eignet sich vor allem, wenn Sie nachhaltige Entscheidungen entwickeln wollen, die die Beteiligten langfristig und individuell betreffen – zum Beispiel bei Organisations-Umstrukturierungen, Team-Neugründungen oder Wahl neuer Aufgaben-/ Tätigkeitsfelder.

- **Widerstand abfragen**
  Eine weitere Möglichkeit, eine Abstimmung schnell und dennoch konsent-fähig(er) durchzuführen, bietet die *Widerstandsabfrage*. Hierbei drehen Sie gewohnte Frage nach der größtmöglichen Zustimmung einfach in ihr Gegenteil um und fragen bei den Teilnehmern den individuellen Widerstand zu jeder zur Auswahl stehenden Option ab. Dadurch erhalten Sie ein Meinungsbild des „geringsten Widerstands" und können auf dieser Basis eine Entscheidung herbeiführen. Auf den ersten Blick mag die Widerstandsabfrage erscheinen wie ein billiger Kompromiss, mit dem niemand glücklich wird. Dabei hat dieses Vorgehen den entscheidenden Vorteil, dass die Lösung des geringsten Widerstands auch diejenige mit der größten Wahrscheinlichkeit auf erfolgreiche Umsetzung in diesem Team hat! Das liegt psychologisch daran, dass alle gemeinsam zur Entscheidung beigetragen haben und keine massiven Widerstände gegen das Vorgehen aufbauen. Daher kann die Energie statt in den Widerstand ungehindert in die Umsetzung fließen. Eine ausführliche Beschreibung des methodischen Vorgehens finden Sie im Abschnitt zur →Widerstandsabfrage [S. 278].

- **Stimmigkeit der Entscheidung**
  Sie haben am Ende jedes Entscheidungsprozesses die Möglichkeit, die *Stimmigkeit der Entscheidung* in der Gruppe abzufragen – nutzen Sie diese Möglichkeit! Führen Sie dazu beispielsweise eine schnelle →Blitzlichtabfrage [S. 291] durch, indem Sie reihum nach der Zufriedenheit mit dem Ergebnis fragen. Sie können die Frage auch umgekehrt stellen und nach verbleibenden Widerständen bei den Teilnehmern fragen

(eine abgeschwächte Form der Widerstandsabfrage, s. o.). So klopfen Sie die emotionale Stimmigkeit der Teilnehmer mit dem Ergebnis ab. Es kommt durchaus vor, dass eine Entscheidung vom Verstand her richtig, da rational begründbar ist, aber sich emotional nicht richtig anfühlt. Vertrauen Sie diesem Bauchgefühl (bzw. dem Bauchgefühl Ihrer Teilnehmer), auch wenn Sie keine klaren Worte dafür finden. Emotionales Unbehagen äußert sich manchmal in einer zweifelnden Mimik, einem unklaren „Reden-um-den-heißen-Brei" oder auch Schweigen. Achten Sie hier besonders gut auf Ihre Teilnehmer und vergleichen Sie bei bekannten Teilnehmern mit deren „normalem" Verhalten. Oftmals erkennen Sie intuitiv im Vergleich deutlich eine emotionale Verstimmtheit bzw. Zweifel an der Entscheidung. Dann ist es wichtig, dass Sie diese Stimmungen ernst nehmen und für die Gruppe sichtbar machen. Denn Zweifel sind oftmals ein Zeichen dafür, dass in der vorangegangenen Diskussion bestimmte Sachverhalte übersehen wurden. Bei schwachen Widerständen reicht meist schon, dass die Teilnehmer die Möglichkeit bekommen, diesen Widerstand kurz in einer →Blitzlichtabfrage [S. 291] vor der Gruppe zu äußern. Nehmen Sie diese Äußerung ernst, sodass der Teilnehmer sich sicher sein kann, dass er auch gehört und sein Widerstand gewürdigt wurde. Bei mäßigem Widerstand macht es ggf. Sinn, eine weitere Zustimmungsrunde im Stil der →Konsent-Abstimmung [S. 277] durchzuführen, um auch Einwände systematisch zu Wort und Wirkung kommen zu lassen. Bei massivem Widerstand hilft meist nur noch ein situativer Abbruch (→Pausen [S. 204]), um vorerst für Ruhe zu sorgen und anschließend ein Klärungsgespräch oder eine systematische Aufarbeitung der Entscheidungsfindung im →Zustimmungsverfahren [S. 282].

Auch ist es OK, Entscheidungen für die laufende Moderation zunächst einmal als „unstimmig" stehen zu lassen bzw. ohne Entscheidung aus einem Treffen zu gehen. Dann greifen Sie diese Entscheidungslücke zu einem späteren Zeitpunkt wieder auf. Dafür brauchen Sie lediglich die Zustimmung der Teilnehmer einzuholen. Auch kann es durchaus sinnvoll sein, wenn Sie zu einem späteren Zeitpunkt einen Entscheidungsprozess nochmals revidieren lassen, um ihn neu zur Abstimmung zu stellen. Bedenken Sie dabei, dass Sie alle immer nur von unserem *aktuellen* Kenntnis- und Wissensstand ausgehend nach bestem Wissen entscheiden können. Ändern sich Umstände und Kenntnisstand (insbesondere in dynamischen Umfeldern), dürfen selbstverständlich ebenso dynamisch Entscheidungen neu vorbereitet und getroffen werden.

Handlung in Gang setzen

Die Entscheidungsphase hat als ultimatives Ziel, eine Idee in die Umsetzung zu entwickeln und damit in die Handlung zu überführen. Dabei ist die Entscheidung streng genommen nur die Voraussetzung für eine Umsetzung und gibt quasi den Weg der Umsetzung vor – gegangen werden muss dieser Weg anschließend noch durch entsprechende Handlungen. Das in diesem Buch behandelte Ziel der Ideen-Entwicklung ist mit dem Treffen der Entscheidung eigentlich abgeschlossen. Dennoch ist es meist sinnvoll und nötig, nach einer Entscheidung im gleichen Zug Handlungen in Gang zu setzen, damit die Energie, die zur Ideen-Entwicklung und Entscheidung bereits aus der Gruppe mobilisiert wurde, nicht ungenutzt verpufft. Sobald die Handlungsrichtung durch eine getroffene Entscheidung feststeht, ist es daher sinnvoll, die Umsetzung in die Verantwortlichkeit (einzelner Mitglieder) der Gruppe zu geben, indem Sie die Umsetzung konkretisieren. Die Kernfrage lautet hier: „Wer macht was bis wann?" und enthält damit bereits die wichtigsten Merkmale einer umsetzbaren Aufgabe (sog. *To-Do*; Details unter →Wer macht was bis wann? [S. 351]). Im besten Fall schließt die Phase des Entscheidens also nicht mit der Entscheidung, sondern erst nach der eindeutigen Beantwortung dieser Kernfrage ab. Diese gilt es dann auch noch über das Meeting hinaus zu tragen; so können Sie die →Umsetzung sicherstellen [S. 191].

Einen Gang zurück schalten

Auf dem Weg zur entwickelten und zur Umsetzung bereiten Idee prüfen Sie in der Entscheidungsphase automatisch, ob die vorangegangenen Phasen des →Sammeln [S. 146] und →Strukturierens [S. 162] sauber abgeschlossen wurden. Falls nicht, erhalten Sie durch folgende Signale ein Zeichen, dass Sie ggf. einen Gang zurück schalten sollten und eine Phase oder beide nochmals durchlaufen sollten, bevor Sie die Gruppe eine gemeinsame Entscheidung treffen lassen:

Die Entscheidungskriterien können nicht richtig benannt werden. Das zeigt sich vorwiegend an unklaren Konsequenzen (zurück zum →Strukturieren [S. 162], um die Zusammenhänge zu konkretisieren).

- Insbesondere das Einnehmen von Perspektivwechseln zur Definition von Entscheidungskriterien oder die Einwände beim Abfragen von Zustimmung decken häufig weitere Ideen und Lösungsvorschläge auf und stoßen damit die Phase des →Sammelns [S. 146] neu an. Anschließend sollte die Phase des →Strukturierens [S. 162] unter Berücksichtigung dieser neuen Ideen ebenfalls wiederholt werden.

Haben Sie aber bitte ein Auge darauf, sich nicht in eine Endlosschleife manövrieren zu lassen. Insbesondere Frösche, Igel und Bulldoggen (→Typologien [S. 65]) können dazu neigen, dies wiederholt auszunutzen und vielleicht den Versuch starten, durch wohlportioniert lancierte Einwände die Entscheidung zu verzögern oder die Gruppe zu verunsichern. Sobald Sie feststellen, dass immer dieselbe Person oder dieselbe Untergruppe Ihnen unmittelbar vor dem Eingang in eine Entscheidungsphase dazwischengrätscht, können Sie eine der beiden oben genannten Strategien anwenden und an deren Ende – *vor* der dann folgenden Entscheidungsphase – sich die Versicherung der ganzen Gruppe geben lassen, dass nun alle Unsicherheiten aus dem Weg geräumt sind.

Sichern

Unter Sichern verstehen wir hier, dass Sie die relevanten Inhalte und (Zwischen-)Ergebnisse Ihres moderierten Treffens in mitteilbarer Form für die weitere Arbeit abspeichern. Viele dieser Inhalte entstehen bereits im Prozess der moderierten Idee-Entwicklung ganz automatisch, wenn Sie die Gruppe visuell begleiten, um Assoziationen zu unterstützen (→Sammeln [S. 146]), Muster sichtbar zu machen →Strukturieren [S. 162]) und Entscheidungen zu formen (→Entscheiden [S. 173]). Daher soll es in diesem Abschnitt weniger um die Begründung gehen, *warum* ein Sichern von Ergebnissen wichtig ist, sondern der Fokus darauf gelegt werden, *wie* Sie als Moderator die →Ergebnissicherung [S. 189] unterstützen können oder die Teilnehmer mit Tipps und Hinweisen dazu anleiten können. Die gesicherten Inhalte bilden aber auch das ab, was über das Treffen hinaus greifbar und teilbar bleibt. Damit bilden sie die Brücke auf der eine Idee zur Realisierung durch Handlungen findet. Eine zweite Aufgabe des Sicherns ist somit, diese Brücke gemeinsam mit den Teilnehmern aktiv aufzubauen und die →Umsetzung sicherstellen [S. 191] zu können.

Ergebnissicherung

Voraussicht

Als Moderator und Gesprächsführer sind wir darauf ausgerichtet, durch ausführliche →Vorbereitung auf ein moderiertes Treffen [S. 75] für den reibungslosen Ablauf der Arbeitsphase zu sorgen. Ein Teil davon besteht darin, ausreichend viel und funktionierendes *Arbeitsmaterial* zur Verfügung zu haben, auf dem wir Ergebnisse sichern können (vgl. →Handwerkszeug [S. 91]). Wenn Sie daher das Schreibmaterial nicht selber mitbringen, prüfen Sie unbedingt vorher das vorhandene Material bzw. lassen es von den Veranstaltern vor Ort überprüfen, z.B.

- Ist genug Flipchartpapier vorhanden?
- Wackelt der Flipchartständer?
- Wohin können Sie beschriebene Bögen hängen, damit Sie sie weiternutzen können? / Gibt es ausreichend freie Flächen?
- Brauchen Sie Klebeband, Magnete oder Klemmleisten und gibt es davon ausreichend?
- Funktionieren die Stifte?
- Sind die erforderlichen Farben in der erforderlichen Menge vorrätig?
- Sind mehrere Materialen (z. B. Präsentation am Beamer, Whiteboard und Flipchart) schnell und interaktiv nutzbar?
- Brauchen Sie eine (Handy-)Kamera? Ist der Akku geladen und der Speicher ausreichend leer?

Diese Angaben zum Arbeitsmaterial lassen sich allgemein durch die Liste →Der Raum als Arbeitsplatz für alle Teilnehmer [S. 107] ergänzen.

Dokumentation

Wann immer Sie und die Gruppe relevante Informationen zu Paper gebracht haben, können Sie diese direkt zur Ergebnissicherung heranziehen: sei es beim Sammlungen →Festhalten [S. 158], beim →Struktur visualisieren [S. 169] oder bei Ergebnisnotizen zum →Abstimmen und Zustimmen [S. 182]. Nutzen Sie dafür die digitale Technik, indem Sie die Visualisierungen kurzerhand per (Handy-)Kamera abfotografieren. Ein solches Fotoprotokoll ist schnell gemacht und kann – für den Fall, dass Sie eine digitale Kollaborationssoftware mit Ihren Teilnehmern nutzen

(→Umgang mit der Technik [S. 375]) – auch direkt für die weitere Mitarbeit mit allen geteilt werden. Dadurch können Sie spontan und ohne viel Aufwand das Geschehene zur Nachbearbeitung festhalten und dokumentieren

Sie können aber auch Ihre Teilnehmer direkt mit in die Dokumentation von Ergebnissen mit einbeziehen indem Sie ...

- ... die Ergebnissicherung ankündigen (z. B. in Gruppenarbeiten die →Arbeitsanweisungen geben [S. 140], alle Arbeitsergebnisse als Dokumentation zu formulieren).
- ... Ergebnisse einer Gruppenarbeit (visuell begleitet) präsentieren lassen (z. B. als Abschlussauftrag der o. g. Gruppenarbeit; →Arbeitsanweisungen geben [S. 140]).
- ... einen →Schriftführer, Protokollant [S. 60] aus der Gruppe benennen oder benennen lassen.
- ... bei regelmäßigen Treffen eine Protokollierung im Stile von →Meeting-Minutes [S. 346] einführen.
- →Vorlagen [S. 358] für Gesprächs- und Ergebnisprotokolle austeilen.

Nachbearbeitung

Sie sollten trotz der relativen Einfachheit bei der Erstellung eines *Fotoprotokolls* nach dem moderierten Treffen noch einmal eine finale Auswahl treffen, bevor Sie die dokumentierten Inhalte mit den Teilnehmern in der →Nachbereitung eines moderierten Treffens [S. 223] teilen. Achten Sie bei der Nachbearbeitung insbesondere auf folgende Kriterien:

- **Sind die Ergebnisse allgemeinverständlich?** D.h. sind alle relevanten Informationen (Namen, Abkürzungen, Hintergrundwissen, ...) enthalten, sodass auch Außenstehende die Ergebnisse einwandfrei verstehen können?
- **Sind die Ergebnisse lesbar?** Dieser Punkt trifft vor allem auf Fotoprotokolle zu: Sind die Aufnahmen scharf und die Auflösung groß genug, um die Schriften zu entziffern?
- **Stimmen alle Daten, Namen, Zahlen und Fakten?** Eine schnelle Kontrolle von Tippfehlern und Zahlendrehern stellt einen zusätzlichen Aufwand dar, ist aber immer noch kürzer, als wenn Sie im Anschluss mühselig falsche Zahlen aus den Köpfen und falsche Daten aus den einzelnen Kalendern verbessern müssen.

- **Sind die Informationen ggf. sensibel?** Hinterfragen Sie gerade bei Personalentscheidungen und individuellen Abstimmungen stets Ihr eigenes Empfinden: Welche Informationen gehören ggf. nicht aufgeschrieben? Bedenken Sie dabei, dass einmal schriftlich Geteiltes nicht zurückgenommen werden kann. Halten Sie im Zweifel stets kurz Rücksprache mit Ihren Auftraggebern.

Umsetzung sicherstellen

Die Dokumentation der Ergebnisse Ihres gemeinsamen Treffens sind umso erfolgsversprechender für die Realisierung einer Idee, desto präziser diese Realisierung konkret darin beschrieben wird. Wie bereits erwähnt, soll die Dokumentation im Idealfall eine →Handlung in Gang setzen [S. 187] und dafür konkrete Schritte und Verantwortlichkeiten benennen. Achten Sie also darauf, wenn die Schritte in die Handlung aus der Gruppe heraus geplant werden, dass diese immer auch auf folgende drei Fragen antworten:

- **Was soll konkret umgesetzt werden?** – Klärt ab, was genau gemacht werden muss. Dies ist der Inhalt der Aufgabe.
- **Wer macht es?** – Klärt ab, wer genau verantwortlich ist; d.h. wer ansprechbar ist und verantwortet, dass alles wie besprochen abläuft. Umfasst auch, wer bei Problemen helfen kann.
- **Bis wann?** – Benennt klar den Zeitpunkt, bis zu dem die Aufgabe erledigt sein soll.

Auch hier stellen wir die Kernfrage →Wer macht was bis wann? [S. 351], die wir ausführlich im Kapitel →Meeting-Management [S. 315] besprechen. Wichtig ist, dass die Antworten auf diese Frage auch schriftlich festgehalten werden, damit die Umsetzung im Nachgang zum Treffen auch belastbar angegangen werden kann.

Ist die Frage →Wer macht was bis wann? [S. 351] einmal gemeinsam in der Gruppe diskutiert und festgeschrieben, lohnt sich häufig noch die **Überprüfung der Zuversicht in der Gruppe** auf die Umsetzung: Dadurch reflektieren die Teilnehmer nochmals, ob die getroffenen Entscheidungen und Zuteilungen von ihnen mitgetragen werden oder ob sie individuell der Umsetzung zustimmen. Durch dieses kurze Innehalten und Rückversichern entsteht eine tiefere innere Bindung und Verpflichtung, die Umsetzung auch durchzuführen und so belastbarere Ergebnisse über das Treffen hinaus zu erhalten. Dafür können Sie im gemeinsamem Blick auf die Umsetzungsschritte und Verantwortlichkeiten folgende Fragen stellen:

- Wie zuversichtlich sind Sie als Gruppe, dass dieses Vorgehen zum gewünschten Erfolg führt?
- Wie zuversichtlich sind Sie auf einer Skala von 0 bis 10 (wobei 0 gar nicht und 10 absolut bedeutet), dass dieses Vorgehen zum gewünschten Erfolg führt?
  - Was bräuchten Sie, um einen Punkt zuversichtlicher zu sein?
  - Welche Einwände bestehen noch bei Ihnen? (Damit öffnen Sie die Konsent-Moderation mit Blick auf eine →Konsent-Abstimmung [S. 277].)

Ausstieg

Im Ausstieg wird eine Arbeitsphase beendet und damit ein Inhaltsthema abgeschlossen. Dazu fassen Sie als Moderator die gemeinsam erarbeiteten Ergebnisse und die geplanten nächsten Schritte im Abschluss-Statement nochmals prägnant zusammen. Damit geben Sie den Teilnehmern kurz die Möglichkeit, das Erarbeitete zu reflektieren und innerlich „abzuhaken“, sodass geistige Kapazitäten für neue Aufgaben frei werden. Folgende Struktur nutzen wir gerne für ein Abschlussstatement:

1. In einem Satz den **Anlass** (das „Wozu?“) des Treffens **zusammenfassen.**
2. Die **relevanten Inhalte** des Treffens **prägnant nennen.**
   - Hier kommt es auf Kürze und klare Formulierungen an:
Aufzählungen sind klarer als Einzelsätze zu jedem Thema.
Mehrere Hauptsätze sind prägnanter als ein Bandwurmsatz.
Kurze Sprechpausen lassen Raum für gedankliche Themenwechsel.
Wiederholungen sind irrelevant.
   - Mimik und Gestik freien Lauf zu lassen erhöht Ihre Prägnanz.
   - Hier können Sie (falls vorhanden) sehr gut auf eine visualisierte Struktur zurückgreifen (→Struktur visualisieren [S. 169]) und anhand der gebildeten Kategorien/Cluster die relevanten Inhalte aufzählen. So sind Sie zusätzlich sicher, dass Sie nichts relevantes vergessen.

- ☐ Nutzen Sie auch Ihre eigenen Notizen, die Sie während des Meetings gemacht haben und ggf. beim →Zusammenfassen [S. 196] genutzt haben.

3. **Getroffene Entscheidungen nennen** (beschränken Sie sich auf diejenigen, die die relevanten Themen betreffen).
4. Ein bis zwei **Sätze zu den weiteren Schritten**: Wie geht es zukünftig mit dem Thema weiter?

Im Folgenden lesen Sie ein beispielhaftes Abschluss-Statement zur Mindmap in →Abbildung 13, bei dem wir annehmen, dass dieses das Ergebnis des Treffens ist:

> **Anwendungsbeispiel:** Wir haben uns heute zur Diskussion unserer Arbeit an Chalcogeniden getroffen. *(1. Wozu?)* Dazu haben wir im →Brainstorming [S. 255] die gemeinsamen Arbeitsfelder „Metal-Insulator-Transition", „Phase-Change-Materials", „Disorder", „Density Functional Theory" und „Annealing" identifiziert. Diese sind unabhängig voneinander, außer einer Wechselwirkung zwischen „Density Functional Theory" und „Annealing". Daraus haben wir zusätzlich fünf Projekte abgeleitet, die alle auf der „Disorder" ansetzen. *(2. relevante Inhalte)* Auf dieser Basis haben wir uns für ein dreistufiges Vorgehen entschieden: Wir wollen zuerst das Design untersuchen („Explore"), anschließend die Rolle der „Disorder" verstehen und als drittes in die Nutzung („Utilize") überführen, indem wir „Disorder" kontrollieren. *(3. Entscheidungen nennen)* Wir treffen uns in zwei Wochen wieder, um den ersten Schritt „Explore" konkret zu planen; das Treffen plant Frau Winter. Bis dahin überlegen alle nochmals, ob dieses Schaubild (Mindmap) noch weiterer Ergänzungen bedarf. *(4. nächste Schritte; diese sind hier frei dazu erfunden und aus* →Abbildung 13 *nicht ersichtlich.)*

Sie können auch die Teilnehmer kurz mit einer (freiwilligen) →Blitzlichtabfrage [S. 291] zu Wort kommen lassen und das Thema oder Ihr Abschluss-Statement abschließend in einem Satz kommentieren lassen. Das kann manchmal hilfreich sein; insbesondere wenn Sie das Gefühl haben, dass sich Teilnehmer in Ihrer Runde befinden, die gern das letzte Wort haben.

Schließt sich ein weiteres inhaltliches Arbeitsthema an, folgt nun die Phase →Übergänge [S. 203] oder (gerade nach einer intensiven Arbeitsphase) Sie schließen eine →Pausen [S. 204] an, um den Themenwechsel auch organisatorisch zu markieren. Andernfalls schließen Sie das Treffen über die →Verabschiedung [S. 194].

Verabschiedung

Die gekonnte Verabschiedung der von Ihnen moderierten Gruppe ist ein entscheidender Moment, denn es heißt nicht umsonst „der erste Eindruck zählt und der letzte bleibt". Daher ist es in dieser Phase wichtig, nochmals strukturiert und motiviert an die gesamte Gruppe heran zu treten und diesen letzten Eindruck gemeinsam eindrucksvoll zu gestalten: Inhaltich haben Sie den →Ausstieg [S. 192] bereits hinter sich. Was noch bleibt, ist sich nach Bedarf →Feedback einholen [S. 194] und auf jeden Fall Ihrer Gruppe zu danken und gegebenenfalls abschließende organisatorische Hinweise zu geben (→Dank und Schluss [S. 195]).

Feedback einholen

Neben der Zusammenarbeit auf der inhaltlichen Ebene haben Sie und die Teilnehmer natürlich auch immer auf der Beziehungsebene miteinander gearbeitet (s. →Zuhören [S. 234]). Sprechen Sie am Ende des Treffens auch diese Ebene besonders an, um Ihre Teilnehmer mit einem guten Gefühl und in positiver Stimmung zu verabschieden. Gerade in intensiven oder langen Arbeitsphasen zeigen wir uns auch menschlich auf der persönlichen Ebene. Und gerade in gesteuerten Gesprächsrunden und Diskussionen kommt nicht jeder immer sofort an die Reihe (→Sprecherreihenfolge festlegen [S. 149]) oder es meldet sich auch nicht jeder Teilnehmer zu allen Themen zu Wort (→Gruppenrollen [S. 54]). Deshalb ist ein persönlicher Abschluss oftmals wünschenswert, in dem Sie den Teilnehmern Raum zum Feedback einholen geben können. Das generelle Ziel ist dabei, dass jeder Teilnehmer nochmals in sich geht und reflektiert, wie er ganz individuell am Treffen teilgenommen hat. Das Feedback kann dabei je nach Ihrer Zeit und den Zielen, die Sie damit erreichen wollen variieren:

- Eine ganz schnelle →Blitzlichtabfrage [S. 291], in der jeder Teilnehmer sein Feedback in ein bis zwei Sätzen mitteilt. Sie können das Thema des Feedbacks vorgeben oder jeden ganz frei kommentieren lassen.

- Ein auf gegenseitiges Wachstum fokussiertes →Wertschätzendes Speed-Feedbacking [S. 293], bei dem sich Teilnehmer auf ihre positiven Seiten aufmerksam machen.
- Einen ganzen Feedback-Prozess, der je nach Umfang mehrere regelmäßige Treffen umfassen kann und als →Retrospektive [S. 295] einem Team hilft, die gemeinsame Zusammenarbeit zu optimieren.

Sie sehen an dieser Aufstellung, dass das Thema Feedback einen starken Bezug zur persönlichen, aber auch der Team-Entwicklung hat. Wir sind davon überzeugt, dass Teams nur dann inhaltlich optimal zusammenarbeiten können, wenn sie auch persönlich gut aufeinander eingestellt sind. Daher nutzen Sie die Methoden des Feedbacks immer mal wieder in Ihren Moderationen – am einfachsten zum „Warm-Werden" mit der Methode zum Abschluss eines Inhaltsthemas und mit zunehmender Erfahrung vielleicht sogar als begleiteten Team-Entwicklungsprozess durch →Die Team-Retrospektive [S. 303].

Wichtig ist uns zum Schluss noch der Hinweis, dass Sie keineswegs Feedback einholen *müssen*! Insbesondere in regelmäßigen Treffen (→Meeting-Management [S. 315]) ist das sogar kontraproduktiv (zumindest wenn Sie es jedes Mal machen, flacht die Wirkung immer mehr ab und die Teilnehmer stumpfen gegenüber der Methode ab). Wenn Sie sich unsicher sind, können Sie folgende Faustregel beherzigen:

Wer Feedback wünscht, fragt danach!

Denn erstens muss Feedback immer erwünscht sein, sonst kann es nicht ankommen – wenn Sie sich also Feedback zu einem Thema wünschen, dann holen Sie es einfach ein. Und wenn Sie keines wünschen, dann nicht. Beides ist gleichermaßen in Ordnung. Und zweitens ist Feedback nichts anderes als eine Frage zur (Fremd-)Wirkung zu stellen. Für spontanes Feedback können Sie also auf das Wort „Feedback" komplett verzichten und stattdessen direkt fragen, was Sie interessiert. Beispielsweise: „Wie hat die letzte Diskussion auf Sie gewirkt?" anstatt „Ich hätte gerne Feedback zur letzten Diskussion ..." Sie sehen: Direktes Feedback holen Sie durch Fragen auch direkt ein.

Dank und Schluss

Zu guter Letzt ist es an Ihnen, sich selbst noch einmal dankbar und wertschätzend von allen Teilnehmern zu verabschieden und das Treffen organisatorisch zu beschließen. Wir möchten Sie ermutigen, sich für den

Dank an die Teilnehmer gerne etwas mehr als die immer gleichen Worte „Vielen Dank für Ihre Aufmerksamkeit“ zu überlegen: Sprechen Sie dazu authentisch und gerne auch von persönlichen Momente, Erlebnissen und gemeinsamen Erfahrungen, für die Sie *persönlich wirklich* dankbar sind und die Sie berührt haben. Zeigen Sie in ein paar Sätzen etwas von Ihrer inneren Welt und wie sich diese durch das gemeinsame Arbeiten verändert hat. Sprechen Sie darüber, was Sie

... überrascht ...
... bewegt ...
... beeindruckt ...
... inspiriert ...
... hat wachsen lassen ...
... oder staunend gemacht hat.

Das kann im menschlichen Miteinander genauso wie im inhaltlichen Ausarbeiten liegen. Machen Sie diese Situationen an ganz konkreten Momenten, die Sie gemeinsam erlebt und an gemeinsamen Inhalten, die Sie entwickelt haben, fest. So zeigen Sie sich als Mensch mit Herz und Verstand und vor allem Dankbarkeit. Übrigens findet man vor allem nach einem abschließenden →Wertschätzendes Speed-Feedbacking [S. 293] stets viele gute Gründe, dankbar zu sein.

Schlussendlich können Sie ggf. noch organisatorische Ansagen machen, um letzte logistische Hinweise zu geben, wie beispielsweise

- Angaben zu Folgeveranstaltungen / nächstem Treffen
- Kontaktadressen für Fragen
- Hinweise zur Verkehrsanbindung (ÖPNV)

Und ganz am Schluss dürfen Sie allen alles Gute wünschen und sich selbst stolz innerlich auf die Schulter klopfen :)

Zusammenfassen

In sprudelnden Ideenfindungen, hitzigen Debatten und prekären Entscheidungen ist es die Kunst und Herausforderung des Moderators, komplexe und vielfältige Gesprächsbeiträge im (Über-)blick zu behalten und zu einem konsensfähigen Gesamtbeitrag zusammenzufassen. In Zusammenfassungen spiegeln Sie den aktuellen Stand der Dinge an Ihre Gruppe in ihren eigenen Worten vereinfachend wider und strukturieren somit automatisch den Gesprächsverlauf. Zusammenfassungen bieten den Teilnehmern Haltepunkte zur Überprüfung der eigenen Positionen („Ist alles Wichtige gesagt?" / „Ist meine Position richtig verstanden worden?") und schärfen den Fokus aller auf das große Ganze (das „Wozu?" des Treffens). Mehrere dieser Haltepunkte hintereinander bilden den „roten Faden" des Treffens. In den passenden Worten von Anja von Kanitz [VON KANITZ, 2018]: „[...] *wie auf einer Karte, in der nicht alle Straßen- oder Ortsnamen aufgeführt werden, sondern nur die Namen der entscheidenden Routen und Orte. Eine solche Karte gibt eine Groborientierung und hilft, die Richtung zu erkennen.*" Ihre Zusammenfassungen sind für Ihre Gruppe quasi der Kompass, an dem sich die Gruppe entlang des roten Fadens an jedem Haltepunkt immer wieder neu ausrichtet. Damit strukturieren Sie vor allem die Phasen →Sammeln [S. 146], →Entscheiden [S. 173] und →Sichern [S. 188], wenn Gehörtes durch Sie prägnant auf den Punkt gebracht wird. Wir fassen das Zusammenfassen daher als „Miniphasen" während der Moderation auf, die Sie gemäß →Abbildung 11 dort einsetzen, wo Sie einen (inhaltlichen) Fokus setzen.

Ausgangspunkt prägnanter Zusammenfassungen ist Ihr eigenes Verständnis bzw. Ihr Überblick über ein Thema bzw. den aktuellen Gesprächsinhalt. Grundlage von Zusammenfassungen ist es also, →Den eigenen Fokus behalten [S. 197] zu können. Darauf aufbauend zeigen wir Ihnen im Folgenden, wie Sie im Moderationsprozess:

→Fokussieren durch Paraphrasieren [S. 199]

→Fokussieren durch Weglassen [S. 201]

→Den Fokus vermitteln [S. 202] bzw. Zusammenfassungen methodisch aufbauen können

Den eigenen Fokus behalten

Sie können nur wiedergeben, was Sie selbst „auf dem Schirm" *haben*. Das ist erstmal gut, denn es ist eine Ihrer Kernaufgaben als Moderator auf Basis des →Zuhörens [S. 234] den Überblick über Arbeitsthemen und Gesprächsbeiträge „auf dem Schirm" zu *erhalten* und zu *behalten*. Das bedeutet, dass Sie zuerst Ihre eigenen Gedanken während des Zuhörens im Fokus behalten müssen, von wo aus Sie anschließend zielführende Zusammenfassungen an die Gruppe weitergeben können. Folgende Impulse möchten Ihnen dabei helfen:

- **Eigene Notizen machen:** Unser wichtigstes Gebot beim Zusammenfassen ist, dass Sie sich selbst aufschreiben, was für Sie relevant ist und so Ihre Gedanken strukturieren. Wenn Sie nicht gerade für die Gruppe schreiben, sollten Sie also für sich selbst Notizen machen und dabei die analoge Methode nutzen (→visuell Festhalten [S. 158] oder →Struktur visualisieren [S. 169]). Das Aufschreiben hat den zusätzlichen Vorteil, dass Sie Ihren Kopf frei halten für neue Beiträge, da Sie Gesagtes direkt notieren und damit „extern" ablegen können (anstatt alles im Kopf behalten zu müssen). So bleiben Sie auf den Moment fokussiert und laufen zusätzlich nicht Gefahr, beim späteren Zusammenfassen etwas zu vergessen.
  Notieren Sie sich zu inhaltlichen Beiträgen ein oder zwei Stichworte und dazu ein Verb, das die damit verbundene Aktion beschreibt. Dabei tragen die Stichworte (Nomen) die Information zum „Was?" und das Verb die Information über das „Wie?". Beides zusammen gibt dann die relevante Hauptinformation wieder, die Sie auch mit einem schnellen Blick auf Ihre Notizen rekonstruieren können. Notieren Sie sich noch zusätzlich den Namen desjenigen, der den Beitrag macht – idealerweise mit einem eindeutigen Namenskürzel – so sind Sie mit dieser Notation schnell genug, jeden Beitrag mitzuschreiben und laufen gleichzeitig wenig Gefahr, eigene Wertungen abzugeben, da Sie wertende Adjektive gar nicht aufschreiben[21]. Werden Planungen oder Entscheidungen für die Zukunft getroffen, notieren Sie sich ebenfalls die wichtigen Daten (Beginn- und Endzeitpunkte) sowie ggf. wer für was verantwortlich benannt wurde.
  In den folgenden Punkten konkretisiert sich auch das, *was* Sie notieren sollen, bzw. was Sie dann auch konkret in Ihren Zusammenfassungen wiedergeben.
- **Bezug zum Anlass suchen:** Suchen Sie im Gehörten stets den Bezug zum Anlass Ihres Treffens, also dem übergeordneten „Wozu?". Damit geben Sie Ihrem (Mit-)Denken während des Zuhörens einen Fokuspunkt, an dem Sie eindeutig entscheiden können, ob ein Beitrag relevant für eine Zusammenfassung ist oder nicht. Fragen Sie sich:

---

21 Natürlich dürfen Sie auch Adjektive notieren, sollten dies aber nur tun, falls der Geber des Beitrags diese besonders hervorhebt: „Wir müssen diese Phase *extrem schnell* umsetzen." Achten Sie hier also verstärkt darauf, nur den entsprechenden Wortlaut zu kopieren und nicht Ihre eigenen Interpretationen in Ihre Notizen einfließen zu lassen.

„Was trägt dieser Beitrag zum „Wozu?“ des Treffens bei?“ Je mehr relevanten Inhalt ein Beitrag beiträgt, desto wichtiger ist er in einer Zusammenfassung zu nennen. Umgekehrt sind Beiträge, die nur Nebenschauplätze beleuchten oder so gar nichts zum „Wozu?“ beitragen, in einer Zusammenfassung nicht zu nennen.
Eine Ausnahme können hier Beiträge zur Phase →Sammeln [S. 146] bilden, in der es um kreative Themenöffnung und Nennung neuer Ideen geht. Hier ist individuell je nach Ausrichtung der Phase und der gestellten Fragen zu entscheiden, ob Beiträge außerhalb des Erwartungsrahmens irrelevant sind oder gerade diejenigen Beiträge mit hoher Relevanz sind.

- **In Oberbegriffen denken:** Wie die Bezeichnung „*Zusammen-Fassungen*“ schon andeutet, kombinieren Sie darin mehrere Beiträge zu einem übergeordneten Begriff, der die für Ihr Treffen relevante(n) Information(en) vollständig abdeckt (s. obigen Punkt). Sie versuchen also, ständig neue zusammen-fassende Oberkategorien für die genannten Themenbeiträge zu finden. Dabei gehen Sie genauso vor, wie beim Kategorisieren in der Gruppe, indem Sie sich im Stillen die Frage nach Gemeinsamkeit (und Differenzen) der Beiträge stellen (→Kontext und Kategorien [S. 164], „Bottom-up“-Fragen). Gemeinsames formt dann eine gemeinsame Oberkategorie.
  Ebenso notieren Sie thematisch gleiche Beiträge verschiedener Teilnehmer in derselben Oberkategorie (das können Sie z. B. durch zuordnende Pfeile, Farben oder auch Umkreisen in gleichen Formen machen – Hauptsache, Sie finden sich mit einem Blick in Ihren Notizen zurecht). So können Sie auch über die Häufigkeit der Nennung bestimmter Oberkategorien einen Eindruck zur Relevanz eines Themenkomplexes für die Zusammenfassung gewinnen.

Fokussieren durch Paraphrasieren

Bei aller gewünschten Neutralität und angestrebter Objektivität: Sie können stets nur Ihre Sicht der Dinge wiedergeben. Also müssen Sie sich beim Zusammenfassen der Beiträge anderer stets vergewissern, dass Ihre Zusammenfassung auch den Standpunkt des Gegenübers korrekt wiedergibt. Eine sehr vielfältige Methode zum Zusammenfassen von Gesprächsinhalten ist das →Paraphrasieren [S. 244], also die Wiedergabe von Gehörtem in eigenen Worten. Dabei können Sie Dialoge, Diskussionsabschnitte, Ergebnisse oder Arbeitsabläufe einfach zusammenfassen, indem Sie in Ihren Worten das sagen, was Sie verstanden haben. Markieren Sie Ihre Aussagen sprachlich aber als zusammenfassende Paraphrasen, indem Sie durch Ihre Formulierungen direkt Raum für Korrekturen durch die beitragenden Teilnehmer einräumen (→Paraphrasieren [S. 244]). Dazu ist es wichtig, dass Sie das Gehörte möglichst einfach wiedergeben. Nutzen Sie kurze Hauptsätze und prägnante Verben zur Beschreibung dessen, was Sie verstanden haben. Zielen Sie auch hier wieder auf Gemeinsamkeiten und das große Ganze ab anstatt sich auf Details zu berufen (→Den eigenen Fokus behalten [S. 197]). Und keine Angst vor Fehlern: Das, was Sie nicht korrekt wiedergeben, werden die Teilnehmer dann richtigstellen – genau dafür paraphrasieren Sie ja. So entsteht im Dialog ein Gesamtverständnis, das jeder Gesprächsteilnehmer mitdenken und damit auch mitverstehen kann.

Anwendungsbeispiel: In heterogenen und interdisziplinären Gruppen übernehmen Sie durch zusammenfassendes Paraphrasieren sogar eine Schlüsselrolle in der gemeinsamen Kommunikation und bauen Verständigungs-Brücken zwischen einzelnen Gruppen: Stellen Sie sich beispielsweise ein Gespräch zwischen Ingenieuren, Medizinern und Juristen vor. Alle drei Berufsgruppen sind für ein besonderes Fachvokabular bekannt und haben sich lange Jahre damit auseinandergesetzt, sodass das diese Vokabeln unbewusst und automatisiert abgerufen werden. Das gleiche Wort mag mit völlig unterschiedlichen Bedeutungen für jede Gruppe besetzt sein: So meint zum Beispiel das Wort *Kohärenz* in der Naturwissenschaft eine Symmetrieeigenschaft von Wellen, in der Medizin (Psychologie) die Nachvollziehbarkeit eines Denkprozesses und juristisch wiederum einen sinnbildenden Zusammenhang von Prinzipien, Regeln und Gesetzen. Als Moderator verlangt niemand von Ihnen, dass Sie alle Fachsprachen sprechen – wohl aber, dass Sie sich der unterschiedlichen Bedeutungswahrnehmung bewusst sind und entsprechend Rückfragen bzw. Paraphrasen formulieren, die ein gemeinsames Verständnis ermöglichen und Missverständnisse reduzieren. In diesem Beispiel könnten Sie als Moderator anhand der beschreibenden Begriffe „Symmetrie“, „Nachvollziehbarkeit“ und „sinnbildender Zusammenhang“ den gemeinsamen Oberbegriff „logisch“ gefunden haben und zusammenfassend paraphrasieren: *„Kohärenz bedeutet für Sie alle, dass etwas logisch aufgebaut ist. Habe ich das richtig verstanden?“* –

Jetzt können die Teilnehmer ggf. intervenieren, wenn sie Ihre Darstellung korrigieren wollen. Falls die Korrektur nicht konkret genannt wird („*Nein, das haben Sie falsch verstanden.*“), bohren Sie nach („*Was genau würden Sie an der Beschreibung ändern?*“), um den Oberbegriff im Dialog gemeinsam zu klären.

Fokussieren durch Weglassen

In einer Zusammenfassung finden nur relevante Informationen Platz. Ihre Tätigkeit ist vergleichbar mit dem Zurechtschneiden eines Baumes: Sie beschränken sich auf das Wesentliche (Stamm und dickere Äste des Baumes) und lassen das große Ganze für alle erkennbar (ent)stehen, während Sie Randthemen und irrelevante Details weglassen (Blätter und aus der Form wachsende Ästchen). Orientieren Sie sich beim Weglassen einerseits an Ihrer eigenen Sicht auf den Themenfokus (→Den eigenen Fokus behalten [S. 197]) und andererseits an den Rückmeldungen der Teilnehmer auf die von Ihnen paraphrasierte Aussagen (→Fokussieren durch Paraphrasieren [S. 199]). Machen Sie sich der Verantwortung bewusst, die Sie *gegenüber* der Gruppe haben, aber auch *für* diese wahrnehmen, wenn Sie weglassen und zusammenfassen: Einerseits muss das Weglassen verantwortungsbewusst geschehen, damit keine relevanten Informationen unterschlagen werden. Andererseits ist es *der* notwendige Schritt, um einen roten Faden durch komplexe Themen hindurch sichtbar zu machen: Reduktion aufs Wesentliche ist der Schlüssel zum gemeinsamen Verständnis. Fragen Sie sich im Stillen auf dem Weg zu dieser Reduktion zum Beispiel:

- Welche Grundidee / Gemeinsamkeit steckt dahinter? Kann die Aussage darauf reduziert werden?
- Worauf kann verzichten werden, sodass ...
  - ... die Grundidee verständlich bleibt?
  - ... ein zufälliger Zuhörer immer noch versteht, worum es geht?
  - ... kein Teilnehmer(kreis) sich völlig übergangen fühlt? (Auch emotionales Engagement kann relevant sein).

Den Fokus vermitteln

Abschließend möchten wir Ihnen ein paar Anregungen mit auf den Weg geben, wie Sie zusammenfassende Aussagen konstruieren können:

- **Vom Groben zum Feinen:** Beginnen Sie mit der höchsten Informationsebene, also der allumfassendsten (vereinheitlichendsten) Kategorie, und werden Sie Satz für Satz feingliedriger.
- **Denken Sie in Kategorien statt in Details:** Bleiben Sie gedanklich auf einer gewissen Flughöhe – denken Sie an das Bild des Zusammenfassens als Kompass auf einer Karte, die aus der Vogelperspektive nur Namen der Orte entlang des relevanten roten Fadens zeigt.
- **Gemeinsames kurz; Strittiges detailliert(er):** Dort, wo Einigkeit im Gemeinsamen herrscht, können Sie maximal verallgemeinern (s. Punkt 1); in strittigen Aussagen, über die Uneinigkeit herrscht, stellen Sie beide (mehr?) Standpunkte gleichwertig und den Konflikt als offen dar. Alternativ können Sie den Konflikt auch einfach als Uneinigkeit dokumentieren und ansprechen.
- **Ein Sprint – kein Marathon:** Machen Sie lieber mehrere kleine Zusammenfassungen über kurze (Zeit-)Distanz, als eine große am Ende, damit Sie nicht den Überblick oder sich selbst in Details verlieren. Außerdem trainieren Sie so Ihre Gruppe, gemeinsames Verständnis im Dialog aufzubauen (→Fokussieren durch Paraphrasieren [S. 199]).
- **Schlagen Sie Brücken:** Vielleicht gelingt es Ihnen, die Stringenz der Entwicklung wiederzugeben, indem Sie die Reihenfolge der Beiträge berücksichtigen und benannte Begründungen nutzen, um zwei oder mehr Abschnitte kausal zu verknüpfen.
- **Gliedern Sie in Bereiche:** Inhalte, die nicht unmittelbar zusammengehören, sollten wohlsepariert voneinander dargestellt werden und vielleicht mit einer separaten Überschrift versehen werden. (vgl. auch →Kontext und Kategorien [S. 164] und →Übergänge [S. 203])
- **Kurze Hauptsätze statt Nebensatzkonstruktionen:** Drücken Sie Klarheit und Verständlichkeit auch sprachlich aus, indem Sie einfache Satzkonstruktionen wählen die per se das verschachtelte Einbauen von Details unterdrücken.

Übergänge

Stehen mehrere Arbeitsthemen zur Bearbeitung im von Ihnen geleiteten Treffen an, ist es elegant und zielführend, diese – wo immer möglich – miteinander durch Übergänge zu verbinden. Dadurch motivieren Sie die Teilnehmer, sich mit dem Schwung eines erfolgreich bewältigten Themas ebenso tatkräftig der Bearbeitung des nächsten zu widmen. Nutzen Sie das Abschlussstatement des bewältigten Themas (→Ausstieg [S. 192]) als Basis, um eine Brücke zum Folgethema zu schlagen. Folgende Impulse können dabei helfen:

- **Inhalte verknüpfen:**
  - Welche Schnittmengen gibt es, um das alte und das neue Thema zu verknüpfen?
  - Welche Gegensätze existieren und machen das neue Thema im Vergleich zum anderen Interessant?
- **Fragestellungen verbinden:**
  - Stellt man sich zu dem neuen Thema die gleichen Fragen?
  - Oder werden jetzt bewusst andere Fragen beim neuen Thema nötig?
- **Methodisch verknüpfen:**
  - Werden die gleichen Methoden angewandt?
  - Können Sie die Methoden ggf. sogar von Thema zu Thema aufeinander aufbauen lassen? (Bspw.: Thema A das →Brainstorming [S. 255] einführen und in Thema B die →Kopfstand-Methode [S. 256] nutzen, wenn der „normale“ Weg des Sammelns bekannt ist).

Grundsätzlich können Sie sich auch schon in der →Vorbereitung auf ein moderiertes Treffen [S. 75] Ansatzpunkte für Überleitungen überlegen; insbesondere bei möglichen inhaltlichen Schnittmengen und methodisch gleichen Fragestellungen können Sie auch schon ohne den Input der Gruppenarbeit Übergänge planen. Mit zunehmender Erfahrung werden Sie aber feststellen, dass die besten Übergänge spontan aus der Situation heraus entstehen und dann manchmal gar nicht mehr bewusst wahrgenommen werden.

Übrigens sind Übergänge ein guter Zeitpunkt, um →Pausen [S. 204] einzulegen. Insbesondere dann, wenn Ihnen gerade spontan so gar kein Übergang einfallen will ;)

Pausen

Wer arbeitet, muss auch ruhen. Diesem Grundsatz entsprechend brauchen auch Ihre Arbeitstreffen regelmäßige Pausen, um richtig produktiv zu sein. Planen Sie Pausen bereits in Ihrem Ablauf mit ein und stellen Sie die Pausenzeiten vor (→Stelle den Ablauf vor [S. 133]). Geben Sie dabei stets einen klaren Zeitrahmen für die Pausen vor (→Zeitmanagement-Methoden [S. 250]) und halten sich selbst unbedingt daran: So halten Sie Pünktlichkeit, Verlässlichkeit und Planbarkeit auch bei den Teilnehmern hoch, und diese halten sich damit (meistens) an die gemeinsamen Spielregeln (→Stelle Spielregeln auf [S 135]). Diese **geplanten Pausen** öffnen vielfältige Möglichkeiten für Sie und Ihre Teilnehmer, in denen Sie beispielsweise Folgendes tun können:

- Führen Sie informelle Gespräche, tauschen Sie sich über Privates aus und lernen Sie sich dabei besser kennen.
- Knüpfen Sie neue Kontakte, um Ihre eigenes Netzwerk zu erweitern.
- Beantworten Sie allgemeine und spezielle Fragen. Nehmen Sie sich Zeit auch für solche Fragen, die Sie während Ihrer Moderation aus Zeitgründen nicht beantworten konnten, oder auf die Sie keine spontan zufriedenstellende Antwort wussten.
- Bewegen Sie sich. Vertreten Sie Ihre Beine. Stecken Sie Ihren Körper mit einfachen gymnastischen Übungen[22] oder bringen Sie ihn anderweitig in Schwung.
- Kommen Sie zu Kräften, indem Sie etwas essen und trinken.
- Stillen Sie weitere Bedürfnisse – Stilles Örtchen, Zigarette, „Handy-Zeit“ ...
- Schalten Sie kurz innerlich ab. Falls es die Umstände zulassen, könnten Sie sogar ein kleines Nickerchen machen.
- Bereiten Sie sich als Moderator auf die nächsten Themen oder Methoden vor und legen Sie das dafür benötigte Material schon einmal griffbereit auf den Tisch.

---

22 Lassen Sie sich überraschen, wie viele Ihrer Gruppenmitglieder einstimmen werden und sich gleichfalls strecken. Wenn Sie jetzt noch die Joker-Karten ziehen und zwei oder drei kurze physiotherapeutische Übungen für den Rücken und die Extremitäten anbringen, haben Sie sogar doppelt Gutes erreicht.

Neben der *aus*ruhenden Wirkung können Pausen aber auch (situations-)*be*-ruhigend eingesetzt werden, wenn emotionale Momente das Treffen spontan extrem stark beeinflussen. Oder auch dann, wenn Sie selbst als Moderator einen kurzen Moment zur Orientierung und inneren Sortierung brauchen, bietet eine Pause einen Rückzugspunkt. Nutzen Sie **ungeplante Pausen** auch spontan zum Beispiel um ...

- ... Emotionalität zu beruhigen. (→Umgang mit Emotionen und Konflikten [S. 207])
- ... Konflikte zu entschärfen bzw. Konfliktparteien zu trennen. (→Störungen von Innen [S. 210])
- ... Konzentration zurückzugewinnen (insbesondere bei Ermüdung in langen Diskussionen).
- ... kurzfristig aufgeworfene Planänderungen kurz zu durchdenken / sich orientieren und gedanklich sammeln.
- ... Zeit zu gewinnen, um technische Probleme zu lösen.

Achten Sie auch bei ungeplanten Pausen auf eine präzise Zeitangabe, damit die Teilnehmer stets informiert mitplanen können.

Schätzen Sie Pausenzeiten grundsätzlich genauso wertvoll ein wie Arbeitszeiten, denn nicht selten entstehen die richtig guten Ideen in den Pausen. Planen Sie also lieber mehr als weniger Pausen ein und scheuen Sie sich nicht, spontan weitere Pausen einzubauen (weitere Details zur Zeitangabe unter →Zeitmanagement-Methoden [S. 250]).

Störungen und Konflikte

Wann immer in der Gruppe diskutiert, debattiert und Meinungen ausgetauscht werden, kann es zu Stimmungsschwankungen, Störungen und Konflikten kommen. Das gilt in besonderem Maße auch dann, wenn Entscheidungen getroffen werden müssen. Das ist erstmal völlig normal und gut so. Und aus der Auseinandersetzung mit neuen Perspektiven und Sichtweisen können wir stets etwas Neues lernen[23]. Auch das ist Teil

23 Dabei hilft es durchaus, wenn die Auseinandersetzung auf der Sachebene verläuft. Aber auch aus so mancher unsachlichen Diskussion sind schon neue Ideen erwachsen, nämlich dann, wenn sich jemand etwas zu sagen traut, was er unter weniger hitzigen Bedingungen nicht gesagt hätte. Wir werden gleich begründen, warum Sie

der Synergieeffekte einer gemeinsamen Arbeit in der Gruppe. Dennoch können Störungen Ihre wohl überlegte Moderation der Gruppe manchmal ganz schön durcheinanderbringen und Konflikte zwischen einzelnen Teilnehmern die Arbeitsstimmung Ihrer ganzen Gruppe ausbremsen. Das kann insbesondere die Phasen →Sammeln [S. 146], →Strukturieren [S. 162] und →Entscheiden [S. 173] Ihrer Moderationsdurchführung betreffen, wie →Abbildung 11 zeigt. Also immer diejenigen Phasen, in denen unterschiedliche Meinungen und Ansichten aufeinanderprallen können. Aber auch zu Beginn Ihrer Moderation können →Unvorbereitete Teilnehmer? Plan B [S. 89] von Ihnen einfordern und aus den →Phasen der Gruppenbildung [S. 71] erwarten Sie bei Neukonstellationen von Gruppen sowieso eine konfliktreiche *Storming*-Phase, wie bereits bei den →Phasen der Gruppenbildung [S. 71] besprochen. Dabei verstehen wir die Konfliktlösung als eine eigenständige Phase, die dann zusätzlich zum eigentlichen Moderationsablauf hinzukommt. Als Moderatoren sind wir daher gut beraten, uns vorab Gedanken zu Anzeichen, Ursachen und vor allem Lösungswegen von Störungen und Konflikten zu machen.

Hierbei betonen wir, dass Konflikte wie erwähnt selten auf der inhaltlichen (und Ihnen vorab zugänglichen) und Sachebene entstehen, sondern meist auf der (Ihnen unbekannten) persönlichen Ebene einzelner Teilnehmer. Sie werden Konflikte also niemals „vorbereiten“ können. Konflikte in moderierten Treffen haben auch nichts mit „unprofessioneller“ Moderation zu tun. Sie gehören dazu. Und Sie sind unvorhersagbar. Es braucht praktische Erfahrung, um in schwierigen Situationen kühlen Kopf zu bewahren und die Gruppe souverän hindurch zu moderieren. Und diese Erfahrung muss auch bei Profis wie ein Muskel trainiert werden. Das beste Mittel zum Umgang mit Konflikten ist unserer Meinung nach daher, Ihnen offen zu begegnen und Sie immer wieder als Situationen des persönlichen Wachstums zu begreifen, anstatt Sie um jeden Preis durch die „perfekte“ Moderation[24] zu vermeiden. Wenn wir unseren inneren Widerstand durch eine solche offene Lernhaltung überwinden, entspannen sich auf natürliche Weise auch die Konflikte im Außen. Oberstes Gebot bleibt, in Stör- und Konfliktsituationen als Moderator handlungsfähig zu bleiben.

---

dennoch stets wachsam sein und den →Umgang mit Emotionen und Konflikten [S. 207] üben sollten.

24 eine Illusion, Sie erinnern sich (→Die fehlerlose perfekte Moderation [S. 79])?

Dazu schauen wir zuerst auf Ursachen von Konflikten und betrachten Merkmale, an denen Sie Störungen und Konfliktanbahnung unter den Teilnehmern erkennen und allgemein lösen können (→Umgang mit Emotionen und Konflikten [S. 207]). Anschließend besprechen wir Handlungsempfehlungen zum Umgang mit Störungen aufgeteilt in verschiedenen Ebenen:

- →Störungen von Innen [S. 210] (aus Ihrer Gruppe kommend),
- →Störungen von Außen [S. 214] (aus der Umgebung kommend) und
- →Inhaltliche Störungen [S. 217].

Zum Abschluss fassen wir unsere wichtigsten Tipps im Abschnitt →Erste Hilfe bei Konflikten [S. 219] zusammen.

Umgang mit Emotionen und Konflikten

Als emotionale Wesen senden und empfangen wir auch stets Signale auf der emotionalen Beziehungsebene, ob wir uns dessen nun bewusst sind nicht – in jedem Fall ist es so. Das bedeutet, dass Sie auch bei der Arbeit an Inhaltsthemen, quasi parallel stets die emotionale Ebene „mitfühlen" müssen. (Negatives) emotionales Engagement Ihrer Gesprächsteilnehmer erkennen Sie unter anderem an folgenden Merkmalen:

- Emotionale Sprache
  - Schnelles Sprechtempo,
  - Impulsives und direktes Antworten auf Gesagtes,
  - Gereizter, scharfer oder emotionaler Tonfall
- Unfähigkeit oder Unwille, gemeinsamen Gesprächsregeln zu folgen
  - Bewusstes Übergehen und Ignorieren von Beiträgen bestimmter Personen; dies wird meist von einer ganzen Gruppe betrieben
  - Wiederholtes Ins-Wort-Fallen mit stereotypen Beiträgen: „Das haben wir nun doch schon hundert Mal gehört.", oft in Kombination mit der verallgemeinernden Formulierung „wir"
  - Non-verbales Kommentieren von Beiträgen bestimmter Gruppenmitglieder; z. B. durch demonstratives Weggucken oder körperliches Wegdrehen, herabwürdigende Gestik (Abwinken, Kopfschütteln) oder Mimik (Augenbrauen hochziehen oder zusammenziehen, Stirn kräuseln), abwertendes Lächeln, Auflachen oder Seufzen

- Unfähigkeit oder Unwille, zusammenzuarbeiten
  - Getuschel und Gemurmel, wenn bestimmte Personen sprechen
  - Einzelne / mehrere Teilnehmer ziehen sich aus der methodischen Arbeit zurück oder vermeiden (passiv) bzw. verweigern (aktiv) die Zusammenarbeit mit bestimmten Gruppenmitgliedern
  - Reduzierte Bereitschaft, auf Beiträge bestimmter Gruppenmitglieder einzugehen bzw. diesen zuzuhören
- Angreifende und beleidigende *Du-Botschaften*
  - Persönliche Angriffe auf bestimmte Gruppenmitglieder; unsachgemäße Vergleiche, Suggestivfragen, subtile Unterstellungen, Andeutungen
  - Offene Aggression durch direkte Gegenrede oder sogar Anfeindung
- Generelle Nicht-Erreichbarkeit für inhaltliche Argumentation
- Teilnehmer äußern sich kritisch über den Sinn des Treffens
- Teilnehmer wenden sich direkt an Sie als Moderator (höhere Instanz) oder greifen Sie als Moderator ggf. sogar verbal an oder fordern Ihre Autorität heraus

Oftmals tritt auch eine Kombination mehrerer dieser Merkmale auf. Für Sie als Moderator ist es daher sehr wichtig, hier zuerst eine bewusste Wahrnehmung zu entwickeln, denn Sie müssen Konflikte erkennen können, *bevor* diese den eigentlichen Arbeitsprozess verdrängen, damit Sie verändernd oder steuernd eingreifen können. Gerade als weniger erfahrener Moderator mag die Fülle an zu beachtenden Merkmalen aber überwältigend sein, da sie unkontrollierbar wirken und Sie von Ihrer gut vorbereiteten Struktur ablenken. Das erzeugt Angst und Unsicherheit und kann dazu führen, dass Ihr erster Impuls ist, einen Konflikt in der Gruppe zu beschönigen, kleinzureden oder einfach zu ignorieren und weiterzumachen wie geplant. Ihre Verantwortung liegt in der Steuerung der Gruppenwahrnehmung auf einen Konflikt, die Lösung aber muss aus der Gruppe kommen und in dieser erarbeitet werden. Haben Sie daher also keine Angst davor, Konflikte anzusprechen: Decken Sie Widersprüche, Ressentiments und strittige Fragen direkt auf, damit sie gemeinsam geklärt werden können, bevor sich verhärtete Fronten bilden. Unserer Erfahrung nach löst alleine dieses Ansprechen schon einen großen Teil der Anspannungen und ermöglicht eine entspannte(re) Arbeit an den weiteren noch zu besprechenden Inhalten. Dabei hilft es, wenn Sie mögliche Ursachen von Konflikten identifizieren können (→Tabelle 5), indem Sie ihre Ausprägungen in der Gruppe ansprechen und nachfragen, ob die dahinter liegende Ursache auch *wirklich* der Grund für den Konflikt ist.

Ursache	**Mögliche Ausprägungen**
Missverstehen und Konfrontation	Die Gesprächsteilnehmer hören einander nicht zu und reden aneinander vorbei; es herrscht eine Haltung von „gewinnen müssen" statt „kooperieren können", sodass Kompromisse und gemeinsame Lösungen negativ bewertet werden.
Verschiedene Perspektiven	Es gibt immer unterschiedliche Perspektiven auf denselben Sachverhalt; sind die Vorstellungen zu unterschiedlich, führt das Verständnis von dem, was richtig, wichtig und dringlich ist, zum Konflikt. Eine häufige Ursache ist hier Zeitdruck bzw. unterschiedliche Vorstellungen zur zeitlichen Lösbarkeit eines Problems.
Machtgewohnheit	Manche Gesprächsteilnehmer sind von Ihrer (vermeintlichen) Position im Unternehmen oder in der Gruppe voreingenommen und üben in ihrer vermeintlichen Rolle als Alphatiere ständig Druck auf die Gruppenmitglieder aus.
Bedürfnis, gehört zu werden	Verständnis und Anerkennung sind Grundbedürfnisse jedes Menschen. Wird dieses nicht wahrgenommen (z. B. durch Ignoranz, Machtgewohnheiten oder auch mangelnde Wertschätzung in Form herablassender Kommentare und negativer Sprache), schwelen Konflikte bis zum Ausbruch an.
Vergangene Konflikte	Insbesondere in länger gemeinsam arbeitenden Gruppen können „alte Wunden" aus vergangenen Konflikten mit ins neue Meeting verschleppt werden. Hier sind die Fronten meist schon verhärtet und die Emotionen bzw. individuellen Frustrationen bereits fortgeschritten; teilweise bis zur Resignation. Besondere Herausforderung liegt hier in der Aufdeckung der alten Gründe, da diese im aktuellen Meeting nicht vorgekommen sind.

Tabelle 5: Mögliche Ursachen für Konflikte innerhalb der Gruppe.

Wenn Sie Konflikte aufdecken, sollten Sie diese nach Möglichkeit auch direkt ansprechen, um für Klärung und Neuausrichtung in der Gruppe zu sorgen (→Störungen von Innen [S. 210]).

Tipp für den Alltag: Um diese Ursachen für Konflikte zu verinnerlichen und „intuitiv“ erkennen zu können, kann es hilfreich sein, aus der Betrachtung Ihres alltäglichen Umfelds heraus ein Bewusstsein für Konfliktentstehung und -lösung zu entwickeln: Achten Sie unter Ihren Kollegen, Ihren Familienmitgliedern und Freunden einmal darauf, wie sich Konflikte entwickeln. Insbesondere, wenn Sie nur teilweise oder gar nicht involviert sind, können Sie als Beobachter viel neutraler und entspannter die Entstehung und Entwicklung beobachten. Halten Sie dabei Ausschau nach den in →Tabelle 5 genannten Ursachen und Ausprägungen und notieren Sie sich, welche Fragen und Hilfestellungen Ihrem Umfeld helfen, Konflikte zu benennen und zu lösen. Damit erarbeiten Sie sich Ihre eigene Sammlung an Konfliktlösungsstrategien direkt aus der Praxis!

Störungen von Innen

Wie bereits erwähnt sind Missverständnisse, Stimmungsschwankungen und Konflikte in der Gruppe integrale Bestandteile der Gruppendynamik und für sich gesehen völlig normal und damit unumgänglich. Als Moderator kommt Ihnen dennoch eine Schlüsselrolle im Störungsmanagement zu, da Sie erheblichen Einfluss auf die Stimmung und Atmosphäre der Zusammenarbeit nehmen können und sollten. Wenn Sie Konflikte erkennen – egal, woher diese zu kommen scheinen –, benennen Sie diese, um die Wahrnehmung der Gruppe zu schärfen und Rahmenbedingungen zu schaffen, die Störungsenergie frühzeitig binden und auflösen kann. So ermöglichen Sie der Gruppe eine verlässliche Konfliktlösung und bauen gegenseitiges Vertrauen in die gemeinsame Zusammenarbeit auf und aus.

Dazu halten wir es mit dem Vorgehen der *Themenzentrierten Interaktion* (TZI) nach Ruth Cohn [LANGMAACK, 2017], in der allgemein der Grundsatz gilt

Störungen haben Vorrang.

Wann immer eine Störung in der Gruppe auftritt, werden inhaltliche Themen pausiert, um die destruktiven und blockierenden Stimmungen mit allen gemeinsam zu bereinigen. Denn Konflikte wachsen mit der Zeit in ihrer Intensität[25], solange sie nicht geklärt sind. Die Herausforderung besteht darin, dass Konflikte dabei zuerst – für Sie unsichtbar – unter der Oberfläche gären und meist erst dann offen ausgetragen werden, wenn die Intensität schon sehr hoch ist; ähnlich einem Eisberg findet ein Großteil der Konfliktentwicklung zuerst unter der Wasseroberfläche statt. Erst mit zunehmender Intensität wird der Konflikt offen wahrnehmbar ausgetragen. Unser Ratschlag ist daher:

Sprechen Sie Konflikte frühzeitig an!

Durch das Ansprechen erfüllen Sie drei wichtige Aufgaben der *Konfliktbewältigung*:

- Sie zeigen den Konfliktträgern, dass ihre Unstimmigkeiten nicht mehr allein zwischen ihnen wahrgenommen werden. Damit bieten Sie hilfesuchenden Konfliktteilnehmern einen Ausweg und streitlustigen Konfliktteilnehmern eine Warnung.
- Machen Sie den Konflikt der gesamten Gruppe bewusst und sorgen Sie so für Aufmerksamkeit, auch bei Unbeteiligten.
- Konzentrieren Sie so (kurzfristig) den Gruppenfokus auf die Störung, denn so können Sie die gesamten Gruppenressourcen zur Konfliktlösung einbinden (s.u.). So bleiben Sie außerdem in Ihrer neutralen Rolle als Moderator und geben die Verantwortung für die Konfliktlösung zurück in die Gruppe.

Ihre Gruppe erwartet von Ihnen als Moderator, dass Sie als Konfliktlöser agieren. Insbesondere dann, wenn sich die Konfliktparteien noch nicht gut kennen und die Reaktionsmuster des Anderen nicht einschätzen können. Auch wenn jeder Konflikt wie erwähnt individuell ist, haben wir im Folgenden ein paar allgemeine Lösungsimpulse zusammengestellt, die stets um den Ansatz „Störungen haben Vorrang“ aufgebaut sind:

- **Machen Sie einen verdeckten Konflikt zu einem offenen**
  Sprechen Sie Ihre Beobachtung und das dabei in Ihnen entstehende Gefühl offen an, wenn Sie einen Konflikt vermuten. Fordern Sie die

25 Bei manchen Konflikten kann man beim Wachsen zuschauen und gemütlich abwarten, ob sie vor dem Ende der Moderation den kritischen Level erreichen. Andere Konflikte hingegen eskalieren so schnell, dass eine spontane Reaktion erforderlich wird. Und ganz selten sind sie einfach da, so dass Sie nur noch ohne Rücksicht auf die momentane Phase unterbrechen können.

Teilnehmer anschließend auf, zu Ihrer Beobachtung aktiv Stellung zu nehmen. Sprechen Sie beim Äußern Ihrer Beobachtung bewusst in Ich-Botschaften, um Anschuldigungen zu vermeiden. Wenn Sie beispielsweise eine Spannung zwischen zwei Teilnehmern spüren, sprechen Sie diese direkt an: „Ich nehme hier eine Spannung zwischen Ihnen, Herr Schmidt, und Ihnen, Frau Maier, wahr. Können Sie mir kurz erklären, was los ist, damit ich es besser verstehen kann? Dann können wir im Anschluss schauen, was zu klären ist, damit wir alle gemeinsam wieder am Thema weiterarbeiten können." In größeren Konfliktgruppen kann es lohnenswert sein, eine kurze →Blitzlichtabfrage [S. 291] durchzuführen, um alle Teilnehmer aktiv einzubinden: „Ich nehme eine allgemeine Spannung in der Gruppe wahr und wüsste gerne, was los ist. Dazu hätte ich gerne von Ihnen kurz Rückmeldung in einem Blitzlicht, damit wir gemeinsam die nächsten Schritte abstimmen können." Wenn Sie wiederum gar nicht genau wissen, was los ist, oder wenn die Gruppe zu groß ist, um einzelne direkt anzusprechen, können Sie eine gezielte →Punktabfrage [S. 275] mit der Frage „Wie bewerten Sie ...?" durchführen. Fragen Sie z. B. nach der aktuellen inhaltlichen Arbeit, dem Arbeitstempo, der Zusammenarbeit, der Struktur, ... um ein Stimmungsbild einzuholen. Idealerweise starten Sie die Abfrage vor →Pausen [S. 204] und überlegen sich dann in der Pause, welche Reaktionen Sie auf die Abfrage umsetzen möchten.
In jedem Fall müssen Sie auf den aufgedeckten Konflikt in irgendeiner Form reagieren – das liegt in Ihrer Verantwortung als Veranstaltungsleiter. Dadurch sorgen Sie für Transparenz und Orientierung unter den Teilnehmern und stellen eine gute Gruppenatmosphäre (wieder) her.

- **Beruhigen Sie emotionalen Streit**
  Ist ein Konflikt so intensiv, dass er bereits offen als Streit ausgetragen wird, ist ihr sofortiges und direktes Eingreifen erforderlich. Insbesondere emotional aufgeladene Konflikte schüchtern auch Unbeteiligte ein und binden die Aufmerksamkeit Ihrer Gruppe massiv. Die Gruppe ist jetzt auf Ihre moderierte Führung angewiesen, um wieder zur Sache (dem „Wozu?" des Treffens) zurückzufinden.
  Ihre erste Aufgabe besteht darin, Ruhe in den Konflikt zu bringen: Sprechen Sie dazu mit ruhiger, sanfter und klarer, aber dennoch bestimmter und deutlicher Stimme. Gestik und Mimik sind ebenfalls ruhig, aber offen und bewusst freundlich. Achten Sie darauf, keinesfalls Wertungen auszudrücken. Stellen Sie sich vor, dass Sie die Insel der Ruhe oder der

Fels in der Brandung sind, der jetzt die Wogen glättet. Sie begegnen der aufgeheizten Situation, den Emotionen, der geladenen Stimmung der Gruppe mit Ruhe, Gelassenheit und Klarheit und führen die Stimmung damit zurück zur ruhigen, lösungsorientierten Ausrichtung. Dadurch, dass Sie selbst nicht auf die emotionale Aufregung eingehen, drücken Sie zusätzlich aus, dass Konflikte nicht überdramatisiert werden müssen, sondern als etwas Normales immer wieder auftreten und genauso selbstverständlich gelöst werden können. Das gibt den Teilnehmern zusätzliche Sicherheit und unterstreicht Ihre Kompetenz als Moderator indirekt.

Führen Sie als zweites einen angesprochenen Konflikt von der Beziehungsebene zurück auf die Inhaltsebene, indem Sie entsprechende inhaltsführende Fragen stellen. Diese hängen von der jeweiligen Arbeitsphase des Moderationsprozesses ab und sind im Anhang noch einmal zusammengefasst: →Diese Fragen bringen Sie weiter [S. 406].

Eine weitere Möglichkeit, Emotionen zu deeskalieren bietet das →Paraphrasieren [S. 244], indem Sie einerseits den Inhaltsbezug über eine sachliche Aussage wiederherstellen, aber gleichzeitig Wertschätzung und empathisches Verständnis für die Gedanken Ihres Gegenübers signalisieren können: Durch vorangehendes →Zuhören [S. 234] geben Sie den Emotionen des Konfliktpartners Raum; durch anschließendes →Fokussieren durch Paraphrasieren [S. 199] machen Sie das große Ganze im (sachlichen) Kontext des Treffens sichtbar. Dadurch führen Sie den Konfliktfokus weg von kleinlichen Details (die in hitzigen, emotional geführten Diskussionen zumeist ein [zu] starkes Gewicht in der Sicht und Argumentation der Betroffenen bekommen) und eröffnen damit eine Konfliktlösung auf einer neuen Ebene und in einem größeren Kontext.

- **Beruhigen Sie durch Pausieren:**
  Falls ein Treffen sich emotional so hochschaukelt, dass ein Zurückführen auf die Inhaltseben nicht mehr möglich ist, beraumen Sie spontan →Pausen [S. 204] an. In einer solchen Pause können Sie ggf. mit besonders betroffenen Gesprächsteilnehmern kurz unter vier Augen sprechen und nachfragen, warum genau Sie so erregt sind und was Sie gemeinsam tun können, um das Gespräch sachlich anzugehen und zu Lösungen zu kommen. Im schlimmsten Fall bei sehr emotional engagierten Personen oder festgefahrenen Situationen brechen Sie das Treffen auch ab. Anschließend gilt es in Kleingruppen, den bisherigen Verlauf des

Treffens zu reflektieren und daraus Rückschlüsse auf die Ursache der Gesprächsblockade zu ziehen. Hierbei kann →Die Team-Retrospektive [S. 303] einen systematisch-strukturierten Vorgehensrahmen bieten, in dem Konflikte aufgearbeitet werden, sodass weitere Gespräche in der Zukunft wieder möglich werden.

- **Begrenzen Sie die Zuständigkeit Ihres moderierten Treffens im Zweifelsfall**
  Falls Sie in der Diskussion mit den Konfliktteilnehmern allerdings feststellen, dass Ihr moderiertes Treffen der falsche Rahmen für die Konfliktbewältigung ist, verlagern Sie den Konflikt selbstbewusst und transparent: „Ich sehe, dass noch weiterer Klärungsbedarf im Thema XYZ besteht. Wir arbeiten hier und heute aber an [Inhaltsthema] und möchten uns auf diesen Auftrag fokussieren. Ich schlage daher vor, dass wir hieran weiterarbeiten und im Anschluss an das Treffen nochmals kurz zusammenkommen [ggf. Teilnehmer benennen], um ein Vorgehen zu Thema XYZ abzustimmen." Befragen Sie aber alle Teilnehmer hinsichtlich der Zustimmung Ihres Vorgehens, um innere Widerstände in Erfahrung bringen zu können. Und holen Sie sich im Anschluss daran unbedingt die Zustimmung der aller Teilnehmer, um sich nicht fortgesetzt diesen Widerständen auszusetzen.
  Machen Sie sich bewusst, dass Sie nicht alle Konflikte lösen können (müssen) und im Zweifelsfall immer →Pausen [S. 204] einbauen oder sogar das ganze Treffen vertagen können.

Störungen von Außen (A)

Auch bei noch so guter →Vorbereitung auf ein moderiertes Treffen [S. 75] können sich immer wieder herausfordernde Situationen durch Störungen von Außen ergeben. Dabei unterscheiden wir zwischen lokalen Störfaktoren vor Ort und solchen, die die Organisation betreffen, wie in →Tabelle 6 beispielhalft gelistet.

Lokale Störfaktoren	Organisatorische Störfaktoren
* Lärm oder laute Musik * Ungünstige Beleuchtungsverhältnisse * Geruchsbelästigung * Temperatur (zu warm oder zu kalt; Zugluft) * Andere Aktivitäten in der direkten Umgebung * Ausfall des Handynetzes oder des WLAN * Alle Kaffeekannen sind leer	* Eng getaktete Zeitpläne um das Treffen herum * Der vorgesehene Raum ist zu klein, bereits belegt oder steht nicht für die gesamte Zeit zur Verfügung * Das Arbeitsmaterial fehlt oder funktioniert nicht * Unterbrechungen von extern (Zuspätkommen, „Fremde“ betreten den Raum) * Ablenkungen in der direkten Umgebung * Parallel stattfindendes Fußballländerspiel oder anderes sportliches Großereignis * Letzter Tag vor Beginn der Schulferien

Tabelle 6: Äußere Störfaktoren.

Natürlich sind diese Listen weder vollständig noch trennscharf zu verstehen, doch sind Ihre Reaktionen als Moderator auf diese Störungen stets ähnlich und können verallgemeinert auf alle weiteren Störungen von Außen angewandt werden.

Sprechen Sie **lokale Störungen** stets direkt und offen an und suchen nach einer pragmatischen Lösung. Dabei können Sie entweder selbst direkt eine Lösung vorschlagen („Herr Becker, können Sie das Fenster hinter sich bitte schließen, sodass wir den Baulärm nicht mehr hören?“). Oder, insbesondere wenn Sie selbst keine Lösung parat haben (z. B. da Sie selbst zu Gast sind und sich mit der Raumtechnik nicht auskennen), Sie stellen die Lösungsfrage an die gesamte Gruppe; zum Beispiel: „Ich spüre wie Sie alle eine kalte Zugluft. Weiß jemand, wie man die Klimaanlage hier im Raum regeln kann oder wer das für uns übernehmen könnte?“ Sollten andere Aktivitäten in der Umgebung stattfinden (beispielsweise kann auch ein Fußballspiel der Jugendmannschaft auf dem Rasen direkt vor dem Fenster die Teilnehmer ablenken), bemerken Sie kurz, dass auch Sie sich dieser Aktivität bewusst sind und fragen auch hier die Gruppe um Rat und Tat. Selbst, wenn Sie keine Lösung finden sollten, die die Störung vollständig ausschaltet, baut das gemeinsame Handeln gegen die Störung ein Zusammengehörigkeitsgefühl in Ihrer Gruppe auf und stärkt das Vertrauen in Ihre Führung. So können Sie wie erwähnt besonders Störungen von außen als Wachstumschancen wahrnehmen.

Bei **organisatorischen Störungen** ist in den meisten Fällen die Planung falsch bzw. missverständlich gelaufen: Räume wurden doppelt gebucht oder der Zeitaufwand Ihres Treffens wurde falsch eingeschätzt. Hier müssen Sie ebenfalls klar, ruhig und strukturiert handeln, indem Sie klare Ansagen für die Gruppe machen (→Arbeitsanweisungen geben [S. 140]) und pragmatische Lösungen vorschlagen bzw. aus der Gruppe gemeinsam generieren: Muss beispielsweise ein neuer Raum gefunden werden, thematisieren Sie dies kurz mit der Gruppe, aber beenden diesen Exkurs, sobald ein neuer Raum gefunden und bezogen ist. Minimieren Sie den Aufwand und maximieren die Entschlossenheit zur Lösung. Ihr Verhalten wird dann auch auf die Gruppe übergehen und „Nachahmer" finden, die diese Störung von außen gar nicht so schlimm ansehen. Hauptsache ist, dass die Störung behoben wird.

Findet Ihr Treffen unter enormem Zeitdruck durch begrenzende Termine statt, müssen Sie ggf. weitere Treffen vereinbaren. Dabei sollten Sie dann aber auf eine entsprechende Pufferzeit vor und nach Ihrem Treffen drängen. Machen Sie viel beschäftigten Teilnehmern (am besten im Einzelgespräch) deutlich, dass sie unterm Strich Zeit gewinnen, wenn sie einmal konzentriert und zeitlich stringent am Arbeitsthema arbeiten, bis dieses gelöst ist, anstatt die Gedanken immer wieder von einem zum nächsten Treffen ziehen zu müssen.

Aber natürlich können auch *Sie* ein Opfer von einer Störung werden, ohne dass die Gruppe eine solche wahrnimmt. Wenn Sie als einziger im Raum durchgehend von der Sonne geblendet werden, weil Sie den Teilnehmern zugewandt sprechen oder wenn Sie kurz vorher auf dem Treppenabsatz mit dem Fuß umgeknickt sind und dieser jetzt höllisch schmerzt, dann betrifft das die Gruppe wohl kaum … mag man jetzt denken, aber so ist es nicht. Sobald Sie einer solchen Störung ausgesetzt sind, nimmt diese einen guten Teil Ihrer Aufmerksamkeit in Anspruch, die Sie dann nicht mehr der Gruppe widmen können. Sie merken dies z. B. spätestens daran, dass Sie wiederholt nachfragen müssen, was gerade gesagt wurde, oder Ihre Teilnehmer Sie fragen, ob Sie vielleicht eine Pause bräuchten. Bevor es so weit kommt, thematisieren Sie dies kurz auf der Metaebene (vgl. →Übersinnliches und die Metaebene [S. 51]) und beheben die Störung (falls eine schnelle Lösung möglich ist) bzw. bitten um Nachsicht oder eine kurze Unterbrechung (falls eine schnelle Lösung nicht möglich ist).

Inhaltliche Störungen

Kommt es zu inhaltlichen Konflikten, sind Sie als Moderator gefragt – genau dafür wurden Sie in vielen Fällen überhaupt zum Treffen dazu gerufen: Um Ideen durch →Sammeln [S. 146] und →Strukturieren [S. 162] zu entwickeln, um strittige Punkte zu verhandeln und aus einer neutralen Haltung heraus aus vielen Meinungen eine Entscheidung herbeizuführen (→Entscheiden [S. 173]). Ihr wichtigster Beitrag ist es hierbei, Struktur und Transparenz für die Gruppe zu geben. Jedoch kann es insbesondere in der Phase des Entscheidens immer wieder zu inhaltlichen Konflikten kommen (s. Abbildung 11). Angelehnt an die Aufstellung von Anja von Kanitz empfehlen wir folgendes Vorgehen zur zielorientierten Lösung von inhaltlichen Konflikten [VON KANITZ, 2018]:

1. **Unterbrechen Sie**
   Getreu dem TZI-Motto „Störungen haben Vorrang“ (→Störungen von Innen [S. 210]) und in Hinblick darauf, dass ein schwelender inhaltlicher Konflikt mit der Zeit immer intensiver und „raumgreifender“ wird, intervenieren Sie so früh wie möglich. Sobald ein Konflikt für Sie merklich belastend wird und zunehmend die Aufmerksamkeit der Gruppe bindet, sprechen Sie die Konfliktteilnehmer offen an, indem Sie die aktuelle Arbeit mit einer neutralen Aussage unterbrechen. So können Sie z. B. sagen „Entschuldigung. Hier möchte ich mich gerne einschalten.[26] An Ihrer Debatte merke ich, dass Sie in diesem Punkt verschiedene Meinungen vertreten ...“ (Fortsetzung im nächsten Punkt).

---

26 Dies ist eine höfliche und vorsichtige Formulierung. Sie benutzen das Wort „Entschuldigung“ hier übrigens nicht wirklich, um sich für Ihre Intervention zu entschuldigen, denn das ist Ihr Job. Dieses Wort ist an dieser Stelle eher ein Füllwort, mit dem Sie sich in einer laufenden Diskussion Gehör verschaffen, so dass Ihre eigentliche Aussage „mich gerne einschalten“ nicht überhört wird. Sie könnten sich auch mit „Halt. Stopp. Jetzt rede ich mal!“ Gehör verschaffen – aber das wäre eben nicht respektvoll und neutral gegenüber Ihren Gesprächsteilnehmern! Sie haben also die Möglichkeit, die Stringenz, mit der Sie sich einschalten, abzustufen. Ausgehend von der hier niedergeschriebenen Variante (*höflich, vorsichtig*) über „Hier möchte ich mich gerne einschalten.“ (*teilhabend*), „Hier schalte ich mich ein.“ (*direkt*), „Hier muss ich mich einschalten.“ (*dringend*), „Hier muss ich mich aber jetzt doch mal einschalten.“ (*zwingend*) bis hin zu „Ruhe. Jetzt rede ich.“ (*Sie fallen aus der Rolle... bitte vergewissern Sie sich, ob* →Das Selbstverständnis des Moderators [S. 39] *das für Sie wirklich zulässt*).

2. **Geben Sie beiden Meinungen separat Raum; suchen Sie Gemeinsamkeiten**
   Bitten Sie anschließend beide Konfliktparteien, Ihnen und der Gruppe ihren jeweiligen Standpunkt darzulegen. Fragen Sie z. B. in Anknüpfung an das obige Beispiel weiter: „... Beleuchten wir diesen Punkt gemeinsam: Worin genau sind Sie verschiedener Meinung?" Warten Sie die Antworten ab, bevor Sie fortfahren: „Und worüber sind Sie sich einig?". Hören Sie sich auch diese Darstellungen vollständig an. Hierbei kann es sehr hilfreich sein, wenn Sie beide Darstellungen kurz visuell begleiten, indem Sie die Aussagen in Stichpunkten auf dem Flipchart mitschreiben (z. B. Widersprüche in *rot* und Übereinstimmungen in *grün*), anhand derer im nächsten Schritt weitergearbeitet werden kann. Achten Sie aber darauf, die beiden Konfliktpartien nacheinander sprechen zu lassen und lassen Sie keine Unterbrechungen der jeweils opponierenden Gruppe zu – Nachfragen müssen warten! Damit ermöglichen Sie eine faire und möglichst „unverwässerte" Darstellung der Sachlage für jede Konfliktpartei. Mit der zweiten Frage suchen Sie bereits nach Gemeinsamkeiten, an denen Sie eine Lösung des Konfliktes konstruieren können.
3. **Bohren Sie nach, um zu klären und zu schärfen**
   Für eine Konfliktlösung versuchen Sie, den Ursprung der Meinungsverschiedenheit zu verstehen. Fragen Sie dazu an den Stellen nach, die Sie nicht verstehen! Lassen Sie sich in Ruhe die Hintergründe erläutern und →Paraphrasieren [S. 244] Sie das Gehörte konsequent, um darzustellen, dass Sie nicht Ihre eigene Meinung wiedergeben und neutral bleiben. Dies gibt Ihnen einerseits die Sicherheit, die Perspektiven der Konfliktparteien richtig verstanden zu haben, und den Parteien selbst das Gefühl, dass ihre Meinung ernst genommen wird, und hilft insbesondre bei komplexeren Streitthemen. Es macht zusätzlich die Perspektive für die gesamte Gruppe greifbarer, sodass im besten Fall aus dem Konflikt noch weitere wichtige Ideen generiert werden, die vorher nicht gesehen wurden.
4. **Beziehen Sie die Gruppe mit ein**
   Das können Sie einerseits bereits durch Ihre visualisierende Konfliktbegleitung (s. Punkt 2) tun: Indem Sie Argumente sichtbar für alle machen, verdrängen Sie das chaotische Element aus dem Konflikt und nehmen dem Konflikt durch Ihre strukturierende, klare und transparente Übersicht das entscheidende Element der Verunsicherung für die Teilnehmer: Die Teilnehmer wissen dadurch, worum es geht, und fühlen

sich mitgenommen statt (wie häufig in Konflikten) abgehängt und außen vor. Außerdem erhalten Sie durch die Visualisierung ein direktes Feedback aus der gesamten Gruppe, ob das inhaltliche (Streit-)Thema von allen gleich verstanden wird. Falls nicht – haben Sie keine Scheu den Sitft weiterzugeben und (insbesondere in Kleingruppen) den Konflikt gemeinsam zu visualisieren.

Auch hierbei helfen Fragen weiter, die Perspektive zu öffnen und die Gruppe mit einzubeziehen:

5. **Was ist das Gute im Schlechten?**
6. **Wo sehen Sie Vorteile (Nachteile) im Vorschlag A (B)?**
7. **Wie könnte eine sowohl ... als auch ... Lösung aussehen?**

   Insbesondere durch die Perspektivenöffnung holen Sie die ganze Gruppe wieder ab. Hierbei zeigt sich meist auch das Potential von Konflikten, indem aus dem Widerstand und der anschließenden gemeinsamen Klärung neue Horizonte und Lösungen erschlossen werden, die der Gruppe vorab und ohne Konflikt gar nicht zur Verfügung gestanden hätten.

Mit diesem vier-schrittigen Vorgehen haben Sie einen guten Leitfaden, um Konflikten auf der inhaltlichen Ebene begegnen zu können.

Wollen Sie mit Ihrer Gruppe hingegen langfristig die inhaltliche Entwicklung eines Projektes oder der dauerhaften Zusammenarbeit im Team besprechen, empfiehlt sich die →Die Review-Retrospektive [S. 298], bei der gemeinsam auf das Erreichte, aber auch auf Konfliktpotentiale in der Vergangenheit geschaut wird und daraus positive Veränderungen für die Zukunft abgeleitet werden.

Erste Hilfe bei Konflikten (A)

Unabhängig von der Ursache eines Konflikts haben Sie als Moderator stets Vorbildfunktion: Die Gruppe schaut zuerst auf Sie, wenn es um den Umgang mit Konflikten und deren Lösung geht. Deshalb ist es Ihre oberste goldene Regel im Umgang mit Konflikten, stets eine lösungsorientierte, **positive Haltung** gegenüber Konflikten einzunehmen. Sie vermitteln damit Sicherheit und Orientierung an die Gruppe, die Sie moderieren. Außerdem leben Sie so authentisch vor, dass Konflikte durchaus hilfreich sind, um gemeinsame Lösungen zu entwickeln. Beherzigen Sie also auch die zweite Regel, nämlich dass Konflikte **Normalität** auf dem Weg zur Lösung sind, indem stets das Gefühl vermitteln, dass eine Lösung möglich ist, wenn man sich dem Konflikt stellt. Achten Sie aber dabei stets auf Ihre **Neutralität** und ziehen Sie keine der Konfliktparteien vor oder übervorteilen sie[27], selbst wenn Sie persönlich eher mit einer der beiden Seiten übereinstimmen würden: Bleiben Sie beiden Parteien gegenüber gleich offen, ermutigend und zugewandt und damit Ihrer neutralen Rolle als Moderator treu. Aus dieser Rolle heraus geben Sie allen Konfliktbeteiligten genug **Raum für Emotionalität** und die Darstellung ihrer eigenen jeweiligen Sicht. Dazu gehört auch, dass Sie den aktuellen **Prozess unterbrechen,** um die Störung wahrzunehmen und dass Sie an den Punkten **nachfragen**, die Sie selbst nicht verstehen – denn Sie sind ja an einer Klärung und Nachvollziehbarkeit des Konfliktes interessiert. Zusätzlich können Sie durch **aktives** →Zuhören [S. 234] die hitzige Dynamik aus dem Konflikt nehmen und das Tempo der Diskussion reduzieren. Nähern Sie sich so dem ursächlichen Kern des Konfliktes und diskutieren Sie diesen, wo immer möglich, mit der ganzen Gruppe – Sie **verlagern den Konflikt also auf die gesamte Gruppe** (durch Visualisierungen, Ansprechen / Fragen der ganzen Gruppe). Droht die Situation trotz allem zu eskalieren, können Sie das Treffen immer mit →Pausen [S. 204] unterbrechen oder sogar schlimmstenfalls gänzlich abbrechen.

Fragen nach der Richtung

Den größten Nutzen ziehen Sie aus den angebotenen Strukturen (→Abbildung 9, →Abbildung 11 und →Abbildung 12), wenn Sie Ihre moderierten Treffen einerseits in der Vorbereitung darauf hin planen, aber dann während der Moderation still für sich reflektieren, ob dieser Plan auch aufgeht. Damit behalten Sie die Ausführung im mentalen inneren Blick und sind in der Lage, den Gesprächsverlauf intern mit sich selbst abzugleichen. Auf Basis dieser Hintergrundanalyse können Sie entscheiden, ob Sie ggf. die Struktur Ihres moderierten Treffens anpassen wollen. Ebenso können Sie daran Ihr Zeit-Management abgleichen und entscheiden, ob inhaltliche Impulse nötig sind.

27 Es sollte nicht einmal der bloße Eindruck entstehen, dass Sie Partei für eine der Konfliktgruppen ergreifen.

Die folgenden Fragen helfen Ihnen dabei, können aber auch genauso dazu dienen, einzelne Abschnitte des Moderationsprozess elegant ineinander überzuleiten:

- Wie läuft meine Moderation bisher aus meiner Sicht als Moderator?
- Wo befinden wir uns im Moderationsprozess aktuell?
- Welche Impulse / Fragen waren bisher erfolgreich und prozessfördernd?
- Passen die Antworten / das Gesagte zu den Fragen, die gestellt werden?
  - Muss eine Frage ggf. wiederholt werden?
  - Muss eine Frage anders formuliert werden?
  - Muss vielleicht sogar eine ganz andere Frage gestellt werden? / Nach was sollten Sie stattdessen fragen?
  - Braucht die Diskussion neue grundsätzliche Impulse?
- Spüre ich einen Konflikt?
- Welche inhaltlichen Überleitungen bieten sich aus dem Gesagten an?
- Woran möchte ich mich ggf. später erinnern? Möchte ich etwas für mich notieren?

Profis können diese Fragen auch als Meta-Fragen an die Gruppe stellen: Wenn Sie bemerken, dass Sie sich selbst gerade still eine dieser Fragen stellen, können Sie den intuitiven Impuls nutzen, um die Frage laut an die Gruppe zu richten. Voraussetzung hierfür ist natürlich, dass Sie damit keine aktuelle Diskussion durchbrechen. Punktuell und gezielt eingesetzt können diese öffentlich gemachten Reflexionen die Gruppe schnell und elegant wieder auf das gemeinsame Ziel ausrichten und neue Energie in festgefahrenen Diskussionen freisetzen. Allerdings muss bereits ein belastbares Vertrauensverhältnis zwischen Moderator und Gruppe herrschen, da Sie damit einen Teil Ihrer Verantwortung als Gesprächsführer (zeitweilig) an die Gruppe abgeben.

Innerhalb der Phasen der Strukturen (→Abbildung 9, →Abbildung 11 und →Abbildung 12) bewegen Sie sich am besten mittels Fragen. Diese bringen Sie und die Gruppe zurück in die Struktur. Die entsprechenden Fragen dazu finden Sie in den vorangehenden Abschnitten zu jeder Phase. Eine übersichtliche Zusammenstellung dieser Fragen finden Sie im Anhang →Diese Fragen bringen Sie weiter [S. 406]. Nutzen Sie diese gerne und bauen Sie diese für sich selbst um, sodass Sie Ihnen immer wieder helfen, ein moderiertes Gespräch elegant und sanft zu steuern. Denn wie wir schon wissen: „Wer fragt, der führt" – und damit führen Sie Ihre Gruppe zum gemeinsamen Ziel. Mehr zu Fragen finden Sie im Methodenteil →Fragetechniken [S. 236].

Nachbereitung eines moderierten Treffens

Out of the strain of doing, into the peace of done. (Julia Woodruff)

Unmittelbar nach der Beendigung Ihrer Moderation ist Ihre Arbeit daran aber noch nicht beendet. Auch im Nachgang zu einem moderierten Treffen gibt es einiges, mit dem Sie das Ergebnis des Treffens nachhaltig stärken können.

Unmittelbar nach dem Treffen

Meist löst sich die Arbeitsgruppe nach dem Arbeitstreffen nicht zeitgleich auf. Einige Gruppenmitglieder müssen eilig weg, um den Bus noch zu erreichen, andere in ein Folgemeeting. Oft bleiben einige aber auch gerne noch zu einem kurzen Smalltalk. Es soll an dieser Stelle aber auch schon zu Versuchen seitens einiger Teilnehmer gekommen sein, durch Gespräche und Argumentationen die Arbeitsergebnisse nachträglich in eine bestimmte Richtung verschieben zu wollen oder sie in einem anderen Licht darzustellen. Vermeiden Sie es hier unbedingt, Zusagen zu machen, denn dazu sind Sie nicht autorisiert. Ein klares Wort an dieser Stelle stärkt nicht nur Ihre Rolle als Moderator, sondern kann in Folgetreffen dazu beitragen, dass gewichtige Argumente frühzeitig geäußert werden und damit allen Teilnehmern für eine (Neu-)Bewertung zur Verfügung stehen. Sollten sich infolge der nachgeschobenen Informationen allerdings *zwingende* Gründe für eine Revision von Arbeitsergebnissen ergeben, so steht Ihnen durchaus die Option zur Verfügung, dies in einem Folgetreffen der Arbeitsgruppe bekannt zu geben und sie entscheiden zu lassen, wie damit umgegangen werden soll.

Irgendwann begleiten Sie aber auch diesen letzten Teilnehmer noch zur Tür und sind dann wahrscheinlich allein im Raum.

Während die Teilnehmer sich nun neuen Aufgaben, der Nachbesprechung in Untergruppen oder der wohlverdienten Freizeit widmen, ist Ihre Arbeitsphase noch nicht beendet. Je nach Arbeitsmethode wurden Arbeitsergebnisse erstellt, aber noch nicht gesichert bzw. dokumentiert. Das *Fotoprotokoll* ist hier die einfachste Möglichkeit, die Dokumentationsaufgabe zu erfüllen. Stellen Sie sicher:

- dass Sie *alle* Gruppenergebnisse dokumentierten – auch die umgeblätterten oder zwischenzeitlich zusammengerollten Flipchartbögen,
- dass alle Ergebnisse gut zuzuordnen sind; ergänzen Sie z. B. wo nötig erklärende Überschriften auf handgeschriebenen Moderationskärtchen, die Sie mit ablichten,
- dass Ihre Fotos kontrastreich und gleichmäßig ausgeleuchtet sind und sich *wirklich* im Speicher Ihres Fotoapparats/Smartphones befinden.
- Vielleicht möchten Sie auch den Raum mit der Verteilung der Stühle und Tische kurz fotografisch festhalten, damit Sie bei einem eventuellen Folgetreffen mit der gleichen Aufteilung wieder einsteigen können?

Falls die Arbeitsergebnisse auf ausgefüllten Teilnehmerblättern zur Verfügung stehen, haben Sie diese zwischenzeitlich als Teil der Arbeitsmethode bereits eingesammelt und in den beschrifteten Sektionen Ihrer Fächermappe einsortiert. Schauen Sie aber noch einmal in Ruhe über und unter die Arbeitstische im Raum, ob dort nicht das eine oder andere Teilnehmerblatt vergessen oder verloren wurde.

Der eine macht's dann, um ein wenig runterzukommen und den Moderationsstress abarbeiten zu können, die andere macht's, um einen guten Eindruck zu hinterlassen – und einige tun's auch leider gar nicht: das *Aufräumen*. Ihre *Visitenkarten* haben Sie zwar auslegen oder verteilen können, aber es ist viel beeindruckender, wenn Sie Ihre Visitenkarte auch *hinterlassen*. Verlassen Sie dazu den Arbeitsraum in einem Zustand, der allen denjenigen, die den Raum nach Ihnen zur weiteren Nutzung oder zum Aufräumen betreten, positiv auffällt. Sie können so mit wenigen Handgriffen und geringem Zeitaufwand nicht nur für einen positiven bleibenden Eindruck sorgen, sondern auch Ihre Wertschätzung für die bereitgestellte Logistik ausdrücken[1]. Niemand wird davon ausgehen, dass Sie sämtliche nur halbleergetrunkenen Kaffeetassen ausspülen. Das Zusammenstellen der benutzten Gläser und der Namensschilder, das Abwischen des Whiteboards oder das saubere Zurückräumen aller noch nutzbarer Arbeitsmaterialien in den bereitgestellten Moderationskoffer tun aber ihr Übriges, dass Sie einen bleibenden guten Eindruck hinterlassen.

Nachdem Sie noch einmal durch den Raum gegangen sind, um nachzusehen, ob ein Teilnehmer vielleicht etwas liegen gelassen hat, haben Sie die Fenster geschlossen und das Licht ausgemacht. Sie möchten endlich Ihren wohlverdienten Feierabend genießen? Jetzt noch nicht, denn →Bevor Sie in die Nachbereitung einsteigen [S. 225], bleibt noch einiges zu tun.

Bevor Sie in die Nachbereitung einsteigen

Die persönliche Verabschiedung von den Organisatoren ist eigentlich selbstverständlich. Sollte diese einmal nicht mehr möglich sein, ist ein kurzfristiger Dank per E-Mail ebenfalls stets willkommen und bietet darüber hinaus auch Gelegenheit, auf das eine oder andere Verbesserungspotential

1 Und damit nicht nur Ihre gute Kinderstube unter Beweis stellen, sondern sich auch als Hands-On-Moderator empfehlen.

hinzuweisen. Geben Sie im Geschäftszimmer oder an der Rezeption an, dass Sie Ihre Arbeit beendet und den Raum verlassen haben. Insbesondere in Tagungshotels kann es sein, dass der Raum zur Abnahme noch einmal begangen wird – wie gut, dass Sie ein wenig aufgeräumt haben.

Je nach Ihrem persönlichen Typ, Ihrer Arbeitsorganisation oder auch der Uhrzeit machen Sie jetzt ein Pause vor der →Nachbereitung in Ihrem Arbeitszimmer [S. 223] oder setzen sich unmittelbar hin und daran, das Arbeitstreffen nach- und ein potentielles Nachtreffen vorzubereiten. Falls Sie sich Notizen während des Ablaufs Ihrer Moderation gemacht haben, ist nun ein guter Zeitpunkt, diese hervorzuholen, zu sichten und zu entscheiden, ob Sie Teile davon für das Protokoll verwenden können. Auch ist dies der geeignete Zeitpunkt um kurz Rückschau zu halten und für sich selbst den Ablauf Ihrer Moderation noch einmal vor dem inneren Auge durchzugehen. →Tabelle 7 stellt Ihnen dazu ein paar anregende Fragen, die sowohl die gemeinsame inhaltliche Arbeit beleuchten, als auch das eigene persönliche Verbesserungspotential ansprechen. Ggf. haben Sie sich auch bereits während der Moderation Notizen gemacht, die Sie jetzt für die eigene Rückschau nutzen können (→Fragen nach der Richtung [S. 220]).

Fragen an den Inhalt	Fragen an Ihr eigenes Verbesserungspotential
* Wie lautet die Antwort auf das „Wozu?“ des Treffens? Ist die Antwort hinreichend? * Können Sie die (wichtigsten) relevanten Ergebnisse des Treffens benennen? Wie lauten sie? * Welche der gefundenen Informationen sind für alle Teilnehmer relevant und welche nur für einige? * Ist der Einstiegpunkt in ein mögliches Folgetreffen klar? Wie sieht er aus (Ort, Zeit, Raum, Inhalt)? * Können Sie für jeden Teilnehmer angeben, welche To-Dos er erhalten hat? Wie sehen diese To-Dos aus?	* Wie zufrieden sind Sie mit dem Verlauf des Treffens? * Wie zufrieden sind Sie mit Ihrem Verhalten während des Treffens? * Was würden Sie gerne wieder so machen? * Was würden Sie beim nächsten Mal anders machen? * Was wünschen Sie sich von Ihrem nächsten moderierten Treffen? * Was sollte auf Ihrem nächsten moderierten Treffen keinesfalls passieren?

Tabelle 7: Fragen zur Nachbereitung.

Nachbereitung in Ihrem Arbeitszimmer

Nachdem Sie →Unmittelbar nach dem Treffen [224] die Arbeitsergebnisse als Teil der Ergebnissicherung eingesammelt bzw. fotografiert haben, sollten Sie diese in eine maschinenverarbeitbare Form bringen:

- Arbeiten Sie grundsätzlich an einem Computer, der so eingerichtet ist, dass er sich selbstständig um die sichere Erstellung von Backups kümmert.[2] Dass Sie sowohl bei der Speicherung als auch bei der Vorbereitung der Weitergabe die Vorgaben der DSGVO beachten, ist dabei selbstverständliche Voraussetzung einer gewissenhaften Tätigkeit.
- Sichten und sortieren Sie alle Materialien nach den Vorgaben der jeweiligen Arbeitsmethoden und entscheiden Sie jeweils, ob die originalen Fotos / Arbeitsblätter weitergegeben werden oder deren Transkripte.
- Bringen Sie alle originalen Materialien, die Teil der Dokumentation werden, in eine für den Menschen gut lesbare digitale Form.
    - Arbeitsblätter scannen Sie ein. Achten Sie auf ggf. beschriebene Rückseiten. Sind farbige Scans notwendig oder hilfreich? Kann Ihr Scanprogramm vielleicht schon durchsuchbare pdf-Dateien[3] erstellen? Sind persönliche Daten sichtbar, die nicht mit kommuniziert werden sollen?
    - Fotos von Flipcharts sind meist besser lesbar, wenn Sie Kontrast und Helligkeit ein wenig erhöhen. Eine geschickte Verkleinerung der Auflösung kann den Speicherbedarf der zu erstellenden Dokumentationsdatei verringern, ohne die Lesbarkeit einzuschränken.
    - Bei Transkripten bleiben Sachinformationen wortwörtlich erhalten. Versuchen Sie, Attribute wie z. B. Unterstreichungen oder

---

2 Wir wissen nicht, wieso, aber viele Computernutzer fangen erst an, sich um die Datensicherung zu kümmern, *nachdem* ihnen einmal wichtige Daten abhanden gekommen sind. Bedenken Sie, dass es sich bei den Arbeitsergebnissen nicht um Ihre eigenen Daten handelt, sondern dass diese den hohen Aufwand und die Leistungen anderer Leute repräsentieren. Wir sind überzeugt, dass Sie Besseres mit Ihrer Zeit anfangen können, als sie für die Formulierung von Entschuldigungen für versehentlich gelöschte Dokumentationen zu verwenden.

3 Das pdf-Format der Firma Adobe (acrobat.adobe.com) hat sich als Standard für die Weitergabe von Dokumenten bewährt, die betriebssystemübergreifend lesbar sein sollen. Sowohl die Erzeugung von pdf-Dateien, als auch deren Öffnen auf dem Computer sind inzwischen selbstverständliche Routineaufgaben, über die die meisten Computernutzer gar nicht mehr nachdenken. Wahrscheinlich so, wie Sie jetzt gerade, wenn Sie die digitale Version dieses Buches vor sich haben ;)

Bullet-Listen zu übernehmen. Auch sollten Sie sich Gedanken darüber machen, ob Sie die Reihenfolge der Informationen aus der Vorlage übernehmen oder nach einem neuen Schlüssel ändern – im letztgenannten Fall müssen Sie dies angeben.

- Und jetzt hängen Sie alle einzelnen Dateien hintereinander in eine pdf-Datei und schicken diese mit dem Betreff „Protokoll" effizient, d. h. ohne weitere Angaben im E-Mail-Text, an alle Teilnehmer und deren jeweilige Vorgesetzte.

Dieser letztgenannte Spiegelpunkt war nicht ernst gemeint. Leider treten solche „Protokolle" in freier Wildbahn aber noch immer viel zu häufig auf, was sowohl schade als auch unvernünftig ist. Sie haben sich bei der →Vorbereitung auf ein moderiertes Treffen [S. 75] sehr viel Mühe gegeben, den Teilnehmern eine optimale Arbeitsatmosphäre unter idealen Bedingungen zur Verfügung zu stellen, und haben, während Sie die →Moderation ausführen [S. 115], Ihnen geholfen, das Beste aus sich herauszuholen. Damit ist es doch nur konsequent, Ihren bisherigen Arbeitsstil beizubehalten und auch →Das schriftliche Protokoll [S. 228] im Rahmen der Nachbereitung in der gleichen Qualität durchzuführen.

Das schriftliche Protokoll

Wie bereits gewohnt, erhalten Sie folgend viele Hinweise für die Umsetzung. Welche der Hinweise für Sie relevant oder unwichtig sind, entscheiden Sie mit Ihrem Stift in der Hand.

Weitere Anregungen zu standardisierten Protokollen finden Sie im Anschnitt →Meeting-Minutes [S. 346].

Zeitraum

Üblicherweise sollte das Protokoll die →Adressaten [S. 229] unmittelbar erreichen. Folgende Ausnahmen von dieser Regel gibt es:

- Falls Sie während der Arbeitsphase ein besonderes Datum mit den Gruppenmitgliedern vereinbart haben. Dies kann der Fall sein, wenn abgesprochen wurde, z. B. noch auf besondere Recherchedaten zu warten oder wenn die anstehenden Feiertage abgewartet werden sollen.
- Wenn die Arbeitsergebnisse von verantwortlichen Stellen zunächst noch gesichtet und freigegeben werden müssen.
- Es Ihnen persönliche Umstände unmöglich machen.

Es kann eine gute Idee sein, im →Begleitschreiben [S. 229] kurz auf das Datum der Verteilung des Protokolls einzugehen. Im letztgenannten Fall müssen Sie dies tun.

Adressaten

In der Regel erhalten alle inhaltlich involvierten Teilnehmer Einsicht in das Protokoll und sind damit zugleich die Adressaten. Hinzu kommen →Moderator und Co-Moderator [S. 56], aber nicht die →Beobachter [S. 62]. In besonderen Fällen kann es sein, dass Personen und →Rollen, die meist nichts in der Gruppe zu suchen haben [S. 63] und daher auch nicht an der Arbeitsphase teilgenommen haben, mit dem Protokoll informiert werden.

Begleitschreiben

Die zusammengestellten Dokumentationen der Arbeitsmaterialien in den →Vorlagen [S. 358] stellen für sich genommen *nie* allein ein Protokoll dar. Ein kurz gehaltenenes Begleitschreiben ist nicht nur ein Zeichen der Wertschätzung, sondern dient auch der Weitergabe relevanter Informationen:

- Thema des Arbeitstreffens und logistische Daten.
- Verweis auf Inhalt (nur in der Form von Überschriften) und Struktur der →Vorlagen [S. 358].
- Ggf. Dank an Gastreferenten oder andere (externe) Leistungsträger.
- Falls vereinbart: Erinnerung an die anstehenden Aufgaben (oder sogar Auflistung aller To-Dos mit Antwort auf →Wer macht was bis wann? [S. 351]) sowie an die gemeinsam festgelegten Ziele.
- Ggf. Termin des Folgetreffens. Falls dieses in nächster Zeit ansteht, können Agenda und logistische Informationen bereits jetzt mitgesendet werden. Auch der Verweis auf die separat folgende E-Mail mit diesen Daten ist möglich.
- Letztlich kann ein netter Satz zum Verlauf des Treffens („Auch der Teppichboden, auf dem meine umgefallene Tasse einen Kaffeefleck verursacht hatte, ist inzwischen gereinigt.“ oder „Beim nächsten Mal sorge ich für lokales Obst. Vielen Dank für diese Anregung!“) ein schöner Anker für Erinnerungen sein. Und auch ein Wort des Dankes kann an dieser Stelle ein inneres Lächeln hervorrufen, insbesondere dann, wenn es sich um die letzte Ihrer Moderationen zu diesem Thema mit dieser Gruppe gehandelt haben sollte.

Ihre Kontaktdaten sind ohnehin Ihrer Signatur entnehmbar. Die Einladung, sich im Falle von Fragen oder mit Feedback vertrauenvoll an Sie wenden zu dürfen, könnte Ihre Schlussformel sinnvoll ergänzen.

Anhänge

Versenden Sie das Protokoll in einer Form, die es den Adressaten mit minimalem Aufwand ermöglicht, das Protokoll zu lesen. Auch wenn es also für Sie ein wenig Mehrarbeit bedeutet, aus Ihren einzelnen Fotos *eine einzige* pdf-Datei zu erstellen, ist dieser Schritt notwendig.

Ihre pdf-Datei(en) erhalten einen Sinn gebenden Dateinamen, ein Deckblatt oder ein →Begleitschreiben [S. 229] mit den notwendigen logistischen Informationen und Ihre Kontaktdaten. Je nach Umstand ist ein Vertraulichkeitshinweis überflüssig, denkbar oder obligat. Falls es sich thematisch anbietet, können Sie eine oder mehrere Dateien erzeugen. Bitte achten Sie darauf, dass die Dateigrößen für einen E-Mail-Anhang geeignet sind. Falls die Dateien trotz zumutbarer Reduktion der Bildauflösung zu groß sind, bieten sich Cloud-Speicher für deren Bereitstellung an.[4]

Wo erforderlich, haben Sie zu den eingefügten Originaldokumenten Hinweise ergänzt. Dies ist besonders wichtig, denn ein normales (Foto-)Protokoll ohne Zusatzinformationen ist bestenfalls für diejenigen Personen interpretierbar, die auf dem Treffen anwesend waren, da diese eine Erinnerung an den Kontext der Materialerstellung haben. Da dieser Kontext anderen Personen fehlt, sind die enthaltenen Informationen für diese nur sehr schwer isoliert interpretierbar.

Kontrollieren Sie vor dem Absenden der Protokolle noch einmal den Verteiler auf Vollständigkeit und darauf, ob sich vielleicht Personen darauf befinden, die das Protokoll nicht erhalten sollen oder dürfen. Während eine unvollständige Liste kein großes Problem darstellt (dann erhalten die fehlenden Personen das Protokoll eben in einer extra E-Mail), kann sich die Versendung des Protokoll an nicht berechtigte Personen als nur schwer wieder gutzumachendes Problem erweisen. Keinen Anhang vergessen? Dann ab mit der E-Mail.

Jetzt haben Sie Feierabend!

---

4 Beachten Sie insbesondere in diesem Fall die Vorgaben Ihres Auftraggebers und der DSGVO vom Beginn dieses Abschnitts (→Nachbereitung in Ihrem Arbeitszimmer [S. 227]).

Moderationsmethoden

> Wer nicht weiß, wohin er will, der braucht sich nicht wundern, wenn er ganz woanders ankommt. (Mark Twain)

Moderationsmethoden	Seite	N	A	P
Vorstellungsrunde	252	■		
Vornamen-Veredler	253	■		
Persönlichkeits-Poker	254		■	
Ideen sammeln	255	■	■	■
Brainstorming	255	■		
Kopfstand-Methode	256		■	
Fragenbaum	257			■
Strukturen generieren	261	■	■	■
Listen-Priorisierung	261	■		
Clustern	262	■		
Vier-Felder-Schema	263		■	
Cluster-Maps	265		■	
Graphic Recording	271			■
Entscheidungen herbeiführen	273	■	■	■
Entscheidungskriterien	273	■		
Punktabfrage	275	■		
Konsent-Abstimmung	277	■		
Widerstandsabfrage	278		■	
Tetralemma	280		■	
Zustimmungsverfahren	282			■
Feedback methodisch einholen	288	■	■	■
Zustimmung abfragen	290	■		
Blitzlichtabfrage	291	■		
Wertschätzendes Speed-Feedbacking	293		■	
Retrospektive	295			■

Was hilft bei der Moderation? – Neben dem richtigen Selbstverständnis und der Kenntnis des Ziels natürlich die Methoden, die den Weg zum Ziel ebnen! In diesem Kapitel beschreiben wir daher konkrete Methoden, die wir für die Moderation zielführend einsetzen. Dieser Pfad ist quasi ein „Werkzeugkasten“, in dem wir unsere am meisten gebrauchten Werkzeuge im Detail vorstellen. Wir zeigen, wie man sie halten soll und worauf beim Gebrauch zu achten ist. Dabei teilen wir die Methoden in die folgenden allgemeinen Kompetenzfelder auf:

- →Grundfertigkeiten [S. 233]
- →Zeitmanagement-Methoden [S. 250]
- →Kennenlernen: Das Eis brechen [S. 252]
- →Ideen sammeln [S. 255]
- →Strukturen generieren [S. 261]
- →Entscheidungen herbeiführen [S. 273]
- →Feedback methodisch einholen [S. 288]

Dabei gehen wir pro Feld gesondert auf Basismethoden für den Novizen und auf Fortgeschrittenen-Methoden für den Adepten ein. Abschließend beleuchten wir, wo möglich, auch Methoden aus Sicht eines Profis.

Wie auch im Handwerk – um in der Metapher zu bleiben – gibt es natürlich unzählige weitere spezielle Werkzeuge im Baumarkt, die Sie für die verschiedensten Spezialfälle anwenden können, um noch schneller, gezielter oder eleganter an ein bestimmtes Ziel zu kommen. Doch dieses Buch ist gedacht als Anleitung zur Moderation mit kleinem Werkzeugkasten; es gibt aber eine Vielzahl von Büchern, die Ihnen die Auswahl eines Baumarkts zur Verfügung stellen. Als Einstieg und Empfehlung können wir hier unter anderem auf unser eigenes Buch verweisen, das eine Vielzahl an Methoden und Anregungen zur Gruppenarbeit bietet [BAUMANN et al., 2020]. Ebenso bietet von Kanitz einen reichhaltigen Fundus an allgemeinen Methoden [VON KANITZ, 2018]. Darüber hinaus bietet das Buch von Funcke und Rachow eine hervorragende Übersicht über Einsatzmöglichkeiten und Anwendungsbeispiele von Fragen für Ihre Moderation [FUNCKE et al., 2016].

Grundfertigkeiten

Als Moderatoren helfen wir der Gruppe, aus ihrem Wissen, ihren gemeinsamen Gedanken und Meinungen, ein großes Ganzes zu formen. Dabei hören wir uns in Inhalte hinein, durchdringen und hinterfragen diese, ohne jedoch die Sache an sich zu verändern. Methodisch setzt dieses Vorgehen auf drei Grundfertigkeiten auf: →Zuhören [S. 234], →Fragetechniken [S. 236], →Paraphrasieren [S. 244] und →Verschriftlichen [S. 247].

Zuhören

Austausch kann nur auf Basis gemeinsam verstandener Inhalte stattfinden. Damit die Gesprächsinhalte gemeinsame Inhalte werden, müssen wir sie zuerst einmal an uns heranlassen. Das geschieht beim Zuhören. Das Zuhören ist ein so völlig selbstverständlicher Teil unseres Gesprächsalltags, dass wir es eigentlich gar nicht wahrnehmen. Doch bedarf das unbefangene Heraushören von Kernaussagen aus Beiträgen einiges an Training und Fingerspitzengefühl, das auf einem bewussten „Hinhören" basiert. Weil dies für jeden individuell etwas anderes darstellen kann, geben wir im Folgenden eine lose Sammlung an Impulsen, die gutes Zuhören unterstützen:

- **Was höre ich?** Der Psychologe Schulz von Thun hat das Kommunikationsmodell der vier Seiten einer Nachricht geprägt, nach der Aussagen auf vier Kanälen verschickt und aufgefasst werden können [SCHULZ VON THUN, 2003]: Ist das verständlich oder zu komplex?
  - Die Sache *(Was sagen die Worte?)*
  - Die Selbstoffenbarung (*Wie fühlt der Sprecher sich mit der Aussage?*)
  - Die Beziehung (*Wie fühle ich mich bei der Aussage?*)
  - Der Appell (*Was will die Aussage bewirken?*)

  Wir hören zwar stets auf allen vier Kanälen gleichzeitig zu, allerdings unterschiedlich stark gewichtet. Dabei wissen wir nie genau, auf welchem Kanal der Sprecher die Nachricht verschicken wollte und offensichtlich steckt hierin viel Potential für Missverständnisse. In der Phase des inhaltlichen Sammelns konzentrieren Sie sich auf die Sache und hören bewusst hin, was die Worte sagen – darum geht es in diesem Arbeitsschritt. Bleiben klare Botschaften auf einem der anderen drei Kanäle über mehrere Aussagen bestehen, sollten Sie das Sammeln unterbrechen und eine Konfliktklärung angehen (→Störungen und Konflikte [S. 205]).

  Beim Sprecher bleiben: Hören Sie dem Sprecher immer bis zum Ende zu und denken die Aussage bis zum Ende mit. Wir neigen häufig dazu, bereits nach kurzer Zeit des sinnentnehmenden Zuhörens unseren eigenen Gedanken, Impulsen und Interpretationen des bis dahin Gehörten zu folgen. Dabei laufen wir stets Gefahr, die eigentliche Aussage unseres Gegenübers zu verpassen oder (meist schlimmer) falsch zu interpretieren („wir spielen innerlich unseren eigenen Film ab"), nämlich immer dann, wenn wir einem anderen Kanal zuhören als beabsichtigt (s.o.: „Was höre ich?"). Widerstehen Sie diesem Drang, denn gerade wenn sich Ideen frisch entwickeln, entstehen die wichtigsten Aussagen meist zum Satzende. Wenn Sie bis zum Schluss hinhören, dann erhalten Sie zusätzlich auch mehr Zeit, um Ihre eigenen Gedanken zu ordnen: doppelter Gewinn für alle!

Fokussiertes Mitdenken: Um Inhalte aus Aussagen zu hören, brauchen wir einen Fokus, aus dem heraus wir mithören und mitdenken, was gesagt wird. Fokussieren Sie sich zuerst auf Verben, da diese Handlungen und Aktionen ausdrücken. In zweiter Reihe hören Sie auf die Subjekte, die diese Handlungen ausführen, bzw. die Objekte an denen sie ausgeführt werden. Zusammen bilden sich so aus Verben (Handlung) und Substantiven bzw. Objekten (Wer? / Was?) Bilder dessen, was wir hören. Beobachten Sie genau, welche Assoziationen sich spontan vor Ihrem inneren Auge zum Gesagten bilden: Das können Gedankenbilder sein, spontane Fragen zur Sache, Unklarheiten, Verbindungen zu Bekanntem ... Auf der Basis dieser Assoziationen können Sie anschließend Fragen mit verschiedenen →Fragetechniken [S. 236] formulieren oder Inhalte durch →Paraphrasieren [S. 244] wiedergeben.

Sobald es einen klaren Arbeitsauftrag (ein „Wozu?") zum Zuhören gibt, behalten Sie diesen im Fokus, solange Sie zuhören. In den meisten Treffen gibt es einen Anlass und eine →Zielsetzung [S. 219] für das Treffen, die Ihnen dieses „Wozu?" zur Orientierung geben. Hören Sie aus diesem Kontext heraus zu und achten Sie auf diejenigen Stellen, an denen Sie den Bezug zwischen Kontext und Gehörtem verlieren. Diese Stellen markieren Einstiegspunkte für klärende Verständnis- und Kontextfragen (→Arten offener Fragen [S. 241]) oder Umkehrpunkte, an denen Sie allzu ausschweifende Gesprächsteilnehmer wieder auf das gemeinsame „Wozu?" Ihres gemeinsamen Treffens ausrichten.

Wer schreibt, bleibt: Bei längeren Passagen des Zuhörens ist es stets hilfreich, Assoziationen und erste Gedanken stichpunktartig schriftlich festzuhalten. So halten Sie Ihren Kopf frei für ein weiteres, unbefangenes Zuhören und können später Ihre Assoziationen und Gedanken „von extern“ abrufen. Weniger ist hier mehr. Spontane Notizen sind wertvoller als durchdachte Mitschriften – sonst hören Sie nicht mehr (richtig) zu. Weitere Tipps zum Aufschreiben finden Sie im Abschnitt, wie Sie →Den eigenen Fokus behalten [S. 197].

- **Aufmerksame Haltung:** Signalisieren Sie Interesse und Offenheit in Gestik und Mimik. Aufmunterndes Lächeln oder Nicken erzeugt Verständnis beim Sprecher. Aufrechte und zugewandte Körperhaltung ermutigt den Sprecher und Sie selbst.

Fragetechniken

Eines der zentralen Elemente zielführender Moderation sind Fragen. Fragen steuern den Gesprächsverlauf, lenken Gesprächsinhalte und decken (Miss-)verständnisse in der Kommunikation auf. Nicht umsonst heißt es: „Wer fragt, der führt.“ Das macht die Fragetechniken einerseits zur absoluten Basismethode, gleichzeitig aber auch zur Königsdisziplin! Denn schlussendlich hängt für Ihren Moderationserfolg vieles von gelungenen Fragen ab. Warum ist das so? – Weil Fragen uns selbst und die Situationen um uns herum entwickeln; dadurch, dass Fragen zu neuem (Um-)Denken anregen, öffnen sie Wege und Räume für Veränderungen, lösen Konflikte und Probleme, zeigen Stolpersteine auf und schärfen insgesamt den Blick auf das Wesentliche. Darüber hinaus sind Fragen zumeist der Grund, warum Treffen abgehalten werden: Es stehen offene Fragen im Raum, bei denen es um den Austausch von Informationen, Wissen, Befindlichkeiten, Meinungen, Erfahrungen sowie auch ums Planen und Entscheiden geht – und all das wird letztlich durch Fragen geregelt. Fragen richten sich dabei auch immer an alle im Raum, sind dadurch also allgemeingültig und sprechen gleichzeitig jeden individuell an. Wenn wir Fragen hören, sind wir gefragt! Fragen regen uns also an: zum Denken, zum Handeln, zum Wandeln. Aus all diesen Gründen sind Fragen so essenziell wichtig für die Moderation – Ihre Moderation wirkt erst durch Fragen bis auf den Grund.

Beispiel aus der Praxis: In der Tätigkeit als Moderator kommt es oft vor, dass man für die Moderation eines Projekttreffens angefragt wird. Zur Vorbereitung und Auftragsklärung („Wozu soll das Treffen stattfinden und was soll am Ende stehen, wenn alle auseinandergehen?“) halten wir gerne ein direktes Gespräch mit dem Projektleiter unter vier Augen ab. Dabei müssen wir schnell einen Überblick über das Projekt an sich bekommen – wohlgemerkt bei (meist) vollständiger Ahnungslosigkeit! Dabei hat es sich als sehr hilfreich erwiesen, im Einstieg zu fragen „Auf welche Frage ist Ihr Projekt die Antwort?“[1]. Diese ungewöhnliche Art zu fragen, stellt die Projektleiter regelmäßig (und aus unserer Sicht auch erfreulicher Weise) vor eine unerwartete Herausforderung; gleichzeitig zeigt sie aber wunderbar, wie Fragen wirken, indem sie durch einen Perspektivenwechsel zum Wandeln und (Um-)Denken anregen und so neue Erkenntnisse provozieren, was besonders in der →Kopfstand-Methode [S. 256] deutlich wird. Ein zusätzlicher Vorteil dieser Methode ist, dass Sie einerseits überraschen und gleichzeitig für den Projektleiter bei der Schärfung seiner eigenen Arbeitsauffassung tätig sind. Eine typische Win-Win-Situation – probieren Sie es gerne mal selbst aus!

Außerdem ermöglicht das Fragen auch eine indirekte Steuerung des Gesprächs, ohne dass Sie die Richtung direkt vorgeben müssen. Damit tragen Fragen auch eine große rhetorische Verantwortung. Als Moderator bietet sich an, sich dieser Verantwortung bewusst zu sein und eine *fragende Haltung* einzunehmen. Damit meinen wir, ganz im Sinne von Funcke und Rachow, „eine empatische, unterstützende Herangehensweise [...], wirkliche (ehrliche) Neugierde [...] [und] unbedingte Offenheit für das, was kommt“ [FUNCKE et al., 2016]. Mit anderen Worten, ernsthaftes und ehrliches Interesse am Verstehen der Beweggründe und Absichten der Anderen zu haben und aus dieser Haltung völlig ergebnisoffen und ohne Hintergedanken zu fragen. – Das ist die Aufgabe des überparteilichen Moderators in seiner Funktion als Wegbereiter.

Damit Fragen ihre volle Wirkung entfalten können, müssen sie klar und einfach formuliert sein. So können sie von allen Teilnehmern schnell verstanden und verarbeitet werden. Andernfalls laufen Sie Gefahr, Ihre Teilnehmer zu verlieren. Eine gut gestellte Frage regt also direkt eine Antwort im Gefragten an, anstatt dass erst über die Frage selbst nachgedacht werden muss.

Dabei ist das zielführende Fragenstellen nicht so intuitiv, wie man zuerst vielleicht denken mag, denn als Moderator setzen Sie die Fragen gezielt ein und müssen daher wissen, *was* Sie *wie* und *warum* fragen. Bereits Nuancen

1 Inspiriert durch Dieter Lange [LANGE, 2010].

in der Stimme bei dem Frageverb oder dem Fragewort können die Wirkung einer Frage stark verändern. Beispiele: „Wie meinen Sie *das* denn jetzt genau?" gegenüber „Wie meinen Sie das denn jetzt *genau*?": Während die erste Betonung die Sache (*das*) in den Vordergrund stellt, betont die zweite Version den Wunsch nach Konkretisierung der Details (*genau*). Aber gleichzeitig wissen Sie nie genau, wie Ihre Frage beim Gefragten ankommt (auf welchem Kanal Ihr Gegenüber mithört, s. vorangegangener Abschnitt *Was höre ich?).* Sie müssen beim Einsatz von Fragen also stets aufmerksam bleiben und sich bereithalten, durch eine neue Frage dem Gespräch eine neue Richtung zu geben. Dafür müssen Sie professionelles Fragen immer wieder üben und in Ihren (Alltags-)gesprächen aufmerksam verfolgen und trainieren. Damit bewusst Aufmerksamkeit entstehen kann, müssen wir unserem Gehirn Muster zur Einteilung geben, daher stellen wir im Folgenden zuerst generelle Kategorien von →Geschlossene und offene Fragen [S. 239] vor und präsentieren im Anschluss mit dem →P-A-K-K-O Schema [S. 243] einen konkreten Ansatz zur Formulierung zielführender Fragen.

Geschlossene und offene Fragen

Grundsätzlich lassen sich Fragen in die Kategorie der geschlossenen und offenen Fragen einteilen. Geschlossene Fragen lassen in ihrer Urform nur ein „Ja" oder „Nein" als Antwort zu, wie z. B. „Sind Sie morgen um 8.00 Uhr erreichbar?" oder „Haben Sie ein naturwissenschaftliches Studium abgelegt?" Im Kontrast dazu geben offene Fragen dem Gegenüber Spielraum zum Antworten, sodass die Antwort im Allgemeinen informationshaltiger ausfällt, wie z. B. „Wie kann ich Sie morgen um 8.00 h erreichen?" oder „Welche Kenntnisse haben Sie im Studium erlernt?" Der „Öffnungsgrad" einer Frage kann dabei allerdings stark variieren, von stark eingeschränkten offenen Fragen, wie z. B. „Wieviel Uhr ist es?" oder „Was kostet …?" bis hin zu beliebig offenen Fragen wie z. B. „Was wünschen Sie sich ganz allgemein?".

In der Moderation kommt es häufig auf zwei Arten im Umgang mit Fragen an: Dass Sie zum einen in der Lage sind, schnell zwischen offenen und geschlossenen Fragen zu wechseln, um den Diskussionsfluss entsprechend Ihres Moderations-Auftrages und in entsprechender Zeit steuern zu können. Andererseits aber auch, in Diskussionen unter den Teilnehmern erzwingende (geschlossene) Fragen bzw. ausufernde (offene) Fragen zu erkennen und entsprechend gegenzusteuern. Damit Sie sich hier besser zurechtfinden können, erläutern wir im Folgenden weitere Details offener und geschlossener Fragen, die wir entsprechend →Abbildung 14 klassifizieren.

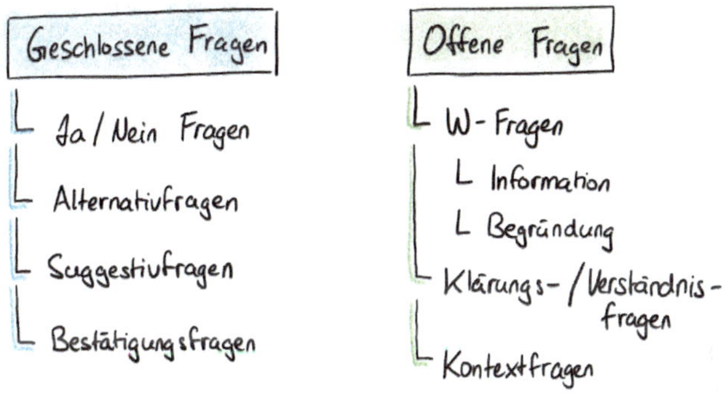

Abbildung 14: Klassifizierung von Fragearten in geschlossene und offene Fragen..

Arten geschlossener Fragen

- **Ja/Nein-Fragen** sind das Paradebeispiel geschlossener Fragen und dienen dem direkten Abfragen von Informationen in kürzester Form. Gleichzeitig schränkt dieser Fragetyp die Reichweite der erfragten Informationen von vorn herein am meisten ein. Beispiele sind: „Wollen Sie den Prozess XY wie gerade gesehen umstellen?" oder „Kann ich Sie morgen um 8.00 Uhr erreichen?". Nutzen Sie Ja/Nein-Fragen entweder am Anfang einer Diskussion, um zu polarisieren, oder aber am Ende, um der Gruppe beim →Entscheiden [S. 173] zu helfen oder die Akzeptanz in der Gruppe für eine Entscheidung abzufragen.
- **Alternativfragen** sind Fragen, die genau zwei Entscheidungsmöglichkeiten vorgeben und damit alle anderen Entscheidungsmöglichkeiten von vorne herein ausschließen. Durch Alternativfragen können Gespräche massiv beeinflusst werden, aber genauso können sie durch eine Reduktion aufs Wesentliche (z. B. in einer Diskussion mit vielen Möglichkeiten) bei der Entscheidungsfindung helfen. Typische Alternativfragen sind: „Möchten Sie lieber jetzt eine Pause machen oder in 30 Minuten?" oder „Wir haben Kaffee oder Wasser, was möchten Sie trinken?". Diese Art der geschlossenen Frage kann Ihnen in der Moderation helfen, wenn Sie keine ausufernde Diskussion provozieren wollen, sondern schnelle

eine Entscheidung zwischen zwei Möglichkeiten abfragen möchten. Sie dient ebenfalls dem Zuspitzen von wesentlichen Diskussionspunkten und kann daher bei der Entscheidungsfindung unterstützen.

- **Suggestivfragen** geben indirekt bereits in der Frage eine Antwort vor. Suggestivfragen werden also in direkter Erwartung einer Antwort (Ja oder Nein) und damit einer Positionierung gestellt. Dadurch erhalten sie einen stark manipulativen Charakter und verlangen daher besonderes Fingerspitzengefühl, da sie die Inhaltsebene mit der Beziehungsebene auf äußerst subtile, aber wirkungsvolle Weise verknüpfen. Dadurch kann es schnell zu verzerrter Wahrnehmung zwischen Inhaltsargumenten und Beziehungsbefindlichkeiten in der Gruppe kommen. In positiver Absicht und wenn Sie Ihr Gegenüber so gut kennen, dass Sie sich dessen Zustimmung bereits sicher sind, können Suggestivfragen die Beziehung stärken. In den allermeisten Fällen dienen Suggestivfragen aber in negativer Absicht dazu, eigene Meinungen vorgeblich mit Zustimmung anderer durchzusetzen, Drohungen versteckt auszusprechen oder das Gegenüber zu verletzen. Nutzen Sie selbst als Moderator diese Suggestivfragen aufgrund ihres manipulativen und missverständlichen Charakters möglichst gar nicht und achten Sie bei Diskussionen in Ihrer Gruppe darauf, diese sofort zu entlarven und umgehend zu entschärfen, indem Sie offene Gegenfragen zur Präzision des Gesagten stellen (s. dazu Abschnitte →Klarstellen [S. 157], →Präzisierungen [S. 168] bzw. →Arten offener Fragen [S. 241]: „Klärungs-/ Verständnisfragen"). Dadurch bitten Sie den Fragenden um weitere Details und öffnen das Antwortfeld weiter. Auch nehmen Sie den Druck aus der Situation. Typische Suggestivfragen sind: „Sie wollen doch sicher auch das gute Wetter nutzen und jetzt gleich Pause machen, oder?"; „Wollen Sie mir etwa unterstellen, dass ...?"; Finden Sie nicht (auch), dass...?".
- **Bestätigungsfragen** stellen im Gegensatz zu Suggestivfragen keine Erwartung an die Antwort des Gefragten. Deshalb eignen sich Bestätigungsfragen besonders, um Gehörtes nach dem →Paraphrasieren [S. 244] abzufragen und können daher sehr gut in der Moderation verwendet werden. Bisweilen wird diese Fragetechnik auch „spiegeln" genannt, da in einem Teil der Frage die bisher erhaltene Information zurückgespiegelt wird. Nutzen Sie Bestätigungsfragen also vielfältig, um sich über die Genauigkeit Ihrer Paraphrasen klar zu werden – das können Sie übrigens auch bestens im privaten Umfeld mit Freunden und in der Familie üben. Typische Beispiele sind „Verstehe ich Sie richtig, dass...?", „Sie denken also

eher nicht, dass Herr Müller noch kommt, richtig?“ Vorsicht ist allerdings geboten, denn die Grenze zwischen Suggestiv- und Bestätigungsfrage ist teilweise fließend und hängt an einzelnen Worten bzw. auch an der Betonung und der Stimme. Das letzte Beispiel kann durch das Weglassen des entschärfenden Wörtchens „eher“ und des eine Bestätigung erwartendes „richtig?“ am Ende sowie einer verschärften Betonung auf „nicht“ kombiniert mit einer fragenden Intonation am Satzende („Sie denken also *nicht*, dass Herr Müller noch kommt?“) zu einer manipulierenden Suggestivfrage werden, die den Gefragten durchaus angreifen kann. Achten Sie also immer auf eine gelassene, ruhige und freundliche Betonung beim Einsatz von Bestätigungsfragen, um den Unterschied zu Suggestivfragen stets klar zu machen.

Arten offener Fragen

- **W-Fragen** sind das Paradebeispiel offener Fragen, denn sie lassen dem Gefragten eine Vielzahl an Antwortmöglichkeiten offen. Sie sind auch als die „journalistischen Fragen“ bekannt und dienen einerseits der Informationsbeschaffung („Wer?“, „Wann?“, „Wo[hin]?“, „Was?“, „Wie?“, „Welche?“) und der Begründung („Warum?“, „Wozu?“, „Weshalb?“). Mit *Informationsfragen* können Sie die vielfältigen Meinungen, Sichtweisen, Impulse und Perspektiven, die in der Gruppe vorhanden sind, zum Vorschein bringen. Mit den *Begründungsfragen* erforschen Sie gemeinsam in der Gruppe die Logik der Vorschläge, Strukturen und Themen und prüfen die Argumentationskette hinter Aussagen, Meinungen und Perspektiven. Sie sind gewissermaßen der Prüfstein, auf dem die Perspektiven der Gruppen untersucht werden. Genau das ist auch der große Mehrwert von Zusammenkünften und Gruppenarbeit – nämlich die verschiedenen Perspektiven auf den Tisch zu legen, zu vergleichen und gemeinsam eine begründete Entscheidung für (oder manchmal auch gegen) einen Weg, eine Lösung oder ein Vorgehen zu entscheiden. Genau betrachtet sind die W-Fragen Ihr tägliches Brot in der moderierten Begleitung von Gruppen(-arbeitsprozessen). Durch stetes Nachfragen mit diesen Informations- und Begründungsfragen helfen Sie Ihrer Gruppe, eine Entscheidung herbeizuführen und inhaltlich im Thema weiterzukommen. Ein Wort der Warnung ist aber dennoch angebracht: Gerade, wenn Sie die W-Fragen häufig einsetzen, üben Sie den Einsatz Ihrer Stimme und Körpersprache hierbei bewusst und achten darauf,

freundlich, neugierig und offen zu bleiben (also konsequent die fragende Haltung beizubehalten, die wir im Anfang des Abschnitts besprochen haben). Andernfalls kann vermehrtes Fragen als Nachbohren und damit als Kritik verstanden werden, was zur Folge hat, dass Ihr Gegenüber in die Widerstandshaltung geht. Dies beeinträchtigt sowohl die Lösungsfindung auf der Inhalts- als auch die Kooperationsbereitschaft auf der Beziehungsebene und kostet Sie im schlimmsten Falle das Vertrauen von einzelnen Teilnehmern oder gar der ganzen Gruppe. Fragen Sie daher immer in ruhigem, offenem und zugewandtem Ton und unterstützten Ihre Haltung durch eine offene Körpersprache und freundliche Mimik.

- **Klärungs- / Verständnisfragen** bezeichnen die Fragentypen, die Sie stellen können, um Klarheit in Inhalte, Aussagen und Perspektiven zu bringen. Sie dienen der Definition von Begriffen und formen ein gemeinsames Verständnis über Sachverhalte. Damit sind auch diese Fragen ein zentrales Element Ihrer Arbeit als Moderator, insbesondere dann, wenn heterogene Gesprächspartner am Tisch sitzen, die unterschiedliche Begrifflichkeiten verwenden oder auch dann, wenn z. B. in Verhandlungen taktiert und daher bewusst und absichtlich unklar und missverständlich erörtert wird. Immer dann sind klärende Verständnisfragen angebracht. Durch sie stellen Sie als Moderator sicher, dass alle Teilnehmer auf „Augenhöhe" miteinander kommunizieren, indem Sie für alle die gleiche Verständigungsbasis schaffen. Typische Klärungs- / Verständnisfragen sind: „Was genau meinen Sie mit ‚nicht genug'?"; „Was bedeutet für Sie ...?"; „Wie kann ich mir ... genau vorstellen?". Sie können Klärungsfragen sehr gut an eine Paraphrase (⟶Paraphrasieren [S. 244]) anhängen, um Ihre Klärungsbereitschaft noch weiter zu verstärken und somit ein gemeinsames Verständnis weiter zu entwickeln.
- In unserer Arbeit mit interdisziplinären und heterogenen Projektteams haben wir außerdem eine weitere Art von Fragen zu schätzen gelernt, die wir **Kontextfragen** nennen. Hierunter verstehen wir Fragen zum „großen Ganzen", zu den Zusammenhängen, in denen ein Projekt, eine Situation oder eine Person aktuell steht. Die eingangs im Beispiel aus der Praxis erwähnte Frage „Auf welche Frage ist Ihr Projekt (Ihre Position / ...) die Antwort?" ist genau solch eine Kontextfrage. Alternativen sind die direktere Frage nach dem großen Ganzen, das am Ende eines Projektes stehen soll oder die öffnende Frage „Was gibt es noch zu berücksichtigen?" Durch Kontextfragen erreichen Sie ein Öffnen

der Situation und des Denkens der Teilnehmer; durch Kontextfragen werden neue Möglichkeiten und Perspektiven aufgedeckt, aber auch Hürden und vor allem Unklarheiten sichtbar. Je nach Atmosphäre und Ausrichtung Ihrer Gruppe können Sie bei eher problemorientierten Gruppen durch eine lösungsfokussierte Frage „Und was klappt schon gut?“ oder „Was an dieser Situation ist gut?“ den Fokus auf eine Lösung lenken. Umgekehrt können Sie in euphorischer Atmosphäre, in der Sie als Moderator die Machbarkeit ausloten möchten, die eher problemorientierten Fragen stellen „Welche Hürden gibt es noch zu nehmen?“ oder „Was muss zur Erreichung des Zieles noch getan werden?“ Mit Kontextfragen bohren Sie nach Zusammenhängen und der Verzahnung einer Sache / eines Projekts / einer Situation mit seiner Umgebung (das nennt man dann Kontextualisierung). Eine unserer meistgenutzten Fragen ist dabei schlicht: „Was noch?“ Kontextfragen öffnen somit die Diskussion und Sichtweise und wirken im übertragenen Sinn wie ein mentales „Kopfheben und in der Umgebung Orientieren“.

P-A-K-K-O Schema[2]

Wenn Sie ein moderiertes Treffen eröffnen, bieten sich Fragen auch hervorragend als Einstiegs-, Arbeits- oder Impulsgeber-Instrument an. So seltsam es jetzt auch klingen mag: Eine gut gestellte *Eingangs*frage wird (im Seminar- oder Meetingkontext) vom *Ziel* aus gesehen entwickelt. Das bedeutet, dass Sie sich in der Vorbereitung auf das moderierte Treffen ein Ziel (z. B. Ihren Moderations-Auftrag) klar machen und darauf zugeschnittene Fragen vorformulieren. Davon ausgehend liefert das P-A-K-K-O Schema (**P**ersönlich-**A**ktivierend-**K**onkret-**K**urz-**O**ffen) einen Leitfaden für gut gestellte Fragen, die verständlich ans Ziel bringen:

1. **Persönlich**: Formulieren Sie Fragen stets so, dass sie den Adressaten direkt und persönlich ansprechen: „Welche *Ihrer* Prozesse verändern *Sie*?“ (nicht „welche Prozesse könnte die Nachbarabteilung ändern?“).
2. **Aktivierend**: Gut gestellte Fragen beinhalten immer ein aktivierendes Element, eine Aktion, die unternommen werden kann. Das zeigt sich auch dadurch, dass Sie im Aktiv und nicht im Passiv formulieren: „Welche *Schritte setzen* Sie heute noch *um*?“ anstelle von „Was könnte man den theoretisch noch alles machen?“

2 Inspiriert durch Funcke und Rachow [FUNCKE et al., 2016].

3. **Konkret**: Seien Sie spezifisch und fragen Sie nach konkreten Daten, Schritten und Prozessen – lassen Sie das Kind beim Namen nennen!
4. **Kurz**: Formulieren Sie Ihre Fragen kurz und bündig; vermeiden Sie Füllwörter, Nebensätze und Eventualitäten.
5. **Offen**: Ganz im Sinne der verschiedenen →Arten offener Fragen [S. 241] bietet eine gut gestellte Frage weit reichende Perspektiven und beflügelt das (Um-)Denken statt es einzuschränken.

Paraphrasieren

Paraphrasieren ist die Kunst, Gehörtes oder Erreichtes ohne Inhaltsveränderung mit eigenen Worten wiederzugeben. Paraphrasieren macht dadurch (Miss-)verständnis greifbar, indem es verbalisiert, was genau vom Gehörten beim Gegenüber angekommen ist und Raum für Korrekturen gibt. Damit überprüft und fördert Paraphrasieren das gemeinsame Verständnis.

Paraphrasieren besteht aus drei aufeinander aufbauenden Schritten:

1. **Folgen Sie Ihrem Gesprächspartner gedanklich durch** →Zuhören [S.234]. Die dabei spontan entstehenden Gedankenbilder, Fragen, Unklarheiten und Assoziationen bilden das Kernelement Ihrer Paraphrasierung, denn sie stellen dar, was Sie verstanden haben. Lassen Sie Ihr Gegenüber hierfür in Ruhe ausreden.
2. Anschließend **geben Sie Ihr Verständnis des Gehörten möglichst präzise wieder** und lassen dabei aber stets Raum für Korrekturen des Gehörten (s. Schritt 3.). Leiten Sie Ihre Paraphrase verbal ein, beispielsweise durch folgende Satzglieder:
   - „Habe ich Sie richtig verstanden, dass ...?"
   - „Ich habe gehört, dass Sie ..."
   - „Sie korrigieren mich bitte, wenn ich falsch liege, dass ..."

   Genauso kann Paraphrasieren Inhalte und (Zwischen-)Ergebnisse zusammenfassen (→Fokussieren durch Paraphrasieren [S. 199], →Sichern [S. 188]):
   - „Zusammenfassend haben wir also Folgendes erreicht ..."
   - „Wir haben uns auf Folgendes geeinigt ..."
   - „Ich fasse noch einmal zusammen, dass ..."
3. Abschließend **geben Sie Raum für Korrekturen:** Damit das gemeinsame Verständnis wachsen kann, muss noch die Möglichkeit geboten werden, dass Ihr Gegenüber die Paraphrase entweder bestätigt

oder entsprechend korrigiert. Achten Sie dabei auch immer auf die (non-)verbalen Rückmeldungen des Gesprächsteilnehmer (Kopfnicken vs. Kopfschütteln, „Ja, genau!“ vs. „Nein, ich meinte …“, offener Blick vs. Stirnrunzeln). Denn dadurch erhalten Sie direktes Feedback, ob das von Ihnen Gesagte auch das von ihm Gemeinte ist. Erst in diesem Schritt entsteht der entscheidende Mehrwert der Paraphrase im Dialog um das gemeinsame Verständnis.

Trainieren von Paraphrasieren

Das verständliche Wiedergeben von Gehörtem gehört für viele von uns nicht zum alltäglichen Sprachgebrauch. Daher kann es für Moderatoren sehr hilfreich sein, diese Fähigkeit immer wieder in der alltäglichen Kommunikation zu trainieren. Dies ist beim ersten Anwenden möglicherweise sehr anstrengend, da das →Zuhören [S. 234] viel Konzentration erfordert. Die Vorteile liegen dabei jedoch klar auf der Hand: Sie hören besser zu, strukturieren das Gespräch automatisch, sorgen beim Gegenüber für Verständnis und Rückversicherung und verbessern damit allgemein Ihre Kommunikationsfähigkeiten. Mit steigender Erfahrung wird Ihnen das Paraphrasieren immer besser gelingen und leichter von der Hand gehen. Folgende Tipps können Ihnen bei der Umsetzung helfen:

- **Keep it simple and trust yourself:** Folgen Sie dem einfachen, aber zugegeben nicht immer ganz leicht anzuwendenden Grundsatz „Erst zuhören, dann paraphrasieren.“ Überfordern Sie sich nicht: Wenn Ihr Gegenüber / die Gruppe redet, hören Sie nur zu und machen sich ggf. Notizen. Versuchen Sie ganz bewusst *nicht* sich jetzt schon zu überlegen, was Sie antworten könnten. Wenn Sie anschließend zusammenfassen, verlassen Sie sich auf das, was Sie verstanden und noch im Gedächtnis haben. Alles andere wird sich im gemeinsamen Dialog klären. Darauf vertraut das Konzept der Paraphrase – und so dürfen Sie das auch.
- **Nobody is perfect:** Sie werden sich nicht alles merken können und müssen daher gar nicht erst versuchen, alles Gesagte perfekt zu paraphrasieren. Denken Sie eher daran, dass Sie das Relevante wiedergeben: So können Sie dem Gehörten durch wenige Worte eine neue Perspektive geben oder aus großer Flughöhe aufs große Ganze schauen, anstatt auf die vielen kleinen Details und komplexen Zusammenhänge. Es liegt also auch bei Ihnen, frei und selbstbewusst den Blickwinkel

auszuwählen, aus dem über das Gesagte weiter gesprochen wird. Damit können Sie moderierten Gesprächen eine (neue) Richtung geben, bzw. wieder bei Ausschweifungen zurück auf den Moderationsprozess führen (→Grundstruktur der Moderation [S. 121]).
Dadurch, dass Sie sich nicht stressen lassen vom Wunsch nach der perfekten Paraphrase, wirken Sie auch auf den Gruppenprozess beruhigend und stabilisierend – und das ist im Kern auch Ihre Hauptaufgabe, denn die Inhalte kommen ja immer aus der Gruppe und nicht von Ihnen! So erzeugen Sie Vertrauen in der Gruppe aus Ihrem Vertrauen in die Methode und sich selbst heraus.

- **Nehmen Sie die Perspektive des Gegenüber ein:** Schalten Sie innere Störungen (direkte Gedanken „was würde ich jetzt tun?", gut gemeinte Ratschläge, ...) aktiv ab, während Sie zuhören. Bleiben Sie so gedanklich offen und aufnahmefähig bei Ihrem Gegenüber. Wenn Sie paraphrasieren, äußern Sie Verständnis für die Situation des Gegenübers, aber übernehmen Sie nicht dessen Emotionalität. Bleiben Sie sachlich und ruhig, dabei weiterhin wertschätzend und beobachtend.
- **Bleiben Sie natürlich:** Verstellen Sie sich nicht, wenn Sie paraphrasieren. Weder Ihre Stimme durch übertriebene Betonung noch das Gesagte durch automatisierte Floskeln („Danke für den sehr wertvollen Beitrag", „Exzellent!", jeweils zum *x*-ten Mal...). Paraphrasieren Sie so beiläufig und normal wie möglich – bei Profis ist eine Paraphrase gar nicht als solche zu erkennen.
- **Bleiben Sie offen für neue Herausforderungen**: Wenden Sie die Paraphrase auch mal bei Gesprächspartnern an, denen Sie meist nicht gut folgen können oder die anders denken oder agieren als Sie. Damit trainieren Sie einerseits Ihre Fähigkeit „mit höherem Einsatz" in schwierigeren Situationen und zeigen dieser Person gleichzeitig Verständnis. Dieses (möglicherweise unerwartete) Geschenk an Ihr Gegenüber wird meist mit einer neuen Öffnung und Bereicherung auf der Beziehungsebene belohnt.

In vielen Moderationen ist es hilfreich, das Gehörte visuell zu begleiten. Wahrscheinlich werden Sie dabei meistens mit beinahe senkrecht stehenden Flächen arbeiten, die mit oder ohne Lineatur ausgestattet darauf warten, mit Stiften von Ihnen beschrieben zu werden. Ob diese nun Moderationskarte, Wolken, Flipchart, Tapete, Tafel, Tablet, Whiteboard oder Smartboard genannt werden, ist letztlich egal – für all diese Systeme lohnt es sich, die folgenden Hinweise zu berücksichtigen.

Verschriftlichen

Lesbarkeit der Schrift

Die Dokumentation der (Zwischen-)Ergebnisse geschieht nicht zu Ihrem Zeitvertreib oder zur Rechtfertigung Ihrer Arbeit, sondern ist ein handfestes Arbeitswerkzeug. Daher muss sie nutzbar bleiben, und das heißt in diesem Fall: Sie muss ohne Entzifferungskünste lesbar sein. Sie dürfen die Schriftgröße durchaus an die Raum- oder Gruppengröße anpassen; sobald Sie aber auf ein Flipchart schreiben, sollten Sie eine Höhe von 3 bis 4 cm für Großbuchstaben nicht unterschreiten. Voneinander getrennt geschriebene Druckbuchstaben sind meist leichter zu lesen als Schreibschrift. Bei letzterer tendieren viele Menschen auch allzu schnell dazu, ihre eigene persönliche Schrift auf die Schreibfläche zu bannen, was aber wirklich nur Personen mit einem sehr sauberen Schriftbild zu empfehlen ist. Achten Sie bitte dennoch darauf, dass die Zwischenräume zwischen Buchstaben nicht zu groß werden, damit einzelne Worte noch als zusammenstehend erkennbar bleiben. Weiterhin sorgen senkrecht stehende Buchstaben für mehr Ruhe beim Lesen. Wenn Ihr Flippchartpapier Kästchen besitzt, lassen Sie mindestens ein, besser zwei Kästchen Abstand zwischen den Zeilen; dadurch bleibt die Lesbarkeit erhalten und Sie sorgen für strukturelle Ordnung im Text.

Die durchgehende Verwendung von Versalien (GROSSBUCHSTABEN) zur Hervorhebung verhindert leider, dass lange Wörter leicht lesbar sind. Wenn Sie bestimmte Begriffe betonen wollen, nutzen Sie andere Auszeichnungen wie z. B. eine andere Stiftfarbe, eine einfache Unterstreichung, eine Umrahmung (Kasten oder Oval – es empfiehlt sich aus praktischen Gründen, die Umrahmung erst nach der Niederschreibung des Wortes zu erstellen), einen Textmarker oder Schattenstift zur Unterlegung, Sternchen, →Pfeile [S. 412] oder ähnliches.

Wenn die Platzverhältnisse es erlauben, schreiben Sie waagerecht – damit erhöhen Sie die Lesbarkeit. Falls es eng wird auf der Schreibfläche oder die grafische Gestaltung es erfordert, können Sie auch auf (gedachten) schiefen Schreiblinien arbeiten. Diese sollten aber immer noch gerade und nicht im Bogen verlaufen. Die Verwendung von kontrastreichen Farben mit einem nicht ausreißenden Strich sollte selbstverständlich sein. Stifte, die sich dem Ende ihres Lebenszyklus nähern, wandern entweder in die Nachfüllstation oder in den Abfall, bleiben aber nicht auf der Ablage liegen, damit der nächste Schreiber noch einmal darauf reinfallen kann.

Formen

Die meisten der oben gemachten Anmerkungen gelten auch für die Erstellung grafischer Elemente, die ja oft erst mit einem begleitenden Text einen Sinn ergeben. Flussdiagramme, →Cluster-Maps [S. 265] oder Landkarten verbinden Text und Grafik, indem Sie den Textelementen eine inhaltlich relevante Position auf der Schreibfläche zuweisen. Verbindungen zwischen den Elementen werden oft mit Strichen oder →Pfeilen [S. 412] hergestellt. Achten Sie darauf, dass klar wird, welche Aussage, →Beziehungen und Abhängigkeiten [S. 167] die Pfeile ausdrücken: zeitliche Abfolgen, kausale Abhängigkeiten, Prioritäten oder Lesereihenfolgen sind nur vier der unterschiedlichen Lesarten für Pfeile, die – wenn nicht eindeutig formuliert – später zu Missinterpretationen der Dokumentation führen können, wie wir für Sie im entsprechenden →Anhang [S. 405] zusammengestellt haben. Ob Sie Ihre Verbindungspfeile eher auf (gedachten) senkrechten und waagerechten Linien verlaufen lassen, linear von Anfang zu Ende ziehen oder in schönen einfachen oder s-förmigen Bögen über die Schreibfläche ziehen, kann weitestgehend Ihren Vorlieben oder dem Platzangebot überlassen werden. Um ein einheitliches Bild zu wahren, sollten Sie die verschiedenen Stile aber nicht grundlos mischen.

Viele einfach und schnell zu zeichnende Standardformen können Sie für Aussagen und Bewertungen nutzen. „Punkt, Punkt, Komma, Strich, und fertig ist das Mondgesicht“: Was heute Smiley oder Emoji heißt, kann ganz leicht und sehr schnell zur Unterscheidung zwischen „positiv“, „erwünscht“ bzw. „negativ“, „unerwünscht“ herangezogen werden. Verkehrszeichen wie Stoppschild, Vorfahrtstraße oder Baustelle sind ebenfalls leicht zu interpretieren. Weitere Beispiele für Piktogramme folgen im Abschnitt →Graphic Recording [S. 271].

Eine Sonderstellung nehmen hierbei digitale Notizen-Apps auf Tablets und Smartphones ein, die eine Vielzahl an Formeditoren zur Unterstützung der Stifteingabe bieten. So können z. B. mit Apps wie „GoodNotes“ oder „OpenBoard“ grob gezeichnete Formen wie Kreise und Rechtecke per Klick geometrisch „begradigt“ werden. Auch wenn dies anfangs ein wenig Training erfordert, lohnt sich der Aufwand: Mit wenigen Klicks sind auch komplexere Formen sauber gezeichnet und auf Wunsch durch Pfeile zu einem übersichtlichen Gesamtschaubild verbunden.

Eine vielgenutzte und praktische Darstellung von Zusammenhängen bieten Mindmaps an, auf deren Verwendung wir im Abschnitt →Mind Mapping [S. 160] gesondert eingehen.

Farben

Versuchen Sie, die Lesbarkeit Ihrer Dokumentation, wo möglich und sinnvoll, durch die Verwendung von Farben zu erhöhen. Viele Farben haben eine ihnen zugeschriebene und aus dem Alltag bekannte Deutung. Rot kann „verboten", „hohe Temperatur" oder „heiß" (und das ist nicht immer gleichbedeutend mit hoher Temperatur) bedeuten. Blau steht eher für „solide", „technisch", „kalt" oder (in letzter Zeit) für „energiesparend". Grün wird verwendet, wenn etwas „positiv", „nachhaltig" oder „biologisch" erscheint. Viele weitere Farben haben eigene Bedeutungen, können aber nur erschwert (gelb – „sonnig") oder so gut wie gar nicht (goldfarben – „wertig", weiß – „freudig" oder „rein") auf dem Papier eingesetzt werden.[3]

Weiterhin können Farben als ordnende oder gruppierende Elemente eingesetzt werden. Alles, was in der gleichen Farbe geschrieben wurde oder mit einem Stern der gleichen Farbe attributiert wurde, gehört dem gleichen Cluster an.

Achten Sie stets darauf, Farben nicht um der Farben willen zu benutzen. Wenn Ihre Grundfarbe für alle Texte schwarz ist, behalten Sie dies bei. Es geht, wie eingangs erwähnt, darum, ein Arbeitswerkzeug zu erstellen, d. h. Funktionalität kommt vor Design.

Übung macht den Meister

Die oben genannten Tipps lesen sich leicht und verständlich, sind aber noch keine Garantie dafür, dass Sie sie in Ihrer Moderatorentätigkeit umsetzen können. Üben Sie – nicht (nur) auf einem DIN-A4-Blatt am heimischen Schreibtisch, sondern am aufgespannten Papierbogen mit dicken Filzstiften. Schreiben Sie zur Übung viel Text, sowohl oben auf dem Flipchart (im Stehen) als auch unten (im Knien / in der Hocke). Zeichnen Sie große geometrische Figuren wie Quadrate, Kreise und Dreiecke. Entdecken Sie Ihren Lieblingsstern (☆, ☆, ☆ oder wie er Ihnen gefällt). Sie werden schnell ein Gefühl dafür entwickeln, wann ein Stift auszutauschen ist, wann Sie lieber ein Wort abkürzen, anstelle es auszuschreiben, und wann Sie den nächsten Flipchartpapierbogen anbrechen, um mit Ihrer Dokumentation fortzufahren.

3 Insbesondere bei der Verwendung von Farben sollten Sie stets im Hinterkopf behalten, dass deren Bedeutung in unterschiedlichen Kulturen durchaus unterschiedlich bis gegensätzlich ausfallen kann.

Zeitmanagement-Methoden

Gruppen in ihrem (Arbeits-)prozess zu begleiten braucht *Zeit.* Und seit Benjamin Franklin wissen wir auch alle „Zeit ist Geld" und damit effizient zu nutzen. Damit die Zeit in Ihren Treffen möglichst effizient genutzt wird, braucht es Sie als Moderator! Wie Sie die Ihnen gegebene Zeit bereits durch eine optimale Vorbereitung auf Ihr moderiertes Treffen sinnvoll und zielgerichtet nutzen können, beschreiben wir im Abschnitt →Vorbereitung auf ein moderiertes Treffen [S. 75]. In diesem Methodenteil geht es jetzt darum, welche kleinen Tricks und Kniffe Sie während der Moderation selbst nutzen können, damit Zeit Ihnen und der Gruppe dient, um Lösungen zu finden, anstatt (ungenutzten) Druck aufzubauen, weil sie (scheinbar) ungenutzt verrinnt.

Wie bleibt man also in der Zeit? Die einfache Antwort: Indem man über sie spricht und sie transparent und wahrnehmbar macht! Sprechen Sie die geplante Zeit für einen gewissen Arbeitsschritt daher immer an. Dabei ist es sinnvoll den Zeitraum zu präzisieren: Sagen Sie beispielsweise vor einer Gruppenarbeit nicht nur „für das kommende →Brainstorming [S. 255] haben wir 30 Minuten Zeit". Sondern ergänzen Sie die Zeitangabe konkret um den zweiten Satz „Das bedeutet, wir treffen uns um 11.35 h wieder hier im Raum zur Präsentation der Ergebnisse". Gleichzeitig bietet sich zusätzlich die redundante Visualisierung der Zeit auf dem Beamer oder Flipchart an. In unserem Beispiel könnten Sie also zusätzlich zu Ihren Worten gleichzeitig anschreiben „Präsentation: 11.35 h".

Da die Zeit stetig und stets bei allem, was wir tun, mit verrinnt, wir aber bei guter Arbeitsatmosphäre im sogenannten „Flow" sind und dabei die Zeit gar nicht wahrnehmen, ist es auch hilfreich, Zeit für alle im Raum greifbar zu machen. Sollte Ihr Veranstaltungsraum also keine Uhr haben, bringen Sie einfach eine mit! Falls Sie mit Hilfe einer Slide-Show durch die Moderation führen (beispielsweise im Seminarkontext), können Sie mit dem Beginn von (Gruppen-)Arbeitsphasen auch gleichzeitig einen visuellen Countdown als zeitlich abnehmendes Kuchendiagramm mitlaufen lassen. Dadurch machen Sie die Zeit konkret erfassbar für Ihre Teilnehmer.

Zeitansagen können auch sehr fokussierend in Gruppendiskussionen wirken: Durch eine einfache Ansage „Wir haben jetzt noch 15 Minuten Zeit, bevor wir zur Entscheidung kommen", erinnern Sie mögliche Vielredner daran, sich zu fokussieren und vermeintliche Wenigsager dazu, Ihre wichtigsten Punkte doch noch einzubringen. Nutzen Sie Zeitansagen einerseits als Garant dafür, dass von Ihnen moderierte Treffen im Zeitrahmen bleiben, aber auch, um Themenabschweifungen wieder zielführend einzufangen. Dabei müssen Sie nicht alleine über die Zeit(einhaltung) wachen, sondern können auch einen (oder mehrere für mehrere Untergruppen) →Zeitwächter [S. 58] aus der Gruppe dafür benennen bzw. ihn durch die Untergruppe selbst benennen lassen.

Beachten Sie bitte auch, dass Sie bereits mit der Vorstellung der Agenda eine Strukturierung des Arbeitstages bzw. des Treffens entlang einer Zeitlinie vorgeben (→Stelle den Ablauf vor [S. 133]). Diese Zeit-Struktur weckt unwillkürlich Erwartungen bei den Teilnehmern: Wenn Sie also nach den ersten gemeinsamen 1,5 Stunden Zusammenarbeit eine Kaffeepause angekündigt haben, wird diese von Ihren Teilnehmern erwartet. Natürlich können Sie vom ursprünglichen Zeitplan abweichen, dann müssen Sie dies aber vor der gesamten Gruppe ankündigen (also transparent machen) und sich das „OK" der Gruppe dafür abholen. Und bitte begründen Sie Ihr Vorgehen stets, damit es nachvollziehbar wird.

Bedenken Sie aber auch, dass Sie in der Moderation stets neues und unbekanntes Terrain betreten können – beides ist Teil des Entdeckungsprozesses, für den die Gruppe Sie als Organisator bestimmt hat. Erlauben Sie sich daher unbedingt, Ihre Zeitpläne flexibel auf die Bedürfnisse der Situation und der Gruppe anzupassen. Am einfachsten gelingt dies, wenn Sie *Pufferzeiten* unmittelbar vor Ihren ohnehin eingeplanten Pausenzeiten vorsehen. Falls Sie vorzeitig fertig werden, können Sie Ihre Gruppe ein wenig früher in die Pause schicken. Falls Sie die Pufferzeit noch als Arbeitszeit zur Verfügung stellen, können Sie Ihre Gruppe pünktlich in die Pause schicken.

Behalten Sie dabei im Kopf, dass Sie eine fragende Haltung einnehmen, die der Gruppe dient und nicht mit harter Hand in Führung gehen (→Fragetechniken [S. 236]). Alles, was der Gruppe bei der Zielerreichung oder Problemlösung hilft, ist erlaubt – und viele Wege entstehen erst beim Gehen. Daher seien Sie auch selbst nicht zu verbissen auf Ihren Plan fixiert, doch bedenken Sie, dass Sie einen Plan nur ändern können, wenn Sie bereits einen Plan haben! – Ausreichende →Vorbereitung auf ein moderiertes Treffen [S. 75] wird durch diese innere Haltung also nicht obsolet, sondern bleibt weiterhin Ihr wichtiges Rüstzeug. Im Abschnitt →Meeting-Management [S. 315] greifen wir die Methoden des Zeitmanagements für die Steuerung von Arbeitstreffen nochmals explizit auf (→Meetings brauchen Zeit [S. 341]). Schauen Sie hier vorbei, wenn Sie nach konkreten Methoden suchen, um Ihre Meetings regelmäßig geregelt im Zeitplan zu halten.

Kennenlernen: Das Eis brechen

Sie selbst stellen sich als Moderator mit Ihrem Mandat der Gruppe selbstverständlich immer vor (→Begrüßung [S. 131]). So wissen alle Teilnehmer über Sie Bescheid. Aber genauso möchten die Teilnehmer wissen, wer denn da links und rechts neben ihnen sitzt. Kennen sich alle Teilnehmer, wie zum Beispiel in einem regelmäßigen Arbeitsgruppen-Treffen, dann benötigen Sie „Eisbrecher-Methoden" nicht. Immer dann jedoch, wenn Sie Runden moderieren, die sich auch untereinander (noch) nicht kennen, benötigen Sie neben einer guten →Vorbereitung auf ein moderiertes Treffen [S. 75] auch Kenntnisse über typische Verhaltensmuster (s. →Typologien [S. 65]), um das Eis brechen zu können. Abhängig davon, wie lange und intensiv (noch) zusammengearbeitet werden muss, stehen Ihnen beliebig stark vertiefende Methoden zu Verfügung, das Eis zu brechen und für ein gutes Gruppenarbeitsklima zu sorgen. Im Allgemeinen gibt Ihnen der Zeitrahmen und der Anlass des gemeinsamen Treffens eine Richtlinie und damit die Methode selbst vor: Mit weniger Zeit und einem reinen „Problemlösungs-Anlass" reicht meist eine schnelle Vorstellungsrunde. Falls Sie aber längerfristig (mindestens einen Tag lang) zusammenarbeiten müssen und entsprechend auch etwas mehr Zeit für die Begrüßung haben, stellen wir im Folgenden mit dem „Vornamen-Veredler" und dem „Personen-Poker" zwei humorvolle Methoden zum Eisbrechen vor, die sich insbesondere in Seminaren und Trainings hervorragend bewährt haben.

Vorstellungsrunde

Zeitaufwand: 1-2 Minuten pro Teilnehmer
Vorbereitungen: ggf. vorbereitete Einstiegsfragen (Moderator)

Fragen Sie Ihre Teilnehmer einfach, was Sie (bzw. die Teilnehmer untereinander) interessiert! Doch bedenken Sie dabei Ihren Moderations-Auftrag: Nicht alles, was Sie persönlich interessiert, ist hier auch für den Anlass Ihres Treffens relevant. In den meisten Fällen geht es um die Beantwortung der „W-Fragen"[4]:

---

4 Bei sehr unerfahrenen Teilnehmern kann die Nervosität vor dem eigenen Beitrag in der Gruppe dazu führen, dass sie die Fragen zwischenzeitlich vergessen und daher auch nicht beantworten werden. Hier hat es sich als hilfreich erwiesen, diese Fragen (kurz oder in Stichworten) anzuschreiben oder zu projizieren.

- Wer sind Sie?
- Woher kommen Sie (bei unterschiedlichen Firmen / Abteilungen)? / Was ist Ihre Funktion oder Tätigkeit?
- Warum sind Sie hier?

Hier kann es auch sehr hilfreich sein, nach den Erwartungen der Teilnehmer an das Treffen zu fragen: „Mit welchen Erwartungen kommen Sie heute hierher?“ – Das hilft Ihnen als Moderator und der Gruppe insgesamt, Ansatzpunkte für die Erwartungshaltung einzelner zu bekommen und ist insbesondere für Treffen angebracht, in denen neue Inhalte vermittelt werden sollen und Lehre stattfindet. Denn diese Frage eröffnet dem Gefragten die persönliche Auseinandersetzung mit dem eigenen Grund, am Treffen teilzunehmen. Es ist auch hilfreich, die Erwartungen schriftlich innerhalb von 5 bis 10 Minuten abzufragen und nicht offen vorzustellen. So hat aber jeder Teilnehmer die Möglichkeit, sich nochmals individuell nach dem Grund seines Engagements in der moderierten Runde zu fragen.

Je nach Ausrichtung und Anlass Ihres Treffens können Sie hier auch spezifische Fragen stellen, die direkt inhaltliche Anknüpfung geben. Z. B. können Sie nach Vorerfahrungen mit dem Thema des Treffens fragen. Erwarten Sie vorab eine kontroverse Diskussion oder Widerstand aus der Gruppe, können Sie auch überraschend nach der Skepsis der Teilnehmer fragen: „Wie groß ist Ihre Skepsis gegenüber diesem Treffen?“. Dadurch bieten Sie der Skepsis selbst einen offenen Raum und sprechen Widerstände direkt offen an.

Grundsätzlich sind Ihrer Kreativität hier keine Grenzen gesetzt: Sie können alles fragen, was zum Thema passt und Ihren Moderationsstil unterstützt. Achten Sie aber immer darauf, dass Ihre Teilnehmer umso mehr Zeit zum Antworten brauchen werden, je komplexer und ungewohnter Ihre Fragen werden.

Wichtig ist aber immer, dass die Teilnehmer etwas über sich selbst und ihren Grund des Dabeiseins preisgeben. So entsteht ein Gefühl des Miteinanders, auf dessen Grundlage die anschließende (Zusammen-)Arbeit gelingen kann.

Vornamen-Veredler N

Zeitaufwand: 1 min pro Teilnehmer; geeignet bis max. 15 Teilnehmer
Vorbereitungen: keine

Der Vornamen-Veredler eignet sich für kleinere Gruppen, die sich nicht kennen, aber zwingend die Namen voneinander lernen sollen. Hierbei stellt sich jeder Teilnehmer reihum vor, wobei jeder seinem Namen ein Adjektiv mit gleichem Anfangsbuchstaben voranstellt. So könnten wir uns beispielweise als „Munterer Martin" oder „Energiegeladener Engelmann" vorstellen. Ob die Vor- oder die Nachnamen genutzt werden, sollten Sie am besten explizit vorgeben. Die Zuschreibung ist im Idealfall mit einer Charaktereigenschaft verbunden oder beschreibt den Grund, warum derjenige beim Treffen dabei ist.

Eine Fortführung der Methode besteht daraus, dass nach dem Prinzip „Ich packe meinen Koffer mit" jeder nachfolgende Teilnehmer die vorangegangenen mit Veredler durchgehen muss. Also Beispielsweise „Du bist der muntere Martin. Ich bin der ungeduldige Ulrich." Diese Variante erhöht die Erinnerung der Namen durch Wiederholung, kostet aber mehr Zeit, weshalb wir die Methode für maximal 15 Personen empfehlen.

Persönlichkeits-Poker

Zeitaufwand: ca. 15 min
Vorbereitungen: Ausreichend Platz und Bestuhlung für 3er-Gruppenarbeit; ggf. vorbereitete Diskussionsfragen

Diese Methode eignet sich dann, wenn die Teilnehmer sich untereinander (zumindest teilweise) noch nicht kennen. Verteilen Sie Namensschilder, sodass jeder Teilnehmer mit Name angesprochen werden kann (im Seminarkontext reichen dafür meist die →Namensschilder zum Aufkleben [S. 110] aus). Teilen Sie die Teilnehmer in Dreier-Gruppen ein und achten Sie dabei darauf, dass sich die Dreier-Gruppe untereinander nicht kennt. Anschließend unterhalten sich zwei aus der Gruppe über den Dritten, der wiederum still dabei sitzt und zuhört. Die beiden Redner spekulieren anhand dessen, was Sie sehen, offen über Hobbies, Tätigkeiten, Ziele, Charakterzüge des dritten Teilnehmers. Sie „pokern" quasi darüber, was den anderen wohl ausmacht. Nach 4 Minuten wird gewechselt und der zweite aus der Gruppe hört zu, während Teilnehmer 1 und 3 spekulieren. Nach weiteren 4 Minuten wird noch einmal gewechselt. Anschließend bekommt jeder Teilnehmer kurz eine Minute Zeit, um das Gehörte zu kommentieren. Es ist verblüffend, wie viele Spekulationen am Ende ziemlich genau stimmen – probieren Sie es aus!

Falls Ihre Teilnehmerzahl nicht durch 3 teilbar ist, können Sie entweder zwei 2er-Gruppen bilden, oder selbst mit in einer Gruppe teilnehmen. Wir empfehlen Ihnen nach Möglichkeit immer die zweite Möglichkeit zu wählen, da Sie sich so offen mit einbringen, die Spekulation mit zwei Teilnehmern im Dialog deutlich besser funktioniert und einfach auch mehr Spaß macht.

Falls Sie diese Methode öfter anwenden möchten, kann es sich anbieten, ein Flipchart mit einigen Begriffen, über die spekuliert werden kann, vorzubereiten. Dies wird insbesondere schüchternen Teilnehmern einen hilfreichen Leitfaden geben, an dem diese sich schneller in das „Pokern" eindenken können.

Ideen sammeln

Gruppen kommen zusammen, um gemeinsam mehr zu schaffen, mehr zu sein, kurzum, Mehrwert zu schaffen, indem Wissen, Ideen und Gedanken ausgetauscht werden. Damit das gesammelte Gruppenwissen bewusst und zielgerichtet abgefragt werden kann, bedarf es der geregelten Methoden, von denen wir hier die wichtigsten vorstellen, damit Sie diese in der Ihnen moderierten Gruppe in Anwendung und Umsetzung zu bringen.

Brainstorming

Zeitaufwand: ca. 10 Minuten
Vorbereitungen: Ggf. Thema oder Frage zur Ideenfindung festlegen; großflächige Schreibmöglichkeit.

Das Brainstorming ist mittlerweile in all unseren Köpfen angekommen – oder? Klar!, werden Sie jetzt sagen, das ist doch die Methode, bei der alle Anwesenden ganz frei und offen ihre Assoziationen zu einem bestimmten Schlüsselwort, Thema oder einer Frage nennen und alles unkommentiert gesammelt wird. Richtig, sagen auch wir – genauso nutzen wir das Brainstorming. Doch als Methode angewandt ist es wie folgt strukturiert und stringent aufgebaut:

Im Zentrum steht ein Thema, eine Frage oder ein Begriff, zu dem alles assoziierte Wissen aus der Gruppe abgefragt werden soll. Dazu schreiben Sie das Thema (Frage / Begriff) zentral und gut sichtbar auf und legen einen Zeitraum fest, in dem alle Teilnehmer ihre damit assoziierten Begriffe nennen können (z. B. 10 Minuten). Diese schreiben Sie möglichst direkt auf. Achten Sie dabei auf eine möglichst noch unstrukturierte Notation, um weitere Assoziationen bei den Teilnehmern auszulösen und ebenso einzufangen. Wichtig ist dabei, dass keine der Assoziationen kommentiert oder aufgegriffen wird – weder von Ihnen noch von den anderen Teilnehmern. Das betrifft insbesondere auch Verständnis- und Rückfragen! Hier erleben wir in der Praxisanwendung oft die meisten Brüche mit der Methode – beim Brainstroming geht es vor allem um die freie Assoziation mit Begriffen und Gedanken, gerade *ohne* Störeinflüsse und Rationalisierungen! Daher sind wir in der Anwendung der Methode auch sehr strikt in der Regeleinhaltung.

Nach Ablauf der freien Assoziations-Zeit ergibt sich eine wilde und ungeordnete Sammlung an Begriffen und Ideen zum Thema. Mit diesem „Ideenspeicher“ kann nun in einem zweiten Schritt weitergearbeitet werden: Entweder direkt im Anschluss durch die gemeinsame Strukturierungsmethode →Clustern [S. 262] oder aber auch als Ausarbeitung für jeden Teilnehmer individuell oder in Gruppenarbeit; ggf. auch bis zum nächsten Treffen. Gegebenenfalls ist die Ideensammlung aber auch schon das gewünschte Ergebnis und die Arbeitsgruppe kann sich neuen Themen zuwenden.

Kopfstand-Methode

Zeitaufwand: circa 20 Minuten (+ ggf. 10-20 Min zur Nachbesprechung)
Vorbereitungen: keine besonderen

Oftmals stehen wir uns bei der Ideenfindung „gewohnheitsmäßig“ selbst im Weg. Mit der Kopfstand-Methode erarbeiten Sie die Lösung zu einem Problem aus seinem Gegenteil heraus. So provozieren Sie die Teilnehmer, aus der ungewohnten Perspektive heraus neue Ideen und Assoziationen zu finden, die oftmals verblüffende Möglichkeiten und Lösungen zum Vorschein bringt. Sie provozieren so ein Um-die-Ecke-Denken (→Thinking-outside-the-box: Auflösung [S. 405]) und können bestimmte Aspekte im Kontrast beleuchten: Der Effekt ist mit Schwarz-Weiß-Malerei vergleichbar – wer im Ewig-Gleichen bleibt, wird für einen weißen Punkt auf weißer Leinwand blind, während der gleiche weiße Punkt auf schwarzer Leinwand strahlen wird …

Bei der Kopfstand-Methode kehren Sie eine gewohnte Frage in ihr Gegenteil um, um einen Perspektivwechsel zu provozieren. Ein Beispiel wäre anstatt „Wie können wir unseren Umsatz *erhöhen*“ zu fragen „Wie können wir unseren Umsatz *verringern*?“ Oder im Kontext des Übersichtverschaffens und Verständnisgewinns im Projekt stellen wir auch gerne die Frage „Auf welche *Frage* antwortet Ihr Projekt?“ (s. Praxisbeispiel →Fragetechniken [S.

236]). Damit ist diese Methode eine Konfrontationsmethode, die sich sowohl spontan als auch geplant sehr gut einsetzen lässt. Auch hier geht es erstmal darum, Ideen zu sammeln, was zum Beispiel durch ein →Brainstorming [S. 255], gesteuert, aber genauso auch frei als Liste oder Ähnliches von Ihnen als Moderator gesammelt werden kann. Wichtig ist allerdings, dass die Aussagen der Teilnehmer visuell festgehalten werden.

Nachdem alle Lösungen und Beiträge zum Gegenteil gesammelt wurden, kann die Gruppe anschließend eine Lösung für das eigentliche Problem ableiten. Dazu kann zum Beispiel eine weitere Liste (gerne auch in einer anderen Farbe) erstellt werden, auf der die neuen (und gewünschten) Lösungen aufgeführt sind. Meist entstehen auch ganz ungewöhnliche und vorher nicht denkbare Ideenansätze. Diese können auf ihre Umsetzbarkeit geprüft werden (→Entscheidungskriterien [S. 273]) – entweder durch gemeinsame Prüfung im Team oder auf Teilnehmer verteilt in der Zeit bis zum nächsten Treffen. Soll direkt eine Entscheidung für die Weiterverfolgung einer Lösung getroffen werden, bietet sich z. B. die →Listen-Priorisierung [S. 261] oder eine weitere Entscheidungsmethode an (→Entscheidungen herbeiführen [S. 273]).

Fragenbaum

Zeitaufwand: 20-60 Minuten
Vorbereitungen: nicht zwingend; falls geplant: potentiellen Fragenbaum vorstrukturieren (Moderator)

Im Abschnitt →Fragetechniken [S. 236] haben wir bereits dargestellt, wie und warum Fragen stets im Zentrum gelungener Moderation stehen: Fragen regen zum Mit-, Um- und Weiterdenken an und sind damit prädestiniert in der Ideensammlung und für den Erkenntnisgewinn für und mit der Gruppe eingesetzt zu werden. Damit sind Fragen sehr mächtige Werkzeuge, aber – wie mit allem – kommt mit großer Macht auch große Verantwortung, da die Antworten unvorhersehbar und spontan die Richtung des Gesprächs stark beeinflussen und teilweise sogar sprunghaft verändern können. Fragenbäume bilden dabei mehrere (denkbare) Entwicklungen eines Gesprächsverlaufs durch Fragen ab. Mit wachsender Erfahrung des Moderators sind sie daher sehr individualisierbar sowie flexibel in jeder Situation anwendbar und vermitteln durch ihre Baum-Gestalt Struktur und Sicherheit als „inhaltlicher Roter Faden". Die Fragen und die (Baum-)Struktur kommen dabei von Ihnen als Moderator, die Antworten natürlich aus Ihrer Gruppe. Als Grundvoraussetzung für eine erfolgreiche Anwendung müssen Sie also Fragetechniken sicher beherrschen und auch ein gutes Gespür für die Gruppendynamik für →Ihre Gruppe [S. 53] und mögliche →Störungen und Konflikte [S. 205] haben. Klingt kompliziert? – Ist es aber nicht! →Abbildung 15 vermittelt Ihnen einen Eindruck, was wir unter einem Fragenbaum verstehen, dargestellt anhand der Aufstellung →Diese Fragen bringen Sie weiter [S. 406] aus dem Anhang.

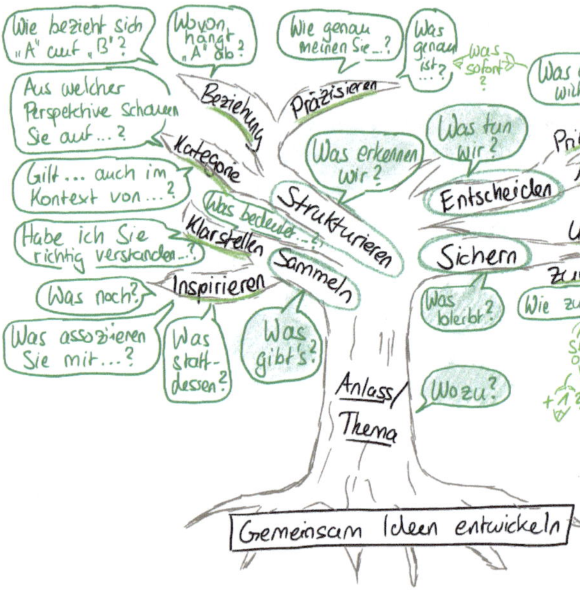

Abbildung 15: Ein beispielhafter Fragebaum zum Thema der Moderationsphasen; den Stamm bildet das Thema bzw. die Frage Wozu?. Von hier gehen vier Hauptäste (Sammeln, Strukturieren, Entscheiden, Sichern) ab, die sich wieder in feinere Äste und schließlich einige Blätter (in hellgrün) gliedern. Als Wurzel und Grundlage hat dieser Fragenbaum die Entwicklung gemeinsamer Ideen.

Der Fragenbaum versucht als Methode, eine gewisse Stringenz und Kategorisierung hinter die gedanklichen Assoziationen und Beiträge Ihrer Teilnehmer zu bringen, die sich dann als besagter Roter Faden durch die Arbeitsphase ziehen. Dabei verketten Sie Fragen zu Sequenzen, die der Methode eine innere Logik geben, die gleichzeitig aber so flexibel bleiben, dass ein facettenreicher Themenkomplex umfassend beleuchtet werden kann (bzw. Ideen dazu gesammelt werden), der durch eine einzelne Frage nicht zu beantworten ist. Um im Bild des Baumes zu bleiben, bedeutet das, dass Ihre Zusammenkunft immer als Wurzel das gemeinsame Entwickeln von Ideen hat, auf dem der konkrete Anlass, das „Wozu?“ als Stamm Ihres Themenkomplexes aufsetzt. Hieraus ergeben sich naheliegende und belastbare Themen/Ideen als Äste, zu denen jeweils weitere Detailfragen zu den Einzelaspekten Thema bzw. im Bild zu Blättern werden. Zu jeder einzelnen Idee führen andere Frageverkettungen. Für Ihr moderiertes Treffen können Sie nun entlang jedes Astes bestimmte Aspekte (im abgebildeten Beispiel die Moderationsphasen zum →Moderation ausführen [S. 115]) ansteuern und zwar über die in grün gezeichneten Fragen.

Dabei ist die originelle Baumstruktur aus der obigen Abildung hier nur ein didaktisches Hilfsmittel und keinesfalls stets mitzuzeichnen. Im Gegenteil können Fragenbäume in der Praxis auch deutlich schlichter aussehen oder ähnlich wie *Mindmaps* um ein Thema herum strukturiert aufgebaut sein, wie die Beispiele in →Abbildung 16 zeigen. Ein anderes Beispiel für Fragenbäume ergibt sich automatisch durch wiederholtes Fragen nach dem „Wozu?“ (s. →Die Team-Retrospektive [S. 311 in der Auftragsklärung gemeinsam entsprechende], Abschnitt zur „Kinderfrage“).

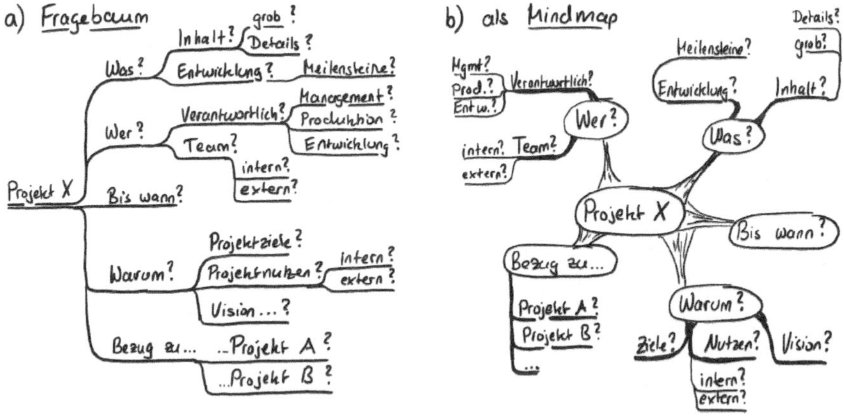

Abbildung 16: Beispielhafter Fragenbaum (a) für die Einarbeitung eines neuen Kollegen in ein bestehendes Projekt; dergleichen kann auch als Mindmap aufgestellt werden (b).

In der Anwendung von Fragenbäumen brauchen Sie eine gewisse Souveränität und Sicherheit, die Sie am besten aus der Praxis bekommen. Dazu empfehlen wir Ihnen, zu Beginn vorab *vorbereitete* Fragenbäume zu verwenden, die Sie mit zunehmender Praxiserfahrung dann auch spontan einsetzen und aufbauen können. Für die vorbereitete Anwendung der Methode empfiehlt es sich, bereits vorab in der Auftragsklärung gemeinsam entsprechende Fragekettten zu entwickeln bzw. die Themen (grob) auszuloten. Dann können Sie sich in der →Vorbereitung auf ein moderiertes Treffen [S. 75] bereits in Ruhe mögliche Fragekettten überlegen (so sind beispielsweise auch die Sequenzen in →Abbildung 16 entstanden).

Für die *spontane* Anwendung von Fragenbäumen empfehlen wir eine grobe Blaupause im Kopf zu haben, welche Fragen zum Thema („Wozu?") sinnvoll sind – natürlich vorausgesetzt, dass Sie das „Wozu?" kennen. Diese Blaupause zeigt Ihnen einerseits die Erfahrung (z. B. im Moderieren; siehe →Diese Fragen bringen Sie weiter [S. 406]) und andererseits die Inhalte, die bereits gesammelt wurden. Fragenbäume können sich somit auch eignen, um Diskussionen spontan einzufangen, die bereits unstrukturiert angelaufen sind und drohen, noch weiter „aus dem Ruder zu laufen". Sie können in konkreten Situationen ein Handlungsschema sein, das Ihnen hilft, das Ruder (zurück) in die Hand zu nehmen und das moderierte Treffen wieder zielführend auszurichten.

Die Crux eines Fragenbaumes ist nun häufig, dass Sie und Ihre Gruppe selten wissen, wo die ersten Ideen starten, wo also der Ausgangspunkt des Fragenbaumes ist: Ob es sich um Stamm-, Ast-, oder Blatt-Ideen handelt. Daher ist es eine große Herausforderung, einen Fragenbaum vollständig anzuwenden bzw. abzufragen. Unsere Empfehlung dazu ist daher: Werfen Sie in der Anwendung allen Perfektionismus über Bord und erwarten Sie gar keinen vollständigen Baum. Behalten Sie die Vorstellung des Baumes im Kopf als Ihren Roten Faden in der Diskussionsführung, aber freuen Sie sich über jedes Blatt, das kommt – es geht in der Methode alleine darum, möglichst viele Ideen zu sammeln, nicht den kompletten „Baum" zu erkennen. Anders ausgedrückt: Sie sind Moderator, kein Gärtner. Seien Sie zufrieden und versuchen Sie nicht, den Baum unbedingt vervollständigen zu wollen. Denn Sie können nicht wissen, was Ihre Gruppe bzw. Auftraggeber *wirklich* wollen[5] – wenn *ein* „Weg" bereits zur Wurzel oder genau zu dem Blatt führt, das gewünscht ist und die Erkenntnis bringt – wunderbar!

5 Meist wissen diese das auch nicht so ganz genau ...

Strukturen generieren

Um das wertvolle Wissen aus den Köpfen aller Teilnehmer im moderierten Treffen für alle zugänglich zu machen, braucht es Methoden der Visualisierung und des Vernetzens (engl.: Clusterings). Damit besteht diese Methode für uns aus einem Dreischritt – zwar kann jeder Schritt als einzelne Methode unabhängig vom anderen gegangen werden, aber unserer Erfahrung nach entfalten sie erst in Kombination ihren wahren Wert für die gemeinsame Arbeit. Somit ist das →Brainstorming [S. 255]-Visualisieren-Clustering für uns nichts anderes als eine strukturierte Form der Abschnitte →Sammeln [S. 146] und →Strukturieren [S. 162]. Es findet im weiteren Sinn also in jedem moderierten Treffen auf die eine oder andere Art und Weise statt und gehört damit neben den →Fragetechniken [S. 236] zu Ihren notwendigen absoluten Basismethoden.

Listen-Priorisierung

Zeitaufwand: max. 10 Minuten
Vorbereitungen: Liste von Begriffen, die priorisiert werden sollen

Die Listen-Priorisierung ist eine einfache und schnelle Methode zur demokratischen Priorisierung von Begriffen (Sie können →Ideen sammeln [S. 255], aber auch Themen, Aspekte, Vor- und Nachteile etc.), die letztlich als Liste vorliegen. Darauf aufbauend erarbeitet diese Methode eine lineare Ordnung der Begriffe, mit der weitergearbeitet werden kann. Wenn Sie beispielsweise abstimmen wollen, wohin der nächste Betriebsausflug gehen soll, sammeln Sie alle Vorschläge in einer Liste und führen anschließend die Listen-Priorisierung durch.

Dazu schreibt jeder Teilnehmer kurz seine drei (gleichwertigen) favorisierten „high-prios“ und die drei (ebenfalls gleichwertigen) am niedrigsten priorisierten „low-prio“-Begriffe auf. Anschließend fragen Sie als Moderator die Begriffe der Reihe nach ab und notieren die Anzahl an gesammelten „high-prios“ und „low-prios“ für alle sichtbar am Flipchart. Die Teilnehmer können die Priorisierung von Begriffen übersichtlich und schnell per Handzeichen anzeigen. Idealerweise notieren Sie diese in verschiedenen Farben, z. B. die Anzahl „high-prios“ in grün und die „low-prios“ in rot.

Daraus entsteht idealerweise eine eindeutige Übersicht, welche Listeneinträge von der Gruppe favorisiert werden bzw. genauso, welche Listeneinträge die niedrigste Priorität in der Gruppe haben.

Je nach Umfang Ihrer Listeneinträge sollte die Anzahl zu vergebender „high-prios“ und „low-prios“ variiert werden: Als Richtwert bietet sich an, die Anzahl der Listeneinträge durch sechs zu teilen. Der Übersichtlichkeit halber empfehlen wir jedoch nicht mehr als maximal fünf Begriffe zur Priorisierung zuzulassen.

Clustern

Zeitaufwand: 20-30 Minuten
Vorbereitungen: Ideensammlung liegt allen gut sichtbar vor; ggf. Moderationskarten & Pinnwand; Flipchart & farbige Stifte

Beim Clustern werden Begriffe zusammengefasst und Zusammenhänge dazwischen hergestellt, sowie sprachlich, visuell und strukturell hervorgehoben. Dabei bilden sich thematische Gruppierungen, die als „Cluster“ bezeichnet werden. Die Cluster bilden damit durch Zusammenfassen, Neudeuten, Umschreiben oder Abwandeln eine Oberkategorie, mit der sich Ideen leichter als Gesamtes beschreiben und bearbeiten lassen. Damit ist das Clustern eine grundlegende Methode für jede Art der Moderation, in der es auf das Strukturieren und Zusammenfassen ankommt.

Im Cluster-Prozess werden die zuvor gesammelten Begriffe durch Umschieben oder Umhängen (bei Moderationskarten) in neue (Sinn-)Zusammenhänge gestellt. Dabei bildet die relative Nähe von Begriffen zueinander die Zugehörigkeit ab. Das Umschieben funktioniert im digitalen Zeitalter übrigens auf virtuellen Leinwänden mit der entsprechenden Software hervorragend! Zur unterstützenden Strukturierung können Begriffe einer Themengruppe zusätzlich farblich vereinheitlicht werden oder durch Abgrenzungen (Kreise, Rahmen, etc.) zu visuellen Gruppen zusammengefasst werden. Ebenso wichtig ist neben der Kategorisierung in Themengruppen das Herstellen von Zusammenhängen zwischen den Clustern. Nutzen Sie dafür Linien, →Pfeile [S. 412] und einzelne Schlagworte, die den Zusammenhang präzisieren und gerne auch farbliche Markierungen tragen dürfen.

Für die Durchführung ist wichtig, dass die Strukturierungs- und Verbindungsideen aus der Gruppe kommen und Sie als Moderator nur „ausführende“ Stelle sind, die visualisiert und ggf. Fragen stellt (Beispielfragen finden Sie im Abschnitt →Strukturieren [S. 162]). Diese Fragen können aber durchaus aus Ihrer Erfahrung geboren sein, indem Sie beispielsweise einen Vorschlag für eine Themengruppe machen. Holen Sie sich dafür aber immer die Zustimmung der Gruppe ab.

Falls es zu Unstimmigkeiten in der Gruppe über die Zugehörigkeit eines Begriffes zum Cluster oder der Geltung einer Verbindungslinie kommt, nehmen Sie diese mit in Ihre Visualisierung auf: Sie können strittige Begriffe einklammern oder als ungeklärt an den Rand hängen (ggf. klärt sich zum Ende des Clusterns auch die Zugehörigkeit des Begriffs). Strittige Verbindungen können Sie stricheln oder punkten bzw. in anderen Farben markieren.

In einem zweiten Schritt können die gefundenen Cluster anschließend durch eine passende Überschrift auch sprachlich zusammengefasst werden.

Für weiterführende Ideen zur Visualisierung des Clusterns (und darüber hinaus) schauen Sie sich gerne die Methoden →Cluster-Maps [S. 265] und →Graphic Recording [S. 271] an.

Vier-Felder-Schema (A)

Zeitaufwand: mind. 20 Min
Vorbereitungen: Vier vorbereitete Fragen zu vier Aspekten eines Themas (Moderator); gemeinsames Verständnis und Ideen zum Thema in der Gruppe

Das Vier-Felder-Schema ist eine universelle Strukturierungsmethode, die in vielfältigen Kontexten angewendet wird: Von der spontanen Gesprächsstrukturierung, über die Abfrage des Projektstatus bis hin zu einer Produkt- oder gar Strategieanalyse bietet diese Methode vielfältigen Nutzen in der Praxis. Mit dem Vier-Felder-Schema können Sie ein Thema strukturiert aus mehreren Perspektiven betrachten und so den Ideen der Gruppe eine übersichtliche und leicht verständliche Struktur geben. Zusätzlich lässt sich dieses Vorgehen auch einfach visualisieren.

Die Grundidee basiert auf der Abfrage von vier Fragen, die meist in einem gewissen Zusammenhang zueinander stehen, manchmal sogar Gegenteile voneinander sind. Diese vier Fragen bilden die Überschriften von je einem Quadranten, in dem die Antworten auf die Frage gesammelt werden. Das wahrscheinlich bekannteste Beispiel für ein Vier-Felder-Schema ist die sogenannte SWOT-Analyse (vgl. Abschnitt →Relevanz und Konsequenz [S. 175]), bei der die Anfangsbuchstaben des Akronyms für *Strengths-Weaknes-*

ses-Opportunities-Threats stehen. In der SWOT-Analyse wird eine Situation (Produkt, Strategie, Thema, Entscheidung, etc.) anhand dieser vier Punkte analysiert. Allgemeinere Darstellungsformen können aber aus einer beliebigen, sinnvoll aufeinander und auf das Diskussionsthema abgestimmten Anordnung von vier Fragen bestehen. So kann zum Beispiel auch ein Projektstand oder eine (Konflikt-)Situation sehr gut im Team mit dem Vier-Felder-Schema analysiert werden (s. →Abbildung 17).

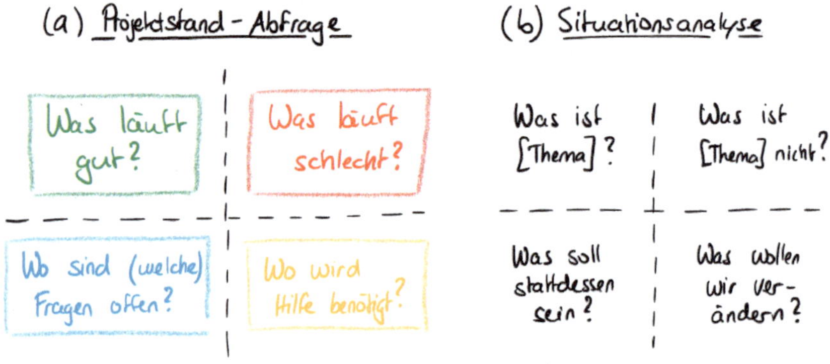

Abbildung 17: Beispiele des Vier-Felder-Schemas für (a) eine Projektstand-Abfrage oder (b) eine (Konflikt-)Situationsanalyse. Die Les- und Durchführungsart ist immer von links nach rechts und oben nach unten und gibt damit automatisch die Fragereihenfolge wieder (s. Text).

Als Moderator führen Sie die Gruppe durch die einzelnen Quadranten und beginnen (meist) oben links. Je nach Themenumfang setzen Sie einen gewissen Zeitraum pro Frage (Quadrant) fest. Wir empfehlen dafür immer mindestens fünf Minuten. Die Antworten der Gruppe tragen Sie direkt – ggf. nach klärender Rückfrage oder Paraphrase, vgl. Abschnitt →Gesprächsinhalte sammeln [S. 153] – ein. Praktischerweise haben Sie damit auch direkt ein Ergebnisprotokoll für die Gruppe nach Abschluss der Übung bereitliegen.

Zusatzinformationen: Die Reihenfolge, wann welche Frage gestellt wird, ist dabei nicht willkürlich, sondern kann bewusst genutzt werden. Dadurch, dass Sie beispielsweise mit der Frage nach den *Strengths*, oder nach dem *Was gut läuft* beginnen, richten Sie die Aufmerksamkeit der Gruppe positiv aus und erzeugen somit eine lösungsorientierte Atmosphäre. Der dritte Quadrant bildet bei uns (meist) eine Schlüsselrolle, da er eine Synthese aus den ersten beiden Fragen erfordert und dadurch zum Denken anregt. In diesem Schritt liegt sehr oft der entscheidende Mehrwert der Technik, indem die Gruppe formulieren muss, was sie eigentlich beantwortet oder geklärt haben möchte. In unserer Anwendung hat sich der vierte Quadrant als Übergang in die Umsetzung etabliert und stellt daher ganz konkrete Fragen nach den nötigen nächsten Schritten, um eine gewünschte Veränderung einzuleiten (s. →Abbildung 17). Das muss natürlich nicht immer so sein, hat sich für uns insbesondere im →Meeting-Management [S. 315] als sehr nützlich erwiesen.

Sie können die Methode auch interaktiv im Raum einsetzen, indem Sie in jede der (bei normalen Räumen vorhandenen) vier Ecken ein Flipchart zu einem Aspekt bzw. mit einer Frage aufstellen (so auch als *Vier-Ecke-Methode* bekannt). Anschließend teilen Sie die Gruppe durch vier und teilen jede Teilgruppe einem Flipchart zu, dessen Frage diese in einer vorgegebenen Zeit zu beantworten hat. Anschließend rotieren die Gruppen und ergänzen das nächste Flipchart. Durch die Bewegung im Raum werden die Teilnehmer hier zusätzlich aktiv.

Cluster-Maps

Während in der Gruppe oftmals viele Ideen vorhanden sind, fehlt es oft an Struktur. Diese Struktur zu generieren ist meist der zentrale Benefit eines moderierten Treffens. Nach dem →Sammeln [S. 146] von Ideen können Sie mittels →Clustern [S. 262] der Begriffe Kategorien erstellen und Beziehungen zwischen den Clustern grafisch darstellen. Durch die Visualisierung sind Sie als Moderator so etwas wie der „Architekt" des Gedankengebäudes der Gruppe und können ihr durch geschickte Strukturierung der Inhalte großen Mehrwert bieten. Dabei ist es für Sie als Moderator die zentrale Herausforderung, ein passendes visuelles

Grundgerüst zu finden, in dem die Ideen strukturiert werden können. Diese Gerüste nennen wir „Cluster-Maps“ und geben im Folgenden einige Vorlagen aus unserer Praxis. Viele weitere Ideen und Anregungen zu dem Thema finden Sie bei Haussmann [HAUSSMANN, 2019].

Allgemein teilen wir „Cluster-Maps“ in drei Anordnungen ein:

1. Raster-Anordnung
2. Zentrale-Anordnung
3. Fluss-Anordnung

Jede Anordnung hebt dabei andere Verbindungen zwischen den Informationen hervor. Die Anwendungsmöglichkeiten sind dabei so vielfältig, wie die Ideen und Zusammenhänge, die sie abbilden. Deshalb sehen wir von pauschalen Anwendungsratschlägen im Stile eines „Wenn ... Dann“ ab und präsentieren Ihnen im Folgenden direkt die Möglichkeiten, die wir in jeder Anordnung sehen – Ihre Auseinandersetzung mit diesen Möglichkeiten wird Ihnen sicher einen Weg in die Anwendung bahnen! So kommen die Strukturen aus dem echten Moment in der Gruppe und Ihnen heraus zur Wirkung.

1. Raster-Anordnungen

Ein Raster teilt die Informationen in ein „Neben- und Übereinander“. Achten Sie dabei auf den allgemeinen Lesefluss von links nach rechts und von oben nach unten. Raster ordnen klar und eindeutig, indem sie Informationen scharf trennen und voneinander abgrenzen. Dabei werden meist wenige Zusammenhänge und Verbindungen hergestellt.

Die bekannteste Form stellt die Zweiteilung dar, die uns aus dem Alltag am eingängigsten ist: Denken Sie beispielsweise an eine klassische Pro-/Contra-Liste oder eine Vergleichstabelle von Kennzahlen (z. B. beim Autokauf). Die Zweiteilung arbeitet dabei stets ein Spannungsverhältnis heraus, das auf dem Vergleich beider Seiten beruht: Diese Anordnung gibt den sprichwörtlichen „zwei Seiten einer Medaille“ oder der klassischen „schwarz-weiß-Malerei“ eine Struktur.[6] Aber auch das→Vier-Fel-

---

6 Hüten Sie sich vor der Doppel-Falle, die manchmal dazu verleitet, das gleiche Argument in beide Spalten einzutragen. Wenn Sie z. B. für ein neues Produktdesign Eigenschaften zusammentragen, die es aufweisen muss (+) und die es nicht aufweisen darf (-), so können Sie in die (+)-Spalte eintragen „muss abgerundete Kanten haben“ und in die (-)-Spalte „darf keine spitzen Kanten haben“. Beide Eintragungen sind (fast) identisch.

der-Schema [S. 263] nutzt die Rastermethode zur Strukturierung von Gedanken und Ideen. Einige Vorlagen sehen Sie in →Abbildung 18.

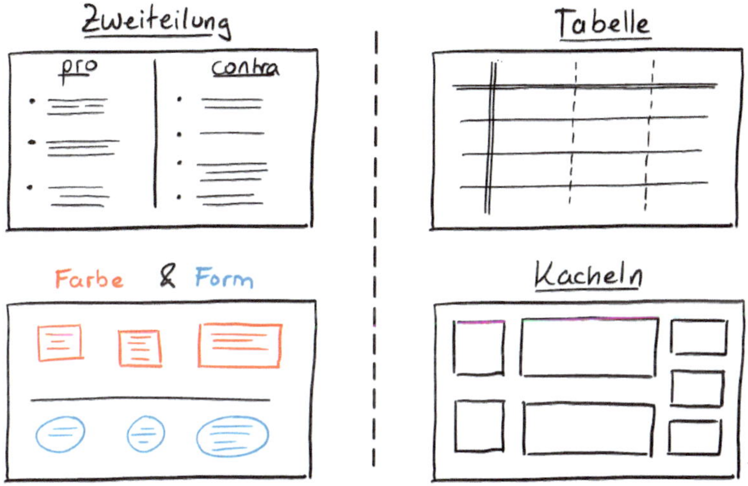

Abbildung 18: Mögliche Rasterabbildungen: Zweiteilung, Tabelle oder Kacheln. Die Anwendungsmöglichkeiten sind wie skizziert vielfältig: vertikale oder horizontale Trennung und das in mehreren Dimensionen. Gleichzeitig können Farbe und Form die Einteilung unterstützen. Die Größe von Kacheln in der Rasteranordnung kann zusätzlich die Relevanz kodieren.

2. **Zentrale-Anordnungen**

In zentralen Anordnungen bildet ein zentrales Thema (Frage, Ziel, Problem, etc.) den Ausgangspunkt aller weiteren Ideen. Diese Anordnungen können sowohl unstrukturierte Sammlungen sein oder hochkomplexe Zusammenhänge abbilden. Sie eigenen sich besonders gut, um verschiedene Aspekte eines Themas auf einen Blick zu erfassen, bisher unbekannte Zusammenhänge zum zentralen Thema und zwischen den verknüpften Aspekten aufzudecken und ggf. auch, um offene Fragen im Verständnis aufzudecken.

Das prominenteste Beispiel ist sicherlich die Mindmap, die beliebige Assoziationen zu einem konkreten Thema sammelt. Aber auch Systeme und

---

Sie können die Doppel-Falle meistens vermeiden, indem Sie nur postive Aussagen in Ihr Formular eintragen.

Organisationsstrukturen lassen sich sehr gut „zentralisiert“ darstellen. Dabei lädt die radiale Struktur dazu ein, Zusammenhänge und Verknüpfungen direkt darzustellen. →Abbildung 19 möchte Ihnen dabei einige Inspiration geben.

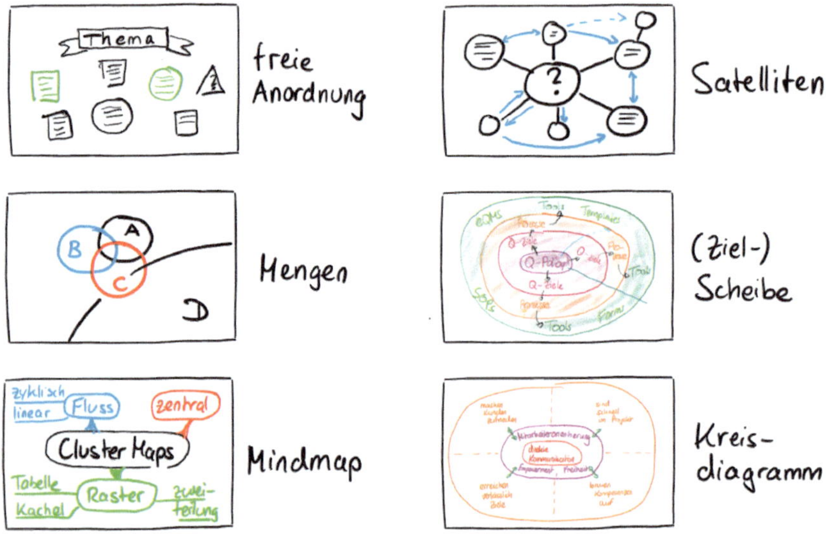

Abbildung 19: In der freien Anordnung können Aspekte zu einem Thema zunächst ohne Struktur gesammelt werden (jedoch können Farbe, Form und Größe hier dennoch ordnen, wenn erwünscht). Mengen-Anordnungen strukturieren Schnittmengen und Abgrenzungen, während die klassische Mindmap möglichst vielfältig Aspekte mit ihren Verzweigungen darzustellen vermag. Eine Satelliten-Anordnung betont die Bezüge und Verknüpfungen zwischen einzelnen Aspekten und dem Zentralthema (bspw. einer Frage), lässt in der Peripherie aber auch Zusammenhänge zwischen einzelnen Aspekten gut abbilden oder auch Unteraspekte anknüpfen – dann mischen sich hier Elemente der Mindmap unter. Die Anordnung der Zielscheibe eignet sich zur Darstellung von zentralen und periphären Themen oder Bereichen und insbesondere der Zusammenhänge an den Grenzflächen bzw. darüber hinaus. Unterteilt man die einzelnen Ringe der Zielscheibe weiter, erhält man das Kreisdiagramm.

3. Fluss-Anordnungen

Unter Fluss-Anordnungen verstehen wir sowohl lineare als auch zyklische (sich wiederholende) Anordnungen von Informationsfluss. Der „Fluss" weißt bereits darauf hin, dass hier die Verbindung und Zusammenhänge zwischen Informationen, also die Bildung von Prozessen, im Vordergrund stehen. Die Positionierung von Informationen kann zeitlich, logisch, örtlich oder prozessual begründet sein. Erst das Zusammenspiel von Positionierung und Verknüpfung von Informationen bildet ein schlüssiges Bild und einen Gesamtzusammenhang. Da das Ergebnis einer Fluss-Anordnung auch erst in diesem Gesamtzusammenhang bewertet werden kann, brauchen diese Anordnungen in unserer Praxis meist länger in der Erstellung durch die Gruppe. Fluss-Anordnungen lassen sich daher leichter konstruieren, indem man mit den zentralen Clustern / Informationen beginnt und den Kernprozess identifiziert. Erst wenn dieser von der Gruppe verstanden und bestätigt wurde, können weitere Aspekte integriert werden.

Beispiele für Fluss-Anordnungen zur Inspiration finden Sie in →Abbildung 20. Nutzen Sie diese als Inspiration für die Entwicklung Ihrer eigenen Prozesse – nur Ihre Kreativität setzt Ihnen Grenzen!

Tipps zur Anwendung:

- Jedes Format ordnet komplexe Informationen anders strukturiert an und löst damit andere Assoziationen aus bzw. lässt andere Verbindungen zwischen Ideen zu. Verschaffen Sie sich einen Überblick und ein Gefühl dafür, wann welche Strukturen für Ihre eigenen Fragestellungen gut oder weniger gut passen. Wenn Sie selbst ein Gefühl dafür entwickelt haben, können Sie Cluster-Maps sicher und intuitiv für Ihre Gruppen-Moderation anwenden.
- Durch eine gute inhaltliche →Vorbereitung auf ein moderiertes Treffen [S. 75] oder ein bereits abgeschlossenes →Brainstorming [S. 255] können Sie in den meisten Fällen schon vorab eine oder zwei Strukturvorlagen für ein Thema festlegen. Damit haben Sie einen Startpunkt für Ihre Visualisierung vor der Gruppe. Folgen Sie dabei dem ersten Impuls, der Ihnen selbst kommt, wenn Sie an das Thema denken.
- Wir empfehlen, Ihr Vorgehen während des Prozesses „live" zu erklären (bspw. „Ich verstehe den Betriff XY als zentral und sehe die Themen A, B, C als gleichwertig darum herum angeordnet.") und auf Ideen aus der Gruppe sofort und ohne Diskussion einzugehen.

- Sie starten als Moderator nur den Gedankengang der strukturierten Visualisierung und lassen der Gruppe mehr und mehr die Führung. Somit entsteht in jeder Situation und mit jeder Gruppe immer wieder eine neue Cluster-Map. Unterstützen Sie diesen Prozess, indem Sie die Cluster-Maps so einfach wie möglich vorstellen, damit die Gruppe sofort mitdenken kann.

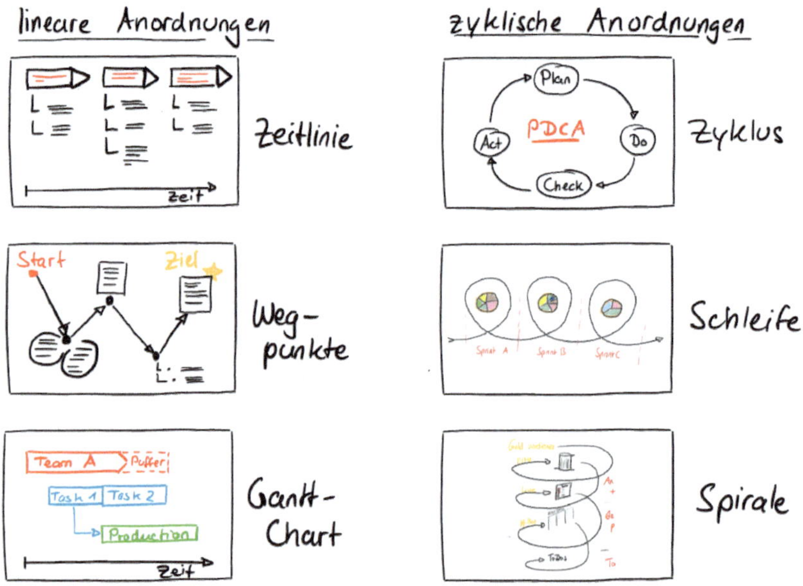

Abbildung 20: Lineare und zyklische Anordnungen bilden zusammen die Fluss-Anordnungen: lineare Anordnungen werden meistens auf eine Zeitachse von links nach rechts normiert und bilden dann als „Timeline" chronologische Abfolgen ab. Laufen mehrere Abläufe zeitlich parallel oder in zeitlicher Abhängigkeit voneinander ab (quasi mehrere „Timelines") bildet sich sofort die aus dem Projektmanagement bekannte „Gantt-Chart"-Anordnung. Ohne Zeitbezug können aber auch lineare Prozesse sehr gut dargestellt und kommentiert werden; beispielsweise als „Wegpunkte"-Anordnung. Zyklische Anordnungen beziehen sich stets auf wiederholende Prozesse, wie beispielsweise den klassischen PDCA-Zyklus. Genauso können Sie aber auch Schleifen oder Spiralen nutzen, um Entwicklungs-, Kommunikations- oder Abhängigkeitsstrukturen zu strukturieren. Beschriften Sie dabei gerne die Verbindungselemente (Linien, Pfeile, etc.), um Zusammenhänge greifbarer und konkreter zu machen.

Graphic Recording

Zeitaufwand: beliebig
Vorbereitungen: Übung vorab; keine in der Umsetzung; Flipchart / Whiteboard

Unter Graphic Recording verstehen wir die visuelle Live-Begleitung einer Diskussion. Es ist somit die konsequente und spontane Anwendung von →Cluster-Maps [S. 265] auf beliebige Fragestellungen und Diskussionen, um die Essenz eines moderierten Treffens „ad-hoc" einzufangen. So helfen Sie der Gruppe, sich über komplexe Zusammenhänge Klarheit zu verschaffen und ein gemeinsames Verständnis zu entwickeln. Zusätzlich erhöhen Sie die Merkbarkeit und Verständlichkeit durch den visuellen Kanal.

Dazu müssen Sie in der Lage sein, Gehörtes schnell und prägnant visuell einzufangen und abzubilden. Das benötigt einiges an Übung und individuellem Training, vor allem aber Freude an der Auseinandersetzung mit Struktur und visuellen Piktogrammen. Die Struktur bringen Sie als erfahrener Moderator bereits mit – gut so! (Falls Sie weitere Anregungen suchen, bietet Ihnen dieses Buch eine kleine Auswahl unter →Cluster-Maps [S. 265]). Von visuellen Piktogrammen haben Sie vielleicht aber noch gar nichts gehört … dennoch; gesehen haben Sie diese bereits täglich im Alltag: Sicherlich können Sie die Bedeutung der Piktogramme aus →Abbildung 21 auf einen Blick erfassen.

Abbildung 21: Piktogramme aus dem Verkehrsalltag.

Visuelle Piktogramme zeigen archetypische Handlungen, Anweisungen und Objekte in maximaler Allgemeinverständlichkeit. Das bedeutet, dass die Bedeutung so klar und fokussiert ist, dass möglichst viele Menschen dasselbe darunter verstehen. Da Piktogramme auf das absolut Wesentliche reduziert sind, bleibt natürlich auch Spielraum für Interpretationen – und genau diesen Spielraum nutzen Sie beim Graphic Recording geschickt aus! Denn erst der Gesamtzusammenhang bestimmt die Bedeutung des Piktogramms in einem bestimmten Kontext. Dadurch erhält die Allgemeingültigkeit in der konkreten Situation auch eine ganz konkrete Bedeutung.

Es geht in der Anwendung vor allem darum, einen Grundstock an allgemein einsetzbaren Anordnungs-Strukturen und visuellen Piktogrammen zum direkten Abruf zu haben. Für diese Piktogramme gibt es mittlerweile ganze visuelle Wörterbücher (z. B. www.bikablo.de). Bei der Anwendung in der Moderation reicht es unserer Erfahrung nach aber oft bereits, ein paar einfache Strukturen und Piktogramme im Repertoire zu haben, um Diskussionen, Dialoge und Ideen in Echtzeit zu begleiten. Wie baut man aber ein solches Repertoire auf? Dazu hier ein paar Anregungen:

- Zu allgemeinverständlichen Piktogramme können möglichst viele Teilnehmer ein intuitives Verständnis aufbauen. Prüfen Sie Ihre Piktogramme daher selbst auf deren Verständlichkeit und fragen sich: „Was verstehe ich darunter?"
- Gehen Sie mit offenen Augen durch die Welt – sie ist voller Piktogramme auf Schildern, Internetseiten, in der Werbung, und generell überall dort, wo Sprache (Text) in den Hintergrund tritt. Interessante Orte sind hierbei Flughäfen und Plätze des öffentlichen (internationalen) Lebens. Auch Gebrauchsanweisungen technischer Geräte oder Anleitungen zum Selbstaufbau von Möbeln sind oft voll von gut durchdachten und eingängigen Piktogrammen.
- Üben Sie die Anwendung, indem Sie zuerst Ihre eigenen Ideen mittels „Graphic Recording" begleiten. Dabei trainieren Sie sowohl Strukturieren, Anordnen, Zeichnen und Einsetzen von Piktogrammen ganz automatisch! Und genau diesen Automatismus brauchen Sie in der Anwendung vor der Gruppe.
- Kombinieren Sie mehrere Piktogramme, um neue Bedeutungen mit einfachen Mitteln ausdrücken zu können (z. B. das linke und rechte der Piktogramm aus →Abbildung 21, um den Stopp einer Bahn darzustellen).
- Alles, was Sie nicht per Piktogramm ausdrücken können, lässt sich stets in (einem) Wort beschreiben – halten Sie sich also nicht sklavisch an die Vorgabe der Piktrogramme – nutzen Sie stets das, was den Informationsfluss und den Gedankenschritt in Bewegung und aktiv

hält (das gilt sowohl für den eigenen, als auch insbesondere den der Gruppe).[7]

Sie *fühlen* sich bereit für Ihr erstes Graphic-Recording-Diktat? Dann schalten Sie bitte das Radio ein, warten auf einen Schlager mit einem gut verständlichen Text und setzen diesen synchron graphisch auf Ihrem Blatt um. Hat das ein paar Mal hintereinander funktioniert und andere Personen haben die Schlager aus Ihren Recordings identifizieren können? Dann *sind* Sie bereit!

Entscheidungen herbeiführen

In vielen Moderationen stehen Sie (auch spontan) vor der Frage, wie in einer bestimmten Situation eine Entscheidung gefunden werden kann, die im Idealfall von allen mitgetragen, zumindest aber von allen anerkannt wird. Die Gruppe schaut dabei schnell auf Sie als Moderator und wünscht sich Führung. Damit Sie in diesen Situationen stets diesem Wunsch entsprechen können, ist es wichtig, auch als Novize ein paar Grundtechniken zu beherrschen. Für komplexere Entscheidungsfälle bieten wir auch umfangreichere Methoden für den Adepten, der dann schon zwischen einzelnen Methoden wählen kann, während für den Profi zwei komplexe Methoden genannt werden, die aber in gut eingespielten Teams und unter erfahrener Anleitung wirklich viel bewegen können, denn Sie überlassen den Entscheidungsweg immer stärker der Gruppe, anstatt ihn „top-down" vorzugeben, und stärken damit immens die selbstverantwortliche Umsetzung der Entscheidung aus der Gruppe heraus.

Entscheidungskriterien

Wenn die Gruppe wie erwähnt spontan auf eine Entscheidung wartet, ist es Ihre Aufgabe als Moderator, die Führung zu übernehmen. Dabei sind kleine Fragen zu bestimmten Aspekten oftmals bereits sehr hilfreiche Impulse für die Gruppe. Hier stellen wir unsere Lieblingsfragen kurz vor, anhand derer Sie in solchen Situationen immer etwas „zur Hand" haben, womit

7 Und wenn Sie dieses Wort dann auf einer gemalten Fahne, in einer skizzierten Sprechblase oder als Inschrift auf einem gezeichneten Grabstein integrieren, haben Sie nicht einmal die graphische Grundstruktur Ihres bildlichen Diktats verlassen.

Sie Entscheidungen anstoßen und begleiten können. Dabei kommen Ihnen einige Aspekte sicherlich aus den Abschnitten →Relevanz und Konsequenz [S. 175] und →Priorisieren [S. 179] bekannt vor, wo Sie auch weiterführende Hinweise zu Entscheidungskriterien finden.

- **Welche dieser Lösungen soll es sein?**
  Dies ist die klassische Frage nach der Zustimmung in weicher Formulierung. Durch diese Frage stimmen Sie die Gruppe auf eine Entscheidungsfindung ein und provozieren durch die offene Frage höchstwahrscheinlich eine Diskussion.
- **Worauf können Sie am ehesten verzichten?**
  In festgefahrenen Situationen, in denen sich die Diskussion um eine Entscheidung im Kreis dreht, ist es hilfreich, sich der Entscheidung im Ausschlussverfahren zu nähern. Dafür öffnen Sie die Köpfe der Gruppe in die gegenteilige Richtung und vielen Teilnehmern fällt es erfahrungsgemäß leichter, zu benennen, was sie *nicht* wollen, also worauf sie verzichten können. Diese Frage kann in Kombination mit der ersten im Wechselspiel genutzt werden, um iterativ zu einer Entscheidung zu kommen.
- **Richtig und wichtig?**
  Diese Fragenkombination fragt direkt nach der Genauigkeit (*richtig?*) und der Relevanz (*wichtig?*) und versetzt die Gruppe in zwei Perspektiven zugleich. Einerseits fragt sich die Gruppe also „Ist das, was wir hier entscheiden wollen, wichtig?“ und „Sind wir in der Methodik wirklich *sauber* vorgegangen?“; andererseits wird auch die Relevanz als Entscheidungskriterium anhand der Fragen „Welchen Einfluss hat diese Lösung *wirklich* auf das Problem?“ und „Ergibt diese Lösung nicht nur Sinn, sondern *stiftet* sie auch Sinn (und damit Mehrwert)?“ untersucht. Diese Frage öffnet die Gruppe also für einen selbstkritischen Blick auf das eigene Vorgehen und die Wirkung der Lösung.
- **Wie werden Sie sich fühlen, nachdem Sie diese Lösung umgesetzt haben?**
  In komplexeren Entscheidungssituationen, in denen möglicherweise auch etwas auf dem Spiel steht, fällt es uns Menschen manchmal schwer, die eigentliche Motivation für ein Ziel im Sinn zu behalten. Um den motivierenden Fokus wiederzufinden, können Sie die Teilnehmer einladen, sich einmal vorzustellen, wie sie sich fühlen, wenn sie jeweils

eine Lösung umgesetzt haben.[8] Was sehen sie? Was spüren sie? Was hat sich verändert?

Dieser Vorausgriff auf eine Entscheidung kann sehr individuell sein und sollte daher in Ruhe und Stille durchgeführt werden. Sorgen Sie also für Ruhe, ggf. indem Sie vor dieser Methode eine kleine Pause in den Ablauf des Treffens einbauen. Die Teilnehmer sollten auf jeden Fall die Augen schließen und jede Lösung für eine Minute bedenken. Anschließend notiert sich jeder kurz ein paar Stichpunkte dazu. Die Eindrücke müssen am Ende nicht diskutiert werden, sondern dienen lediglich der kurzen Sortierung von Eindrücken.

Diese Technik kann sehr hilfreich sein für manche Teilnehmer, anderen gleichzeitig aber gar nicht zusagen. Sie ist also mit einem gewissen Betriebsrisiko verbunden, dass im Zweifelsfall am Ende kein Ergebnis vorhanden ist. Daher möchten wir Sie einladen, sich zuerst selbst mit dieser Methode auseinanderzusetzen (und sie für Ihre eigenen Entscheidungen probehalber anzuwenden) und anschließend stufenweise in Ihre Moderation aufnehmen: Anfangs können Sie diese Frage als Hausaufgabe bis zum nächsten Treffen aufgeben, in dem dann eine Entscheidung getroffen werden soll. So umgehen Sie das Problem von möglicher Unstimmigkeit in der Gruppe, falls Teilnehmer nichts mit der Übung anfangen können. Erst, wenn Sie einige Erfahrung mit der Frage haben, können Sie sie auch spontan in Ihren moderierten Treffen anwenden – dann allerdings zum Beispiel auch punktuell, wenn es darum geht, beispielsweise aus drei favorisierten Lösungen das weitere Vorgehen zu bestimmen.

Punktabfrage (N)

Zeitumfang: 5-10 Minuten
Vorbereitungen: Ideenliste zur Abstimmung muss bekannt sein (allen); Flipchart und Klebepunkte (Moderator)

Diese Methode eignet sich sehr gut, um schnell und gleichberechtigt ein Meinungsbild in Ihrer Gruppe abzufragen oder eine Entscheidung im Team herbeizuführen. Dabei bietet Sie den zusätzlichen Vorteil der Aktivierung

---

8 Sie sollten klarstellen, dass es sich um eine Annahme handelt und keinesfalls um einen Vorgriff auf eine noch zu treffende Entscheidung für oder gegen diese Lösung.

aller Teilnehmer, da alle sich kurz bewegen müssen (s.u.). Sie haben in diesem Fall also vorab eine Ideensammlung erarbeitet (Meinungsbild) bzw. bereits ein kurzes Plädoyer mit Pro & Contra-Positionen für jeden Punkt, über den abgestimmt werden soll, gesammelt (Entscheidung). Im Moderationsprozess sind Sie also am Punkt →Entscheiden [S. 173] angekommen. Als Beispiel könnten Sie sich vorstellen, dass Sie im Team über Design-Ideen abstimmen möchten, damit die Entwicklung weiter voranschreiten kann. Dafür müssen die Design-Ideen als Liste vorliegen (über die abgestimmt wird) und die Vor- und Nachteile für jede Idee müssen allen Teilnehmern bekannt sein. Zusätzlich müssen Sie mit allen Teilnehmern klären, was anschließend mit dem Abstimmungsergebnis geschehen soll: Handelt es sich um eine Meinungsumfrage, kann z. B. auf Basis dieser Umfrage weiter diskutiert werden. Oder man einigt sich darauf, die meistgewählten drei Vorschläge nochmals im Detail durchzusprechen und anschließend eine Stichwahl durchzuführen. Oder es kann im Fall einer Entscheidungsfindung auch schon direkt beschlossen werden, dass das Ergebnis bindend und unanfechtbar ist für den nächsten Schritt. Wichtig ist aber in jedem Fall, dass Sie vorab für alle transparent die Spielregeln abgesprochen haben, also dass die Kriterien, unter denen abgestimmt und mit denen das Ergebnis weiterbearbeitet wird, klar sind. Dazu zählt auch die Einigung, wie viele Stimmen (d.h. Klebepunkte) man bekommt (s.u.).

Wenn diese Fragen geklärt sind, schreiben Sie die zur Wahl stehenden Ideen oder Vorschläge stichpunktartig auf ein Flipchart und teilen anschließend Klebepunkte aus: Jeder Teilnehmer bekommt Klebepunkte in der Anzahl der vorher abgesprochenen Stimmen. Anschließend bitten Sie alle Teilnehmer nach vorn ans Flipchart, wo sie entsprechend ihrer Präferenz ihre Klebepunkte platzieren.

Wenn Sie idealerweise gleichfarbige Klebepunkte nehmen, so bleibt das Ergebnis etwas anonymer. Und falls Sie das Kleben der Punkte zeitlich so abpassen können, dass es mit der Pause zusammenfällt und das Flipchart in einem Durchgangsraum steht, kann jeder Teilnehmer „on the fly" und wahrscheinlich völlig unbeobachtet (d.h. anonym) abstimmen.

Abschließend treten alle vom Flipchart zurück und werten gemeinsam das Ergebnis aus und verfahren damit weiter, wie vorab besprochen und festgehalten.

Alternativ können Sie die gleiche Methode natürlich auch am Whiteboard durchführen und verteilen dann die entsprechende Anzahl an (gleichfarbigen) Whiteboard-Markern. Eine andere Alternative besteht daraus, die Vorschläge direkt auf großen Moderationskarten zu sammeln und anschließend direkt mit einem Marker je Abstimmungspunkt einen Punkt darauf zu malen. Diese Methode ist schnell und ohne viel Vorbereitung durchzuführen und kann einfach und spontan auch mitten in einem Treffen angewandt werden.

Selbstverständlich können Sie die Abstimmung auch gewichten, indem Sie mehrere Punkte (Stimmen) pro Vorschlag zulassen: Etabliert hat sich hier beispielsweise die Konzentration auf drei Vorschläge pro Teilnehmer mit den Staffelungen 3-2-1 bzw. 6-3-1 (wobei die Zahl die Anzahl Punkte für erste, zweite und dritte Priorität darstellt).

Konsent-Abstimmung

Mit dieser Methode fragen Sie schnell und übersichtlich ab, ob eine Entscheidung konsent-fähig ist. „Konsent“ bedeutet hier, dass es keine schwerwiegenden Einwände bei einem Teilnehmer gegen eine Entscheidung gibt.

Das bedeutet in der Umsetzung, dass eine Entscheidung, ein Beschluss oder Antrag vor die Gruppe getragen wird. Die Gruppenmitglieder dürfen Verständnis- und Klärungsfragen an den Antragssteller richten, die dieser knapp und präzise beantwortet. Als Moderator achten Sie darauf, dass es keine Diskussion oder „Seitenfragen“ von weiteren Teilnehmern gibt. Die Fragen richten sich alleine an den Antragssteller.

Sind alle Verständnisfragen geklärt, vergewissern Sie sich vor der Gruppe, indem Sie fragen „Sind alle bereit, über den Antrag abzustimmen?“ Bei positiver Rückmeldung stimmen die Teilnehmer per Handzeichen über den Antrag ab: Daumen hoch bedeutet „Ich bin einverstanden!“ (Dafür), die nach oben gerichteten Handflächen bedeuten „Ich trage die Entscheidung mit, egal wie ihr entscheidet“ (Enthaltung) und der Daumen nach unten bedeutet „Einwand!“ (Dagegen). Nur wenn mindestens die Hälfte aller Teilnehmer den Daumen nach oben zeigen und der Rest aus Enthaltungen besteht, wird der Antrag angenommen. Schon ein einziger Daumen nach unten unterbindet die Entscheidung für den Antrag – es gibt also ein Veto-Recht, dessen Existenz Sie vorab bekanntgeben müssen.

Für den Fall eines oder mehrerer Einwände gilt es, diese als wertvolle Rückmeldung aus der Gruppe wahrzunehmen und für eine Veränderung des Antrags einzusetzen. Dabei helfen Ihnen folgende Fragen, die Sie als Moderator dem Einwand-Erheber stellen können:

- Wo sehen Sie Bedenken, die übersehen wurden?
- Was benötigen Sie, um Ihren Einwand zu beheben?
- Was wünschen Sie sich stattdessen?

Da diese Methode bereits durch einen Einwand absolut unterbrochen werden kann, bietet es sich an, den ganzen Prozess auf 10 Minuten zu beschränken. Diese Zeitgrenze erzeugt Dringlichkeit und damit eine fokussierte Diskussion und Entscheidungsfindung. Falls nach 10 Minuten keine Einwand-freie Entscheidung getroffen werden kann, vertagen Sie die Entscheidung.

Es gibt auch die Möglichkeit eines erzwungenen „Einwand-Überspringens“, bei der – ausnahmsweise – eine einzige „Dagegen“-Stimme durch eine gesonderte Abstimmung aller anderen Teilnehmer überstimmt werden kann. Diese Option kommt zum Zug, wenn ein einzelner offensichtlich willentlich den Entscheidungsprozess blockiert. Diese Sonderform sollte allerdings als Ausnahme mit allen Teilnehmern abgesprochen werden und ihr sollte eine ausführliche Diskussion der Beweggründe des Einwand-Gebers voran gehen (s.o.). Ist der Einwand anschließend immer noch nicht behoben, kann eine Entscheidung über die einzelne „Dagegen“-Stimme erzwungen werden, wenn *alle* anderen Teilnehmer für die Entscheidung stimmen. Diese Abstimmung führen Sie am einfachsten als einfache Handzeichen-Abfrage durch.

Bei der ersten Anwendung müssen Sie die Konsent-Abstimmung mit Handzeichen vorab erklären. In eingespielten Teams wird sie erfahrungsgemäß schnell zu einem Standardverfahren, das das Teamgefühl gestärkt und die Handzeichen als universelles Verständigungsmittel in vielen Kontexten zum Einsatz kommen wird.

Widerstandsabfrage (A)

Zeitaufwand: 10-15 Minuten (plus ggf. Nachbesprechung)
Vorbereitungen: Themen-/Ideenliste über die abgestimmt werden soll

Im Gegensatz zur klassischen Mehrheitsabfrage, deren Stimmen beispielsweise durch Akklamation, Handzeichen oder die →Punktabfrage [S. 275] erhoben werden, können Sie auch für die Lösung mit dem geringsten Widerstand in der Gruppe entscheiden. Dazu bewerten die Teilnehmer ihren Widerstand gegen jedes Thema auf der Liste auf einer Skala von 0 („Ich habe keine Bedenken oder Einwände“) bis 10 („Ich bin absolut gegen diese Idee“). Anschließend fragen

Sie als Moderator reihum die Widerstände der Gruppe in einer Tabelle. Das Thema mit dem kleinsten Widerstandswert der Gruppe wird gewählt.

Wenn die Gruppe beispielsweise entscheiden möchte, welche Design-Option weiterverfolgt werden soll, kann sich durch die Widerstandsabfrage das folgende Widerstandsbild ergeben (→Tabelle 8):

	Design A	Design B	Design C	Design D	Design E
Armin	4	10	6	0	3
Heike	7	4	7	2	1
Nora	2	2	8	3	1
Jens	5	3	6	2	6
Summe	**18**	**19**	**27**	**7**	**11**

Tabelle 8: Beispiel für eine Widerstandsabfrage.

Wie Sie sehen, hat in diesem Beispiel das Design D am wenigsten Gegenwind in der Gruppe zu erwarten und kann daher am einfachsten weiterverfolgt werden. Außerdem ergibt sich weiterhin eine Reihung unter den Designs, die in absteigender Reihenfolge immer mehr Widerstand in der Gruppe erfahren.

Findet sich ein besonders hoher Widerstandswert bei einer Einzelperson (im Beispiel aus →Tabelle 8 Armin mit 10 für Design B), so weist dies auf eine wichtige Information für die Gruppe hin. Der Frage nach dem Grund des Widerstands sollte im Anschluss gemeinsam nachgegangen werden (z. B. mit dem →Vier-Felder-Schema [S. 263]). Oftmals liegen dahinter bisher unausgesprochene harte Gründe oder es sind die Ausläufer eines ganz anderen Problems, das es aber ebenfalls zu lösen gilt, damit die Gruppe weiter harmonisch arbeiten kann.

Tetralemma[9] Ⓐ

Zeitaufwand: 30-45 Minuten

9 Eine sehr ausführliche Darstellung findet sich bei Kotrba und Miarka [KOTBRA et al., 2019], von deren Darstellung wir uns haben inspirieren lassen.

Vorbereitungen: Eine Zwei-Optionen-Entscheidung muss allen bekannt sein (Gruppe); Moderationskarten, Stifte, Raum für Gruppenbewegung (optional) (Moderator)

Das Tetralemma hilft insbesondere dann, wenn eine Gruppe vor der Entscheidung zwischen zwei konkreten Optionen A und B steht. Dabei öffnet die Methode den Blick der Teilnehmer über die zwei Optionen hinaus, indem insgesamt fünf verschiedene Perspektiven gemeinsam analysiert werden: Neben den bekannten Optionen A („das Eine") und B („das Andere") wird auch die Perspektive der Kombination („Beides"), Negierung („Weder-Noch", d.h. weder A noch B) und des völlig Anderen („freies Element"; weder das eine noch das andere und selbst das nicht) eingenommen und jede dieser Perspektiven im Kontext gemeinsam beleuchtet. Damit ist das Tetralemma eine Erlebnismethode, bei der das Erleben der Teilnehmer über einer stringenten Methodenausführung steht.

Weisen Sie die Gruppe zuerst in den Ablauf ein. Idealerweise können Sie die fünf Perspektiven auch im Raum auf Moderationskarten aushängen und die Teilnehmer bitten, bei jeder diskutierten Option sich auch physisch dorthin zu bewegen. Diese kleine Auflockerung macht die Methode noch greifbarer und wirkungsvoller. Anschließend begeben sich die Teilnehmer zuerst in Option A und besprechen gemeinsam, wie das (Arbeits-)Leben zukünftig wäre, wenn Option A tatsächlich gewählt wäre. Wichtig ist dabei, dass wirklich im Kontext gedacht und gesprochen wird – alle Vorstellungen sind gut und wichtig zu äußern. Sie können den Prozess als Moderator mit folgenden Entscheidungs-Fragen unterstützen:

- Welche Auswirkungen hat die Entscheidung auf Sie alle als Team?
- Welche Auswirkungen hat die Entscheidung auf Sie persönlich?
- Welche Vorteile bietet die Entscheidung?
- Welche Risiken sind Sie mit der Entscheidung eingegangen?
- Was ändert sich noch durch die Entscheidung?

Anschließend bitten Sie die Teilnehmer sich kurz frei im Raum zu bewegen und sich dabei gedanklich von der Option A zu lösen. Anschließend bitten Sie sie nun, Option B einzunehmen und verfahren wie zuvor beschrieben. Auf diesselbe Weise gehen Sie alle fünf Perspektiven nacheinander durch. Ggf. sammeln Sie die mündlichen Eindrücke der Teilnehmer kurz stichwortartig, aber bedenken Sie bitte, dass das Gefühl der Teilnehmer im Mittelpunkt steht – nicht die Dokumentation dessen. Machen Sie also wenn überhaupt, dann dezent und unauffällig Notizen oder delegieren Sie dies im Vorfeld an eine am Prozess unbeteiligte Person.

Sie werden beobachten, dass sich durch die Schilderungen der Teilnehmer auf den einzelnen Positionen meist weitere Beiträge in der Gruppe entwickeln und so ein gemeinsames Teamgefühl aus einer Stimmung heraus entsteht. Lacher sind dabei ein gutes Zeichen, außer wenn sie Beiträge verhöhnen – hier sollten Sie einschreiten und klarstellen, dass jeder Kommentar ernst genommen werden soll! Falls eine Gruppe sich sichtlich unwohl fühlt mit einer Perspektive, wechseln Sie frühzeitig in die nächste Position – bei dieser Methode steht ein positives Gefühl im Vordergrund.

Anschließend lassen Sie die Gruppe nochmals kurz einzeln im Raum auf und ab gehen, um sich dabei gefühlsmäßig auf das eben Erlebte einzulassen. Abschließend kommt die Gruppe wieder zusammen und alle reflektieren gemeinsam, aus welcher Perspektive das Teamgefühl am positivsten wahrgenommen wurde. Hier dürfen Sie aus Ihrer Beobachterrolle auch gerne Ihre Beobachtungen beisteuern, der Fokus liegt aber weiterhin auf dem Erlebten der Teilnehmer. Folgende Fragen können dabei helfen:

- In welcher Option / wann haben Sie sich individuell am wohlsten gefühlt und was war dafür verantwortlich?
- In welcher Option / wann haben Sie sich als Team am positivsten erlebt und was war dafür verantwortlich?
- In welcher Option / wann haben Sie sich untereinander am verbundensten gefühlt?

Auf Basis des Erlebten hat die Gruppe nun häufig eine ganz neue Perspektive gewonnen, aus der sich jetzt leicht eine gemeinsame Entscheidung ableiten lässt. Nutzen Sie ggf. zur weiteren Fokussierung einer klaren Entscheidung die →Entscheidungskriterien [S. 273].

Alternativ kann die Gruppe ab einer gewissen Größe (ab acht Teilnehmern) in Untergruppen mit jeweils maximal vier Personen aufgeteilt werden und das Tetralemma schriftlich und sequenziell bearbeiten. Dazu werden die Optionen „das Eine“, „das Andere“, „Beides“ und „Weder-Noch“ auf Flipcharts notiert und in jeder Ecke des Raumes positioniert. Jede Gruppe startet jetzt mit einer Option (bei zwei Gruppen idealerweise eine mit „dem Einen“, die andere mit „dem Anderen“) und sammelt am Flipchart die eigenen Eindrücke, Stimmungen, Meinungen entlang der oben gestellten Fragen. Anschließend wechseln die Gruppen durch, bis alle vier Optionen von jeder Gruppe bearbeitet und bewertet wurden. Abschließend kann entweder jedes Flipchart vor der Gruppe vorgelesen werden oder ein stiller Rundgang entlang der Flipcharts findet statt, bevor die Gruppe zur Entscheidungsfindung wieder zusammenkommt.

Die fünfte Option „freies Element“ kann bei dieser Alternative entweder ganz weggelassen oder aber in der Mitte des Raumes auf einem Flipchart ebenfalls zur Option gestellt werden. Hier kann jeder Teilnehmer zu jeder Zeit Einfälle notieren, die auf keine der vier anderen Optionen passt. Das „freie Element“ bekommt somit aber keinen eigenen Zeitraum zur Bearbeitung.

Zustimmungsverfahren[10]

Zeitaufwand: 45-90 Minuten
Vorbereitungen: kontroverses Entscheidungsthema (Gruppe); Flipchart und ggf. Darstellung des Prozesses (s. →Abbildung 22) (Moderator)

Das Zustimmungsverfahren (auch *Konsent-Moderation*) ist eine strukturierte Methode zur Entscheidungsfindung, in dessen Verlauf alle Teilnehmer gehört werden. „Konsent“ bedeutet hier, dass es keine schwerwiegenden Einwände bei einem Teilnehmer gegen eine Entscheidung gibt („Keiner sagt Nein“). Mit anderen Worten: Man begibt sich auf die gemeinsame Suche nach einer Einwand-freien Lösung, indem Einwände als Veränderungshinweise aus der Gruppe dankend angenommen und in bestehende Vorschläge integriert werden. Damit ist das Zustimmungsverfahren die konsequente Fortsetzung der →Konsent-Abstimmung [S. 277]. Dabei ist das Verfahren so flexibel und individualisierbar wie die Teilnehmer, die es begleitet, sodass es auch uns immer wieder überrascht, auf welchen unvorhersehbaren Wegen Lösungen zustande kommen. Das bedeutet aber auch, dass der Verlauf stark vom Thema, dessen emotionalem Zündstoff, der Zeit, der Motivation der Teilnehmer und dem gegenseitigen Vertrauen zwischen Moderator und Gruppe, sowie den Gruppenmitgliedern untereinander abhängt. Entsprechend ist dieses Verfahren genau genommen keine Methode, sondern ein Handlungsschema, innerhalb dessen Sie als Moderator flexibel und spontan mit immer wieder wechselnden Methoden einen Lösungsweg für die Gruppe orchestrieren. Darin liegt die Stärke und

10 Unsere Darstellung ist inspiriert durch Oestereich und Schröder [OESTEREICH et al., 2017].

die Herausforderung dieses Verfahrens gleichermaßen: Sie als Moderator müssen flexibel auf die Impulse aus der Gruppe reagieren, ohne dabei das Ziel der Entscheidungsfindung im Konsent aus den Augen zu verlieren, und dabei die Gruppe auf Kurs halten, ohne direktiv zu führen. In diesem Sinne bildet das Zustimmungsverfahren einen Königsweg der Moderation durch Strukturieren des (Entscheidungs-)Prozesses ohne Eingriff in die Entscheidung selbst.

Der allgemeine Ablauf des Zustimmungsverfahren ist in →Abbildung 22 skizziert. Es kann hilfreich sein, diesen zu Beginn bei der Vorstellung des Verfahrens vor der Gruppe vorzustellen.

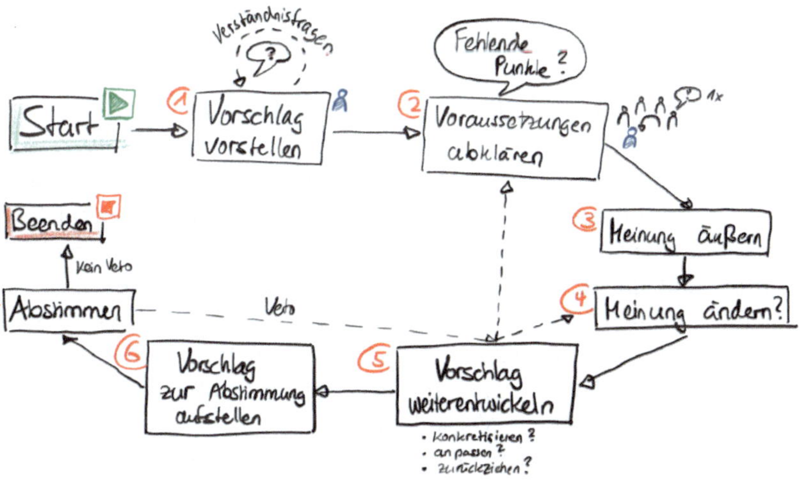

Abbildung 22: Allgemeiner Ablauf des Zustimmungsverfahrens. Detaillierte Erklärung zu jedem Schritt im Text.

Am Startpunkt der Methode wird vorausgesetzt, dass zum kontroversen Entscheidungsthema bereits Lösungsideen existieren und die Teilnehmer (weitestgehend) auf dem gleichen Stand sind (z. B. durch ein →Brainstorming [S. 255] mit anschließendem →Clustern [S. 262], oder ein gemeinsam gefülltes →Vier-Felder-Schema [S. 263]). Wir gehen also davon aus, dass es der Gruppe jetzt darum geht, sich für die beste aller Lösungen zu entscheiden.

Als Moderator stellen Sie vorab die Rahmenbedingungen vor, also wie es zum Entscheidungsbedarf gekommen ist (ggf. auch von wem Sie das Mandat zur Moderation bekommen haben), wieviel Zeit für die Durchführung zur Verfügung steht und wie der Ablauf des Verfahrens aussieht. Stellen Sie auch nochmals klar, dass Sie den Prozess als Außenstehender neutral begleiten werden und die Entscheidung allein bei den Teilnehmern liegt.

Die Schritte des Vorgehens sind anschließend im Einzelnen:

1. **Vorschlag vorstellen**
   Eine Person aus der Gruppe oder ein Teil der Gruppe stellt einen Vorschlag für eine Entscheidung vor. Dabei berücksichtigen Sie, wie es zu dieser Lösung gekommen ist und welches Ziel mit der Lösung verfolgt wird. Zusätzlich erklären Sie alle relevanten Informationen, die die Gruppe aus Ihrer Sicht braucht, um sich eine eigene Meinung zum Vorschlag zu bilden. Die Teilnehmer dürfen Verständnisfragen stellen. Jedoch achten Sie als Moderator darauf, dass keine Bewertungen oder Einwände geäußert werden – in dieser Phase soll keine Diskussion zustande kommen.

   In diesem Schritt können mehrere Vorschläge auf die gleiche Weise von anderen oder derselben Person gemacht werden. Daher notieren Sie als Moderator jeden Entscheidungsvorschlag kurz in Stichworten, damit für Sie und alle Teilnehmer im späteren Prozess der Überblick gewahrt bleibt. Um auch die Entwicklung jedes Vorschlags in den folgenden Schritten im Blick zu behalten, bietet es sich an, für jeden Vorschlag ein eigenes Flipchart-Blatt zu beschreiben und die wichtigsten Erkenntnisse der nächsten Schritte im Verlauf stichpunktartig festzuhalten.
   Hinweis: Manche Entscheidungsvorschläge können mit ihrer Hintergrundinformatioin durchaus sehr komplex werden. In diesen Fällen bietet sich ein gesondertes Informationstreffen vorab an, damit das eigentliche Zustimmungsverfahren konzentriert und informiert stattfinden kann.
2. **Voraussetzungen abklären**
   Im ersten Schritt wurden pro Vorschlag nur reine Verständnisfragen zugelassen. In diesem folgenden Schritt geht es für die Teilnehmer darum, die Frage nach dem „was fehlt noch?“ zu stellen. Dieser Schritt klärt also ab, was noch unklar ist, damit sich jeder Teilnehmer eine Meinung zum Entscheidungsvorschlag zu machen.
   Dazu fragen Sie als Moderator reihum die Teilnehmer, was Ihnen noch fehlt. Dazu dürfen diese pro Runde jeweils maximal eine Anmerkung machen bzw. eine Frage stellen – und zwar direkt an die Person

(Gruppe), von der der Vorschlag kommt. Diese Frage wird dann kurz und prägnant beantwortet.
In diesem Schritt sind Sie als Moderator mehrfach für die Stukturierung gefragt: Da weiterhin keine Diskussion zu Stande kommen soll, müssen Sie darauf achten, dass keine Meinungen geäußert werden und sich keine bilateralen Klärungsgespräche verselbstständigen. Wiederholen Sie bei Klärungsbedarf also gerne wieder die Frage: „Was fehlt noch, damit Sie sich eine Meinung bilden können?“
Nach jeder vollständigen Runde in der Gruppe starten Sie mit der gleichen Frage wieder beim ersten Teilnehmer. Wiederholen Sie dies solange, bis keine Fragen mehr offen sind.

3. **(Eigene) Meinung äußern**
In dieser Runde sind die Voraussetzungen ans Verständnis geklärt, sodass hier jeder Teilnehmer wiederum reihum seine Meinung zum Vorschlag geben kann. Die Meinung umfasst hierbei alle Facetten von Zustimmung bis Ablehnung, von Bedenken, über Einwände bis zu Widerständen oder auch allgemeine Fragestellungen, die der entsprechende Vorschlag auslöst. In diesem Schritt ist es wichtig, dass die Teilnehmer ihre Meinungen unkommentiert und offen aussprechen und die der anderen ebenso entgegennehmen.
Damit diese unvoreingenommene Meinungsäußerung für alle Teilnehmer möglich wird, halten Sie sich als Moderator weiterhin streng an die →Feste Reihenfolge [S. 151] der Redner. Diskussionen, Konfrontationen und chaotisches Durcheinanderreden unterbinden Sie konsequent. Meinungen als Antwort auf die gerade geäußerte Meinung verweisen Sie geduldig auf Schritt 4.
4. **Meinung in Bezugnahme auf Kommentare ändern?**
In einer zweiten Runde kann nun reihum eine weitere (neue) Meinung in Bezug auf die in der ersten Runde (Schritt 3) gehörten Reaktionen und Meinungen geäußert werden. Machen Sie als Moderator dazu nochmals klar, dass es hier um neue Sichtweisen und (Lösungs-)Ideen geht – nicht aber um Wiederholung!
Im Anschluss an die zweite Runde können sich weitere Runden anschließen, solange Gesprächsbedarf besteht (genau wie in Schritt 2). Falls Sie aber als Moderator das Gefühl haben, dass kein inhaltlich zielführender Inhalt mehr kommt, können Sie zu Schritt 5 überleiten.
5. **Vorschlag weiterentwickeln**

Die Person (Gruppe), von der der Vorschlag kommt, hat in diesem Schritt die Gelegenheit, ihren ursprünglichen Vorschlag entsprechend des gehörten Meinungsbildes zu verändern. Genau so kann der Vorschlag aber auch in seiner Ursprungsfassung verbleiben, konkretisiert oder zurückgezogen werden. Abhängig vom eingegangen Meinungsbild kann die vorschlagende Person (Gruppe) auch mehrere veränderte Vorschläge machen, um verschiedene Meinungen abzubilden oder zu kombinieren. Diese Varianten sollten Sie als Moderator schriftlich →Festhalten [S. 158].

Ein wiederholter (unveränderter) Vorschlag wird direkt zur Abstimmung gebracht (Schritt 6 bei mehreren Vorschlägen; Schritt 7 falls nur dieser Vorschlag existiert).

Für einen veränderten bzw. konkretisierten Vorschlag kann mit einer schnellen →Konsent-Abstimmung [S. 277] entschieden werden, ob dieser Vorschlag Einwand-frei an Schritt 6 oder 7 weitergereicht werden kann. Bei mindestens einem geäußerten Einwand sollte dieser neue Vorschlag die Klärung und Meinungsbildung ab Schritt 2 durchlaufen.

Im Fall eines zurückgezogenen Vorschlags wird entweder ein weiterer Vorschlag auf Schritt 5 besprochen oder (falls kein Vorschlag mehr existiert) wird das Zustimmungsverfahren wieder bei Schritt 1 mit einem neuen Vorschlag gestartet.

6. **Einen Vorschlag zur Abstimmung aufstellen**
   Existieren bis hier mehrere Vorschläge, muss erst ein favorisierter Vorschlag ausgesucht werden. Dazu können verschiedene Methoden wie die Mehrheitsabfrage per Handzeichen, die →Listen-Priorisierung [S. 261], die →Punktabfrage [S. 275] oder die →Widerstandsabfrage [S. 278] angewendet werden. Es ist ebenso denkbar, dass der Vorschlagende selbst das Auswahlrecht zugesprochen bekommt. Oder auch, dass Sie als Moderator und damit als neutrale Person die Auswahl treffen. Dafür sollten Sie sich aber kurz per Akklamation oder Handzeichen das Mandat von der Gruppe übertragen lassen.

   In kontroversen Entscheidungen kann es auch vorkommen, dass an dieser Stelle keine Einigung auf einen einzigen Vorschlag gefunden werden kann. Dann bietet es sich an, das Zustimmungsverfahren an dieser Stelle zu unterbrechen und ein gesondertes Treffen zum →Priorisieren [S.179] der Vorschläge einzuschieben. Hat man sich hier auf einen Vorschlag einigen können, kann die Gruppe das Zustimmungsverfahren in Schritt 7 wieder aufnehmen und abschließen.

7. **Über einen Vorschlag abstimmen**
Dieser Schritt beginnt, indem der Moderator noch einmal den abzustimmenden Vorschlag für die Gruppe vorliest. Anschließend wird das Zustimmungsverfahren mit einer →Konsent-Abstimmung [S. 277] abgeschlossen. Auch im Zustimmungsverfahren wird ein Vorschlag nur dann ausgeführt, wenn es keine „Dagegen"-Stimme gibt und mindestens die Hälfte aller Teilnehmer mit „dafür" abstimmt. Andernfalls und wenn mindestens eine Gegenstimme vorliegt, sollten Sie wie in der Konsent-Abstimmung beschrieben auf den Einwand des Bedenkenträgers eingehen und die Gruppe zurück auf Schritt 5 führen, um den Vorschlag weiterzuentwickeln.

Hinweise zum Umgang mit Einwänden:

- Einwände und Bedenken sollten immer ausgesprochen werden. Achten Sie als Moderator darauf, dass dies ohne Kommentare und Diskussion geschehen kann.
- Einwände sind als Bereicherung und nicht als Blockade der Entscheidung aus der Gruppe zu verstehen. Vermitteln Sie der Gruppe diese Haltung aktiv, indem Sie in Ihrer Moderation auch bei einzelnen Gegenstimmen keine persönliche Verknüpfung („Stigmatisierung") der Ablehnung mit der Person zulassen. Nutzen Sie Formulierungen wie „Woran möchte uns dieser Einwand erinnern / wovor warnen?" oder „Welche guten Gründe / Absichten stecken hinter diesem Einwand für uns als Team?".
- Bitten Sie den Bedenkenträger darum, einen neuen Vorschlag zu machen (Schritt 5), indem Sie fragen „Was muss sich ändern, damit Sie den Vorschlag annehmen können?"
- Genauso können Sie die Bitte um einen neuen Vorschlag auch an den Initiator des Vorschlags richten oder die gesamte Gruppe in die Vorschlagssuche einbinden.
- Begegnen Sie extremem Widerstand (beispielsweise Weigerung einen neuen Vorschlag zu machen) offen und wertschätzend und fragen Sie sich: Welche tieferliegenden Gründe könnten bei dieser Person für die Einwände sorgen? Nehmen Sie →Störungen und Konflikte [S. 205] in der Gruppendynamik wahr, sprechen Sie diese an und beheben Sie diese, bevor Sie weiterarbeiten.

- Falls sich ein Einwand nicht direkt in der Gruppe lösen oder in einen neuen Vorschlag einbinden lässt, können Sie das Zustimmungsverfahren an dieser Stelle unterbrechen, um entweder neue Informationen für weitere Vorschläge einzuholen oder um der Ursache des Einwands individuell oder in Untergruppen auf den Grund zu gehen. In manchen Fällen ist es auch möglich, die Entscheidung an eine andere (meist höhere) Stelle zu delegieren, wenn die Zuständigkeit der Gruppe überschritten wird.
- In manchen Fällen wird in Schritt 7 nur eine einzige „Dagegen"-Stimme den Entscheidungsprozess blockieren. Dies kann manchmal zu unerwünschtem Stillstand führen, der die ganze Gruppe negativ beeinflusst. In diesen Fällen können Sie die einzelne „Dagegen"-Stimme nach einer Diskussion und (gescheiterten) Einwandintegration (Schritt 5) überstimmen. Dieser Sonderfall des erzwungenen Einwand-Überspringens wird in Konsent-Abstimmung [S. 277], diskutiert.

Feedback methodisch einholen

Teamarbeit basiert immer auf Zusammenarbeit und Interaktion. Damit das gut gelingt, müssen Sie als Moderator auch immer wieder Möglichkeiten eröffnen, dass die Teilnehmer sich untereinander und auch gegenüber Ihnen als Moderator äußern und rückversichern dürfen. Feedback meint dabei allgemein eine Rückmeldung darüber, wie ein bestimmtes Verhalten oder Gesagtes beim Gegenüber ankommt und ist damit aus sich heraus immer subjektiv. Feedback umfasst sowohl positiv wahrgenommene Aspekte, als auch negativ empfundene Kritik und dient stets dem Finden, Stärken und Erhalten einer konstruktiven Gruppendynamik, in der alle zum gemeinsamen Ziel beitragen können (s. auch →Phasen der Gruppenbildung [S. 71]). Es gibt Ihnen als Moderator weiterhin wertvolle Hinweise über die (Zu-)Stimmung in der Gruppe und ist damit ein wichtiger Wegweiser durch moderierte Treffen.

Feedback ist in aller Munde! *Feedback-Gespräch, Feedback-Beurteilung, 360°-Feedback, Feed-Back & Feed-Forward* ... sind dabei nur einige Begriffe, die uns in unserer Berufswelt täglich umgeben. Feedback übernimmt dabei im Kern immer die Funktion der „Anerkennung" bzw. „Rückversicherung" aus der Gruppe bzw. der Gruppenmitglieder untereinander. In unserer Wahrnehmung braucht es dafür aber zumeist keine besondere Wissenschaft oder ausgeklügelte Methodik: Fragen erledigen den Job bereits perfekt! Mit einer geschickt gestellten Frage lösen Sie bei Ihren Gegenüber direkt Reaktionen aus – genau diese offen und klar auszusprechen ist das Feedback, das Sie in den meisten (Moderations-)Situationen brauchen. Wie Sie die entsprechende Frage geschickt formulieren können, erläutern wir übrigens unter →Fragetechniken [S. 236]. Feedback braucht in diesem Sinne nicht mehr als eine kurze Pause im moderierten Ablauf, in die hinein eine Frage gestellt werden kann. Jegliche Methode dient dann nur noch dazu, entweder das Feedback strukturiert (z. B. zu einem bestimmten Thema) einzuholen oder das Aussprechen des Feedbacks anzuleiten und zu steuern.

Im Folgenden präsentieren wir Ihnen einige Feedbackmethoden, die über die Frage-Methode hinausgehen und speziell für die Moderation hilfreich sind. Dabei stellen wir Ihnen sowohl Methoden zur direkten Stimmungsabfrage in der Gruppe vor (→Zustimmung abfragen [S. 290], →Blitzlichtabfrage [S. 291]), als auch eine positive Gesprächsmethode, um die Gruppendynamik bspw. in der Teamentwicklung zu stärken (→Wertschätzendes Speed-Feedbacking [S. 293]). Oft kommt Bedarf für ein Feedback ungeplant und spontan aus der konkreten Situation. In Projekten und allgemein auch immer mehr in Unternehmens-Prozessen kommt auch oftmals eine Rückschau, die sogenannte Retrospektive, zum Einsatz. Diese Retrospektiven dienen den Teilnehmern dazu, aus der Beobachtung und Bewertung von Vergangenem zu lernen und so ggf. zukünftig andere Schritte zu gehen. Das übergeordnete Ziel lautet hier die Optimierung und Verbesserung aus sich selbst heraus. Auch dieser Methode haben wir einen eigenen Teil gewidmet (→Retrospektive [S. 295]).

Vergessen Sie dabei aber nicht, dass für gutes Feedback stets die präzise Frage und die offene Reaktion (Antwort) im Zentrum stehen und die Methoden nur Stützen sind, die Orientierung und Struktur geben sollen. In eingespielten Teams kann Feedback meist „on the fly" ohne große Strukturmethoden ablaufen.

Zustimmung abfragen

Zeitumfang: circa 5 Minuten
Vorbereitungen: keine

Immer dann, wenn Sie sich als Moderator eine schnelle Rückmeldung von der Gruppe wünschen, können Sie deren Zustimmung (oder Abneigung) zu jedem beliebigen Thema, in (fast) jeder Situation abfragen[11]. Bei dieser Methode geht es aber nicht um die Zustimmungserfassung, um eine Entscheidung herbeizuführen (s. dazu →Entscheidungen herbeiführen [S. 273]), sondern um das Erfassen der allgemeinen Stimmung, z. B. was den Tagesablauf oder kleinere Details einer Arbeitsmethode betrifft.

Einfache Ja/Nein Abfrage

Als einfachste Möglichkeit können Sie um Rückmeldung per Handzeichen bitten. Beispielsweise auf die Frage: *„Wer von Ihnen kennt dieses Vorgehen schon? Bitte melden Sie sich kurz durch gut sichtbares Handzeichen*". Eine andere Möglichkeit besteht in der Frage nach einem Stimmungsbild per Akklamation, bei der die Teilnehmer bei Zustimmung klatschen oder auf den Tisch klopfen. Dieses gebräuchliche Verfahren ist schnell und unkompliziert, birgt jedoch das Risiko eines verfälschten Meinungsbildes, da Lautstärke, insbesondere an verschiedenen Positionen im Raum, sehr unterschiedlich wahrgenommen wird. Andererseits ist es ein gutes Mittel, um die Gruppe kurz aktiv einzubinden und in eine quasi-Interaktion zu bringen. Hier gilt es also abzuwägen, ob ein Einsatz sinnvoll ist – unserer Erfahrung nach eignet sich die Akklamation beispielsweise, um die Gruppenstimmung zu einer spontanen Pause abzufragen.

Skalenabfragen

Die oben genannten Methoden des Handhebens oder der Akklamation können nur auf geschlossene (Ja/Nein) Fragen antworten. Oftmals sind Stimmungen und Atmosphären, die wir abfragen wollen, aber dynamisch und nicht nur schwarz/weiß, sondern individuell und vielschichtig. Daher bietet sich auch eine *Skalenabfrage* an, auf denen die Zustimmung (oder Abneigung) differenziert angegeben werden kann. Eine Skalenabfrage macht also graduelle Unterschiede sichtbar und damit bearbeitbar. Dafür bietet sich eine Skala zwischen 0 und 10 an, wobei *0 vollständige Ablehnung*

---

11 Ausnahmen bilden hier aktuell bearbeitete Konfliktsituationen, in denen ein akutes Missverständnis oder Konfliktpotential aufgelöst wird. Oder aber, wenn bereits mit der Gruppe ein festes Vorgehen vereinbart wurde (dann wirkt ein ggf. sogar wiederholtes Fragen nach Zustimmung unsicher).

und *10 absolute Zustimmung* bedeuten. Diese Skala können Sie kurz mündlich erläutern und dann zu einem entsprechenden Thema abfragen. Wollen Sie jedem Teilnehmer nur die Gelegenheit geben, sich selbst in der Situation oder dem Thema kurz selbst einzuschätzen, dann können Sie die Abfrage auch mündlich belassen – jeder Teilnehmer merkt sich so seine Zahl auf der Skala (oder notiert Sie für sich kurz). Falls Sie mit dem Ergebnis der Skalenabfrage weiterarbeiten wollen (beispielsweise, um zu einem späteren Zeitpunkt mit dem Ursprungsskalenwert zu vergleichen), können Sie die Skalenwerte auch visualisieren. Zeichnen Sie dazu einen horizontalen Strich; am linken Ende die „0“ und am rechten Ende die „10“. Hier kann sich entweder jeder individuell auf der Skala eintragen oder Sie sammeln reihum die Werte der Teilnehmer und tragen für alle sichtbar am Flipchart ein.

Als charmante Alternative können Sie Ihre Teilnehmer auch körperlich mit einbeziehen, indem Sie eine Abfrage auf der *Körperskala* durchführen. Dazu stellen Sie wie beschrieben zu einem beliebigen Sachverhalt eine Frage, zu der jeder Teilnehmer Stellung beziehen soll. Die Skala bildet nun aber der der Körper der Teilnehmer: Bitten Sie diese, aufzustehen und anschließend per angelegter Hand anzuzeigen, wie sie zur Fragestellung stehen: dabei steht das Knie (als unterster Punkt, der angenehm mit der Hand erreichbar ist) für vollständige Ablehnung (vgl. „0“ auf der Skala) und der Scheitel am Kopf für absolute Zustimmung (vgl. „10“ auf der Skala). Falls noch mehr Bewegung gewünscht oder notwendig ist, bitten Sie Ihre Teilnehmer, sich im Raum zwischen zwei definierten Extrema 0 (z. B. die Tür) und 10 (z. B. das gegenüberliegende Fenster) auf die Position ihrer Wahl zu stellen.

Blitzlichtabfrage

Zeitumfang: ca. 15-20 Sekunden pro Teilnehmer
Vorbereitungen: keine

Bei der Blitzlichtabfrage werden die Teilnehmer reihum gebeten, sich zu einer vorab festgelegten Fragestellung kurz und bündig, aber grundsätzlich frei zu äußern. Dabei können Argumente, Meinungen, und Gefühle zum Inhalt, zum Ablauf und zur allgemeinen Befindlichkeit genannt werden. Das Gesagte wird nicht kommentiert oder aufgegriffen und sollte auf wenige Sätze reduziert bleiben. Ggf. können Sie die Sprechzeit vorgeben (z. B. 20 Sekunden). Dadurch eignet sich diese schnelle Methode zur

Abfrage von Meinungen und Stimmungen in der Gruppe und kann auch Störungen gezielt aufdecken. Sie dient eher der Gruppendynamik als einer Entscheidung, kann aber als schnelles Meinungsbild eine Grundlage für die weitere Ausrichtung des moderierten Treffens sein. Besonders, wenn Unklarheit zum weiteren Vorgehen besteht oder wenn Sie als Moderator →Störungen und Konflikte [S. 205] in der Gruppe wahrnehmen, bietet sich ein Blitzlicht an. Ebenso als kurze Feedbackrunde nach einer intensiven Arbeitsphase.

Eine andere Anwendungsvariante bildet eine Blitzlichtabfrage am Ende eines Arbeitstreffens, um einerseits jedem Teilnehmer die Gelegenheit zu bieten, kurz zu reflektieren, was individuell aus dem Treffen mitgenommen wird und um andererseits Anknüpfungspunkte für ein Folgetreffen zu sammeln. Dazu stellen Sie eine oder mehrere konkrete Fragen, um das Blitzlicht inhaltlich zu steuern und notieren stichwortartig die wichtigsten Antworten am Flipchart.[12] Alternativ können Sie auch jeden Teilnehmer bitten, sich selbst kurz seine eigenen Blitzlichter aufzuschreiben. Diese können anschließend entweder auf Moderationskärtchen notiert an einer Metaplanwand öffentlich gesammelt werden oder Sie bitten die Teilnehmer die Notizen zum nächsten Treffen als Anknüpfungspunkt mitzubringen. Als Anknüpfungspunkte für Folgetreffen können Sie dabei folgende Fragen stellen:

- Wo stehen wir heute nach dem Treffen?
- Was hat mir das Treffen persönlich gebracht?
- Was werde ich konkret ab morgen umsetzen?
- Auf welchem Boden stehen wir nun gemeinsam?

Wertschätzendes Speed-Feedbacking

Zeitumfang: Halbe Anzahl Teilnehmer mal 3 Minuten

Voraussetzung: Eine Gruppe / ein Team, das bereits Erlebnisse teilt und einander einschätzen kann.

---

12 Sie sind sich als Novize nicht immer sicher, welchen Begriff Sie aus dem Teilnehmerbeitrag notieren sollen? Dann lassen Sie sich Ihre Wahl entweder vom Beitraggeber bestätigen („Soll ich hier XY mal XY notieren?“) oder bitten zu Beginn der Übung alle Teilehmer, Ihren Beitrag in einem einzigen Wort zusammenzufassen und notieren Sie dieses.

Feedback als Rückmeldung untereinander hat oftmals eine negative Konnotation – denn seit Kindesbeinen an sind wir darauf trainiert, Fehler zu finden und zu kritisieren. Zusätzlich empfinden wir oft situative Peinlichkeit beim Empfangen von Wertschätzung (A: „Das hast du toll gemacht!" – B: „Ach, nicht der Rede wert, das war doch selbstverständlich."…) und unterschätzen das Ausmaß, in dem andere uns sehen (unsere Selbstwahrnehmung unterscheidet sich von der Fremdwahrnehmung). Mit dieser Methode legen Sie den Fokus stattdessen auf positive Aspekte und verstärken diese im Miteinander. Im Kern der Methode steht die Verstärkung von positiv wahrgenommenen Aspekten eines jeden Einzelnen im Team. Mit anderen Worten: das Team stärkt aus sich heraus die individuellen Stärken, indem man sich gegenseitig Wertschätzung, Wünsche und / oder Dank entgegenbringt. Die Übung ist dabei flexibel einsetzbar. Sie eignet sich für Gruppen, die bereits Gemeinsames und Verbindendes erlebt haben – so können die positiven Aspekte direkt auf Erlebnisse bezogen werden. Die Methode bietet sich dabei gleichermaßen für Teamentwicklungen sowie für eine kontinuierliche Verbesserung von Arbeitstreffen an.

Dazu teilen Sie die Gruppe in Zweiergruppen auf und lassen die Paare sich in einer Doppelreihe gegenübersetzen, sodass jeder seinen Gesprächspartner gut sehen kann. Anschließend erhalten alle Teilnehmer aus Reihe A ca. 90 Sekunden Zeit, ihren jeweiligen gegenübersitzenden Gesprächspartnern aus Reihe B ein wertschätzendes Feedback zu geben. Während dieser Zeit hören die Teilnehmer B aufmerksam zu. Nach Ablauf der 90 Sekunden werden die Rollen getauscht. Abschließend bedanken sich beide und alle Teilnehmer aus Reihe A rücken einen Platz nach rechts (der Teilnehmer am rechten Ende geht ganz nach links zum Anfang der Reihe A). So ist gewährleistet, dass alle Teilnehmer einen neuen Gesprächspartner, mit dem sie sich noch nicht ausgetauscht haben, bekommen. Es ist nicht zwangsläufig nötig, dass jeder von jedem Feedback bekommt – bereits drei oder vier kurze Feedbackrunden reichen meist, um positive Impulse zu geben. Hier ist der Grundsatz „öfter und kurz" besser als „einmalig und lang".

Wertschätzung sagt dem Gegenüber immer: „Du bist wichtig!" und „Du bist wertvoll!". Das hört natürlich jeder gern! Es ist aufbauend, ermutigend und bestärkend. Und das kann man systematisch entlang der drei „W" – *Wahrnehmung, Wirkung, Wunsch* – schnell und präzise äußern. Nutzen Sie dazu folgende Anleitung:

1. *Wahrnehmung*: Schildern Sie konkret und bildhaft, was Ihnen gut gefallen hat. Bleiben Sie dabei bei den Fakten (ohne Wertung), beschreiben Sie eine konkrete Situation und nutzen Sie gerne Beispiele.
2. *Wirkung*: Als nächstes beantworten Sie die Frage: „Welche positiven Auswirkungen bzw. welchen Nutzen hat die Wahrnehmung bei Ihnen persönlich ausgelöst“. Hier beschreiben Sie, was Sie subjektiv während Punkt 1 gefühlt und gedacht haben. Verknüpfen Sie die in Punkt 1 beschriebene Situation und insbesondere die konkreten Beispiele mit ihren als positiv wahrgenommenen Gefühlen und lassen Sie Ihr Gegenüber daran teilhaben.
3. *Wunsch*: Um die positive Wirkung zu verstärken und in Zukunft beizubehalten, kann der Feeback-Geber als Abschluss einen Wunsch nach „noch mehr davon“ anschließen. Beschreiben Sie eine positive Erwartungshaltung, dass Sie die gerade beschriebene Stärke Ihres Gegenübers gerne in anderen Situationen sehen würden. Seien Sie auch hier sehr konkret.

Dazu gibt es noch zwei konkrete Varianten, die wir in unserer Arbeit gerne nutzen:

- **Ich wünsche dir, ...:**
  Mit dem letzten Punkt der drei „W“ schlagen Sie eine Brücke in die Zukunft, die Sie mit dieser Variante ins Zentrum des Speed-Feedbacks rücken können: Bitten Sie die Teilnehmer in den ihnen zur Verfügung stehenden 90 Sekunden den Satz zu vervollständigen „Ich wünsche dir, ...“. Das können ganz individuelle Wünsche sein, die allerdings alle die Bedingung der Wertschätzung erfüllen sollen. Das bedeutet, dass Sie auf der (subjektiven) Wahrnehmung und Wirkung fundieren sollen. Dabei ist es im Übrigen völlig in Ordnung, wenn es spontanes, unvorbereitetes Feedback ist, wenn man also nicht vorab weiß, gegenüber wem man die Wünsche äußert. Die Spontanität sorgt für einen ehrlichen, ungefilterten Austausch. Bitten Sie dabei jeden Teilnehmer, unbedingt zu reden, ohne zuviel nachzudenken. Diese Variante bietet sich zum Beispiel als Abschlussrunde einer Teamentwicklung, eines Seminares oder auch eines Projektes an. Sie fördert die zukünftige Zusammenarbeit.
- **Ich danke dir für ...:**
  In eine ganz ähnliche Richtung geht auch diese Variante, in der Sie die Teilnehmer in den 90 Sekunden den Satz „Ich danke dir für ...“ vervollständigen lassen. Diese Variante bietet sich zum Beispiel zu

Beginn eines schwierigen Arbeitsmeetings an, um alle Anwesenden daran zu erinnern, dass jeder einen wichtigen Beitrag im Team und zur gemeinsamen Arbeit leistet. Bitten Sie die Teilnehmer sich kurz ein paar Minuten zu überlegen, *wem* Sie *wofür* konkret in der letzten Arbeitsphase dankbar sind. Anschließend bewegen sich die Teilnehmer frei im Raum und jeder sagt zu mindestens drei Anwesenden ein konkretes „Ich danke dir für …". Bitten Sie nach einiger Zeit alle, sich zu setzen, die mindestens drei „Danke" bekommen haben. Stellen Sie unbedingt sicher, dass alle Anwesenden drei Mal den wertschätzenden Dank bekommen; für den Fall, dass einige wenige übrig bleiben, machen Sie die Situation vor der Gruppe öffentlich und bitten die Gruppe gemeinsam, den Stehenden konkrete „Danke" zu sagen. Dieses Öffentlich-Machen vermeidet situative Peinlichkeit, wenn einzelne noch keine ausreichende Wertschätzung bekommen haben.

Retrospektive

Zeitumfang: beliebig; meist jedoch mehrere Stunden (s. Text)
Vorbereitungen: strukturiertes Vorgehen festlegen, viel freie Fläche zum Ideen sammeln (Whiteboards, Metaplanwände) (Moderator; s. Text); ggf. vorbereitende Arbeiten (Gruppe)

Eine Retrospektive ist ein moderierter Prozess, um im Team aus der Vergangenheit für die Zukunft zu lernen. Die Retrospektive ist dabei eine Rückschau auf das „Bisher" mit der Brille der (Selbst-)Reflexion betrachtet, um zu verstehen, was man für das „Nächste" – die Zukunft – beibehalten oder anders, also besser machen möchte.

Retrospektiven könnten so individuell und unplanbar sein, wie die Menschen, die sie durchführen. Es gibt nicht die „eine" Retrospektive und daher auch nicht die eine Methode „Retrospektive". Vielmehr ist eine Retrospektive eine Aneinanderreihung verschiedenster Methoden, die beliebig aufwendig werden können, denn häufig sind einzelne Themen nur die berüchtigte Spitze des Eisbergs – darunter verborgene Konflikte, Differenzen, Herausforderungen und Befindlichkeiten müssen dann ebenso bearbeitet und vor allem moderiert werden. Daher erfordert eine erfolgreiche Retrospektive einen versierten, erfahrenen und spontanen Moderator. Kurzum alles, was Sie aus diesem Buch erfahren können – und mehr! Denn vor allem braucht eine erfolgreiche Retrospektive ehrliche Anteilahme, Zuwendung und bedingungslose Anwesenheit des Moderators in der Situation. Dennoch folgt die Retrospektive bestimmten Mustern, die wir hier als Methode vorstellen werden. Experimentieren Sie mit dem Gedankengerüst und befüllen Sie es durch Ihre eigene Auseinandersetzung und mit Ihren eigenen Methoden mit eigenem Leben!

Wir unterscheiden im Folgenden zwei Kategorien von Retrospektiven – die inhaltliche Retrospektive – sogenannte *Review-Retrospektive* – und die prozessuale Retrospektive – sogenannte *Team-Retrospektive*. Beide nehmen verschiedene Aspekte (Inhalt versus Team-Prozesse und -Entwicklung) in der Rückschau in den Fokus. Beide haben daher einen etwas anderen Ablauf, den wir gesondert vorstellen. Natürlich können Sie in einer allgemeinen Retrospektive auch beide Aspekte zusammen bearbeiten. Planen Sie dazu einfach entsprechend mehr Zeit ein und strukturieren beide Anteile entsprechend des folgenden Vorgehens.

Eine Retrospektive kann als einmaliges oder regelmäßiges Treffen abgehalten werden. Bei einmaligen Retrospektiven wird meist ein bestimmter Sachverhalt bzw. ein besonderes Ereignis (meist eine Krise) in den Fokus genommen. Obwohl daran an sich nichts falsch ist, empfehlen wir aus unserer Praxis, auf den Mehrwert einer regelmäßigen (kontinuierlichen) Retrospektive (z. B. im Monatsrhythmus) hinzuarbeiten: dadurch wird ein lösungsorientiertes Problembewusstsein und ein konstruktiver Umgang mit Fehlern im Team ein etablierter und gelebter Prozess. Zusätzlich wird die Durchführung der Retrospektive immer geläufiger, zeitsparender und effektiver und das Team erlebt neue Motivation durch die regelmäßige Einladung, das eigene Handeln gemeinsam zu optimieren. Weitere Tipps und Hinweise zu regelmäßigen Treffen geben wir im Kapitel →Meeting-Management [S. 315]

Im Folgenden beschreiben wir zuerst die generelle Absicht einer Retrospektive anhand des PDCA-Schemas, das die Retrospektive im Optimierungsprozess verortet. Anschließend formulieren wir daraus je ein Ablaufschema für Review- und Team-Retrospektiven mitsamt hilfreicher Ansätze zur Durchführung. Dies aber deckt nur die erwähnte Spitze des Eisbergs ab – das, was wir, die Autoren, sehen. Tieferliegende Einblicke in das große (und großartige) Thema der Retrospektiven und wie man sie moderiert finden Sie in der Literatur. [ANDRESEN, 2017][DRÄTHER, 2014][FUNCKE et al., 2016][KOTBRA et al., 2019]

Ein Modell für Retrospektiven: Das PDCA-Schema

Eine Retrospektive dreht sich um die zentrale Frage „was kann wie verbessert werden?" Dabei folgt sie im Kern dem einfachen Grundsatz des *Keep, Drop, Try* – es wird im Team bewertet, was beibehalten, verlassen oder versucht werden soll. Ganz allgemein beschreibt das bekannte PDCA-Schema (wieder ein englisches Akronym) – *Plan, Do, Check, Act* – den kontinuierlichen Optimierungskreislauf (→Abbildung 23):

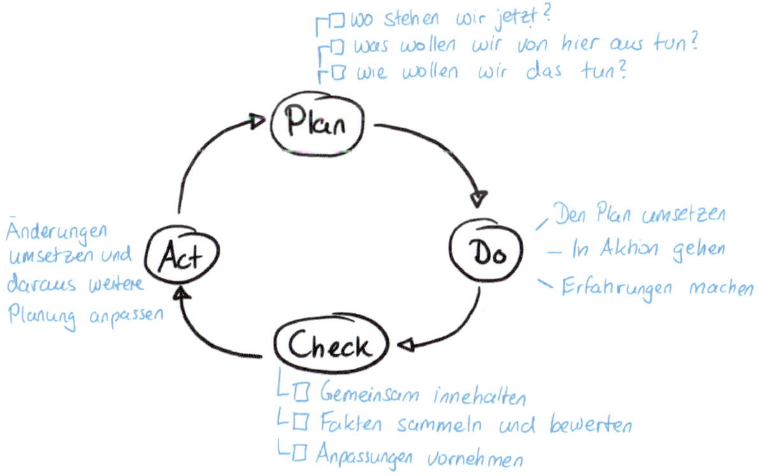

Abbildung 23: PDCA-Schema (Plan, Do, Check, Act) als kontinuierlicher Optimierungskreislauf einer Retrospektive.

Das PDCA-Schema ist auf den ersten Blick verständlich, aber noch keine konkrete Handlungsanweisung. Es ist ein Modell, das den Optimierungsprozess als solchen in vier Phasen gliedert, von denen die *Retrospektive* die Phase „Check" abdeckt und das „Act" in den Blick nimmt, um „Plan" und „Do" (erneut) anzustoßen. Als Modell hilft es, der Gruppe die Absicht und das Wirken einer Retrospektive klar zu machen. Verwenden Sie entsprechende Zeit darauf, sobald Sie eine Retrospektive zum ersten Mal im Team etablieren, denn die Gedankenstruktur stützt die Arbeitsphasen des Teams und hilft im Hintergrund ständig dabei, dass die Gruppe sich in der Zeit zwischen den Retrospektiven zurechtfindet. Das PDCA-Schema betont außerdem den kontinuierlichen Verbesserungsprozess, der in wiederkehrenden Schleifen aus gleichem Vorgehen, aber anderem Inhalt besteht. Eine kontinuierliche Retrospektive bewegt sich dabei spiralförmig nach oben (auf anderen Inhaltsebenen), anstatt nur auf einer Ebene „im Kreis zu laufen“.

Die Review-Retrospektive

In einer Review-Retrospektive, kurz *Review* genannt, geht es darum, inhaltliche Entscheidungen für die Zukunft zu treffen.

> Das Ziel ist, ein gleiches Inhaltsverständnis aller Beteiligten aufzubauen und die Frage „Wie machen wir weiter?“ gemeinsam zu beantworten. Dabei wird gemeinsam voneinander und aus der Vergangenheit gelernt.

In jedem Review-Prozess gibt es mindestens zwei Arten von Stakeholdern: die Auftraggeber (Vorgesetzter, Kunde, Klient ...) und die Auftragsausführer (ausführender Mitarbeiter, Entwickler, Projektarbeiter ...). In größeren Projekten können noch beliebige Untergruppierungen und weitere (externe) Beteiligte hinzukommen, die Sie alle einbeziehen müssen; das spielt aber für Ihr Vorgehen keine Rolle. Die Auftraggeber möchten wissen, wie der Auftrag ausgeführt wurde und ob die eigenen Erwartungen erfüllt wurden. Die Auftragausführer möchten erfahren, ob die eigene Arbeit den Anforderungen entspricht, oder was zu verändern ist. Gemeinsam wollen beide Stakeholder entscheiden, wie auf dieser Grundlage weiter zu arbeiten ist. Wie kann man diesen Prozess systematisch als Moderator begleiten?

> In aller Kürze sieht unser Vorgehen so aus:
>
> 1. **SOLL-Zustand erfassen:** *Was und wie soll es sein?*
> 2. **IST-Zustand erfassen:** *Was wurde wie gemacht?*
> 3. **Änderungsbedarfe diskutieren:** *Was fehlt? / Was ist überflüssig? / Was wurde gelernt?*
> 4. **Nächste Schritte entscheiden:** *Was wird wie als nächstes gemacht?*

Im Detail verstehen wir unser Vorgehen so:

Im **ersten Schritt** wird der *SOLL-Zustand* erfasst und die Frage „Was und wie soll es sein?“ beantwortet. Es werden die *Erwartungshaltungen* der Auftraggeber erforscht. Meist gibt es Spezifikationen und Anforderungen aus vorangegangenen Besprechungen, die den SOLL-Zustand definieren. Dennoch ist es wichtig, diese Erwartungen zu Beginn jedes Reviews abzufragen und zu sammeln, denn Anforderungen ändern sich immer im Projektverlauf und bieten außerdem viel Spielraum für unterschiedliche Interpretationen der Beteiligten. Dies sind dann die typischen Kommunikationsfehler, die Projekte unnötig verzögern, viel Geld kosten und alle Beteiligten frustrieren. Um dies zu vermeiden, bitten Sie die Auftraggeber ihre Erwartungen noch einmal zu benennen. Für die Sammlung können Sie beispielsweise Moderationskärtchen nutzen. Bei sehr langen Anforderungslisten (weit mehr als 15 Einträge) und ausreichender Zeit können Sie auch noch nach einer Priorisierung fragen (z. B. über die →Listen Priorisierung [S. 261]). Bitten Sie anschließend die Auftragsausführer in eigenen Worten die Liste nochmals durchzugehen, um das gemeinsame Verständnis zu klären. Beide Seiten (Auftragsgeber und -ausführer) sollen hier Verständnisfragen stellen – das ist der entscheidende Schritt und ist von Ihnen als Moderator strukturiert zu begleiten.

Diese Vorgehen kann natürlich auch gewählt werden, wenn sich nur Auftragsausführer am Tisch zusammenfinden, z. B. wenn ein gemeinsames Projekt-Review am Jahresende geplant ist. Dann können die Anforderungen genauso im gemeinsamen Austausch aus dem Team abgefragt und priorisiert werden. An einem gewissen Punkt sollte dann aber auch deren Gültigkeit mit den Auftraggebern abgeglichen werden. Das kann aber selbstverständlich zu einem späteren Zeitpunkt geschehen, der allerdings nicht zu weit in der Zukunft liegen sollte.

Im **zweiten Schritt** stellen umgekehrt die Auftragausführer ihren *IST-Stand* dar. Dies ist die klassische (Produkt-/ Projekt-/ ...)entwicklungsvorstellung – *„Was wurde wie gemacht?“* Bitten Sie um eine möglichst konkrete und präzise Darstellung, ohne dabei zu detailverliebt zu werden. Dies unterstützen Sie, indem Sie um Beispiele (statt allgemeinen Platzhaltern) bitten und ggf. den Zeitrahmen für die Vorstellung eng vorgeben (Endlichkeit erzeugt Dringlichkeit und Fokus, s. →Meetings brauchen Zeit [S. 341]). Zusätzlich können Sie die „Entscheidungskriterien“ zur Fokussierung einsetzen (insbesondere die Haltung „Richtig und Wichtig?“, s. →Entscheidungskriterien [S. 273]).

Im Vorgriff auf den dritten Schritt (der Diskussion nötiger Anpassungen) können Sie als Moderator die genannten IST-Punkte direkt eine Liste neben die bereits im ersten Schritt gesammelten SOLL-Anforderungen schreiben (idealerweise in einer anderen Farbe). So unterstützen Sie den anschließenden SOLL-IST-Vergleich visuell.

Während die Schritte eins und zwei nur den Rahmen gesteckt haben, geht es im **dritten Schritt** um die eigentlich zentrale Frage des Reviews: Im *SOLL-IST-Vergleich* werden die Fragen „Was fehlt?“, „Was ist überflüssig?“ und „Was wurde gelernt?“ gemeinsam beantwortet. Dort, wo die Abweichung zwischen SOLL und IST am größten ist, wird der größte Änderungsbedarf festgestellt. Dies lässt sich systematisch anhand einer Gegenüberstellung von SOLL und IST durchführen, beispielsweise durch eine zweispaltige Liste (s. zweiter Schritt, letzter Abschnitt). Eine zweite Möglichkeit bilden Speed-Interviews: Bilden Sie dazu Paare aus Auftraggeber und Auftragausführer, bei denen die Auftragausführer die Auftraggeber für circa 10-15 Minuten zum SOLL-IST-Abgleich interviewen. Folgende Fragen können Sie als Hilfestellung geben:

- „Auf einer Skala von 0 bis 10, wie weit wurden Ihre Erwartungen erfüllt? Hierbei steht 0 für ‚gar nicht‘ und 10 für ‚100% erfüllt oder übertroffen‘“. Der Auftragausführer notiert bestenfalls die Skala. (→Zustimmung abfragen [S. 290], Skalenabfrage)
- „Was wäre nötig, damit Sie den Schieber um einen Punkt erhöhen könnten?“
- „Was vermissen Sie konkret am IST-Zustand?“
- „Worauf könnten Sie beim IST-Zustand verzichten? Warum?“
- „Worauf könnten Sie beim SOLL-Zustand verzichten? Warum?“
- „Auf einer Skala von 0 bis 10, wie zuversichtlich sind Sie, dass der Auftrag erwartungsgemäß durchgeführt wird? Hierbei steht 0 für ‚gar nicht‘ und 10 für ‚100% erfüllt oder übertroffen‘“. Der Auftragausführer notiert wieder die Skala.
- „Was würde Sie noch zuversichtlicher machen, damit Sie den Schieber um einen Punkt erhöhen könnten?“

Falls die Auftragausführer ein anwendbares Produkt (z. B. einen Prototypen, ein Modell ...) geschaffen haben, können Sie auch eine praxisnahe Herangehensweise wählen: Bitten Sie dazu die Auftraggeber mit dem Produkt händisch umzugehen, alle Funktionalitäten nach den eigenen Erwartungen und Wünschen praktisch zu testen und dabei laut zu denken. Die

Auftragausführer nehmen dabei eine Beobachterrolle ein und versuchen die Ansprüche, die Handhabungen und Denkweise der Auftraggeber an den Prototypen herauszufinden. Anschließend diskutieren beide Gruppen gemeinsam das Erlebte.

Der dritte Schritt nimmt meist die größte Zeit im Review in Anspruch. Das ist gut und richtig so, denn hier findet der Lernprozess statt – gönnen Sie sich und der Gruppe dieses Erlebnis, denn es sorgt nicht nur für gute Ergebnisse, sondern auch für gute Stimmung im Team und lässt Auftraggeber und Auftragausführer einander besser verstehen und damit auch besser zusammenarbeiten.

Der abschließende **vierte Schritt** fasst den festgestellten Veränderungsbedarf zusammen und fragt nach dem weiteren Vorgehen: „Was soll als nächstes (bis zum nächsten Review) gemacht werden?" In anderen Worten wird über die Frage →Wer macht was bis wann? [S. 351] entschieden. Die Grundlage hierfür bilden die festgestellten Veränderungsbedarfe, aber auch zur Verfügung stehende Ressourcen sollten hierbei entsprechend berücksichtigt werden. Als Hilfestellung können Sie tabellarisch nach dem Schema *Keep-Drop-Try* das weitere Vorgehen erfragen und festhalten (→Tabelle 9):

Keep	**Drop**	**Try**
Was machen wir gut? *Was wollen wir beibehalten oder verstärken?* *Was sind unsere Dos?*	*Was machen wir nicht gut?* *Was verfolgen wir nicht weiter?* *Was sind unsere Don'ts?*	*Was möchten wir konkret ausprobieren?* *Bis wann haben wir es ausprobiert und wie bewerten wir es dann?*

Tabelle 9: Keep-Drop-Try Fragen und Impulse für die Ergebnissicherung im Review.

Im nächsten Review kann die Keep-Drop-Try-Tabelle als Grundlage genommen werden, um in Schritt eins den SOLL-Zustand direkt zusammenzufassen und erleichtert so den kontinuierlichen Reviewprozess. In der Sprache des PDCA-Schemas bildet die Tabelle den Punkt „Check" ab, und zwar sowohl als Orientierungspunkt während der Ausführung („Do"), als auch als Checkliste für den nächsten Reviewschritt („Check").

Manchmal müssen auch weitreichende Entscheidungen getroffen werden. Dazu können Sie Methoden aus →Entscheidungen herbeiführen [S. 273] nutzen. Kann (noch) keine Einigung erzielt werden, setzen Sie kurzfristig ein weiteres Entscheidungstreffen an (z. B. als →Konsent-Abstimmung

[S. 277]). Bevor es aber soweit ist, können folgende Fragen in (scheinbar) festgefahrenen Situationen weiterführen:

- „Welche Auswirkungen haben die Veränderungsbedarfe auf das weitere Vorgehen?"
- „Was brauchen Sie, um jetzt weiterzuarbeiten?"
- „Woran würden Sie jetzt am liebsten sofort weiterarbeiten? Und warum?"

Hilfreiche Hinweise für die Durchführung einer Review-Retrospektive

- Methodisch können Sie die vier Schritte hervorragend in einem →Vier-Felder-Schema [S. 263] unterbringen und damit schnell und strukturiert ein Review durchführen. Dieses Vorgehen eignet sich besonders für schnelle und spontane Reviews.
- Schritte 1 und 2 können sehr gut vorbereitet werden, indem Sie die Verantwortlichen in der Einladung zum Review bereits mit der Zusammenstellung der SOLL- bzw. IST-Zustände beauftragen. Dies spart Zeit und legt schon vorab Verständnisprobleme offen.
- Falls in den Fragen zum weiteren Vorgehen (in Schritt 4) große Unstimmigkeiten zwischen Auftraggebern und Auftragausführern deutlich werden, ist dies ein Hinweis auf eine ungeklärte Erwartungshaltung zwischen beiden. Falls Sie dies feststellen, weisen Sie darauf hin und kehren zur Klärung zu Schritt 1 zurück.
- Auch (und gerade) in größeren Projekten mit (mehreren) externen Beteiligten lässt sich ein Review regelmäßig durchführen. Es hilft dabei, ein gemeinsames Verständnis auf den ausführenden Ebenen, zwischen den Projektteams (und nicht nur den Projektleitern) zu etablieren und zu festigen. Der vermeintliche Mehraufwand durch weitere Treffen zahlt sich stets aus, da Fehler durch Missverständnisse, Fehlinterpretationen und generelle Kommunkationsmissstände vermieden werden. Zusätzlich fördert es die direkte Kommunikation der Beteiligten untereinander – und spart damit Zeit, Nerven und Frustration auf beiden Seiten!

Die Team-Retrospektive

Im Gegensatz zur inhaltlich geführten Review-Retrospektive (→Die Review-Retrospektive [S. 298]) schaut die Team-Retrospektive auf den Prozess der Zusammenarbeit und entwickelt gemeinsame Wünsche. Dabei blendet die Team-Retrospektive bewusst To-Dos, externe Einflüsse (den Kunden, die Gesetzeslage ...) und Schiefgelaufenes aus und richtet den Blick in eine bessere (Team-)Zukunft. Wie auch schon in der Review-Retrospektive wird hier aus der Vergangenheit für die Zukunft gelernt. Das Ziel ist es, die Zusammenarbeit im Team zu stärken, Konflikte und Probleme ansprechen (und lösen) zu können, eine erfolgreichere Arbeitsweise zu finden und damit die gemeinsamen Ergebnisse zu verbessern. Dafür verfolgen wir den *lösungsfokussierten Ansatz* von Kotrba und Miarka [KOTBRA et al., 2019] und nehmen folgende Grundhaltung ein:

> *Wir gehen davon aus, dass alle in der Gruppe ihr Bestes getan haben – und tun werden – und zu aller Zeit nach bestem Wissen und Gewissen handeln.*

Diese Haltung schließt natürlich mit ein, dass man „hinterher immer schlauer ist" und lässt Raum für positive Veränderung. Aber vor allem lädt sie alle Teilnehmer (inkl. Sie als Moderator) dazu ein, eine positive, auf Lösungen konzentrierte Grundstimmung einzunehmen, die so wichtig für (erfolgreiche) Veränderungsprozesse ist. Unserer Meinung nach finden täglich schon genug Projekttreffen statt, die ausschließlich aus Vorwürfen und Schuldzuweisungen bestehen und dadurch die Lösungsfindung blockieren sowie für Frust statt Lust am Arbeitsplatz sorgen.

Apropos Frust: eine Team-Retrospektive behandelt oft Frustrationen und Konflikte. Diese sind ein ganz normaler Bestandteil der Zusammenarbeit von Menschen und werden in der Team-Retrospektive als wichtige Hinweise auf dem Weg zur besseren Zukunft anerkannt. Die Team-Retrospektive kann daher gut als Steuerungselement in einer Krisensituation eingesetzt werden oder um eine Krise im Nachgang gemeinsam aufzuarbeiten und daraus für die Zukunft zu lernen. Wie funktioniert aber dieses systematische und gemeinsame Lernen? Hier unser Vorgehen anhand von vier Schritten in aller Kürze:

1. **Positive Grundstimmung schaffen:** *Was ist gut?*
2. **Situation wahrnehmen und beschreiben:** *Was passiert gerade?*
3. **Probleme benennen und Ziele definieren:** *Wozu sind wir hier und wie soll es werden?*

4. **Keep-Drop-Try:** *Wie erreichen wir das Wozu? Was haben wir bereits? / Welche Ressourcen stehen uns noch zur Verfügung? / Was wollen wir verändern?*

Im **ersten (Vor-)Schritt** klären Sie gemeinsam mit der Gruppe die Situation und erfassen, was es überhaupt zu besprechen gibt, damit alle auf dem gleichen Stand sind. Im Sinne der lösungsorientierten, positiven Grundhaltung ist es ratsam, die Team-Retrospektive mit einem positiven Aspekt zu eröffnen. Je nach Situation können Sie dazu folgende Ideen umsetzen:

- Sie stellen eine positiv formulierte Frage in die Gruppe und lassen sie reihum, z. B. in einer →Blitzlichtabfrage [S. 291] impulsartig beantworten:
  - „Was schätzen Sie besonders an Ihrer täglichen Arbeit?"
  - „Worauf sind Sie besonders stolz in Ihrer Arbeit der letzten Woche?"
  - „Was hat Ihnen heute auf der Arbeit Freude gemacht / ein Lächeln ins Gesicht gezaubert?"

    Falls die Antworten schleppend kommen und Sie das Gefühl haben, das Team ist durch die Frage(n) verunsichert, bestehen Sie nicht auf der Vollständigkeit, sondern äußern Sie Ihre Beobachtung und bitten Sie die Gruppe, Sie bei der Suche nach einer passenderen Form zu unterstützen.
- Nutzen Sie die „Ich danke dir"-Methode aus dem Abschnitt →Wertschätzendes Speed-Feedbacking [S. 293]. Zur Verstärkung können Sie der Gruppe vorab noch einmal den lösungsorientierten Ansatz „Alle hier geben ihr Bestes nach bestem Wissen und Gewissen" (s. o.) ins Gedächtnis rufen.
- Je nach Situation können Sie auch auf Schritt 3 vorgreifen (s. u.) und abfragen „Was soll so bleiben, wie es jetzt schon ist?" Teilen Sie die Gruppe dafür beispielsweise in Zweier- bis Vierergruppen, die kurz (fünf Minuten) ihre Ideen z. B. mittels →Brainstorming [S. 255] auf Moderationskarten aufschreiben. Anschließend sammeln Sie die Ideen aller im Plenum und sortieren bzw. strukturieren diese gemeinsam für die weitere Arbeit (s. →Clustern [S. 262]).

- **Warnung**: In manchen verfahrenen (Konflikt-)Situationen wirken alle gut gemeinten positiven Ansätze fehl am Platze. In diesen Situationen müssen sich die Beteiligten mitteilen und über die Situation „auslassen"

dürfen. Geben Sie Ihnen dann den Raum dafür (s. →Lassen Sie reden! [S. 308]). Unterbrechen Sie danach die Retrospektive und vereinbaren Sie einen neuen Termin, um sie schrittweise zu Ende zu führen.

Die positive Eröffnung erlaubt es allen Beteiligten, neue Perspektiven einzunehmen und öffnet den Denkraum für kreative Lösungen. Dies ist wichtig, denn meist sind in Krisen alle Beteiligten in ihren jeweiligen negativen Gedanken festgefahren und sehen nur, was alles *nicht* (gut) läuft. Aus dieser Gedankenwelt heraus lassen sich aber keine Lösungen entwickeln.

Im **zweiten Schritt** geht es darum, einen gemeinsamen Blick auf die Situation zu erarbeiten, die es zu klären gilt. Am Beginn der Retrospektive gehen wir davon aus, dass jeder Teilnehmer eine eigene Perspektive auf die Situation hat und es daher wichtig ist, möglichst umfassend alles in den Blick zu nehmen. Das gilt umso mehr, wenn eine Konflikt- oder Krisensituation im Nachgang durch die Retrospektive bearbeitet werden soll. Besonders dann sind Emotionen involviert, die zu allererst ausgesprochen und gehört werden wollen, bevor Platz für konstruktive Lösungen entsteht. Planen Sie entsprechend der Zahl Ihrer Gruppenmitglieder ausreichend Zeit für eine ausführliche Erörterung der Situation ein. Um diesen Schritt vorwegzunehmen, können Sie allerdings auch eine Umfrage vorab durchführen (s. dritter Punkt der unten folgenden Impulse).

Im Folgenden stellen wir Ihnen ein paar Impulse vor, die als Inspiration für einen gemeinsamen Blick im Team dienen dürfen – selbstverständlich mit der Einladung, hier eigene kreative Ideen für *Ihre* Retrospektive daraus zu generieren.

Blick aufs (nicht) Getane

Schauen Sie gemeinsam auf das, was getan wurde, und vor allem auch auf das, was nicht getan wurde – weil die Zeit zu knapp war, Ressourcen gefehlt haben oder es schlicht weg nicht relevant war. Öfter als wir denken, waren auch die eigenen Gewohnheiten zu stark, um etwas zu verändern. Doch all dies gilt es zu würdigen, indem die Gruppe beides (Getanes / Nicht-Getanes) sammelt – in einer zweispaltigen Tabelle mit Ihrer Unterstützung als Moderator.

Chronologie auf dem Zeitstrahl erfassen

Insbesondere in emotional geladenen Krisensituationen oder langwierigen Projekten mit vielen Beteiligten ist es sehr hilfreich, Ereignisse chronologisch zu ordnen und anhand dieser anschließend die individuelle emotionale

Stimmung abzubilden. Bereiten Sie dazu auf einem großen Whiteboard oder mehreren Flipcharts (hier gilt: je mehr Platz desto besser) einen Zeitstrahl über den situations-relevanten Zeitraum vor und markieren die wesentlichen Zeitschritte (z. B. Wochen oder Monate). Zeichnen Sie diesen Zeitstrahl zweimal horizontal an: einmal zwischen dem oberen und dem mittleren Drittel des Blattes und einmal zwischen dessen mittlerem und unterem Drittel. In der Gruppe sammeln Sie nun individuell die Antworten auf die folgende Fragenkette:

- „Was ist Wichtiges für Sie passiert? Und wann?"
- „Bewerten Sie das Erlebnis eher positiv oder negativ? Und warum?"
- „Wer war alles involviert?"

Das genannte Ereignis wird anschließend entweder – bei positiver Bewertung – auf einem grünen Moderationskärtchen notiert (bzw. in grün im Whiteboard eingetragen) oder – bei negativer Bewertung – auf einem roten Kärtchen notiert (oder in rot eingetragen). Anschließend werden grüne Kärtchen im oberen Drittel, rote Kärtchen im unteren Drittel des Blattes am korrekten Zeitpunkt des Ereignisses auf dem Blatt aufgehängt. So entsteht eine Chronologie aus den individuellen Erlebnissen aller Teammitglieder, aus der durch die öffentliche Besprechung ein gemeinsames Situationsverständnis entsteht. Der Clou ist, dass jeder Teilnehmer zum Abschluss im mittleren Drittel des Blattes seine persönliche emotionale Kurve in einer eigenen Farbe einzeichnet: Wie hat sich jeder Mitarbeiter zu welchem Zeitpunkt gefühlt? Je weiter oben sich die Kurve bewegt, um so zufriedener / ausgeglichener ist die Person, und je weiter unten die Kurve verläuft, um so angespannter / unausgeglichener ist sie. (Natürlich können Sie die Skala auch umkehren und hohen Auschlag mit hoher Anspannung / Stress verknüpfen, wenn Sie emontionale Konfliktsituationen beleuchten wollen). So wird auch die emotionale (An-)Spannung jedes Teammitglieds visualisiert und in den Zusammenhang mit den Erlebnissen gestellt. Durch die Visualisierung in einem Gesamtschaubild wird so aus den individuellen Erlebnissen die Gesamtsituation im Team chronologisch greifbar gemacht, wie beispielhaft in →Abbildung 24 gezeigt. Fragen Sie gezielt nach der Ursache für Veränderungen in der Stimmung einzelner Personen und nach offensichtlichen Differenzen im Vergleich zwischen den Personen.

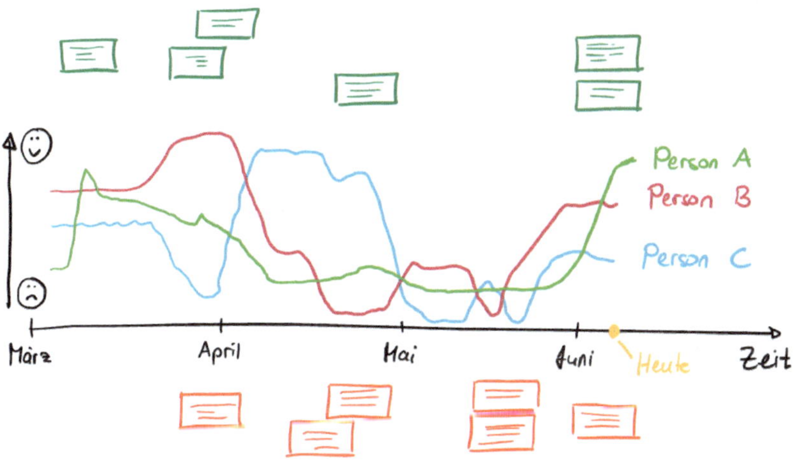

Abbildung 24: Beispielhafte Darstellung der chronologischen Entwicklung der individuellen Stimmungslage im Team auf dem Zeitstrahl. Grüne Einträge markieren positiv wahrgenommene Ereignisse, rote entsprechend negative.

Umfrage:
Sie können die Situationsanalyse auch ins Vorfeld der Retrospektive verlagern, indem Sie mit der Einladung zum Treffen eine Umfrage vorab verschicken. Die Umfrage sollte dabei gezielt Aspekte der *Zusammenarbeit im Team* abfragen, deren Antworten Ihnen als gemeinsame Bezugsbasis für die Retrospektive dienen. Einen guten Ausgangspunkt für die zu stellenden Fragen bietet z. B. die von Google angelegte „Project Aristotle"-Studie, in der Google am eigenen Mitarbeiterstab in 180 Teams die Grundlagen für effektive Teamarbeit ergründet hat [Re:WORK, online]. Dabei nennt Google fünf Kern-Aspekte für high-performance-Teams:

- **Psychologische Sicherheit:**
  - Kann man im Team heikle Themen offen ansprechen?
  - Kann man Risiken nehmen, ohne Angst zu haben, in Verlegenheit gebracht zu werden?
- **Zuverlässigkeit:**
  - Kann man auf jedes Teammitglied gleichermaßen zählen, dass Aufgaben qualitativ hochwertig und fristgerecht erledigt werden?

- **Struktur & Klarheit:**
  - Sind die Team-Ziele allen klar?
  - Sind die Rollen und Verantwortlichkeiten jedes einzelnen Teammitglieds klar?
  - Ist Ihnen klar, was Vorgesetzte / Teammitglieder / Kunden von Ihnen und Ihrer Arbeit erwarten?
  - Ist die Erreichung der Gruppenziele (das Wie? der Zielerreichung) allen klar?
- **Bedeutsamkeit:**
  - Ist Ihnen Ihre Arbeit persönlich wichtig?
- **Sinnhaftigkeit:**
  - Glauben Sie, dass Ihre Arbeit vom Unternehmen wirklich gewürdigt wird?

Fragen Sie diese Aspekte (oder andere, die die Situation Ihres Teams besser abbilden) per Skalenabfragen zwischen „0" bis „10" ab (→Zustimmung abfragen [S. 290]) und verwenden Sie die Antworten als Grundlage für Ihre Retrospektive. Stellen Sie die Umfrageergebnisse als „Slider" dar, um in Schritt zwei (Ziele definieren) konkrete Verbesserungen festzulegen (s. unten).

Entlang derselben Fragen können Sie eine entsprechende Umfrage bei ausreichend verfügbarer Zeit auch live in die Retrospektive einbinden.

Lassen Sie reden!
In verfahrenen (Konflikt-)Situationen müssen sich die Beteiligten einfach erstmal aussprechen. Bzw. sie müssen verbalisieren, was ihnen auf der Seele liegt, bevor hinter der Frustration und dem Ärger eine Lösung entstehen kann. Geben Sie dem Team in einer solchen Situation den Raum zum Reden und Zuhören. Es kann hilfreich sein, in einer hoch emotionalen Situation und falls dominante Redner im Team sind, feste Redezeiten zu vergeben, damit die Redebeiträge ausgeglichen verteilt sind und alle gleichberechtigt gehört werden. Nutzen Sie Fragen wie die folgenden, um sich dem Kern des Problems anzunähern:

- „Was haben Sie mit Ihrer Handlung beabsichtigt?"
- „Welche Absicht sehen die anderen wahrscheinlich in diesem Handeln?"
- „Was möchten Sie stattdessen?"
- „Was brauchen Sie von mir / von einzelnen Teammitgliedern / vom Team, damit sich die Situation schlagartig bessert?"

Mit den ersten beiden Fragen machen Sie den Ärger für den Befragten und das Team bewusst nachvollziehbar. Dies ist der erste Schritt zur Veränderung der Situation. Der zweite Schritt wird durch die lösungsorientierte Perspektive der letzten beiden Fragen eingeleitet, die dem Team helfen, (schrittweise) aus der frustgeladenen Perspektive neuen, konstruktiven Boden zu betreten.

Planen Sie in jedem Fall ausreichend Zeit für eine solche Auftakt-Retrospektive ein. Dies bedeutet, dass Sie benötigte Zeit wohlwollend schätzen, einplanen und dann mindestens eine Stunde bis die doppelte geschätzte Zeit als Puffer zusätzlich veranschlagen – Konfliktsituationen entziehen sich einer engagierten Zeitplanung. Ihr Ziel als Moderator ist hierbei, dass die Probleme vor der Gruppe verbalisiert und gesammelt werden, um sie auf diesem Wege bewusst zu machen. Protokollieren Sie also stichpunktartig mit und fokussieren zum Ende der Retrospektive auf ein gemeinsames Problemverständnis. Dann machen Sie zum Abschluss einen gemeinsamen Termin für eine anschließende Retrospektive aus, in der Sie in Schritt 3 einsteigen.

Im **dritten Schritt** leiten Sie aus der Situation zuerst ein Problembewusstsein in der Gruppe ab und definieren daraus (mindestens) ein gemeinsames Gruppenziel für die Retrospektive. Per se ist das Ziel einer Team-Retrospektive natürlich mit der Teamentwicklung für eine verbesserte Zusammenarbeit im Team fixiert. Aber das muss in jeder konkreten Situation und Team-Konstellation aus der Gruppe heraus formuliert und affirmiert werden. Dazu leiten Sie die Gruppe zuerst auf Basis der in Schritt zwei entwickelten gemeinsamen Situationsanalyse (IST-Zustand) an, *Problemkategorien* zu benennen. Folgende Kategorien sind (fast) immer beteiligt:

- Ressourcen (Zeit, Geld, Mitarbeiter) fehlen. Auch ein „zu viel zu tun" deutet auf zu knappe Ressourcen (Zeit, Mitarbeiter) hin und es muss Raum für Wichtiges geschaffen werden.
- Unklares Ziel – Unsicherheit darüber, wo es hingehen soll.
- Entscheidung oder Informationen stehen aus.
- Verantwortlichkeiten unklar oder undefiniert.
- Erwartungshaltungen vom Kunden / Vorgesetzten / etc. unklar.
- …

Im Kern bestehen die Probleme immer aus einem Fehlen oder der Unklarheit in (mindestens) einer bestimmten Kategorie. Auf dem Weg dorthin können die folgenden Fragen helfen:

- „Was *genau* liegt im Team im Argen?“
- „Mit Blick auf den IST-Zustand – was sollte *stattdessen* sein?“
- „Was gilt es an der aktuellen Situation zu *verbessern*?“
- „Haben wir Anpassungen verschlafen? / Sind Methoden, Prozesse, Absprachen, Regeln etc. überflüssig geworden? / Oder brauchen wir umgekehrt neue Difinitionen für Prozesse, Verantwortlichkeiten, Regeln oder sind Absprachen neu zu auszuhandeln?“

Notieren Sie als Moderator bereits die Probleme auf einem Whiteboard oder auf Moderationskarten als Liste mit. Mit dem Wissen um die Problem(-kategorien) können Sie anschließend Veränderungsbedarfe in der Gruppe definieren – das sind die angestrebten Verbesserungen und damit die Ziele der Retrospektive! Durch sie erhält das übergeordnete Ziel der Team-Zusammenarbeit eine konkrete Gestalt und dadurch entsteht die Möglichkeit, im Team konkrete Lösungen zu finden. Schreiben Sie dazu neben die Liste der „Problem(-kategorien)“ in die zweite Spalte die Überschrift „Ziele“ oder „Wünsche“. Gehen Sie anschließend mit der Gruppe Problem für Problem durch und diskutieren daran folgende Fragen: „Was würden Sie hier gerne ändern?“ und „Was würden Sie sich stattdessen wünschen?“ Notieren Sie die Ziele zu jedem Problem stichwortartig.

Nun haben Sie eine Liste an Problemen und erwünschten Zielen vorliegen. Diese können Sie als Grundlage für die folgenden Impulse zur Weiterarbeit nutzen:

- **Priorisieren des wichtigsten Veränderungsbedarfs (Ziels):**

Zur Priorisierung einzelner Probleme oder Veränderungsbedarfe können Sie mit den bereits vorgestellten Methoden →Entscheidungen herbeiführen [S. 273], um aus der Gruppe heraus zu priorisieren. Wenn die beiden Listen aus Problem(-kategorien) und Zielen sehr lang sind, können Sie auch eine weitere Methode nutzen, indem Sie die Gruppe bitten, die Frage „Was müssen wir hinkriegen?“ zuerst jeweils für sich zu beantworten. Limitieren Sie die Beantwortung bewusst auf eine Zeit von drei Minuten, sodass jeder nur das für ihn Wichtigste schreibt. Anschließend bitten Sie die Gruppe, in Zweierpärchen zusammenzukommen und sich wieder in drei Minuten gegenseitig dieselbe Frage zu beantworten, und sich auf die wichtigsten zwei Punkte des Zweierteams zu einigen und diese zu notieren. Je nach Größe der Gruppe machen Sie entsprechend weitere Runden mit Vierer- oder Achterteams (jeweils mit sechs Minuten bzw. zwölf Minuten Zeit), stets mit dem Arbeitsauftrag, die zwei wichtigsten Antworten sammeln. Anschließend sammeln Sie im Plenum die resultierenden Antworten jeder Gruppe. Wenn gewünscht, wenden Sie auch hier die bekannten Methoden an, mit denen Sie →Entscheidungen herbeiführen [S. 273], um diese Liste weiter zu priorisieren.

- **Vierfach Auswirkungen analysieren:**
  Sind mehrere Ziele in der engeren Auswahl um die höchste *Priorisierung* oder wenn allgemein noch unklar ist, warum das Ziel verfolgt werden sollte, hilft es, sich gemeinsam über die Auswirkungen klar zu werden. Um die Auswirkungen bestimmter Ziele deutlicher vor Augen zu führen, können Sie die Gruppe verschiedene Perspektiven einnehmen lassen. Dazu nutzen Sie die interaktive Form des →Vier-Felder-Schemas [S. 263] und stellen entsprechend vier Flipcharts im Raum auf. Stellen Sie darauf beispielsweise Fragen zu den folgenden Aspekten (angelehnt an die ebendort genannte SWOT Analyse):
  - „Was wird sich bei Zielerreichung für *das Team* ändern?"
  - „Was wird sich bei Zielerreichung für *das Unternehmen* ändern?"
  - „Was wird sich bei Zielerreichung für *unsere Kunden* ändern?"
  - „Was wird sich bei Zielerreichung für *Sie persönlich* ändern?"

  Eine andere Möglichkeit wäre nach Aspekten der Zusammenarbeit zu fragen, beispielsweise also:
  - „Wie ändert sich dadurch die Zusammenarbeit *untereinander im Team*?"
  - „Wie ändert sich dadurch die Zusammenarbeit *mit dem Vorgesetzten*?"
  - „Wie ändert sich dadurch die Zusammenarbeit *mit anderen Teams im Unternehmen*?"
  - „Wie ändert sich dadurch die Zusammenarbeit *mit dem Kunden / Projektpartner*?"
    Stellen Sie (bzw. lassen Sie) anschließend die Ergebnisse im Plenum vor (stellen).

- **Die „Kinderfrage":**
  Wurden Sie auch schon einmal von Kindern durch deren wiederholtes Fragen von „Warum?" – „Warum?" – „Warum?" in eine argumentative Enge getrieben? Diese Strategie, die uns aber auch zugleich geistig auf

Trab hält, können Sie frei nach Mt 18,1-4[13] für sich nutzbar machen: Die Auswirkungen eines einzelnen Ziels können durch das wiederholte Fragen von „Warum?“ bzw. *„Wozu?“* (das ist die erwachsenere, zielgerichtetere Variante) noch stärker bewusst gemacht werden. Nehmen Sie dazu das Ziel und notieren die Antworten auf die erste Frage „Wozu dient das?“ in erster Ebene. Anschließend fragen Sie zu den Antworten in der ersten Ebene wieder „Wozu dient das?“ und notieren die Antworten in der zweiten Ebene. Das fragen nach dem dahinter liegenden „Wozu?“ können Sie quasi beliebig fortsetzen, bis Sie einen →Fragenbaum [S. 257] mit vielen „Wozu?“-Blättern vorfinden, an dessen Wurzel das ursprüngliche Ziel steht. Gleichzeitig ist das „Wozu?“ auch ihr Wegweiser zu zielführenden Meetings (s. →Zielsetzung [S. 319]).

- **Direkt mit Keep-Drop-Try fortfahren** (Schritt vier, s. folgend)
  Die Liste mit der Gegenüberstellung von Problem(-kategorien) und Zielen bzw. Wünschen bietet an sich auch schon eine Grundlage, um mit dem dritten Schritt fortzufahren und konkrete nächste Schritte zu beschließen.

Im **vierten und letzten Schritt** wird gemeinsam das weitere Vorgehen beschlossen. Wie schon im letzten (vierten) Schritt für →Die Review-Retrospektive [S. 298] weiter oben beschrieben, wenden wir dazu gerne das Keep-Drop-Try-Schema an, da es einfach auszuführen und wenig störanfällig ist und dabei konkrete Handlungen bis zum nächsten Treffen mit auf den Weg gibt. Die Grundlage hierfür bilden die festgestellten Veränderungsbedarfe, aber auch zur Verfügung stehende Ressourcen sollte hierbei entsprechend berücksichtigt werden. Als visuelle Hilfestellung können Sie das Keep-Drop-Try Schema bequem anhand von →Tabelle 9 anfragen und gleichzeitig für die weitere Verarbeitung dokumentieren, wie im Detail im Abschnitt →Die Review-Retrospektive [S. 298] beschrieben.

Auf Basis der im ersten Schritt ausführlich durchgeführten Situationsanalyse sollte das Befüllen der *Keep-Drop-Try*-Tabelle keine Probleme mehr bereiten. Manchmal kann Ihre Gruppe weiter hartnäckig beim Befüllen von „Try“ in einer Problem-Negation sprechen (z. B. „Wir wollen nicht mehr zu spät zu Meetings kommen.“). Helfen Sie der Gruppe dann, indem Sie nach einer konkreten (positiven, proaktiven) Handlung fragen: „Und wie

13 Frei übersetzt: „werdet wie die Kinder“.

werden Sie es konkret erreichen, nicht mehr zu spät zu kommen?"). Damit übernimmt die Gruppe durch Ihr Nachfragen Verantwortung für das eigene Handeln und stellt sicher, dass die beschlossenen „Try"-Maßnahmen auch wirklich Handlungen auslöst, die zur Zielerreichung führen.

Meeting-Management

Das Ganze ist mehr als die Summe seiner Teile. (Aristoteles)

Warum kommen Menschen zu Meetings[1] zusammen? Die Gründe dafür sind, wie Sie wissen, extrem vielfältig. Wir fokussieren uns hier auf die folgenden Motive: Weil sie das gemeinsame Verständnis zu einer bestimmten Sache voranbringen möchten, weil sie die Hoffnung haben, im gemeinsamen Austausch weiter planen, besser entscheiden oder einfach mehr schaffen zu können oder weil sie die Diversität der Gruppe nutzen möchten, um den Denkhorizont erneut ein wenig weiter nach außen zu schieben. Damit stehen Meetings ganz in der Tradition von Aristoteles' Zitat, indem sie etwas Größeres schaffen, als jeder Einzelne im Stande wäre. Das ist im Kern der Grund für jedes Meeting – ob im Privaten oder im Beruflichen: Der Wunsch

---

1 Den Terminus *Meeting* benutzen wir hier stellvertretend auch für andere Bezeichnungen wie beispielsweise *Arbeitstreffen*, *Gruppenbesprechung*, *Teamsitzung* oder *Kolloquium*, *Seminar*, *Workshop* (im Bildungsumfeld) bzw. *Versammlung*, *Symposium* (bei größeren Anlässen).

das gemeinsame Verständnis zu mehren – oder in der Worten von Hellmut Geißner[2] *etwas gemeinsam zur Sache zu machen bzw. etwas zur gemeinsamen Sache zu machen* [GEISSNER, 1988]. In der Idee einleuchtend! Aber in der Umsetzung erleben wir doch immer wieder Herausforderungen. Wann und wie Sie diese als Moderator ausräumen, damit umgehen oder diese direkt ansprechen müssen, um Meetings als allgemeine Bereicherung zu erleben und erleben zu lassen, erfahren Sie in diesem Kapitel.

Im Alltag haben wir am häufigsten mit Moderation im Sinne eines *regelmäßig* stattfindenden, irgendwie „organisierten" Arbeitstreffens zu tun, das wir *Meeting* nennen wollen. Meetings nehmen einen immer größer werdenden Anteil unseres Berufsalltags ein. Fragen Sie sich doch einmal selbst: *Wieviel Zeit verbringe ich eigentlich in Meetings?* Dieser Frage geht Stephen Rogelberg, Professor für Organisationswissenschaft der University of North Carolina, nach und kommt auf etwa acht Meetings pro Woche für einen durchschnittlichen Angestellten und 12+ Meetings pro Woche für eine Führungskraft [ROGELBERG, 2018].[3] Rogelberg konstatiert dabei weiter, dass sich die Anzahl der Meetings allein in den USA innerhalb der letzten 40 Jahre von etwa 11 Millionen auf knapp 55 Millionen verfünffacht hat. Pro Tag! Insgesamt ist es also nicht verwunderlich, dass wir alle *Moderation* im Alltag sofort und untrennbar mit der Durchführung von Meetings verbinden. Sehr wohl verwundert es da allerdings, dass Meetings in vielerlei Hinsicht verpönt und schlecht gelitten sind: Rogelbergs Erfahrungen aus vielen Seminaren unter Managern belaufen sich auf die Aussage „50 bis 70 Prozent aller Meetings sind Zeitverschwendung" [17] und bestätigt damit eine globale Umfrage von Microsoft, in welcher knapp 70 Prozent der Befragten Meetings als „unproduktiv" bezeichneten [MICROSOFT, 2005]. Hauptgründe für die Frustration durch unproduktive Meetings sind Unstrukturiertheit und Unverbindlichkeit. Daraus ergibt sich eine besonders starke Motivation, Meetings konstruktiv und effektiv zu strukturieren, um die ohnehin stark beanspruchte Arbeitszeit möglichst angenehm und produktiv zu gestalten.

---

2 Geißner bezieht diese Aussage auf (rhetorisch-mündliche) Kommunikation im Allgmeinen, nicht nur auf Meetings. Recht hat er, finden wir!

3 Das Pluszeichen steht hier für eine beliebige Steigerung, da die Anzahl der Meetings in höheren Positionen im Unternehmen zusätzlich ansteigt.

Dabei ist die Idee einer Besprechung nicht neu: Seit jeher kommen Menschen zusammen, um gemeinsam Position zu beziehen, Abläufe zu strukturieren, Aufgaben zu planen und ihre Durchführung zu überwachen und Entscheidungen für die Zukunft zu treffen. Zusätzlich sind Meetings das Mittel der Wahl, um Informationen auszutauschen und gemeinsame Ideen partizipativ zu entwickeln – auch daher sind Meetings heutzutage als Garanten für Transparenz und Kooperation unerlässlich. Diese Tätigkeiten und Eigenschaften in Meetings sicherzustellen haben wir im Verlauf des Buches bereits als Kernaufgaben des Moderators kennen und anwenden gelernt (s. →Moderation ausführen [S. 115]). Grundlegendes Rüstzeug besitzen Sie also bereits (oder wissen, wo Sie es finden können), um ein gut strukturiertes Meeting zu gestalten und somit den angesprochenen Mehrwert zu schaffen. Daher möchten wir *Meetings* in diesem Abschnitt als Spezialfälle von allgemeinen *Gruppentreffen* verstehen und zur Unterscheidung zum bisher besprochenen Vorgehen stringenter definieren:

- Meetings haben stets eine **klare Struktur**.
- Meetings sind meist **wiederkehrend zu planen** (d. h. einer Regelmäßigkeit unterworfen).
- Der **Moderator** ist der Organisator des Meetings.
- Der Moderator ist meist **inhaltlich-thematisch involviert**.
- Meetings besitzen einen **festen zeitlichen Rahmen**.
- Über Verlauf und Ergebnisse des Meetings wird eine **schriftliche Dokumentation** angefertigt.

> Das ideale Meeting bietet also eine klar strukturierte Ausrichtung und nutzt die Vorteile regelmäßiger Zusammenkünfte konsequent aus, um in einer fest vorgegebenen Zeit für alle Teilnehmer klar festzuhalten: Wer macht was bis wann?

Alle sechs Punkte bieten Rahmenbedingungen, die Sie bei der Strukturierung Ihrer Meetings zum positiven Ablauf einbinden können. Damit das gelingen kann, geben wir in den folgenden Abschnitten hilfreiche Anregungen und Ideen zu jedem Punkt. Ein Wort der Warnung sei allerdings gesagt: Alle Komponenten eines Meetings greifen ineinander und beeinflussen sich gegenseitig. Sie können also nur im Zusammenhang ihre volle Wirkung entfalten.

Wir empfehlen Ihnen mit dem folgenden Abschnitt →Struktur: Meetings brauchen Klarheit [S. 319] zu beginnen, um sich an unserer Sichtweise auf Meetings zu orientieren. Wenn Sie bereits Erfahrung mit Meetings haben, können Sie anschließend in bekannter Weise gezielt nach für Sie interessanten Aspekten suchen und sich an Ihrem eigenen Pfad orientieren. Andernfalls lesen alles in der vorgegebenen Reihenfolge, um sich einmal durch den gesamten Prozess strukturierter Meetings zu denken.

Struktur: Meetings brauchen Klarheit NAP

Ein Meeting findet immer aus einer bestimmten Absicht heraus statt: Sei es ein Austausch, eine Absprache, Planung oder Entscheidung oder ein Rückblick auf Geleistetes – jedes Meeting hat eine Intention bzw. Zielsetzung. Diese klar zu benennen gibt dem Meeting eine Ausrichtung und damit Struktur. Als Moderator ist es also eine Ihrer Kernaufgaben, die →Zielsetzung [S. 319] eines Meetings festzulegen und zu kommunizieren. Gleichzeitig kann sich aber auch im Austausch mit den Teilnehmern eine neue Ausrichtung oder eine geänderte Zielsetzung ergeben, sodass sich hier eine gewisse Dynamik einstellen kann. Um in diesem Fall den Überblick und Fokus beizubehalten und insbesondere die zeitliche Beschränkung nicht zu verletzen, brauchen Sie ein Modell für Meetings, das die Ausrichtung des Meetings konsequent weiterführt und gleichzeitig Raum für Veränderung lässt. Hier vergleichen wir das Modell gern mit einer Autobahn: Es gibt einerseits Leitplanken, die die Fahrtrichtung (Ausrichtung bzw. Zielsetzung) an jeder Stelle klar vorgeben, aber andererseits kann die Spur (im Detail) flexibel gewechselt werden (Raum für Veränderung), während grundsätzlich ein gewisses Tempo gewährleistet bleibt (im Zeitrahmen zu bleiben). Dazu stellen wir im Abschnitt →Meeting-Modell [S. 322] unsere Vorstellung einer Kategorisierung der Zielsetzungen eines Meetings vor, das Ihnen im Meeting als „Leitplanke“ dienen kann. Die Flexibilät der „Spurwechsel“ erhalten Sie sich, indem Sie durch Kernfragen zu jeder Kategorie durch das Meeting leiten.

Zielsetzung

Als Faustregel dürfen wir beherzigen, dass wir nie ohne eine Zielsetzung in ein Meeting gehen sollten. Zu groß ist die Gefahr, dass am Ende des Meetings das Gefühl von Frustration und Zeitverschwendung entsteht! Zielsetzungen geben eine Ausrichtung und stellen den Grund für das Zusammenkommen stets in den Vordergrund – unabhängig von der Anzahl der Personen im Meeting. Dadurch können Sie auch mit Hilfe der →Einladung (Meeting) [S. 326] die Erwartungshaltung Ihrer Teilnehmer am Meeting vorab steuern und einen zeitlichen Rahmen für die Dauer des Meetings stecken, denn →Meetings brauchen Zeit [S. 341]. Vor *jedem* Meeting sollten Sie sich also stets das Ziel des Meetings bewusst machen – idealerweise zuerst individuell, im zweiten Schritt mit den anderen Teilnehmern zusammen. Dazu können folgende Methoden beitragen:

- **Frage dich: Wozu?**
  Die Kernfrage für jedes Meeting lautet „Wozu?" – Wozu treffen wir uns? Dabei drückt die Frage „Wozu?" noch stärker eine Ausrichtung ‚auf etwas hin' aus, als das verwandte Fragewort „Warum?" Daher wird Ihre Antwort auf die Frage „Wozu?" für Ihre Meeting-Zielsetzung noch präzieser ausfallen können. Allgemeine Kategorien für das „Wozu?" eines typischen Meetings stellen wir im folgenden Abschnitt →Meeting-Modell [S. 322] vor. Hier ist mit der Frage eher das ganz konkrete, detaillierte und möglichst spezifizierte „Wozu?" jedes indiduellen Meetings gemeint.
- **SMARTe Ziele**
  Die Zielsetzung können Sie sich auch mit der klassischen Methode SMARTer Ziele des Projektmanagements erschließen. Hier steht jeder der fünf Buchstaben für ein Kriterium, das Ihre Zielsetzung erfüllen sollte; demnach prüfen Sie Ihre Ziele für das Meeting vorab auf folgende Eigenschaften:
  - **Spezifisch**: Ausgangsparameter, Zwischenziele und Ziele so konkret und detailliert wie möglich planen.
    Wo genau wollen wir ansetzen? Was soll genau erreicht werden?
  - **Messbar**: Finden und definieren von messbaren Kriterien zur Zielerreichung.[4]

---

4 *Messbar* ist nur das, was auch *beobachtbar* ist. Daher bieten sich als Kriterien quantitative Werte mit Bezugsgrößen („Steigerung um 12 % im Vergleich zum Vorjahr"),

Woran wird erkennbar / messbar, dass wir den Zielen näher gekommen sind bzw. diese erreicht haben?

- □ **Anziehend**: Das Ziel sollte anziehend und anspruchsvoll sein. Formulieren Sie positiv und attraktiv, sodass das Ziel maximal erstrebenswert wird und Sie inkl. Ihrer Gruppe motiviert.
  Wozu soll die Zielerreichung dienen / was soll sein? (Nicht: was soll nicht sein!)
- □ **Realistisch**: Planen Sie Ziele, die im Rahmen der zeitlichen, materiellen und persönlichen Möglichkeiten, d. h. unter Berücksichtigung aller Ressourcen und Umstände, erreichbar sind. Bedenken Sie auch Puffer für Unvorhergesehenes.
  Ist das Ziel realistisch erreichbar; sind auch Widerstände eingeplant?
- □ **Terminiert**: Geben Sie entweder vor, bis wann das Ziel erreicht sein muss oder was alles eintreten muss, damit Sie das Ziel als erreicht erklären.
  Wann genau ist das Ziel erreicht? (Planen Sie ggf. rückwärts vom erfüllten Ziel ausgehend).

  In der praktischen Arbeit mit SMARTen Zielen zeigt sich, dass die Aspekte „**M**essbar" und „**T**erminiert" am kritischsten für die Zielerreichung sind. Sie sollten daher als erstes festgelegt werden. Die Frage nach der „**S**pezifität" hilft im nächsten Schritt beim Präzisieren und Konkretisieren der nötigen Detail-Schritte, um das Ziel im festgelegten Zeitrahmen (terminiert) und entsprechend überprüfbar (messbar) zu erreichen. Die Fragen nach den Aspekten „**R**ealistisch" und „**A**nziehend" können – abschließend gestellt – das Vorgehen schärfen und insgesamt abrunden. Dieses Vorgehen eignet sich auch für Planungsmeetings (s. →Meeting-Modell [S. 322]), um gemeinsame Vorhaben in einzelne Arbeitspakete (SMARTe Ziele) herunterzubrechen.

- **Was soll sein? – drei Kernpunkte**
  Fokussieren Sie sich nach der Festlegung der Zielsetzung auf maximal drei Kernleistungen, die konkret beschreiben, was am Ende (nach dem Meeting) sein soll, z.B.:
- Was soll sich verändert haben?
- Was soll geplant worden sein?

Schwellen („maximal 2 kg schwer", „vor dem 1. Dezember") oder Handlungen inklusive Maßstab („Tabelle vollständig ausgefüllt") an.

- Was soll entschieden worden sein?
- Welche Informationen sollen ausgetauscht worden sein?
  Und hinter all diesen Fragen berücksichtigen Sie stets das „Wozu?", um die Ausrichtung Ihres Meetings sicherzustellen und Abschweifungen zu vermeiden.

Egal welchen Weg Sie auch in der Erstellung wählen – die Zielsetzung muss an alle Teilnehmer transparenz kommuniziert werden, entweder bereits in der Einladung oder zu Beginn des Meetings.

Meeting-Modell

Wenn Menschen zum gemeinsamen Arbeiten zusammenkommen, dann wollen sie vor allem eins: Das gemeinsame Verständnis für etwas aufbauen, vertiefen und abstimmen, bzw. über etwas Bestimmtes ins Gespräch kommen. Dabei teilen wir die Funktion von Meetings in vier allgemeine Kategorien bzw. Phasen ein:

- Informieren
- Planen
- Review
- Entscheiden

Der Anlass für ein Treffen (das „Wozu?", s. →Zielsetzung [S. 319]) kann immer einer dieser Kategorien zugeordnet werden. Damit bilden diese Kategorien quasi „Archetypen" der Ausrichtung von Meetings. Die Kunst eines guten Meeting-Managements besteht nun darin, das Meeting entsprechend dieser Ausrichtung vorzubereiten und zu orientieren, sodass alle Rahmenbedingungen die Zielsetzung optimal unterstützen und gleichzeitig genug Raum und Flexibilität für neue und kreative Gedanken lassen.

Dazu stellen wir hier unsere Sichtweise auf ein Meeting-Management-Modell vor, das Ihnen eine Rahmenstruktur an die Hand geben möchte. Diese Struktur garantiert nach Innen ausreichend viel Raum für individuellen Austausch und sie bewahrt gleichzeitig nach Außen eine transparente Verbindlichkeit und Fokussierung für alle.

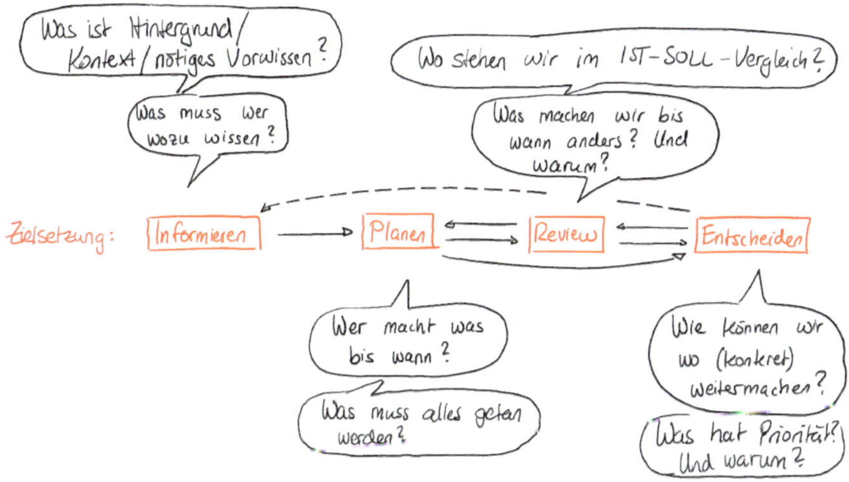

Abbildung 25: Meeting-Modell mit den Zielsetzungen in vier Kategorien zusammengefasst (rot). In einem chronologischen Verlauf muss erst informiert werden, bevor geplant werden kann. Anschließend kann die Planung (nach einer Arbeitsphase) zu bestimmten Punkten im Review-Meeting angepasst werden bzw. Entscheidungen auf Basis der Planung oder des Review getroffen werden. Schlussendlich muss über getroffene Entscheidungen wieder informiert werden. Zu jeder Zielsetzung sind konkrete Fragen aufgeführt.

Die vier Kategorien bauen wie in →Abbildung 25 dargestellt aufeinander auf bzw. nehmen wie folgt Bezug aufeinander:

- **Informations-Meeting:** Das Meeting-Modell nimmt seinen Ausgang im gemeinsamen Verständnis, das durch Informieren sein Fundment erhält. Als erstes müssen also die grundlegenden Informationen zum Hintergrund, Kontext oder allgemein benötigten Vorwissens kommuniziert werden. Im Zentrum steht die Frage *Was muss wer wozu wissen?* Beispiele hierfür sind Informationsveranstaltungen, Kickoff-Meetings oder (Fach-)Vorträge von Experten im Meeting. Oftmals markieren Informations-Meetings den Startpunkt für größere Projektarbeiten, bei denen sich zunächst einmal alle Projektmitarbeiter auf den gleichen, gemeinsamen Wissensstand bringen.
- **Planungs-Meeting:** Sobald ein gemeinsames Verständnis herrscht, können gemeinsame Umsetzungsschritte zur allgemeinen Zielsetzung geplant werden. Dazu können Sie auch die Methode der SMARTen Ziele nutzen (s. →Zielsetzung [S. 319]). In einem Planungs-Meeting geht es

um die zentrale Frage *Was muss alles getan werden?* und damit um die Frage nach den möglichst konkreten Schritten und ihrer Machbarkeit in der Umsetzung.
Beispiele hierfür sind klassische Projekttreffen oder Status-Updates („jour fixe"), wobei beide Meetings oftmals Anteile des Informations-Meetings vorweg schicken, um die Planung aus dem gemeinsamen Verständnis heraus zu ermöglichen.

- **Review-Meeting:** Nach einer gewissen Zeit der Planung und Durchführung muss regelmäßig überprüft werden, ob die Planung angepasst werden muss. Dafür sind Review-Meetings als Kontrollpunkte wichtig und stellen die *Frage nach dem Stand des Vergleichs zwischen geplantem SOLL und durchgeführtem IST* ins Zentrum. Hieraus folgt konsequenterweise auch eine Antwort auf die Folgefragen *Wollen wir etwas anders machen? Und wenn ja, was?* Damit bewerten Review-Meetings den Fortschritt eines Projektes oder Prozesses (anhand einer Information über den IST- Zustand) und führen automatisch zurück auf Planungs-Meetings zur Festlegung zukünftiger Schritte.
  Beispiele für Review-Meetings sind Zwischentreffen oder Meilenstein-Treffen im Projekt, in denen bewusst zurück auf das Geleistete geschaut wird und dieses dann im Ausblick auf das noch Kommende bewertet wird. Wie erwähnt wird ein solches Treffen zuerst Anteile des Informations-Meetings (IST-Zustand) als Bewertungsgrundlage nutzen und diese später in ein Planungs-Meeting (SOLL-Zustand) überführen. Nützliche Informationen zum Aufbau und Ablauf von Reviews finden Sie auch unter →Die Review-Retrospektive [S. 298].
- **Entscheidungs-Meeting**: Egal ob Planung oder Review – irgendwann kommt immer der Punkt, an dem Ressourcen knapp werden, Zeiten nicht mehr ausreichen oder Unvorhergesehenes Pläne durchkreuzt, sodass priorisiert werden muss. Für alle Fälle, in denen priorisiert werden muss, müssen schlussendlich auch Entscheidungen getroffen werden und die Frage *Was hat Priorität? Und warum?* steht im Raum. Das Entscheidungs-Meeting steht daher auch (chrono-)logischerweise am Ende der Meeting-Kategorien, da für eine umfassende Entscheidung möglichst alle Informationen, Planungen und Bewertungen (Reviews) mit einbezogen werden sollten.
  Bitte beachten Sie: Entscheidungsbedarfe können auch ungeplant und spontan in jeder anderen Meetingform entstehen. Je nach Tragweite können Sie direkt im selben Meeting →Entscheidungen herbeiführen

[S. 273] oder aber diese in einem separaten Entscheidungs-Meeting behandeln. Dafür müssen vorab alle notwendigen Informationen allen Entscheidern kommuniziert werden, damit diese eine fundierte Entscheidung treffen können. In jedem Fall müssen getroffene Entscheidungen dokumentiert und unverzüglich an alle Mitarbeiter weitergeleitet werden (s. →Was am Ende bleibt – Meetings brauchen Dokumentation [S. 345]).

Anhand der Beispiele sehen Sie bereits, dass die Kategorien (Zielsetzungen) nicht immer strikt für jedes Meeting eingehalten werden können, sondern diese mit einer gewissen Dynamik in Ihren Meetings eher als Phasen angesehen werden können. Diese gilt es mit kreativer Austauschenergie zu nutzen und nicht zu unterbinden. Das Modell bietet Ihnen dazu durch die Ausrichtung der Phasen anhand von Fragen die Möglichkeit, flexibel zwischen den Zielsetzungen wechseln bzw. auschweifende Diskussionen wieder einzufangen. Genauso können während des Meetings neu aufkommende Ideen oder Wünsche nahtlos durch eine Frage in eine neue Phase (Kategorie) überführt werden. Das braucht zwar Übung, bietet aber genau die rechte Balance aus Struktur und Spielraum, die Ihre Meetings brauchen werden, um das volle Potential Ihrer Teilnehmer zu entwickeln und gleichzeitig effektiv strukturiert in der Zeit zu bleiben. Sie können die →Fragetechniken [S. 236] entsprechend Ihrer Gruppe, Zielsetzung und individuellen Bedürfnissen vorbereiten und anpassen. Mit zunehmender Regelmäßigkeit werden Ihre Meeting-Teilnehmer auch schon anhand der Fragen erkennen lernen, welche Ausrichtung ein Meeting gerade nimmt und bestenfalls eigenverantwortliche Schlüsse für ihre Beiträge zum Meeting daraus ziehen. Darauf gehen wir im folgenden Abschnitt detailliert ein.

Regelmäßigkeit: Meetings brauchen Planung NAP

Meetings finden in aller Regel wiederkehrend, meist sogar in festen zeitlichen Abständen statt. Diese Regelmäßigkeit kann Fluch und Segen sein, je nach dem, wie sich Ihre Meetingkultur in Ihrer Organsiation entwickelt hat: Schlecht gelittene, als unproduktiv wahrgenommene Meetings, wie eingangs unter anderem in der Umfrage von Microsoft beschrieben (s. →Meeting-Management [S. 315]), bringen die Gefahr eines „Meeting-Boreout“ mit sich: Befinden sich Ihre Teilnehmer im Boreout, legen sie eine abgestumpfte, resignierte Haltung gegenüber Meetings an den Tag. Man erwartet schon vorab nichts Gutes mehr von Meetings und wird sich erst recht nicht mehr mit vollem Potential einbringen. In dieser Atmosphäre haben Sie als Moderator fast schon verloren, bevor das Meeting überhaupt angefangen hat, bzw. einen extrem schweren Stand, sobald Sie sich im Meeting befinden. Daher ist es sehr wichtig, Meetings gut vorzubereiten, damit sich aus der Regelmäßigkeit ein Katalysator für positive, produktive Meetings entwickeln kann. Wenn Meetings effektiv und erfolgreich ablaufen, einen sicht- und spürbaren Mehrwert schaffen und man in guter Stimmung auseinandergeht (und diese im nächsten Meeting optimalerweise wieder aufgreift), machen Sie aus Meetings den Segen für ihre Organsiation, den wir Ihnen wünschen! Wie die Regelmäßigkeit dabei positiv in der Planung berücksichtigt werden kann, dazu geben wir im Folgenden zu den allgemeinen Themen →Einladung (Meeting) [S. 326] und →Agenda (Meeting) [S. 327] Tipps und Anregungen sowie eine Idee zur Strukturierung Ihrer regelmäßigen Meetings über das →Kanban-Prinzip [S. 328].

Einladung (Meeting)

Mit der Einladung vermitteln Sie die relevanten Informationen zum Meeting und setzen gleichzeitig eine Erinnerung an Ort und Zeit des Treffens. Zum Gelingen tragen folgende Tipps bei[5]:

- Die **Einladung** zum Meeting **kommt frühzeitig**, sodass sich jeder Teilnehmer vorbereiten kann. Falls Sie regelmäßige (z. B. wöchentliche) Termine haben, schicken Sie direkt einen Serientermin **an die notwendigen Beteiligten** (s. u., Punkt 4).
  Versenden Sie die Einladung zum nächsten Meeting idealerweise direkt im Anschluss an das vorangegangene Meeting mit den →Meeting-Minutes [S. 346]. So bleibt der Termin frisch in Erinnerung.
- **Am Vortag** des Meetings können Sie nochmals **eine Erinnerung (Reminder)** schicken, um den Termin in Erinnerung zu rufen. Greifen Sie insbesondere bei unregelmäßigen bzw. unplanmäßigen Terminen oder besonders vor besonders wichtigen Anlässen hierauf zurück.
- Schicken Sie alle benötigten **Informationen zur Vorbereitung bereits mit der Einladung** mit. Kommentieren Sie die Informationen

5 Kommt Ihnen die folgende Liste bekannt vor? Bravo: Dann haben Sie Ihre →Vorbereitungsaufgaben [S. 86] mit Bravour ausgeführt! – Wir ergänzen hier nur diejenigen Inhalte, die bei einem Meeting besondere Beachtung finden.

jedoch mindestens mit Stichworten, idealerweise mit Arbeitsaufträgen und eindeutigen (namentlichen) Zuweisungen – sonst werden Sie vermutlich ungenutzt im digitalen Postfach der Empfänger versauern. Nur so gibt es klare Verantwortungen, die Sie im Meeting einfordern können.

- Mit Blick auf die →Zielsetzung [S. 319] Ihres Meetings, also den Anlass zur Einladung, **laden** Sie **nur diejenigen Teilnehmer ein, die nötig sind!** Halten Sie die Runde so klein wie möglich, aber die Kompetenzen so groß wie nötig. Für Entscheidungs-Meetings sollten beispielsweise *alle* Entscheider am Tisch sitzen, sonst kommt man nicht weiter.
  Achten Sie aber auch auf einen vollständigen Informationsfluss, indem Sie im Meeting nicht benötigte Teilnehmer über das Meeting und seine Ergebnisse (s. →Meeting-Minutes [S. 346]) informieren. Dafür kann es sich eignen, alle verpflichteten Teilnehmer direkt per E-Mail anzuschreiben. Alle Personen, die nur informiert werden, übernehmen Sie in den CC-(„Carbon Copy")-Verteiler. Es ist wichtig, dass Sie diese Unterscheidung auch in Ihrer Einladung explizit aufgreifen, damit die Eingeladenen mit der Einteilung umzugehen wissen.
- Die Einladung kommt **inklusive der Agenda** (s. →Agenda (Meeting) [S. 327]).
- Trauen Sie sich (regelmäßige) **Meetings** auch **abzusagen, falls keine Notwendigkeit besteht.** Das verschafft neue Freiräume und vermittelt den Teilnehmern zusätzlich das gute Gefühl, dass Meetings mit Ihnen immer Relevanz haben.
  Achten Sie dann allerdings auf frühzeitige Kommunikation der Absage, damit die Teilnehmer den Freiraum auch gut anderweitig einplanen können.

Agenda (Meeting)

- Die Agenda ist der **individuelle Fahrplan Ihres Meetings.** Entsprechend Ihrer →Zielsetzung [S. 319] für das Meeting sollte die Agenda aussagekräftig sein und daher möglichst keine allgemeinen „Lückenbüßer" beinhalten. Ein Punkt wie „Sonstiges" findet sich auf fast jeder Agenda und ist dabei doch leider ziemlich nichts-sagend. Bitte bleiben Sie insbesondere diesem Agendapunkt gegenüber sehr kritisch und überlegen genau, ob Sie ihn regelmäßig einfügen möchten. Wenn Sie ihn weglassen, unterstützen Sie damit die Stringenz der Zielausrichtung

Ihres Meetings. Sie bringen Klarheit ins Meeting, indem Sie den Fahrplan klar und eindeutig benennen.

- **Nennen Sie die Zielsetzung** bzw. Phase des →Meeting-Modells [S. 322], nach der Sie das Meeting (hauptsächlich) planen, in der ersten Zeile in der Agenda. Dadurch richten Sie den Fokus der Teilnehmer schon beim Lesen aus.
- **Priorisieren** Sie die Einträge Ihrer Agenda wenn möglich direkt **durch** die **Reihenfolge** (wichtigste Themen zuerst) und die zur Verfügung gestellte **Zeit** pro Eintrag (s. →Meetings brauchen Zeit [S. 341]).
  Achten Sie aber darauf, dass das Meeting einer logischen inneren Struktur folgt, sodass zusammen bleibt, was zusammen gehört. Wenn Ihr Ziel beispielsweise eine Entscheidung ist, müssen Sie dennoch als erstes relevante Informationen liefern, um die Entscheidung fundiert treffen zu können.
  Nutzen Sie konkrete Fragen in Ihrer Agenda: Regen Sie das Denken Ihrer Teilnehmer schon im Vorfeld an, indem Sie die Punkte Ihrer Agenda (zumindest teilweise) als Fragen formulieren. Anregungen finden Sie in Abschnitt →Fragetechniken [S. 236] und →Meeting-Modell [S. 322].
- Die **Agenda** ist **mit der Einladung** zum Meeting zu **verschicken** (s. →Einladung (Meeting) [S. 326]). Hierzu können Sie die Teilnehmer vorab auch um Ergänzungen oder Klärung (Präzisierung) bitten.
- Sie können auch in der Agenda (Einladung) **einzelne Punkte in die Obhut anderer Teilnehmer** geben und so die Verantwortlichkeiten aufteilen und für Anteilnahme am Meetingverlauf sorgen (s. →Moderator und Co-Moderator [S. 56]).
- Falls Sie ein **offenes Meeting (ohne Agenda)** oder ein offenes Gespräch planen, sollten Sie sich dennoch **eine Zielsetzung bzw. ein Wozu überlegen**, damit Sie das Gespräch während der Durchführung stets wieder auf die Zielsetzung zurückführen können. Sie können sich dazu an den →Vorlagen [S. 358] im Anhang orientieren.

Kanban-Prinzip

Um die Regelmäßigkeit von Meetings optimal auszunutzen, können Sie die Meetings strukturell miteinander verbinden. Eine bekannte und erprobte Möglichkeit, Aufgaben von Meeting zu Meeting zu planen, zu überwachen und Fortschritte zu bewerten, bietet das Kanban-Prinzip (japanisch für

„Karte“, „Tafel“ oder „Beleg“). Ursprünglich aus dem agilen IT-Projektmanagement stammend, organisiert man im Kanban-Prinzip Aufgaben als Listen von To-Dos und sorgt mit visueller Übersicht dafür, dass diese nach chronologischen Phasen sequenziell abgearbeitet werden können [MATTHIESEN, 2019].

Das Kanban-Board

In der einfachsten Form besteht ein Kanban-Board aus drei Spalten:

Backlog / To-Do	In Arbeit	Fertig
…	…	…
…	…	…

In der ersten (linken) Spalte werden im sogenannten „Backlog“ alle Aufgaben als To-Do Liste gesammelt (z. B. spezifiziert nach dem SMARTe Ziele-Prinzip, s. →Zielsetzung [S. 319] oder auch den Regeln nach →Wer macht was bis wann? [S. 351]). Dadurch wird sichergestellt, dass alle To-Dos erfasst werden bzw. nichts vergessen wird. Aus dem Backlog werden anschließend einzelne To-Dos bestimmten Mitarbeitern zugeteilt (bzw. erfahrene Teilnehmer „ziehen“ sich selbst Aufgaben anhand Ihres Interesses bzw. Ihrer Kompetenzen)[6]. Sobald ein To-Do begonnen wird, wird es in die mittlere Spalte „In Arbeit“ verschoben. Dort ist kenntlich gemacht, welche Aufgaben momentan in Arbeit sind. Durch das Wählen der To-Dos „In Arbeit“ wird automatisch eine Priorisierung und Hierachiesierung der Aufgaben durchgeführt – denn Sie wählen stets diejenige Aufgabe, die jetzt gerade am zielführendsten ist. Ziel ist es, unter „In Arbeit“ so wenig To-Dos

6 Sie kennen das: Wer sich im Meeting mit einer guten Idee meldet, wird umgehend auch sofort auch mit dem Auftrag zu deren Ausführung „belohnt“ – was manchmal dazu führt, dass sich niemand mehr mit seiner guten Idee melden möchte. Sie verhindern dies, indem Sie demjenigen, der sich mit einer guten Idee meldet, ein „Vorkaufsrecht“ für die Ausführung seiner Idee einräumen, d.h. wenn er will, kann er die Umsetzung übernehmen. Falls er das aber nicht möchte oder nicht kann, wird die Umsetzung in den Pool an Ideen im Backlog gegeben und so an einen anderen Freiwilligen delegiert. Falls sich niemand freiwillig meldet, können Vorschläge für Umsetzer gemacht werden oder aber eine umsetzende Person bestimmt werden.

wie möglich zu sammeln[7], damit man sich nicht an mehreren Aufgaben verzettelt, so dass die ganze Arbeitsenergie auf wenige Aufgaben fokussiert bleiben darf. Abgeschlossene To-Dos wandern in die rechte Spalte „Fertig“. Somit ist immer eine Übersicht über die fertiggestellten Aufgaben sichtbar und gleichzeitig liegt eine Dokumentation vor.

Das Kanban-Prinzip strukturiert automatisch die Phasen eines Meetings mit: In einem ersten Informations- und Planungs-Meeting wird das Backlog initial mit To-Dos gefüllt und die Aufgaben entsprechend auf die Mitarbeiter verteilt. In der Zeit zum zweiten (regelmäßigen) Meeting (z. B. Projekttreffen oder Jour-Fixe) werden To-Dos bearbeitet und fertig gestellt, neue To-Dos kommen hinzu und Herausforderungen werden identifiziert. Im zweiten Meeting wird dann ein Review der vergangenen Arbeitsphase gezogen, indem die Spalte „Fertig“ gemeinsam analysiert (IST-SOLL-Vergleich) und geleert wird. Abschließend werden To-Dos aus dem Backlog neu verteilt. Dieses Treffen kann also je nach Verlauf der Arbeiten variierende Anteile aller Meeting-Phasen des →Meeting-Modells [S. 322] haben. Der große Vorteil liegt in der für alle visualisierten Struktur des Arbeitsprozesses am Kanban-Board in jedem Meeting. Das gibt Klarheit, Transparenz und eine klare Arbeitsstruktur. Gleichzeitig fungiert das Kanban-Board somit als dynamische Agenda und gibt dadurch über alle Meetings hinweg einen zusammenhängenden und doch flexiblen Strukturrahmen vor.

Erweiterungen des Kanban-Boards

Ein Kanban-Board kann beliebig erweitert und den individuellen Bedürfnissen Ihres Arbeitsprozesses angepasst werden. Für eine vorausschauendere Planung kann beispielsweise eine zeitliche Reihenfolge von Aufgaben integriert werden, wofür wir in →Abbildung 26 zwei Beispiele zeigen. Damit sind Kanban-Boards in der Lage auch komplexe Projektabläufe zu erfassen und so Übersicht in Ihre Meetings zu tragen.

7 Die originäre Form des Kanban lässt sogar nur eine einzige Aufgabe „In Arbeit“ zu. Das halten wir in der heutigen agilen und vernetzen Arbeitswelt für nicht mehr umsetzbar – dennoch ist ein reduzierender Fokus wichtig.

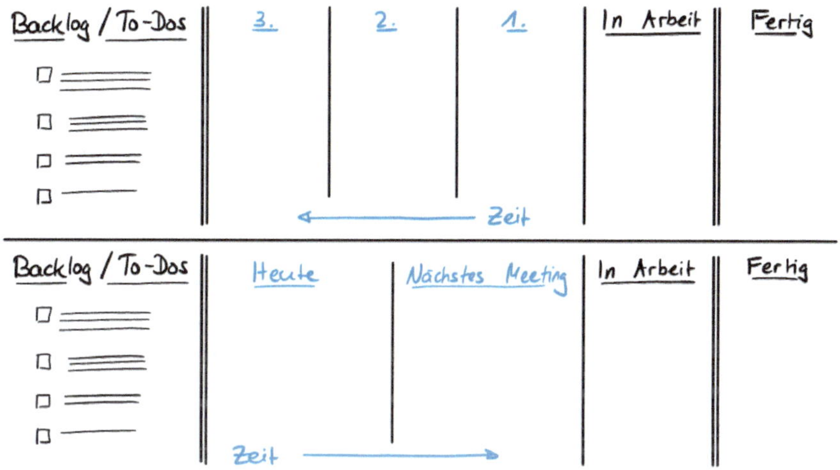

Abbildung 26: Kanban-Boards mit zeitlicher Abfolge der To-Dos (blau) innerhalb der Kanban-Grundstruktur (schwarz). Das obere Kanban-Board zeigt eine Sortierung in bis zu drei aufeinander folgenden Schritten. Das untere Kanban-Board eine Sortierung über den Zeitraum vom heutigen bis zum nächsten Meeting. Beachten Sie die umgekehrte Zeitachse.

Die Möglichkeiten der Erweiterung des Kanban-Prinzips sind nur durch Ihre Kreativität begrenzt. Um Ihnen einige Start-Ideen zu geben: Sie könnten beispielsweise mit folgenden Spalteneinteilungen experimentieren.

- Für Ihre **Meeting-Management-Planung:**
  Information | Planung | Review | Entscheidung
- Für die Planung eines **Lern-Prozesses:**
  To Dos | Lernen | Wiederholen | Gekonnt | Abgehakt
  Hier können die Lern- / Wiederholen- / Gekonnt-Phasen iterativ durchlaufen werden, um Inhalte durch Wiederholung zu festigen und damit zu lernen. Dazu lernen Sie jeden Tag Anteile aus „Lernen", die bei positivem Ergebnis in „Wiederholen" wandern und sonst in „Lernen" verbleiben. Inhalte aus „Wiederholen" könnten bspw. nach fünf Tagen wiederholt werden und bei positivem Ergebnis in „Gekonnt" wandern, während sie bei negativem Ergebnis zurück in „Lernen" wandern.

- Als **Projektmanagement-Board** für ein Einzelprojekt:
  Inhaltliche Aufgaben | Administrative Aufgaben | Offen | Ausstehend | Entscheidungsbedarfe
- Als **Projektmanagement-Board** für mehrere Projekte (A,B,C) parallel:
  Projekt A | Projekt B | Projekt C | Offen | Ausstehend | Entscheidungsbedarfe
  Hier kann das obere Board für Einzelprojekte pro Projekt nochmals als Unterboard aufgegriffen werden.
- Als **Management-Board** für allgemeinen Überblick (z. B. über Arbeitsthemen aller Arbeitsteams eines Geschäftsbereichs):
  Neue Ideen | Startklare Themen | Laufende Themen | Zu Reflektieren | Entscheidungsbedarfe | Archiv

Allgemeine Tipps zum Umgang mit dem Kanban-Prinzip in Meetings

- Es gibt bereits viele gute **Software**, die entsprechende Kanban-Planungen spielend leicht umsetzen lassen (z. B. *Zenkit, MS Planner, Trello, To-doist* etc.). Der Vorteil der digitalen Variante liegt in der gemeinsamen Bearbeitung der To-Dos auch ohne Ortsbindung. Zusätzlich können die Informationen im Backlog so auch asynchron (zwischen den Meetings) von allen Teilnehmern gemeinsam geführt werden und Zuständigkeiten (Wer macht was?) zentral per Klick gesteuert werden. So erhält jeder Mitarbeiter Transparenz über alle anstehenden Aufgaben und kann gleichzeitig auf eine gefilterte Liste mit Aufgaben zugreifen, die nur ihn betreffen.
  Man kann das Kanban-Prinzip aber genauso gut analog an einem Flipchart oder Whiteboard mit Moderationskarten (auf denen die To-Dos stehen) durchführen. Wichtig ist jedoch, dass alle Meeting-Teilnehmer freien Blick und Zugriff auf das Kanban während des Meetings haben und besprochene Änderungen direkt dort sichtbar eingetragen werden.
- Essenziell ist die **vollständige Erfassung aller To-Dos im Backlog**. Planen Sie ausreichend Zeit und ggf. mehrere Meetings zum →Brainstorming [S. 255], →Clustern [S. 262], Präzisieren und Priorisieren ein, um sicherzustellen, keine To-Dos zu vergessen oder vage beizubehalten.
- Ebenso essenziell ist die möglichst **realistische Abschätzung der Bearbeitungszeit pro To-Do;** nur so können Sie im erweitereten Kanban-Board eine sinnvolle und umsetzbare Zeitabfolge aufbauen. Beginnen Sie anfangs am besten mit dem einfachen Kanban-Board und planen

Pufferzeiten ein, die die Bearbeiter nutzen können, um die tatsächlich benötigte Zeit pro To-Do einzuschätzen. Planen Sie in den ersten Review-Meetings ebenfalls Extrazeit ein, um die SOLL-vs-IST-Zeiten pro To-Do auszuwerten.

- Auf konkrete Hilfen zur Formulierung von To-Dos gehen wir im Abschnitt →Wer macht was bis wann? [S. 351] genauer ein.

Durch-Führung: Meetings brauchen Führung

Es ist soweit! Alle Teilnehmer sind pünktlich eingeladen, (rein theoretisch) alle anwesend und Sie haben Ihr „Wozu?“ geplant – es kann losgehen! *Aber wie eigentlich?* Wir sind mitten in der Durchführung eines Meetings angekommen und wollen hier dabei direkt mit dem weit verbreiteten Irrglauben *„Ich habe einen Titel (einen Grund / ein „Wozu?“) für das Meeting, den Rest haben wir ja beim letzten Mal angesprochen, der kommt dann schon von alleine.*“ aufräumen: **Nein!** Ein erfolgreiches Meeting braucht neben der klaren Struktur (s. →Struktur: Meetings brauchen Klarheit [S. 319]) und einer sorgfältigen Planung (s. →Regelmäßigkeit: Meetings brauchen Planung [S. 325]) auch eine klare Führung durch dieselbige – und zwar konsequent vom Anfang bis zum Ende. Dazu haben Sie in diesem Buch bereits alles Wichtige an die Hand bekommen, um Treffen zu moderieren (s. →Moderation ausführen [S. 115]), d. h. mit einer →Begrüßung [S. 131] zu eröffnen, zu motivieren (s. →Themen motivieren [S. 138]), zu →Sammeln [S. 146] und zu strukturieren, zuzuspitzen (s. →Zusammenfassen [S. 196]) und zu →Entscheiden [S. 173]). Formal gehört auch die Ergebnissicherung zur Durchführung des Meetings, diese behandeln wir aber gesondert im Abschnitt →Was am Ende bleibt – Meetings brauchen Dokumentation.

Dadurch, dass in Meetings aber zumeist verschiedene Interessensgruppen und Rollen besetzt sind, ergeben sich Besonderheiten in den Fragen →Wer darf eigentlich zuerst? – Sprecherreihenfolge (Meetings) [S. 334] und →Zu viele Hüte? – Wenn der Chef das Meeting leitet [S. 336]. Darüber hinaus bieten Meetings aufgrund ihrer regelmäßigen Strukturiertheit auch Spielmöglichkeiten mit der Frage →Wer ist heute dran? – Wechselnde Moderatoren [S. 337]. Zusätzlich können Sie Ihre gute geplante Struktur transparent und greifbar machen, indem Sie das Meeting visuell begleiten und damit die Nachhaltigkeit und den Fokus erhöhen (→Live Mitstrukturieren [S. 338]). Manchen Meetings hilft auch das innere Ankommen und Abschließen des Meetings (→Check-in & Check-out [S. 341]). Schlussendlich können Sie auch alle Teilnehmer mit in die Verantwortung nehmen, ein produktives Meeting durchzuführen (→Spielregeln für Meetings [S. 339]). Im Folgenden gehen wir auf diese Besonderheiten bei der Meeting-Durchführung ein und werden auch allgemeine Konzepte, bekannt aus dem Kapitel →Vorbereitung auf ein moderiertes Treffen [S. 75], kurz wiederholen. Dabei können Sie entweder in bekannter Weise gezielt nach für Sie interessanten Aspekten suchen (und sich an Ihrem eigenen Pfad orientieren) oder Sie lesen alles in der vorgegebenen Reihenfolge, um sich einmal durch den gesamten Prozess zu denken.

Wer darf eigentlich zuerst? – Sprecherreihenfolge (Meetings)

Grundsätzlich können Sie die aus dem Kapitel →Moderation ausführen [S. 115] bekannten Möglichkeiten übernehmen, die Gesprächsreihenfolge...

... sich weitgehend selbst zu überlassen (s. →Laissez-faire [S. 153])

Als Besonderheit kommen in Meetings aber hierarchische Unterschiede der Beteiligten zum Tragen: Rangniedrigere Personen tendieren dazu, ihre eigentliche Meinung gegenüber Ranghöheren zurückzuhalten. Das kennen wir alle: Insbesondere bei Entscheidungen und Bewertungen hat das Wort des Chefs automatisch und immer ein höheres Gewicht. In manchen Punkten ist das auch gut so – immer dann nämlich, wenn Prioritäten gesetzt oder Entscheidungen getroffen werden müssen, um das allgemeine Vorankommen zu sichern. Negativ wirkt sich dieses Phänomen aber immer dann aus, wenn ein möglichst freier Meinungsaustausch stattfinden soll. Und diese Situation beeinflusst auch die Sprecherreihenfolge: Spricht der Chef als erster, prägt er damit automatisch (gewollt oder nicht) das Meinungsbild aller folgenden Beiträge. Spricht der Chef hingegen als Letzter (im Bemühen, eine unbeeinflusste Meinungsfreiheit zu gewährleisten), wirkt sein abschließender Beitrag wie ein der Hammerschlag vor Gericht: Das letzte Wort ist damit meist gesprochen, denn niemand will dem Chef öffentlich in die Parade fahren. Dieser Patt-Situation, die wir das „Chefdilemma" nennen, muss man sich zuerst einmal bewusst sein, um Sie anschließend – je nach Atmosphäre, Meeting-Kultur, Persönlichkeiten der Anwesenden und Zielsetzung geschickt einzusetzen oder auszuhebeln. Hier einige Ideen für Ihren Umgang mit dem „*Chefdilemma*":

- **Sprechen Sie das Dilemma direkt** aus Ihrer Rolle als Moderator und Beobachter **an**. Damit machen Sie die Situation allen bewusst und lösen einen Gutteil des Problems direkt. Sie können anschließend folgende Vorschläge ausprobieren:
  - Den Chef seine gewohnte Haltung bewusst verlassen lassen: ein Chef, der sonst als erster spricht, spricht mal am Ende und umgekehrt.
  - Den Chef bewusst in die Mitte der Sprecherreihenfolge nehmen.
  - Einigen Sie sich mit *allen* Teilnehmern, also auch mit dem Chef, darauf, dass die Meinung des Chefs bewusst gleichwertig behandelt wird – unabhängig von seiner Position in der Sprecherreihenfolge. Lassen Sie sich ggf. das Mandat der Gruppe geben, dass Sie nach jedem Beitrag des Chefs darauf hinweisen dürfen.

    Planen Sie am Ende eines so geführten Meetings etwas mehr Zeit ein, um im Team gemeinsam zu besprechen, ob sich durch das Vorgehen etwas im Meeting geändert hat. Fragen Sie auf der Metaebene (→Übersinnliches und die Metaebene [S. 51]): *Was wollen Sie beibehalten? Was beim nächsten Mal anders machen?*
- **Bei stockenden Diskussionen oder Startschwierigkeiten** kann der Chef statt eines Statements auch eine (offene) Frage in die Runde stellen. Damit nutzt er die Hierarchie aus, um „von oben herab" eine Diskussion anzuregen. Damit diese Methode nicht (negativ) manipulativ wirkt, sollte die Frage möglichst weit gefächert und unverfänglich sein – es geht darum, Austausch anzuregen, nicht diesen in Wissensabfragen zu ersticken.
- **Ein Chef, der viele Details im Meeting nicht kennt**, tut gut daran, erst einmal zuzuhören, um sich eine Meinung zum Thema bilden zu können. Falls Sie als Moderator um diese Situation wissen, können Sie den Chef (entweder im Vorbereitungsgespräch vorab oder bei der Eröffnung des Meetings vor allen) darauf ansprechen und bitten, erstmal zuzuhören. Aber fordern Sie ihn gleichzeitig dazu auf, Verständnisfragen zu stellen. Das Meeting kann dann sogar als Informations-Meeting (s. →Meeting-Modell [S. 322]) für den Chef deklariert werden.
- In **Teams mit flachen Hierarchien** kommt das Dilemma vordergründig nicht vor, da alle Meeting-Teilnehmer auf der gleichen Hierarchiestufe sind. Bleiben Sie aber auch in diesen Teams wachsam darauf bedacht, dass sich das „Chefdilemma" nicht über die Gruppendynamik einschleicht.
- **Bei einem aufgeklärten Chef** kann dieser Punkt auch direkt angesprochen und im Team eine Lösung erarbeitet werden.

Zu viele Hüte? - Wenn der Chef das Meeting leitet

Eine besondere Situation entsteht übrigens auch dann, wenn der Chef als Ranghöchster selbst das Meeting leitet. Gleichzeitig ist er aber meist zeitlich stark eingebunden, sodass die Planung des Meetings an seine Assistenz bzw. seine Mitarbeiter übertragen wird. Um das Potential für ein möglichst produktives Meeting in einer solchen Konstellation zu erhöhen, können Sie Folgendes ausprobieren:

- **Bieten Sie an, das nächste Meeting zusammen mit dem Chef zu planen** (und dadurch Zeit und Aufwand für ihn zu sparen): Gehen Sie dazu bereits ins Planungsmeeting mit dem Chef gut vorbereitet durch die Fragen in Abschnitt →Zielsetzung [S. 319] und sorgen Sie für einen klaren Ablauf Ihres gemeinsamen Termins. Ihre beste Werbung ist hier, dass Sie das Meeting mit dem Chef bereits vorbildlich aufbereiten und hindurch leiten, sodass Sie mit gutem Beispiel zeigen, wie gute Meetings ablaufen können. „Leading by example“ ist hier Ihr Motto. Fragen Sie Ihren Chef ggf. auch direkt, was er sich für das Meeting wünscht (Kurzform: Was ist sein „Wozu?“; falls Sie wirklich Zeit haben: Alle 4 Ebenen aus der →Vorbereitung auf ein moderiertes Treffen [S. 75]).
- **Bei beratungsresistenten / schwierigen Chefs:** Stellen Sie taktvoll und höflich Fragen zur Durchführung und der Struktur des Meetings, um Verbesserungsmöglichkeiten aufzudecken. Achten Sie darauf, nicht zu meckern oder zu belehren, sondern stets aus Ihrer inneren Haltung eines „ehrlichen Verbesserns“ zu sprechen. Folgende Ideen bieten wir an:
  - Fragen Sie konkret: *„Wozu dient dieses Meeting genau?“* Das kann konfrontativ wirken, aber auch Augen-öffnend. Diese Frage sollte jedoch nicht zwischen Tür und Angel oder unter Zeitdruck gestellt werden.
  - Falls Sie sichere Kenntnis über Unzufriedenheit haben und dafür ggf. auch (anonym) Beispiele nennen könnten: *„Was könnten wir konkret umsetzen, damit Sie sich als Teilnehmer zufriedener fühlen?“*
  - Falls Sie nur eine vage Ahnung von Unzufriedenheit in der Gruppe haben (ohne Beispiel): *„Auf einer Skala von 1 bis 10, wie zufrieden sind Sie mit dem Meeting?“* – [Antwort abwarten] – *„Und was müsste passieren, damit es sich von X auf X+1 verändert?“*

  - Bitten Sie vorab um eine Agenda und einen Zeitplan, um sich besser vorbereiten zu können. Damit fordern Sie indirekt eine Planungsstruktur ein.
    Anschließend können Sie wie im ersten Punkt beschrieben Ihre Mitarbeit an zukünftigen Meetings anbieten.
- **Wenn Sie selbst der Chef sind:** wunderbar! Sie sind auf dem besten Wege zu effektiven Meetings – denn immerhin haben Sie dieses Buch zur Hand genommen und wollen sich aktiv um die Meetings Ihrer Mitarbeiter kümmern. Machen Sie einfach weiter so. Ggf. können Sie die Moderatoren-Rolle im Team wechselseitig besetzen (insbesondere, wenn Sie wenig Zeit haben), um gemeinsam zu lernen und den optimalen Ablauf für Ihr Team zu finden (s. den nächsten Abschnitt →Wer ist heute dran? – Wechselnde Moderatoren [S. 337]). Auch eine Retrospektive im Team bezüglich Ihrer Meetingkultur kann hier sehr hilfreich sein, um Verbesserungen gemeinsam im Team anzustoßen (s. →Die Team-Retrospektive [S. 303]).

Wer ist heute dran? – Wechselnde Moderatoren

In Meetings treffen wir häufig eine Situation an, die wir bisher in diesem Buch meist ausgeschlossen haben: Der Moderator (Gesprächs- / Meetingleiter) ist inhaltlich und thematisch involviert und kann daher keine neutrale Position einnehmen. Der Moderator verfolgt also selbst inhaltliche Ziele und ist nicht unparteiisch sowie zusätzlich an das Ergebnis des Meetings gebunden.

Ein erfahrener Moderator kann seine eigene Involviertheit erkennen und identifizieren, wann er ggf. den „Moderations-Hut" kurz ablegen muss. Dazu kann er beispielsweise bei entsprechenden Äußerungen kurz verbal kennzeichnen, dass er inhaltlich zu einem Thema beiträgt (siehe dazu auch →Wenn zu viel Wissen gefährlich wird ... [S. 97]). Da Sie das Meeting vorab ohnehin gründlich planen (s. →Regelmäßigkeit: Meetings brauchen Planung [S. 325]), können Sie auch schon vorher absehen, ob Sie für einen bestimmten Themenblock oder sogar für ein ganzes Meeting eine andere, nicht involvierte Person als Moderator an Ihrer Stelle einsetzen sollten. Für einen solchen Moderatoren-Wechsel kann ein Team-Mitglied herangezogen werden oder auch ein Mitarbeiter aus einem anderen Team, wodurch eine größere inhaltliche Unabhängigkeit ermöglicht wird.

Da inhaltliche Involviertheit bei regelmäßigen Meetings häufiger vorkommt, können Sie auch kurzerhand für jedes dieser Meetings einen rollierenden Moderatoren-Wechsel im Team etablieren. Dabei ist jedes Team-Mitglied reihum für die Durchführung eines moderierten Treffens verantwortlich. Sinnvollerweise plant diese Person auch das Meeting (s. →Regelmäßigkeit: Meetings brauchen Planung [S. 325]) und sorgt für die Dokumentation (→Was am Ende bleibt – Meetings brauchen Dokumentation [S. 345]). Dieses Vorgehen hat den großen Vorteil, dass Sie die Verantwortung für das Gelingen des Meetings wechselnd auf verschiedene Schultern verteilen. Somit bekommt jeder Teilnehmer ein Gefühl dafür, was ihm persönlich für ein gelungenes Meeting aus der Moderatoren-Perspektive wichtig ist und schärft somit die Anerkennung für die Arbeit dieser Rolle. Zusätzlich lernt so das gesamte Team gemeinsam, kann sich gegenseitig in der Durchführung von zukünftigen Meetings beraten und ein Moderatoren-Wechsel kann auch spontan und mit stets erfahrenden „Ersatz"-Moderatoren durchgeführt werden. So entsteht ein äußerst positiver Langzeiteffekt zur verbesserten Zusammenarbeit und erhöhter Produktivität im gesamten Team.

Live Mitstrukturieren

Bieten Sie anhand Ihrer geplanten Struktur auch in der Durchführung des Meetings Transparenz und Strukturierung an. Dadurch bleibt das Meeting auf die →Zielsetzung [S. 319] fokussiert und Abschweifungen werden unterdrückt. Begleiten Sie dazu die Durchführung visuell über folgende Ideen:

- Nutzen Sie die mit der Einladung **verschickte** →Agenda (Meeting) [S. 327] **als Struktur**, indem Sie sie über den Beamer sichtbar mit allen Anwesenden im Meeting teilen. Falls der Beamer zwischenzeitlich für Präsentationen genutzt werden soll, blenden Sie die Agenda vor und nach der Präsentation zur An- und Abmoderation bzw. weiteren Durchführung ein.
  Wenn in der Agenda auch Zeitangaben gelistet sind, haben Sie so auch direkt einen Fahrplan durch das Meeting für alle Teilnehmer sichtbar zur Hand. So schaffen Sie Verbindlichkeit und nehmen alle Teilnehmer mit in die Pflicht, in der Zeit zu bleiben (s. →Meetings brauchen Zeit [S. 341] für Details).
- **Schreiben Sie direkt live in der Agenda die relevanten Informationen mit** (s. →Meeting-Minutes [S. 346] für Details, wie dies am besten geht). Schreiben Sie mindestens auf →Wer macht was bis wann?

[S. 351]. Dadurch entsteht direkt eine Übersicht und jeder Teilnehmer kann ggf. verbal korrigieren, sodass ein gemeinsames Verständnis der Sache entsteht. Somit haben Sie auch nach dem Meeting ein bereits von allen Anwensenden abgesegnetes Protokoll für die Dokumentation. Eine →Vorlage für digitale Meeting-Minutes [S. 358] dazu finden Sie übrigens weiter unten.

- Eine flexiblere Möglichkeit bietet das **Mitschreiben per Hand.** Dazu brauchen Sie ein stift-fähiges Tablet oder einen Convertible (Laptop mit Tablet-Funktion) und etwas Übung im Schreiben (→Verschriftlichen [S. 247]) und Strukturieren von Beiträgen (→Cluster-Maps [S. 265] oder →Graphic Recording [S. 271]). Behalten Sie stets im Hinterkopf, dass die Live-Mitschrift aus der Dynamik des Moments geboren wird und somit nicht *schön* im eigentlich Sinne, sondern *funktional*, also lesbar und korrekt sein möchte. Durch hanschriftliche Notizen haben Sie es im wahrsten Sinne des Wortes „in der Hand", wie die Notzien gestaltet werden. Vor allem haben Sie durch flexibles Zeichnen von Formen, Strukturen und →Pfeilen [S. 412] eine einmalige Möglichkeit, das gemeinsame Verständnis in Echtzeit zu begleiten und zu entwickeln. Weitere Anregungen finden Sie unter →Meeting-Minutes [S. 346].

Spielregeln für Meetings

Damit Meetings effektiv, zielführend und bestenfalls zur Zufriedenheit aller Anwesenden ablaufen, nehmen Sie doch einfach die Anwesenden mit in die Verantwortung für die Durchfühung! Jedes Meeting folgt gewissen Spielregeln (z. B. pünktlich kommen, Handys stumm stellen und nicht darauf herumspielen, etc.) – falls diese Spielregeln unbekannt sind, legen Sie diese im ersten gemeinsamen Meeting für alle folgenden Meetings gemeinsam fest (s. →Stelle Spielregeln auf [S. 135]). Dabei müssen Sie wie beschrieben nicht selbst der →Spielregel-Wächter [S. 61] sein, sondern können diese Position getrost an weitere Teilnehmer delegieren. Erwägen Sie gemeinsam auch folgende Punkte für die Spielregeln zur Verantwortung aller zum Gelingen eines Meetings:

- Beiträge sollen dem Thema dienen – und das „Wozu?" der →Zielsetzung [S. 319] beantworten. Nicht mehr, aber auch nicht weniger. Damit erhalten Ihre Meetings Relevanz.

Jeder Teilnehmer sollte daher für sich und seinen Beitrag individuell prüfen, ob dieser „richtig und wichtig“ ist bzw. worauf ggf. verzichtet werden kann (→Entscheidungskriterien [S. 273]).

- Alle Teilnehmer sind gleichermaßen verpflichtet, ihre Beiträge in der Zeit des angesetzten Meetings zu halten (s. →Meetings brauchen Zeit [S. 341]). Das transparente Darstellen des zeitlichen Fahrplans des Meetings in der Durchführung (s. →Live Mitstrukturieren [S. 338]) hilft hierbei zusätzlich.

Um die Anwesenden dauerhaft in die Verantwortung zu nehmen und gleichzeitig in die Lage der gegenseitigen Kontrolle zu versetzen, stellen wir hier neben den bereits bekannten →Spielregel-Wächtern [S. 61] zwei unkonventionelle, aber praxiserprobte Ideen vor [LALOUX, 2015] (die natürlich selbst Teil der zu Beginn vereinbarten gemeinsamen Spielregeln sein müssen):

Zimbel-Wächter

Jedes Meeting beginnt mit der Frage, wer in diesem Meeting für die Einhaltung der gemeinsamen Spielregeln verantwortlich sein möchte. Dieser Teilnehmer wird der *Zimbel-Wächter* und erhält z. B. Zimbeln (Musikinstrument [Mini-Becken] mit klarem, hellem Klang) oder ein ähnliches Klanginstrument, mit dem er sich Gehör im Meeting verschaffen kann und das nachklingt. Immer wenn der Zimbel-Watchdog das Gefühl hat, dass eine Spielregel verletzt wird, schlägt er die Zimbeln aneinander. Solange diese nachhallen, müssen alle Gespräche ruhen. Alle Teilnehmer reflektieren in dieser Zeit, ob Sie aktuell der Zielsetzung, dem „Wozu?“ des Meetings dienen oder nicht. Wenn der Klang verhallt ist, kann das Meeting fortgesetzt werden.

Wächter-Stuhl

In jedem Meeting wird ein Stuhl frei gelassen und idealerweise gut sichtbar etwas abseits aufgestellt (z. B. in der Nähe des Kopfes eines langen Tisches). Dies ist der *Wächter-Stuhl.* Wann immer ein Teilnehmer während des Meetings das Gefühl hat, dass im aktuellen Beitrag die Zielsetzung, das „Wozu?“ des Meetings nicht mehr verfolgt wird, steht er auf und setzt sich auf den Stuhl. Das ist das Zeichen für alle Anwesenden, still zu werden und das Meeting (inhaltlich) zu unterbrechen. Falls der Stuhl nicht gut sichtbar ist oder der aktuelle Sprecher weiterspricht, hebt der Wächter-Teilnehmer beide Arme und ruft „Wozu?“ (oder was Ihnen sonst sinnvoll im Team erscheint). Nun erzählt der Wächter-Teilnehmer in kurzen Worten, was er beobachtet hat. Während er zurück auf seinen eigentlich Platz geht, müssen alle noch schweigen und kurz reflektieren. Anschließend wird das Meeting fortgesetzt.

Beide Methoden →Zimbel-Wächter und →Wächter-Stuhl helfen dabei, sich im Meeting zu fokussieren und dienen als Echtzeit-Korrektiv insbesondere in Teams, die sich noch nicht gut kennen oder die Fokussierung als herausfordernd erleben. Sie aktivieren alle Teammitglieder gleichermaßen und sind doch einfach umzusetzen.

Wichtig ist bei beiden, dass Sie als Moderator immer ein Augenmerk auf den Wächter haben und im Zweifelsfall auch bemächtigt sind, die Stille durchzusetzen. Wenn Sie während Ihrer Moderation feststellen, dass eine Regel spürbar durchbrochen wurde, die Zimbel aber nicht erklingt bzw. sich niemand traut, den Platz auf dem Wächterstuhl einzunehmen, können Sie dies auch Ihrerseits ansprechen bzw. umsetzen, um so die Hürde für den Einsatz dieser Instumente etwas herabzusetzen.

Check-in & Check-out

Gerade bei regelmäßigen Meetings oder dichter Taktung von Meetings hintereinander kann es hilfreich sein, ganz kurz eine Check-in & Check-out-Runde einzurichten. Diese findet routiniert am Beginn und zum Abschluss jedes Meetings in Form einer →Blitzlichtabfrage [S. 291] statt: Jeder Teilnehmer kann (aber muss nicht!) ein kurzes Statement zum allgemeinen Befinden, Erwartungen ans Meeting, Irritationen oder ein Resumé u.s.w. geben. Damit erhält jeder kurz die Chance, sich zu Wort zu melden und im Meeting anzukommen bzw. das Meeting abzuschließen. Bitte betonen Sie auf jeden Fall, dass es jedem freigestellt ist, ob er sich daran beteiligt.

- ... nach Meldezeitpunkt per Rednerliste festzulegen (s. →Feste Reihenfolge [S. 151])

Meetings brauchen Zeit

Erinnern Sie sich an die Aussage vom Anfang „50 bis 70 Prozent aller Meetings sind Zeitverschwendung“ (s. →Meeting-Management [S. 315])? Daran wird deutlich, dass wir alle Meetings mit Termindruck und Stress verbinden und damit automatisch auch mit Zeit(druck). In diesem Abschnitt geht es daher um die Frage: *„Wie bleibe ich mit dem Meeting im zeitlichen Rahmen?“* Aber nicht nur vordergründig, denn die Antworten auf diese Frage spielen eine ganz maßgebliche Rolle im Meeting-Management: Zeit ist tatsächlich der entscheidende Erfolgsfaktor in der subjektiven Wahrnehmung, ob ein Meeting gut oder schlecht war. Woran liegt das? Unserer Meinung nach vor allem daran, dass ein (gutes) Meeting immer im Spannungsfeld von drei teilweise widersprüchlichen Anforderungen steht:

- **Zeitraum:** Das Meeting beginnt und endet zu den angegebenen Zeitpunkten.
- **Relevanz:** Alle relevanten Themen werden besprochen und entschieden.
- **Ergebnisoffenheit:** Jeder Teilnehmer hat Raum und Zeit, das beizutragen, was er beizutragen hat.

Die erste Anforderung, **der Zeitraum**, ist absolut und objektiv ganz klar definiert: Ein Meeting von 13.00 bis 14.00 Uhr dauert für alle Teilnehmer eine Stunde. Damit ist die zeitliche Begrenzung diejenige Variable, auf die Sie und alle Teilnehmer sich stets als gemeinsames Fundament beziehen können. Sie ist universell, absolut und für alle gleich.

Aber im Meeting geht es ja darum, das gemeinsame Verständnis zu vergrößern bzw. zu vertiefen und zusammen Klarheit über eine bestimmte Sache zu erlangen. Diese „bestimmte Sache“ aus der zweiten Anforderung, **die Relevanz** der zu besprechenden Themen, kann schon eher subjektiv beurteilt werden. Aber Sie können – gute Planung vorausgesetzt (s. →Regelmäßigkeit: Meetings brauchen Planung [S. 325]) – die Relevanz weitestgehend auch schon vor dem Meeting gemeinsam bewerten, indem Sie die Agenda in der Einladung zum Meeting vorab zur Diskussion stellen bzw. um Ergänzungen bitten (→Agenda (Meeting) [S. 327]). Damit ist die Relevanz trotz subjektiver Nuancen dennoch ein (zeitlich) planbarer und abschätzbarer Aspekt im Meetings Management.

Besonders schwierig zeitlich einzuschätzen ist aber die dritte Anforderung, **die Ergebnisoffenheit**. Sie kann absolut subjektiv gesehen werden und entzieht sich so einer fundierten (zeitlichen) Planung. Die Ergebnisoffenheit ist allerdings der entscheidende Aspekt, warum ein Meeting überhaupt abgehalten wird: Um sich abzusprechen, Planungen und Entscheidungen abzustimmen, eben *das gemeinsame Verständnis zu relevanten Themen* *zu vergrößern und Klarheit zu erlangen* (s. o.). Oder anders ausgedrückt: Wäre alles schon klar und kein Thema mehr (ergebnis-)offen, bräuchte es das Meeting nicht (das wäre dann tatsächlich Zeitverschwendung).

Das **Spannungsfeld im Zeitmanagement** eines Meetings **erstreckt** sich nun vom **objektiv verfügbaren Zeitraum** bis zur **subjektiv nötigen Ergebnisoffenheit**. Vermittelt wird zwischen beiden indirekt durch die Relevanz, die in der Planung festgelegt werden kann. Ihre Aufgabe als Moderator ist es im Meeting-Management stets mit Fingerspitzengefühl die Balance zwischen Raum für Diskussion und Austausch (Ergebnisoffenheit) und Einhalten des gegebenen Zeitfensters (Zeitraum) einzuhalten, ohne dass die Relevanz des Austauschs darunter leidet. Im Folgenden geben wir dazu einige Praxistipps und Anregungen, aus denen Sie die für Ihre Situation und Meeting-Kultur passend kombinieren können. Diese Tipps gelten speziell für Meetings[8] und ergänzen die allgemeinen Hinweise aus den →Zeitmanagement-Methoden [S. 250].

- **Starten Sie das Meeting pünktlich.** Setzen Sie ein klares Signal durch einen pünktlichen Beginn zur festgelegten Zeit. Sprechen Sie auch direkt die Endzeit und möglichen Pausen (s. u.) direkt und eindeutig an. Das schafft Klarheit und Vertrauen.
- **Beenden Sie das Meeting pünktlich.** Das Vertrauen in Ihr Zeitmanagement im Meeting wird hauptsächlich an der Fähigkeit zum pünktlichen Beenden gemessen. Gerade bei regelmäßigen Meetings ist dieser Punkt wichtig, indem Sie die Spielregel „Pünktlichkeit" (gilt auch im Beenden von Meetings) vorleben.
- **Planen Sie (Puffer-)Zeiten für Ungeplantes und Zusammenarbeit ein.** So können Sie diese Zeit zum spontanen Verständigen, Austauschen und für das Entstehen neuer Ideen geben. Eine grobe Abschätzung für den Bedarf an *Pufferzeit* können Sie aus der Planung (→Agenda (Meeting) [S. 327]) und der Regelmäßigkeit des Meetings ableiten. Planen Sie zusätzlich Pufferzeiten ein, die um so öfter stattfinden bzw. um so länger sein sollten je ...
  - ... mehr relevante Themen zu besprechen sind.
  - ... unterschiedlicher die zu besprechenden Themen sind (Zeit zum gedanklichen Umschalten).

---

8 Aufgrund der Verschiedenartigkeit bei gleichzeitiger Kombinierbarkeit haben wir hier auf eine Empfehlung für →N – Novizen [S. 16], →A – Adepten [16] und →P – Profis [18] verzichtet.

- ... ungewohnter die zu besprechenden Themen sind (Zeit zum Gewöhnen).
- ... emotional berührender die Thematik ist (Zeit zum „Verdauen“).
- ... mehr Teilnehmer einzubinden sind (Zeit für Austausch – jeder will gehört werden).
- ... neuer die Konstellation in der die Gruppe zusammenkommt (Zeit für Kennenlernen und Gruppendynamik).
  Insbesondere dieser Punkt geht gezielt auf Zeit zum Zusammenarbeiten ein: Gerade in neuen Gruppenkonstellationen braucht es immer Zeit, um gemeinsame Spielregeln und Prozesse der Zusammenarbeit in den verschiedenen →Phasen der Gruppenbildung [S. 71] zu regeln.
- ... nachdem, ob das Meeting (teilweise) online statt findet und wie routiniert die Teilnehmer darin sind (Zeit zum Lösen technischer Probleme; s. dazu auch →Umgang mit der Technik [S. 375])
- ... größer die Wahrscheinlichkeit ist, dass die Gruppe zwischendurch mal „durchatmen“ muss, z. B. an besonders heißen Tagen oder bei sehr spät am Abend angesetzten Meetings.

- **Planen Sie Pausen ein.** Gerade zwischen mental anstrengenden oder inhaltich völlig unterschiedlichen Themen oder bei langen Treffen sind kurze, prägnante Pause mehr wert, als stures „Durchziehen“. Als Faustregel machen Sie *mindestens* fünf bis zehn Minuten Pause pro Stunde in Ihrem Meeting. Sagen Sie bei Pausen immer die konkrete Zeit für die Weiterführung an: „Wir machen um 12.05 Uhr weiter“. Eine relative Angabe in der Form von „wir machen jetzt fünf Minuten Pause“ sorgt allzuoft für längere Pausen als beabsichtigt. Ausführliche Tipps finden Sie im Abschnitt zu den →Pausen [S. 204].
- **Holen Sie Energie und Fokus ins Meeting (zurück).** Falls Sie bemerken, dass die Konzentration aus dem Meeting „geflossen“ ist, können Sie versuchen, die Teilnehmer durch eine kurze, fokussierende Pause wieder Luft holen zu lassen. Glücklicherweise haben Sie ja vorsorglich Pufferzeiten eingeplant.
- **Kommunizieren Sie Zeiten wiederholt und redundant.** Idealerweise hat Ihre Agenda in der Einladung zum Meeting bereits Zeitangaben für jedes Thema (s. →Agenda (Meeting) [S. 327]). Planen Sie hier auch bereits abgeschätzte Pufferzeiten und Pausen ein (s. obige Punkte). Ergänzen Sie diese schriftliche Angabe auch im Meeting selbst durch

verbale Zeitansagen. Während einer Gruppenarbeit oder Diskussion scheuen Sie auch nicht davor zurück, klare Zeitansagen zu machen.

- **Nehmen Sie die Teilnehmer mit in die Verantwortung,** indem Sie einen Kollegen als →Zeitwächter [S. 58] bestimmen bzw. von der Arbeitsgruppe festlegen lassen: Dieser muss immer wieder Zeitansagen anhand der in der Agenda geplanten Zeiten machen. So können auch Sie als Moderator die Aufmerksamkeit auf die Zeit abgeben. Sind keine Zeiten in der Agenda geplant, einigen Sie sich auf eine Zeitansage, z. B. viertel- oder halbstündig (abhängig von der Länge des Meetings und der Menge an relevanten Themen).
- **Endlichkeit erzeugt Dringlichkeit.** Schweifen die Teilnehmer aus oder können sich zu bestimmten Themen nicht einigen, können Sie durch einen sachlichen Hinweis auf die verbleibende (geplante) Zeit einen kleinen Impuls zur erneuten Fokussierung geben (s. →Zusammenfassen [S. 196]). In vielen Fällen hilft dies den Teilnehmern, sich wieder auf die relevanten Beiträge zum Thema zu konzentrieren.
- **Rechnen Sie die Kosten vor.** Beobachten Sie in der Arbeitsguppe regelmäßig ausschweifende Diskussionen, die am Thema vorbei gehen, können Sie – eine entsprechende Meeting-Kultur vorausgesetzt! – auch zu härteren Bandagen greifen: Rechnen Sie den Anwesenden einmal vor, wie viel eine Stunde Meeting mit allen Anwesenden kostet (Faustregel: Pro 1.000 € Bruttomonatsgehalt eines Angestellten kostet eine Arbeitsstunde den Arbeitgeber ca. 8,50 €). So kommen Sie meist auf mehrere Hundert bis Tausend Euro! Und diese Kosten fallen analog zur *Burn Rate immer* an – unabhängig vom Ergebnis des Meetings. Das schafft ein gewisses Gefühl für die Relevanz.

Was am Ende bleibt – Meetings brauchen Dokumentation

Nach dem Meeting ist vor dem Meeting! Egal ob Informationen ausgetauscht, Planungen gemacht oder Entscheidungen getroffen wurden: In jedem Fall sind neue Fragen, Aufgaben oder Möglichkeiten entstanden, die es zu dokumentieren gilt. So wird der Mehrwert des Meetings fixiert und kommunizierbar gemacht. Zusätzlich konzentriert eine Dokumentation diese relevanten Informationen und fördert durch Struktur und Visualisierung die Klarheit und Einigkeit der Meeting-Teilnehmer. Denn was geschrieben ist, bleibt – sowohl im Kopf als auch über das Meeting hinaus. Dabei möchten wir mit einem weiteren Irrglauben aufräumen: *„Wir haben* *darüber gesprochen, also wird es (so) gemacht!"* In unserer Erfahrung leider: **Nein!** Viel eher geraten viele Aufgaben, die nicht aufgeschrieben wurden, schnell in Vergessenheit, sobald alle wieder auseinander gehen. Von daher ist es essenziell wichtig, das weitere Vorgehen kurz, prägnant und nachvollziehbar festzuhalten und Verantwortliche für die nächsten Schritte eindeutig zu benennen. Planen Sie also stets eine Dokumentation Ihrer Meetings ein, um nachhaltigen Erfolg sicherzustellen. Damit steht dann auch bereits in vielen Fällen die Agenda für das nächste Treffen fest, in dem die Ausführung der Aufgaben bewertet und ggf. neu definiert wird.

Dazu sammeln wir im Folgenden zuerst allgemeine Tipps und Hinweise zur Dokumentation von Meetings, die wir →Meeting-Minutes [S. 346] nennen und gehen auf grundsätzliche Fragen zur Dokumentation ein. Eine zentrale Rolle spielen dabei gemeinsam dokumentierte Aufgaben (To-Dos), für die wir Ihnen anschließend zwei Formen der Strukturiernung vorstellen, die Sie speziell für die gemeinsame Festlegung von Verantwortlichkeiten für To-Dos nutzen können: Antworten auf die Frage →Wer macht was bis wann? [S. 351] und die →RACI-Matrix [S. 355]. Zur konkreten Umsetzung unserer Ideen zur Dokumentation fassen wir abschließend →Vorlagen [S. 358] zusammen, die Ihnen als Startpunkt für die eigenen Meeting-Minutes dienen und die bereits bekannte Hinweise für →Das schriftliche Protokoll [S. 228] ergänzen.

Meeting-Minutes

Meeting-Minutes sind ein modernes Wortgewand für Altbekanntes: Das Ergebnisprotokoll. Es dient der Dokumentation der relevanten Informationen und was mit diesen nach dem Meeting geschehen soll. Das bedeutet meist, es werden die relevanten Informationen aufgeschrieben und eine „To-Do"-Liste erstellt, was bis zum nächsten Meeting zu tun ist. Die Meeting-Minutes dokumentieren also möglichst präzise und übersichtlich all das, was nach dem Meeting weiter genutzt wird. Dazu braucht Ihre Dokumentation Struktur – und die haben Sie in der Vorbereitung auf das Meeting bereits anhand der →Zielsetzung [S. 319] herausgearbeitet und in der →Agenda (Meeting) [S. 327] festgeschrieben. Eine Struktur haben Sie also bereits. Innerhalb dieser stellt sich aber die Frage, was die relevanten Informationen sind. Das lässt sich anhand der Fragen „Was?", „Wer?", „Wie?" und „Wann?" für Meeting-Minutes beantworten, die wir im Folgenden kurz diskutieren.

- **Was gehört hinein?**
  Grundsätzlich umfassen die Meeting-Minutes alle gemeinsam erarbeiteten Ergebnisse aus den vier Anlässen bzw. Grundphasen des →Meeting-Modells [S. 322]: Informierung, Planung (Aufgaben), Review (Bewertungen) und Entscheidung. Die Kunst besteht darin, diese Informationen möglichst präzise und prägnant zu erfassen und unmissverständlich zu notieren. Dabei können die **relevanten Informationen** nach den erwähnten Anlässen drei generellen Kategorien zugeordnet werden:
  - **Informationen,** die aus dem Meeting hervorgehen und über das Meeting hinaus von allgemeinem Interesse sind (z.B.: „Herr Müller kann zur Analyse von ... konsultiert werden.")
  - **Entscheidungen,** die im Meeting getroffen wurden und darüber hinaus wichtig sind (z.B.: „Die Analyse nach ... wird nicht fortgeführt.")
  - **Aufgaben (To-Dos),** die sich ergeben und ggf. bis zum nächsten Meeting zu bearbeiten sind (z.B.: „Eine Übersicht über die Analysen von ... im letzten Monat inkl. Bearbeitungszeiten erstellen.")

  Wir unterscheiden bewusst zwischen relevanten Informationen während und nach dem Meeting für die Dokumentation: Während eines Meetings mögen bestimmte Informationen relevant sein, um eine Entscheidung zu treffen oder eine Aufgabe genauer spezifizieren oder zuteilen zu können. Ein Beispiel hierfür wäre, wenn ein Kollege für einen Zeitraum in Elternzeit geht und daher eine Aufgabe nicht übernehmen kann. Diese Information ist aber nicht mehr relevant, wenn es darum geht, die Aufgabe nach dem Meeting in einem To-Do mit einem konkreten Verantwortlichen dafür aufzuschreiben. Nach dem Meeting ist nur noch die Information „Wer macht's?" relevant, aber nicht mehr, wer es warum *nicht* machen kann.

  Diese drei Kategorien geben Ihnen ein System, mit dem Sie alle relevanten Informationen dokumentieren können. Bei allen Informationen, die nicht in diese Kategorien passen, dürfen Sie kritisch hinterfragen, ob sie überhaupt aufgeschrieben werden sollten. Vielleicht fragen Sie sich jetzt zu recht, ob es nicht weitere Kategorien geben sollte ... und da haben Sie aus Erfahrung auch recht: Häufig kommen in Meetings Fragen auf, die im Meeting nicht geklärt oder ausreichend beantwortet werden können. Diese zählen wir aber in unserer Einteilung mit zu den Aufgaben, da jede unbeantwortete Frage automatisch die Aufgabe der Antwort(suche) mit sich bringt. Die drei Kategorien bilden ein flexibles Ordnungssystem, das Ihnen hilft, Relevanz zu kanalisieren und zu strukturieren.

Während eines moderierten Meetings werden also Informationen geteilt, Fragen gestellt und Entscheidungen getroffen. All diese Themen sind bereits ausführlich im Abschnitt →Moderation ausführen [S. 115] behandelt worden und damit Teil der bekannten Moderationsarbeit. Die Besonderheit bei Meetings stellen die Aufgaben oder *To-Dos* dar, denn in Ihnen kondensiert sich der Mehrwert für das, was in der Zeit *zwischen* zwei Meetings passiert: Sie schlagen eine Brücke zwischen diesen zwei aufeinanderfolgenden Meetings, indem – ausgehend vom vorangegangenen Meeting – Ihre Durchführung im Folgemeeting diskutiert werden kann. Damit bilden To-Dos wiederum die Grundlage für weitere Informationen, Entscheidungen oder Folge-Aufgaben. Um dieser großen Bedeutung von To-Dos gerecht zu werden, widmen wir der strukturierten Erstellung und Dokumentation zielführender To-Dos die Abschnitte →Wer macht was bis wann? [S. 351] und →RACI-Matrix [S.355].

Zusätzlich sollten Ihre Meeting-Minutes folgende **Meta-Informationen** enthalten, um die Leser der Minutes umfassend zu informieren und das Arbeiten mit den Minutes zwischen zwei Meetings zu erleichtern:

- □ Die →Zielsetzung [S. 319] (das „Wozu?“ des Meetings),
- □ das Datum („Wann“ hat das Meeting stattgefunden?),
- □ die Teilnehmer,
- □ wer (neben den Teilnehmern) zu informieren ist, bzw. wer diese Notizen ebenfalls bekommen soll,
- □ wer der Autor der Notizen und wer der Ansprechpartner für darin enthaltene Fachinformationen ist (für Rückfragen),
- □ wann das nächste Meeting geplant ist,
- □ ggf. ein Aktenzeichen / eindeutige Bezeichnung zur klaren Zuordnung.

In den →Vorlagen [S. 358] stellen wir konkrete Ideen vor, wie Meeting-Minutes anhand der relevanten Informationen (s. o.) und dieser Abfrage strukturiert werden können.

- **Wer schreibt's?**
  Sie können Meeting-Minutes entweder selbst anfertigen oder delegieren diese Aufgabe an ein Mitglied des Meetings (z. B. Schriftführer oder bei regelmäßigen Treffen reihum gehend). Wichtig ist aber, dass Sie für Ihre Meetings mit allen Teilnehmern gemeinsame Standards etablieren, damit die Qualität verlässlich ist – unabhängig davon, wer schreibt. Dafür bieten sich Vorlagen an, die allen Meetings den gleichen Rahmen geben (s. →Vorlagen [S. 358] für Details).
- **Wie wird's geschrieben?**
  Es ist grundsätzlich egal, ob Sie digital am PC mitschreiben oder per Hand; wichtig ist, dass Sie die für Sie persönlich einfachere Variante wählen, die für alle Adressaten einfach lesbar ist. Neben den offensichtlichen Vorteilen – handschriftliche Notizen sind im allgemeinen flexibler und schneller angefertigt, während digitale Notizen direkt (über Beamer) oder im Anschluss (per Email) teilbar sind – haben wir weitere Aspekte von handschriftlichen und digitalen Notizen gegenübergestellt.

Handschriftlich	**Digital**
Flexibel gestaltbar (Randnotizen, Skizzen, Beziehungspfeile, ...)	Statische Darstellung, „Zeilenbindung"
Schnell und intuitiv anzufertigen	Schnell zu schreiben (abh. vom Training)
Schlecht digitalisierbar; Gefahr sich zu verzetteln („Zettelwirtschaft")	Sofort teilbar (Beamer, E-Mail, Drucker)
Lesbar?	Immer lesbar
Einmal geschrieben, bleiben Notizen statisch	Notizen können durchsucht und sortiert werden (z. B. nach Kategorien)

Tabelle 10: Gegenüberstellung der Aspekte von handschriftlichen und digitalen (PC) Notizen. Positive Aspekte sind grün hinterlegt, möglicherweise nachteilige orange.

Eine Kombination der Vorteile beider Methoden bieten Tablets, die mit einem besonderen Stift beschrieben werden können. So können Sie auch Skizzen schnell digitalisieren und ganze handschriftliche Texte in Windeseile mittels Schrifterkennung (engl: Optical Character Recognition, OCR) zuverlässig erkennen lassen. So lassen sich mit ein bisschen Training auch die Vorteile schneller visueller Verknüpfung von Informationen (s. Beispiele in →Cluster-Maps [S. 265]) nutzen. Probieren Sie einmal beides aus und passen sich im besten Fall an die Situation flexibel an.

Egal wie Sie schreiben, durch Ihr Schreiben werden Sie für alle Teilnehmer des Meetings sichtbar, sobald Ihre Mitschrift herumgeschickt wird und damit „öffentlich“ wird. Da Sie dabei automatisch auch an Ihrer Mitschrift gemessen werden, sollten Sie sie vor jedem Abschicken noch einmal auf (Tipp-)fehler überprüfen.

- **Wer ist wann zu informieren?**
  Verteilen Sie die Meeting-Minutes im Anschluss an das Meeting an alle relevanten Empfänger. Stellen Sie sich dazu drei Fragen:
  - **Wer muss das Protokoll absegnen?**
    Falls Sie im Meeting nicht alle Aufzeichnungen gemeinsam durchgehen konnten oder falls entscheidende Teilnehmer im Meeting gefehlt haben, bitten Sie per E-Mail um Durchsicht und ggf. Korrektur. Versehen Sie die Rückmeldung auf jeden Fall mit einem Fälligkeitsdatum und legen fest, dass bei Nicht-Melden bis zu diesem Datum von Zustimmung ausgegangen wird.[9] Bitten Sie außerdem alle Teilnehmer darum, etwaige Änderungen sofort an den ursprünglichen Teilnehmerkreis zu versenden, sodass keine parallelen Versionen entstehen.
    Anschließend kann die Dokumentation an alle Betroffenen zur rechten Zeit gesendet werden (s. u.).
  - **Wer ist betroffen?**
    Natürlich alle, die beim Meeting anwesend waren – aber möglicherweise nicht nur. Wer ist noch von Aufgaben oder Entscheidungen betroffen? Wen können die gegebenen Informationen noch interessieren? Meist natürlich die Vorgesetzten, aber auch Kooperationspartner oder Dritte könnten von den Aufzeichnungen profitieren. Je nach Sensitivität mancher Informationen sollten Sie über zwei Protokolle nachdenken: für den internen und den externen Gebrauch – denn einmal veröffentlichte Informationen können nicht zurückgenommen werden. In Zweifelsfällen sollte der Verteiler noch im Meeting besprochen werden, damit sich nachher kein Wehklagen einstellt.

9 Es könnte aber, je nach Adressat für die Durchsicht, eine gute Idee sein, vor dem Versendetermin an alle Teilnehmer noch einmal bei ihm telefonisch nachzufragen, ob das Nicht-Melden Absicht oder ein Versehen war.

Vermerken Sie bestenfalls in den Minutes, ansonsten aber in der E-Mail, wer alles zusätzlich informiert wird (hier reicht oft ein kurzer Verweis auf „CC“ [Carbon Copy] der E-Mail), um auch diese Information transparent zu kommunizieren.

- **Wann sind Informationen wichtig?**
Grundsätzlich sollte die Dokumentation der Ergebnisse des Meetings so zeitnah wie möglich an alle Betroffenen (s. o.) kommuniziert werden. Denn dann sind die Gedanken und Diskussionen noch „frisch“ im Kopf verankert und die Beteiligten können die Bezüge leichter herstellen. Auch wird Ihr stringentes und konsequentes Meeting-Management durch pünktliche Dokumentation souverän unterstrichen.
Eine weitere Maßgabe für den Zeitpunkt des Informationsflusses sind die getroffenen Entscheidungen bzw. geplanten Aufgaben selbst – sind diese zeitkritisch, müssen Sie natürlich ebenso mit entsprechender Vorlaufzeit kommuniziert werden und geben Ihnen damit einen Zeitrahmen vor, in dem Sie die Dokumentation teilen sollten. Vorsicht ist allerdings geboten, falls es noch Abstimmungsbedarf gibt (s. o. bei *Wer muss das Protokoll absegnen?*). Dieser sollte vor der allgemeinen Kommunikation besprochen und erledigt sein, um Unklarheit zu vermeiden.
Wichtig beim Kommunikationszeitpunkt ist auf jeden Fall, dass genug Zeit zum nächsten vereinbarten Meeting bleibt, um die dokumentierten Informationen zu verarbeiten bzw. damit weiterzuarbeiten.

Wer macht was bis wann?

Kommt Ihnen die Frage bekannt vor? – Richtig! Die gleichen Fragen nach den relevanten Informationen (Wer? Was? Wann?) haben wir bereits für die →Meeting-Minutes [S. 346] und da insbesondere im Kontext des Planungsmeetings gestellt. Hier stellen wir die gleichen Fragen nochmals explizit für die To-Dos, die das Ergebnis eine Planungs-Meetings sind. Einen besonderen Stellenwert haben To-Dos in den Meeting-Minutes, da sie Umsetzung in Gang bringen und Fortschritt greifbar machen. Daher sollten Sie die zentrale Frage „Wer macht was bis wann?“ am Ende jedes Meetings dokumentiert haben. Und zwar für jedes einzele To-Do, das Sie in den Meeting-Minutes notieren. Denn eine Liste aus To-Dos in den Meeting-Minutes führt noch nicht dazu, dass die Aufgaben auch gemacht werden. Ohne das konkrete

„Wer?“ fehlt es an Zuständigkeit (es fühlt sich keiner Verantwortlich), ohne das genaue „Was?“ an Klarheit (es weiß niemand, was genau zu tun ist) und ohne ein klares „(bis) Wann?“ an einer Zeitvorgabe (oft setzt erst das Gefühl von Endlichkeit Handlungen in Gang). Im Detail stecken in dieser kurzen Frage also die gleichen Ansprüche an Spezifität, realistische und termingerechte Einschätzung der Arbeit, wie sie auch in SMARTen Zielen stecken (s. →Zielsetzung [S. 319]), die Ihnen folgendermaßen helfen, To-Dos umsetzbar zu machen:

- **Wer?** – Klärt ab, in wessen Verantwortung die Ausführung der Aufgabe liegt. Z. B. wer ist ansprechbar? Wer stellt die Ergebnisse im nächsten Meeting vor? Diese Person ist konkret zu benennen. In unserer Erfahrung notieren Sie sogar bestenfalls nur eine einzige Person, denn bei Benennung einer Abteilung als Verantwortlichen oder selbst bei nur zwei verantwortlichen Personen kann es zum Hin-und-Herschieben der Verantwortung kommen („Ich dachte du machst das ... ?“ – „Nee ich dachte du hättest ... “).
  Das „Wer?“ kann für komplexe Aufgaben noch weiter verfeinert werden. Hierzu lesen Adepten weiter über die →RACI-Matrix [S. 355].
- **Was?** – Klärt ab, was genau gemacht werden muss. Dies ist der Inhalt der Aufgabe. Je präziser und spezifischer das „Was?“ geklärt ist, desto schneller und zielgerichteter kann die Aufgabe bearbeitet werden. Hier lohnt es sich, gerade bei komplexeren Aufgaben, bei der *Formulierung* von To-Dos etwas genauer hinzuschauen und das „Was?“ anhand von zwei Aspekten zu schärfen [ALLEN, 2015]:
  - **Gehen Sie vom Ziel aus:** Klären Sie gemeinsam, wozu die erledigte Aufgabe dienen soll, bzw. was das gewünschte Ergebnis *nach* Fertigstellung der Aufgabe sein soll. Damit fokussieren Sie sich und die Aufgabe und können die nächsten Schritte zur Zielerreichung formulieren (s. u.).
  - **Formulieren Sie machbare Aufgaben:** Je konkreter die Formulierung, je deutlicher der Arbeitsschritt, desto wahrscheinlicher ist die Ausführung. Hierbei helfen Checklisten, um die einzelnen (Teil-)Schritte auf dem Weg zur Erreichung des Ziels zu identifizieren. Formulieren Sie außerdem aktive Handlungsaufforderungen, indem Sie diese operationalisieren, d.h. mit beobachtbaren Verben versehen. Z. B. ist das To-Do „Anruf Christian (0123 456 789) und nach Liste xy fragen“ zwar viel machbarer als das To-Do „Christian:

Liste xy", aber noch immer weniger eindeutig als „Christian anrufen (0123 456 789) und Liste xy anfordern".
Sie sagen jetzt vielleicht, dass das Ziel doch immer klar ist und die Aufgabe möglichst kurz notiert sein sollte. Das stimmt aber nur dann, wenn das To-Do als reine Erinnerung verwendet wird. Wir möchten aber dazu ermutigen, dass Sie gemeinsame To-Dos für die Umsetzung erarbeiten[10]. Bedenken Sie dabei, dass die To-Dos meist zeitversetzt zum Meeting abgebarbeitet werden (s. „Wann?" weiter unten) und dann in einem ganz anderen Kontext stehen: Was im Meeting gemeinsam noch klar war, mag Tage später alleine am Schreibtisch deutlich vager erscheinen („Was haben wir nochmal mit ... gemeint?"). Im Meeting können Sie außerdem bei Verständnisproblemen direkt nachfragen – anderntalls müssen Sie Tage später erst zum Telefonhörer greifen, und haben damit effektiv eine Aufgabe mehr zu tun. Zusätzlich setzt ein gut geführtes Meeting gemeinsame Energien frei, die Ihnen zur Ausführung der Aufgabe möglicherweise nicht mehr zur Verfügung stehen. Trainieren Sie sich daher gemeinsam dazu, prägnant und aktiv formulierte To-Dos aufzuschreiben, die Sie auch ausführen können, wenn Sie müde und nicht zu hundert Prozent bei der Sache sind.

- **Wann?** – Beschränkt den Zeitrahmen, bis zu dem die Aufgabe erledigt sein soll. Der Zeitpunkt, zu dem die Aufgaben erledigt sein soll, wird auch oft auch als das *Fälligkeitsdatum* bezeichnet. Beachten Sie, dass es zwei Arten von Fälligkeiten gibt:
  - Harte Fälligkeitsdaten: Deadlines (z. B. Bewerbungs- / Prüfungs- / Einsendefristen, Projektabnahmen / -berichte), nach deren Verstreichen Konsequenzen folgen.
  - Weiche Fälligkeitsdaten: Wunsch- und Nice-to-have-Termine, nach deren Verstreichen keine Konsequenzen folgen.

  Harte *Deadlines* werden dabei meist von außen vorgegeben und stehen im Zusammenhang mit einem erwarteten, zu liefernden Ergebnis. Weiche Zeitrahmen stecken wir uns meistens selbst und von daher sind sie Wunsch-Termine, die aber ggf. auch weiter nach hinten verschoben werden können. Im Alltag begegnen wir häufig Deadlines, die

10 Zum strukturierten Umgang und zielführenden Formulieren von To-Dos empfehlen wir gerne das zwar komplexe, aber äußerst effektive System „Getting Things Done (GDT)" von David Allen [ALLEN, 2015].

in unserem Sinne keine sind: Vielmehr wird dann nicht unterschieden, zwischen Fälligkeitsdaten mit und ohne Konsequenzen, falls dieser Zeitrahmen gesprengt wird. Wir möchten in erster Linie auf den Unterschied aufmerksam machen und im Folgenden ganz kurz Impulse im Umgang damit geben. Probieren Sie aus, was in Ihrem Team und für Ihre Aufgaben am zielführendsten ist:

  - □ Keine Unterscheidung: Fangen Sie gerade erst an mit der Aufgabenverteilung oder fallen keine harten Deadlines an, nutzen Sie Fälligkeitsdaten einfach ohne diese Unterscheidung.
  - □ Nutzen Sie eine besondere Farbe für harte Deadlines (z. B. die Signalfarbe rot). Dadurch wird direkt ersichtlich, dass dieses Fälligkeitsdatum nicht überschritten werden darf.

Zeichnet es sich bereits in der Verteilung der Aufgaben ab, dass Sie eine der drei Teilfragen „Wer?“, „Was?“, „Wann?“ nicht beantworten können, kann das ein Hinweis dafür sein, dass das To-Do (noch) zu groß bzw. umfassend formuliert wurde. Brechen Sie dann insbesondere das „Was?“ in kleinere *Teilaufgaben* herunter, indem Sie sich folgende Fragen stellen:

- Was sind die nächstmöglichen Schritte, um diese Aufgabe weiter in Richtung des gewünschten Ergebnisses zu bringen?
  - □ Ggf. sogar: Was ist der *eine* konkrete nächste Schritt?
- In welcher Reihenfolge lassen sich die notwendigen Aktivitäten zur Zielerreichung beschreiben?
  - □ Ggf. fragen Sie ganz explizit nach den Handlungssätzen und legen Wert auf das Verb, denn es trägt die Aktivität.
- Fragen Sie bei jedem Schritt nach: Wie genau wird die Aktivität aussehen?
- Fragen Sie gegebenenfalls auch rückwärts vom Ziel ausgehend die notwendigen Schritte / Aktivitäten ab.

Als grobe Faustregel können Sie annehmen, dass Ihre Teilaufgaben dann kleinschrittig genug sind, wenn Sie zu jeder Teilaufgabe die Frage „Wer macht was bis wann?“ ohne zu zögern und eindeutig beantworten können.

Die grundsätzliche Frage nach dem „Wer macht was bis wann?“ ist schnell beantwortet und die Anwendung dürfte Ihnen leicht fallen. Die Details der Formulierung zielgerichteter und machbarer To-Dos daraus hingegen ist eine langfristige Lernaufgabe, die auch von Ihrem Team, Ihrer Arbeitssituation und Ihrer aktuellen Verfassung abhängt. Lassen Sie sich also nicht verunsichern, wenn nicht alle Ideen, die wir hier beschrieben haben, für Sie sofort umsetzbar sind. Sehen Sie sie vielmehr als einen Blumenstrauß an Richtungen, in die Sie sich entwickeln können und wählen für Ihre Situation die passenden Impulse aus, denn es gibt nicht „die eine perfekte“ Lösung. Denken Sie für einen Moment an Ihren letzten Besuch beim Blumenhändler, bei dem Sie einem lieben Menschen eine blumige Freude besorgen wollten: Würden Sie alle dort ausgestellten Blumen in einen großen Strauß kombinieren, würde das Ergebnis sicher überladen und unübersichtlich wirken und die vielen Düfte zusammen eher Unbehangen statt Freude auslösen. Stattdessen wirkt ein Blumenstrauß erst durch die sorgfältige Kombination einiger erlesener Blumensorten, wenn Farbe und Duft im Zusammenspiel mit der richtigen Umgebung zu einem bestimmten Anlass harmonieren.[11] Genauso ist es mit den Aspekten bei der Erstellung von To-Dos: Gehen Sie vom Ziel aus und nutzen Sie für Ihre Situation das, was für Sie sinnvoll ist.

RACI-Matrix

Die Frage nach dem „Wer?“ aus „Wer macht was bis wann?“ kann für komplexe Aufgaben noch weiter spezifiziert werden, indem mehrere Beteiligte mit zusätzlichen Rollen involviert werden. Dazu können Sie die aus dem klassischen Projektmanagement bzw. -controlling stammende RACI-Matrix nutzen, bei der jeder Buchstabe für eine entsprechende Rolle in Bezug auf eine Aufgabe steht:

- **Responsible:** Wer ist verantwortlich für die Durchführung der Aufgabe? Wer erledigt die Aufgabe? (Es muss sich hierbei nicht um dieselbe Person handeln.)
- **Accountable:** Wer ist veranwortlich für das Ergebnis (nach außen)? Wer gibt beispielsweise Budgets frei oder genehmigt Durchführungen? Aber auch: wer erinnert ggf. an die Durchführung oder Deadlines?
- **Consultable:** Wer ist für Fragen, Einschätzungen oder für Diskussionen zur Aufgabe ansprechbar? Wer steht generell zur Beratung bereit? Kann aber auch interpretiert werden als diejenigen, mit denen die Ausführung der Aufgabe unbedingt abgestimmt werden muss (z. B. mit weiteren betroffenen Abteilungen).

---

11 Haben Sie noch Ihren Stift in der Hand? Die letzten Sätze wären doch der ideale Anlass, an den Rand einen kleinen Blumenstrauß als Merker oder Erinnerer zu skizzieren. Sehen Sie? Wir haben Sie und Ihren Stift nicht vergessen. Tun Sie’s bitte auch nicht!

- **Informed:** Wer darüberhinaus muss ebenfalls über den Status oder spätestens die abgeschlossene Aufgabe (oder ihre Ergebnisse) informiert werden?

In der Anwendung werden meist zuerst die To-Dos gesammelt, spezifiziert und terminiert (für Details dazu s. →Wer macht was bis wann? [S. 351]), als Tabelle gelistet und erst danach werden die Teammitglieder entsprechend ihrer RACI-Rollen auf die To-Dos verteilt. Dazu bietet es sich an, die Namen der Teammitglieder als Kürzel zu definieren. Beliebt sind zum Beispiel die Initalien, wobei es sich anbietet, beim Nachnamen die ersten zwei Buchstaben zu nehmen, um Verwechslungen zu vermeiden (bei den Autoren wären diese Initialien beispielsweise UEN und MBA). Schreiben Sie die Zuordnung der Initialien auf jeden Fall immer mit auf (z. B. als Tabellenunterschrift), damit auch später noch klar ist, wer wer ist. Das Ergebnis nennt sich RACI-Matrix und kann auch als Projektplan dienen, wie beispielhaft für die To-Dos einer Jubiläumsfeier in Abbildung 27 gezeigt.

To-Dos	Bis wann?	R	A	C	I
• Gästeliste mit Kontaktadressen fertigstellen (Excel)	29.03.21	UEN	MBA	MMü, CCL	/
• Email an Gäste formulieren & abschicken	Ende April	MBA	CCL	UEN	alle
• Geschenkeliste sammeln (Excel)	Ende Mai	UEN	MMü	/	/
• Geschenke einpacken	11.06.21	UEN	MMü	MBA	CCL
• Catering anrufen & Liefertermin abstimmen	Ende KW24	MMü	CCL	/	alle

CCL = Claus Clever, MBA = Martin Baumann
MMü = Marion Müller, UEN = Ulrich Engelmann

Abbildung 27: RACI-Matrix am Beispiel einer Jubiläumsplanung. Die Teammitglieder sind durch ihre Kürzel bestimmten Rollen zugeordnet („R" = Responsible; „A" = Accountable; „C" = Consultable; „I" = Informed), die für zusätzliche Übersicht farblich markiert wurden.

Wie Sie sehen, ist die RACI-Matrix etwas aufwändiger, da die Zuordnung der Rollen (bzw. Zuständigkeiten) einige Zeit der Abstimmung innerhalb des Teams bedarf. Dieser Mehraufwand belohnt dafür mit transparenten

Zuständigkeiten in übersichtlicher Tabellenstruktur, sodass die RACI-Methode vor allem für vielschichtige Projekte und solche mit langer Laufzeit von Vorteil ist. Natürlich ergibt die RACI-Methode nur dann Sinn, wenn Sie mindestens drei Teammitglieder haben. Andernfalls können Sie die Rollen nicht sinnvoll vergeben. Behalten Sie als Faustregel immer im Kopf, dass keine Planungsmethode mehr Zeit in Anspruch nehmen sollte, als Sie zur tatsächlichen Erledigung der Aufgaben brauchen. Andernfalls wäre die Methode hochgradig ineffizient!

Übrigens kennt die RACI-Methode viele weitere Verwandte: RAS(upport)CI oder RA(pprove)ASCI sind nur einige Spielarten, wie weitere Teammitglieder für bestimmte Funktionen herangezogen werden können, um beispielsweise bei Bedarf zu unterstützen (support) oder ein Vorgehen zu überprüfen und zu genehmigen (approve). Anstatt hier alle Möglichkeiten aufzuzählen, appellieren wir einfach an die Kreativität Ihres Teams: Überlegen Sie z. B. in einem →Brainstorming [S. 255] selbst, welche Rollen es in Ihrem Prozess zu besetzen gilt, damit die Aufgaben zu aller Zufriedenheit erledigt werden können. Denn jedes Organisationssystem sollte stets Ihrer Arbeit dienen (und diese vereinfachen) und niemals Ihre Arbeit dem System.

Als praktisches Destillat arbeiten wir gerne mit Aufgabenpaten, die die Durchführung zwischen zwei Meetings einmal überprüfen (Reminder) und ggf. Ansprechpartner bei unerwarteten Hürden sind.

Anwendungsbeispiel: In unserer Praxis haben wir gute Erfahrungen mit einer To-Do Liste aus „was?“ wird „bis wann?“ von „wem?“ und „von wem unterstützt?“ gemacht. Quasi als Destillat aus der RACI-Matrix wird der Aufgabenverantwortliche („R“) von einem Aufgabenpaten unterstützt, der einerseits während der Laufzeit der Aufgabe („bis wann?“) an die Durchführung erinnert und dabei auch als Sparringspartner in den kreativen Austausch bei Hindernissen in der Durchführung gehen kann. Er kombiniert damit in gewisser Weise die Rollen „A“ und „C“ und gewährleistet in seiner Funktion als Pate darüber hinaus, dass die Aufgabe bis zum nächsten Meeting nicht vergessen wird. Wie das in der Anwendung aussehen kann, zeigen wir in den →Vorlagen [S. 358], z. B. →Abbildung 28 [S. 360]. Und falls Sie noch zusätzliche Eventualitäten mit Ihren *To-Dos* abfangen möchten, bieten sich die folgenden Fragen an:

- **Wer macht** (Dies benennt den verantwortlichen Akteur.)
- **mit wem** (Wer steht dem verantwortlichen Akteur unterstützend zur Seite?)
- **und womit** (Welche Ressourcen dürfen genutzt werden, welche ggf. nicht?)
- **was genau** (Beschreibung des Arbeitsauftrags, die auch ohne Teilnahme am Meeting verständlich und eindeutig ist.)
- **bis wann** (Bis wann muss die Arbeit durchgeführt werden?)
- **und berichtet wem** (Wem muss das Ergebnis gemeldet oder vorgelegt werden?)
- **bis wann** (Bis wann muss das Ergebnis gemeldet oder vorgelegt werden?)
- **wie ausführlich?** (Wie sieht die Meldung aus: Zwischen „Das Ergebnis liegt vor." und „Anhängend finden Sie den 200-seitigen Bericht." ist alles möglich, solange es abgesprochen wird)

Vorlagen

Als Zusammenfassung zum Thema der Meeting-Management-Dokumentation zeigen wir Ihnen im Folgenden ein paar Anregungen und Ideen, wie *Meeting-Minutes* anhand von Vorlagen strukturiert werden können. Mit Vorlagen zu arbeiten gibt Ihnen einerseits das gute Gefühl, dass das Meeting zielführend einer inneren Struktur folgt, und es gibt Novizen Orientierung beim Führen durch das Meeting. Andererseits geben Vorlagen eine allgemeine Form der Dokumentation vor, die sicherstellt, dass in allen Meetings die relevanten Informationen aufgenommen werden – unabhängig vom Protokollanten. Neben der Struktur müssen die Vorlagen aber auch genug Freiheiten lassen, um Spielraum für Entwicklungen, Ideen und Unkonventionelles in Meetings zuzulassen. Bereiten Sie sich also gerne anhand dieser Vorlagen auf Ihr Meeting vor, und verändern Sie die Inhalte, Anordnungen und Darstellung so, wie Sie für Ihre Meetings am sinnvollsten passen.

Unsere Vorlagen basieren auf der Abfrage der relevanten sowie *Meta-Informationen* aus dem Meeting nach der Aufstellung (Details dazu finden Sie unter →Meeting-Minutes [S. 346]):

- **Informationen**, die aus dem Meeting hervorgehen und über das Meeting hinaus von allgemeinem Interesse sind.
- **Entscheidungen**, die im Meeting getroffen wurden und darüber hinaus wichtig sind.
- **Aufgaben / To-Dos**, die sich ergeben und ggf. bis zum nächsten Meeting zu bearbeiten sind.
- **Meta-Informationen** (Anlass, Datum, Teilnehmer, Informierte, Verfasser, nächstes Treffen).

Die Reihenfolge der Abfrage dieser Informationen haben wir nach dem erwarteten Vorkommen im Meeting angeordnet, sodass jede Vorlage grundsätzlich intuitiv von oben nach unten ausgefüllt werden kann. Wenn Sie →Meeting-Minutes konsequent nutzen, werden schnell viele Seiten und Aufzeichnungen zusammenkommen. Damit Sie diese in Ihrem individuellen Dateiablage-System eindeutig zugeordnet und schnell wiederfinden können, haben wir in jeder Vorlage die obere rechte Ecke frei gelassen. Dort kann ein eindeutiges Dokumenten-Kürzel hinterlegt werden, und beim Durchblättern der physischen Papier-Dokumente brauchen Sie sich nur noch in der oberen rechten Ecke beim Suchen orientieren. Nutzen Sie ein (digitales) Dateiablage-System, gehört hier (bzw. in die Kopfzeile) der eindeutige Dateiname.

Allgemeine Vorlagen für Meeting-Minutes

→Abbildung 28 zeigt eine allgemeine Vorlage, die die relevanten sowie Meta-Informationen zusammenfasst. Je nach Zielsetzung kann bei den Teilnehmern optional die Funktion bzw. beim Zusammentreffen mehrerer Organisationen auch die Firma erfasst werden.

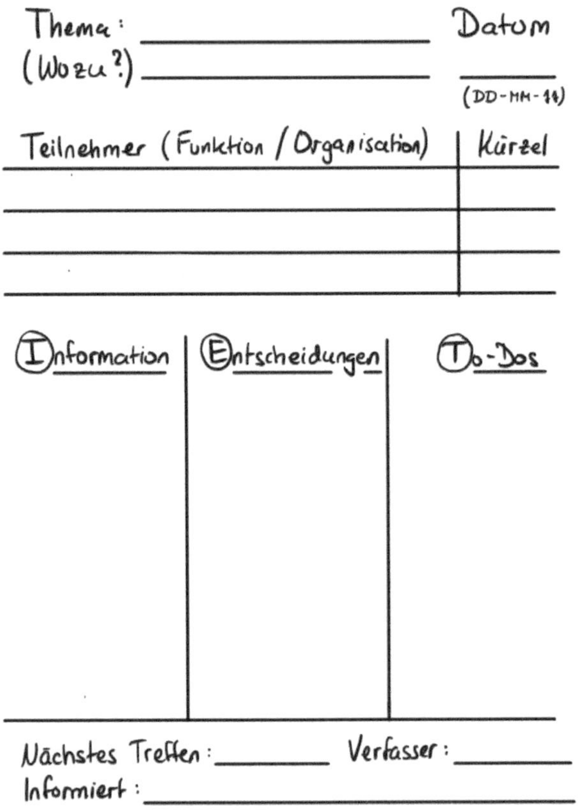

Abbildung 28: Eine Meeting-Minute-Vorlage erfasst alle relevanten Informationen und Meta-Informationen zusammen. In der Vorbereitung auf das Meeting können die Fragen „Wozu?", „Wann?" und „Wer?" beantwortet werden. Während des Meetings werden die relevanten Informationen kategorisiert nach „Information", „Entscheidungen" und „To-Dos" gelistet. Abschließend werden zusätzliche Meta-Informationen zum Weiterarbeiten aufgenommen.

Falls Sie mit einer vorbereiteten Agenda arbeiten, können Sie die „Informationen" und „Entscheidungen" auch direkt den Tagesordnungspunkten (TOPs) zuordnen, wie →Abbildung 29 zeigt. Unserer Erfahrung nach ist es sinnvoll, die To-Dos unabhängig von den TOPs in einer Liste aufgeführt zu lassen; natürlich sind Sie hier aber wie immer nicht nur völlig frei bei der Anpassung de Vorlagen an Ihre Bedürfnisse, sondern mehr noch: Wir fordern Sie auf, unsere Vorlagen nicht ungesehen zu übernehmen, sondern an Ihre persönliche Moderationspraxis anzupassen.

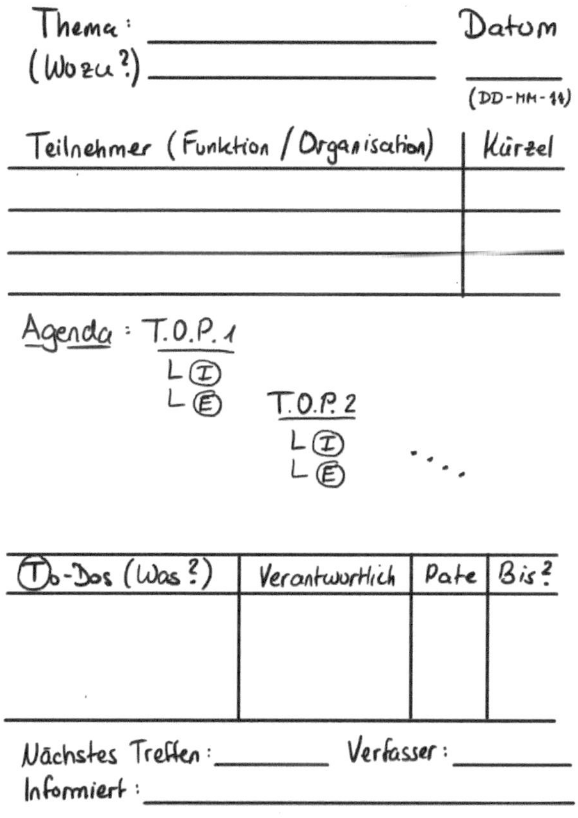

Abbildung 29: In dieser Meeting-Minute-Vorlage sind „Informationen“ (I) und „Entscheidungen“ (E) direkt den Tagesordnungspunkten (TOP) in der Agenda zugeordnet.

Oftmals können Sie vorab nicht abschätzen, wie viele relevante Informationen zu welcher Kategorie im Meeting genannt werden. In diesen Fällen ist es sinnvoll, die Meta-Informationen auf einem Titelblatt zusammenzufassen und anschließend für jede Kategorie („Informationen“, „Entscheidungen“, „To-Dos“) eine individuelle Seite anzuheften. Das hat den zusätzlichen Vorteil, dass beispielsweise die To-Do Liste auch unabhängig von den restlichen Aufzeichnungen geteilt werden kann, z. B. um separat abgearbeitet oder für das anschließende Reviewmeeting überprüft zu werden. →Abbildung 30 stellt diese Strukturierung schematisch dar.

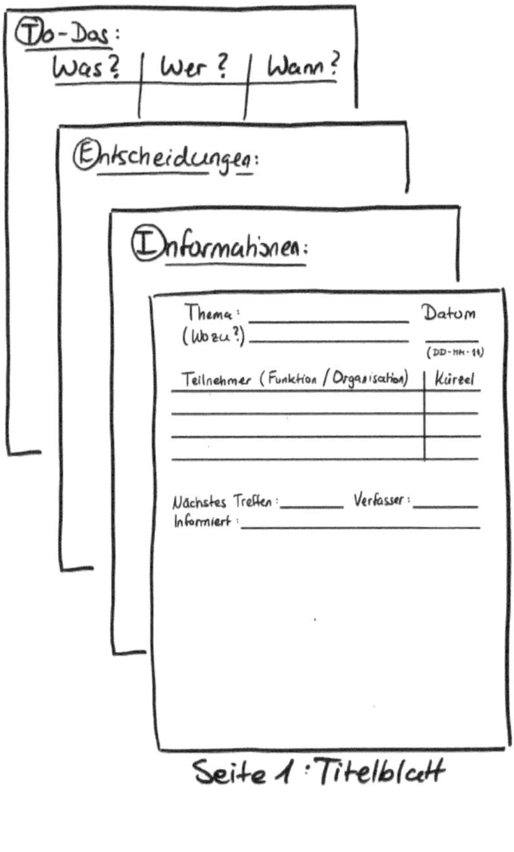

Abbildung 30: Um individuellen Platzbedarf flexibel sicherzustellen können Sie „Informationen“, „Entscheidungen“ und „To-Dos“ von den Meta-Informationen (Titelseite) getrennt erfassen.

Je nach Anlass des Meetings (bzw. der zu erwartenden →Zielsetzung [S. 319]) und Art der Dokumentation (handschriftlich vs. getippt), können die relevanten Informationen unterschiedlich angeordnet werden. Dazu listen wir für Fortgeschrittene unter Ihnen verschiedene Varianten der Vorlagen. Zusätzlich stellen wir Ihnen eine Vorlage für ein informelles Meeting bzw. Gespräch vor, mit dem Sie sich auf weniger vorstrukturierte Treffen vorbereiten können, um dennoch den roten Faden beizubehalten.

Vorlage für digitale Meeting-Minutes

Digitale Meeting-Minutes haben den großen Vorteil, dass Sie beliebig viel Raum zum Festhalten der relevanten Informationen haben und Ihre Notizen live umgestalten können. Digitale Meeting-Minutes erlauben, die Agenda direkt ins Ergebnisprotokoll zu übertragen bzw. aus Ihrer Vorbereitung (s. →Agenda (Meeting) [S. 327]) direkt hierhin kopieren. Damit folgt das digitale Pendant der bereits bekannten der Aufteilung aus →Abbildung 29. Die Vorlage dazu finden Sie in →Abbildung 31, bei der die Agenda den roten Platzhalter-Text ersetzt. Anschließend können Sie die relevanten Informationen, gekennzeichnet mit **(I)** für Informationen und **(E)** für Entscheidungensergebnisse, direkt während des Meetings live dokumentieren (Details hierzu finden Sie auch unter →Live Mitstrukturieren [S. 338]). Falls Sie keine vorgefertige Agenda einfügen wollen oder können (z. B. bei spontanen Meetings oder solchen mit offenem Vorgehen), können Sie alternativ eine fast identisich aufgebaute Vorlage, die statt einer Agenda zwei Listen mit „relevanten Informationen" bzw. „relevanten Entscheidungsergebnissen" auflistet, erstellen (→Abbildung 32).

Ergebnisprotokoll

[Dokumentenname]

Wozu treffen wir uns? (Grund / Thema)	Wann? (Datum: DD-MM-JJJJ)

Teilnehmer:			
Name (Funktion / Firma)	**Kürzel**	**Name (Funktion / Firma)**	**Kürzel**

Agenda:

Kopieren Sie Ihre vorhandene Agenda direkt hier her. Hierein tragen Sie kurz und bündig relevante Informationen ein:

- Relevante Informationen kennzeichnen Sie mit **(I)**
- Relevante Entscheidungsergebnisse kennzeichnen Sie mit **(E)**

- **Beispiele:** **(I):** UEN kann zum Umgang mit dem Ergebnisprotokoll angefragt werden
  (E): Ab nächster Woche (KW6) arbeiten wir mit dieser Vorlage für Ergebnisprotokolle

Aktionspunkte			
Was muss genau gemacht werden? (To-Do)	**Zuständig**	**Pate**	**Bis wann?**

Wann ist das nächste Treffen? (Datum)	**Wer hat dieses Protokoll geschrieben? (Autor)**
An wen wurde das Protokoll verschickt?	
Alle Teilnehmer, sowie:	

©Ulrich Engelmann, Martin Baumann

Seite 1 von 1

Abbildung 31: Vorlage für digitale Meeting-Minutes. Die roten Erklärtexte werden durch Ihre individuellen Inhalte ersetzt. Eine Word-Vorlage ist zum Download erhältlich unter http://files.narr.digital/9783825256890/Zusatzmaterial.zip.

Ergebnisprotokoll

[Dokumentenname]

Wozu treffen wir uns? (Grund / Thema)	Wann? (Datum: DD-MM-JJJJ)

Teilnehmer:			
Name (Funktion / Firma)	**Kürzel**	**Name (Funktion / Firma)**	**Kürzel**

Relevante Informationen	**Relevante Entscheidungen**
Was muss über das Meeting hinaus kommuniziert werden?	Worauf haben wir uns geeinigt?
•	•
•	•
•	•
•	•
•	•

Aktionspunkte			
Was muss genau gemacht werden? (To-Do)	**Zuständig**	**Pate**	**Bis wann?**

Wann ist das nächste Treffen? (Datum)	**Wer hat dieses Protokoll geschrieben? (Autor)**
An wen wurde das Protokoll verschickt?	
Alle Teilnehmer, sowie:	

©Ulrich Engelmann, Martin Baumann

Seite 1 von 1

Abbildung 32: Vorlage für digitale Meeting-Minutes. Eine Word-Vorlage ist zum Download erhältlich unter http://files.narr.digital/9783825256890/Zusatzmaterial.zip.

Was tun bei unvorbereiteten Meeting-Minutes?

Was tun Sie, wenn ein kurzfristig einberufenes Treffen zwischen Tür und Angel Sie unvorbereitet ereilt? Oder wie kann man in Besprechungen in kleiner Runde bzw. in solchen ohne eine klare Agenda verfahren? Ein Stift und Notizblätter werden immer zur Hand sein, also notieren Sie sich auch dabei einfach die wichtigen Informationen per Hand: Die Meta-Informationen (z. B. Datum [Wann?] und ein Thema [Worum geht es? / Was ist der Anlass?] gehören in die Überschrift, ebenso ein Satz zur Zielsetzung [Wozu dient das Meeting gerade? / Was ist der Anlass? / Wo liegt der Fokus?]). Anschließend können Sie relevante Informationen frei notieren. Dazu empfehlen wir jedoch das Kennzeichnen von „Informationen", „Entscheidungen" bzw. „To-Dos", z. B. durch ein vorangestelltes „I", „E" oder „T". So behalten Sie für die Nachbearbeitung der Minutes den Überblick.

> Achten Sie darauf, dass auch am Ende eines kurzfristigen Treffens mindestens eine klar formulierte, gemeinsam verstandene Aufgabe (To-Do) steht, sodass das Treffen ein dokumentiertes und ausführbares Ergebnis hat (s. für Details zur Formulierung von To-Dos →Wer macht was bis wann? [S. 351]).

→Abbildung 33 zeigt dies beispielhaft für ein fiktives Treffen zur Planung einer Geburtstagsfeier. In diesem Sinne ist →Abbildung 33 auch eher als Beispiel statt als Vorlage zu verstehen, denn wie Sie sehen ist die Notation ohne Struktur stark an den Verlauf bzw. das Besprechungsthema gebunden.

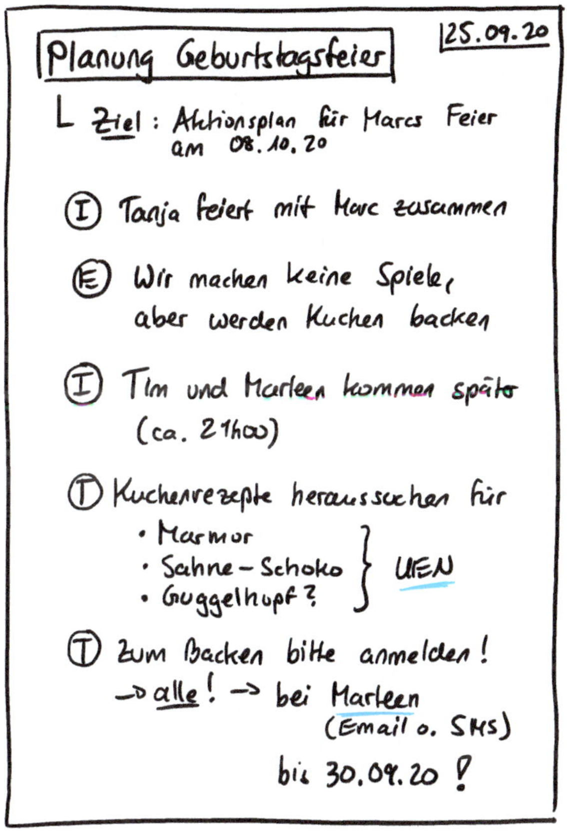

Abbildung 33: Beispielhafte Notation für ein fiktives Treffen zur Planung von Marcs Geburtstagsfeier (Thema). Das Ziel wird knapp umrissen und anschließend werden alle relevanten Informationen notiert, jeweils hervorgehoben durch Voranstellen von (I)nformation, (E)ntscheidung bzw. (T)o-Do. Da es in diesen Notizen schnell gehen musste, ist als weitere Meta-Information nur das Datum in der rechten oberen Ecke notiert.

Vorlage für ein informelles Meeting / (Einzel-)Gespräch

Die Königsdisziplin ist die Vorbereitung auf eine Besprechung ohne konkrete Agenda oder ein Einzelgespräch, in dem Sie die Interessen Ihres Gegenübers nicht oder kaum kennen. Sie können sich dann meist nur auf Basis Ihrer eigenen Ideen und Interessen vorbereiten, doch diese Chance sollten Sie auf jeden Fall wahrnehmen! Denn dadurch erhalten Sie Klarheit

und eine innere Struktur für das Gespräch, auf die Sie sich auch im Gespräch selbst immer wieder beziehen können. Dazu bietet Ihnen →Abbildung 34 eine Vorlage, die Sie einerseits auf das Treffen vorbereitet und für die strukturierte Ausrichtung sorgt. Andererseits bleibt genug Raum für die gemeinsame Entwicklung des Gesprächs aus der Schnittmenge beider Interessen. Anders als die anderen Vorlagen dient →Abbildung 34 Ihrer persönlichen *Gesprächsvorbereitung* und -strukturierung, es ist also quasi eine Arbeitsvorlage und nicht als Dokumentation der Ergebnisse nach dem Meeting für alle gedacht.
Zur **Vorbereitung** können Sie folgendermaßen mit der Vorlage umgehen:

- Stellen Sie sich zuerst die Frage nach Ihrem „Wozu?“ und klären damit den **Fokus** des Gesprächs von Ihrem Standpunkt aus. Falls weitere Informationen bekannt sind, können Sie auch die Interessen Ihrer Gesprächspartner mit einfließen lassen. Für den Fokus entscheidend ist auch, ob eine Ausrichtung entlang der Kategorien des →Meeting-Modells [S. 322] in Information, Planung, Review oder Entscheidung im Zentrum des Gesprächsanlasses steht. Dadurch können Sie sich die entscheidenden Fragen für den Verlauf des Gesprächs ggf. nochmals notieren.
- Notieren Sie die zur Verfügung stehende **Zeit**, insbesondere indem Sie das Ende des Meetings festlegen. Falls Sie sich selbst bestimmte Zeitmarker geben möchten, zu denen Sie das Gespräch auf ein anderes Thema lenken möchten, können Sie diese ebenfalls als Anhaltspunkte für sich notieren.
- Aus dem Fokus und der verfügbaren Zeit ergibt sich eine **Agenda**, in der Sie die Themen stichwortartig festhalten können, die Sie auf jeden Fall ansprechen möchten. Dies dient wieder Ihrer mentalen Vorbereitung vorab und gleichzeitig als Referenzpunkt in der Durchführung der Besprechung. Zur Orientierung können Sie diese Punkte während des Gesprächs z. B. abhaken.
- Aus Fokus, verfügbarer Zeit und Agenda ergeben sich Ihre **Gesprächsziele**, die Sie während des Gesprächs erreichen möchten. Formulieren Sie diese Ziele stets im Hinblick auf das Besprechungsergebnis. Beschränken Sie sich aber auf maximal drei Ziele, um den Fokus nicht zu verlieren.

Anhand dieser Vorbereitung haben Sie eine konkrete Idee, wozu das Gespräch für Sie dienen soll und gleichzeitig eine klarere Vorstellung der Rah-

Abbildung 34: Vorlage zur Vorbereitung und Durchführung eines Einzelgesprächs: In der Vorbereitung planen Sie aus dem Focus (Wozu?) des Treffens und der zur verfügbaren Zeit sowie der zu besprechenden Punkte auf der Agenda maximal 3 Ziele, die Sie während des Gesprächs erreichen möchten. In der Durchführung machen Sie sich Notizen und können das Gespräch mit Blick auf die 3 Ziele bei Bedarf entsprechend (zurück)führen und zum Abschluss des Meetings zielorientierte und ausführbare To-Dos gemeinsam formulieren. Eine Vorlage zum Download finden Sie unter http://files.narr.digital/9783825256890/Zusatzmaterial.zip.

menbedingungen gewonnen. Diese nutzen Sie nun in der **Durchführung** als flexible Struktur. Dabei kann die Vorlage folgendermaßen helfen:

- Nutzen Sie Ihre Erkenntnisse über Fokus, Zeit, Agenda und Ziele als **Einstieg ins Gespräch**, indem Sie diese Ihren Gesprächspartnern vorstellen und nachfragen, ob die Ziele gemeinsamen getragen werden. Dadurch signalisieren Sie ein transparentes und nachvollziehbares Vorgehen und stellen eine fokussierte Durchführung in Aussicht. Falls Sie bereits wissen, dass Ihre Gesprächspartner andere Ziele verfolgen, sprechen Sie die Ziele nicht direkt an[12].
- Machen Sie sich **Notizen im Meeting**, während Sie zuhören. Notieren Sie sich relevante Informationen in Hinblick auf Ihre eigenen Gesprächsziele, aber auch auf die Ziele Ihrer Gesprächspartner. Versuchen Sie erst, ein allgemeines Verständnis für die gemeinsamen Gesprächsziele zu finden bzw. herauszufinden, was die Schnittmenge der individuellen Gesprächsziele sein könnte. Nutzen Sie dafür gerne alle Methoden zum →Ideen sammeln [S. 255], →Strukturen generieren [S. 261] und →Entscheidungen herbeiführen [S. 273], die Sie kennen, sowie insbesondere die →Fragetechniken [S. 236] Fragen.
- Nutzen Sie die Zeit während des Notierens für einen **regelmäßigen Blick zurück auf Ihre Gesprächsziele** und fragen Sie sich und auch die Teilnehmer: „Wie erreichen wir die Ziele?“ Das hilft Ihnen und Ihren Gesprächspartnern immer wieder zielführend und fokussiert im Gespräch zu bleiben. Diese Frage ist quasi Ihr roter Faden durch das Gespräch hindurch. Ebenso hilft das Rückbesinnen auf den identifizierten Anlass des Meetings (Informieren? Planen? Review? Entscheiden?) indem Sie anlass-spezifische Fragen stellen (s. →Meeting-Modell [S. 322]; Abbildung 25).
- Behalten Sie ebenso ggf. gesetzte **Zeitmarker** und auf jeden Fall die **Endzeit** im Blick und sprechen diese ggf. auch direkt an (s. →Meetings brauchen Zeit [S. 341]).

---

12 Das mag an dieser Stelle nach Manipulation klingen. Und Sie haben Recht damit; das Zurückhalten von Informationen ist immer vorab moralisch zu überprüfen. Aber das Zurückhalten ist keine Einbahnstraße und solange Ihre Gesprächspartner ihre Ziele nicht offengelegt haben, sind auch Sie nicht dazu verpflichtet, „alle Karten offen zu legen“. Schlussendlich hat nämlich auch die Manipulation zwei Seiten, und wenn Sie – ohne erkennbare Bereitschaft Ihrer Gesprächspartner, dies auch zu tun – Ihre Ziele einseitig offen legen, manipulieren Sie sich gegebenenfalls selbst.

- Planen Sie ausreichend Zeit ein, um zielführende **To-Dos** gemeinsam zu formulieren und die Verantwortlichkeit über die Durchführung zu verteilen (s. dazu →Wer macht was bis wann? [S. 351]).

In der **Nachbereitung** können diese To-Dos allen Teilnehmern zugänglich gemacht werden und sollten zu gegebener Zeit überprüft werden. Das reicht für die gemeinsame Dokumentation von informellen Treffen bzw. Gesprächen unserer Erfahrung nach (fast) immer aus.

Ein Gedanke zum Schluss

Wie eingangs zu diesem Abschnitt beschrieben, gelten Meetings heute für viele – insbesondere die Vielbeschäftigten – als Zeitverschwendung. „Was haben wir in einer bestimmten Zeit erreicht?“ ist die Frage, an der die Produktivität eines Zeitfensters, in dem wir ein Meeting abhalten, gemessen wird. Dadurch entsteht für viele Teilnehmer an Meetings allmählich die Einstellung „Wir müssen unbedingt dies oder jenes Ergebnis am Ende des Meetings erzielt haben“. Und auch im vorangegangenen Kapitel haben Sie oft gehört, dass am Ende die relevanten Informationen dokumentiert und die To-Dos zielführend formuliert sein müssen; dass alles in der vorgegebenen Zeit passiert und sich alle nach dem Meeting sehr produktiv fühlen (dürfen)[13]! Es ist uns auch wichtig, dass Sie Ihre Meetings zielführend und produktiv moderieren. Aber wir dürfen dabei stets bedenken, dass wir mit Menschen *zusammen* arbeiten und das viel zitierte *Teamwork* nur dann reibungsfrei funktioniert, wenn Meetings *Sinn*-voll und *Lebens*-echt sind. Sinn entsteht immer dann, wenn Menschen aus sich heraus etwas beitragen können, während Lebendigkeit vor allem durch Wachstum entsteht. Und zu beidem – sinnhaften *und* lebendigen Meetings – gehört, dass, sobald wir auf eine Abweichung, auf Widerstand, auf Änderungen zu unserem ursprünglich geplanten Ziel stoßen, es erst *interessant* wird! Dahinter steckt eine neue Auffassung, die den Fokus eines Meetings wieder auf das Zusammensein lenkt und das gemeinsame Wachsen als erstes und oberstes Ziel eines Meetings betont. Natürlich, immer wieder brauchen wir in Meetings klare Ergebnisse in klarer Zeitvorgabe. Das ist weiterhin gut und erstrebenswert. Aber auch dann gilt es, einen flexiblen Mindset mitzubringen, wie mit dem,

---

13 Wenn wir unsere Aufgabe gut gemacht haben, nehmen Sie aus diesem Exkurs zumindest mit, dass am Ende jedes Meetings die Frage „Wer macht was bis wann?“ beantwortet sein soll.

was im Meeting passiert, umzugehen ist: Möglichst ohne feste Erwartungen zu kommen bzw. eine offene, positive *Erwartungshaltung* einzunehmen, beflügelt Meetings und macht sie umso effektiver! Denn dann arbeiten die Teilnehmer zusammen und ihr Zusammensein trägt echte Früchte – ansonsten sorgen Frustration, Verärgerung und Missverständnisse für Blockaden, die in jedem Meeting die Atmosphäre vergiften können und die so viel „verplemperte Zeit" in den Meetingräumen rund um die Welt verschulden ... *Ihre* Meetings dürfen anders sein, indem Sie zwar stets gut vorbereitet, klar strukturiert, zielführend durchgeführt und übersichtlich dokumentiert sind, aber im Kern der Sache, nämlich den Inhalten, flexibel, offen und aufnahmefähig bleiben. Denn der Mehrwert jedes Meetings liegt in der Enwicklung neuer Ideen und Zusammenhänge, die dem Einzelnen verborgen bleiben. Und dann bewahrheitet sich auch das Eingangszitat von Aristoteles „Das Ganze ist mehr als die Summe seiner Teile". Oder in den Worten eines wahren Kommunikationsprofis unserer Zeit:

> Dialog braucht die Bereitschaft, das Gespräch als ein etwas anderer Mensch zu verlassen, als der Mensch, der man war, bevor man das Gespräch begonnen hat.
> (René Borbonus)

Online-Moderation

> Es ist nicht entscheidend, was wir beabsichtigen, sondern was beim anderen ankommt. (Unbekannt)

Aus unserer heutigen Welt sind Online-Moderationen nicht mehr wegzudenken: Besprechungen, Meetings und zunehmend auch allgemeiner Austausch im Gespräch finden zunehmend in der digitalen Welt statt. Als herausfordernd wird dabei häufig erlebt, Online-Veranstaltungen in der digitalen Welt strukturiert durchzuführen. Dabei ist der Weg zu einer strukturierten Moderation gar nicht weit von dem entfernt, was in der präsenten Welt bereits gut funktioniert und bekannt ist. Solange Sie dabei beachten, dass einige grundlegende Dinge bei Online-Treffen einfach anders sind als in Präsenz: Grundsätzlich findet der Austausch über digitale Kanäle und damit über Hintergrundtechnik statt. So spielt es keine Rolle, von wo aus man sich einwählt und Mitarbeit wird ortsunabhängig möglich. Dadurch entfallen Reisezeiten und physikalische Limitierungen, jedoch muss im Gegenzug dafür die Technik beherrscht werden (was wiederum Zeit kostet) und Infrastruktur (Endgeräte, Internet) zur Verfügung stehen. Grundsätzlich erfordert die Online-Kommunikation, wie wir sehen werden, eine erhöhte Disziplin von allen Teilnehmern und eine redundante Strukturierung in der Durchführung von Ihnen als Moderator. Die Grundprinzipien der Moderation bleiben dabei aber immer gleich.

Im Folgenden stellen wir unsere Sicht auf die Online-Moderation mit Betonung der Unterschiede zur Offline-Moderation in Präsenz vor. Dabei folgen wir grob der zeitlichen Abfolge eines Online-Meetings und klären vorab die nötigen Fragen zum Umgang mit der digitalen Technik (→Umgang mit der Technik [S. 375]) und dem digitalen Miteinander (→Netiquette [S. 384]) und erläutern Besonderheiten des →Online Sprechen [S. 387]. Anschließend führen wir durch verschiedene Aspekte der Durchführung von Online-Meetings und gehen auf weitere digitale Feinheiten ein. Dabei können Sie entweder in bekannter Weise gezielt nach für Sie interessanten Aspekten suchen (und sich an Ihrem eigenen Pfad orientieren) oder Sie lesen alles in der vorgegebenen Reihenfolge, um sich einmal durch den gesamten Prozess eines online-moderierten Treffens zu denken.

Allgemeines & Vorbereitungen

Umgang mit der Technik

Was braucht man alles?

Der offensichtlich auf der Hand liegende Unterschied zwischen Präsenz und Online-Moderation liegt im Gebrauch von digitaler Technik, die Gespräche und Besprechungen online erst möglich macht. Für Online-Meetings gilt daher grundsätzlich, dass die Technik funktionieren muss. Dazu gehören folgende Geräte bzw. Bedingungen →Tabelle 11:

Notwendige Ausstattung	Sinnvolle (zusätzliche) Ausstattung	Optionale Ausstattung
Kollaborations-Software oder Browser mit der notwendigen Internetadresse	Kamera	zweiter Bildschirm
Endgerät (PC, Laptop, Tablet, Smartphone – Akku geladen?)	Headset	Bildschirm mit Stifteingabe oder Graphic Tablet
stabile Internetverbindung	Beleuchtung	Dokumentenkamera
Mikrofon		
Lautsprecher oder Ohrhörer		

Tabelle 11: Benötigte und mögliche technische Ausstattungen für Online-Besprechungen.

Über diverse sogenannte Kollaborations-Software (wie beispielsweise Zoom, WebEx, GoToMeeting, Bluejeans oder Microsoft Teams) gibt es vielfältige Möglichkeiten, auf digitalem Wege audiovisuell miteinander in Kontakt zu treten. Sie bilden damit die notwendige Grundlage für den gemeinsamen Austausch. Machen Sie sich bereits vor der Besprechung mit der Installation und Bedienung der Software vertraut. Häufig gibt es Einrichtungs-Setups und Testsequenzen, mit denen Sie Ihre Einstellungen vorab auch alleine optimieren können. Planen Sie auch ein paar Minuten vor dem nächsten Online-Meeting zum Starten möglicher Updates Ihrer

Software ein. Selbstverständlich ist dabei eine stabile Internetverbindung zu jedem Zeitpunkt nötig. Achten Sie auch darauf, dass Ihr Betriebssystem nicht unbedingt gerade während Ihrer Online-Moderation Updates und Downloads im Hintergrund durchführt. Dadurch kann die nutzbare Übertragungsgeschwindigkeit deutlich herabgesenkt und insbesondere die Videoqualität stark beeinträchtigt werden.

Entsprechend brauchen Sie auch ein ausreichend ausgestattetes Endgerät (PC, Laptop, Tablet, Smartphone). Hier kommt es in erster Linie auf das **Mikrofon** an, damit Sie am Gespräch grundsätzlich teilnehmen können. Eine **Kamera** ist sehr zu empfehlen (da der visuelle Kanal viele weitere Kommunikationsmöglichkeiten bietet und vor allem Lebendigkeit und persönliche Atmosphäre im digitalen Raum fördert, s. u.), aber nicht zwingend nötig. Die meisten modernen Laptops, Tablets und Smartphones kommen bereits fertig ausgerüstet mit Kamera(s) und Mikrofon samt Lautsprechern daher. Hiermit ist eine Teilnahme an Online-Veranstaltungen gut möglich. Gerade das Smartphone verführt mit seiner mobilen Ausstattung dazu, sich flexibel jederzeit und von überall in ein Meeting einzuklinken. Dies sollte jedoch nur gezielt eingesetzt werden, denn der Vorteil Mobilität ist nur dann ein Vorteil, wenn er bewusst genutzt wird. Die Gefahr bei mobiler Zuschaltung abgelenkt und nicht bei der Sache zu sein, darf nicht unterschätzt werden! Denn darunter leidet nicht nur der Abgelenkte (indem er die Besprechungsinahalte verpasst), sondern frustriert ebenso auch die weiteren Teilnehmer, wenn Störgeräusche auftreten oder nicht konzentriert gearbeitet werden kann.

Eine Alternative bieten hier **Headsets**, also Kopfhörer mit integriertem Mikrofon. Diese haben vor allem zwei Vorteile: Einerseits können Sie sich beim Sprechen frei bewegen (insbesondere bei kabellosen Varianten) und sind nicht an den Standort und die Ausrichtung Ihres Mikrofons gebunden. Andererseits können Sie so auch bei mehreren Beteiligten im Raum ungestört an der Online-Besprechung teilnehmen, denn nur Sie hören ja den Ton über Kopfhörer. Zusätzlich bieten viele Headsets mittlerweile eine Geräuschunterdrückung (Noise-Cancelling), die die Tonqualität nochmals verbessert.

Für PC-Nutzer empfiehlt sich möglicherweise die Anschaffung einer **externen Kamera** (Webcam) und eines externen Standmikrofons. Beides wird Ihre Bild- und Tonqualität nochmals deutlich verbessern. Und gerade die bessere Tonqualität macht in längeren Vorträgen einen erheblichen Unterschied, was die Aufmerksamkeit Ihrer Zuhörer betrifft.

Ein **zweiter Bildschirm** ist eine sehr hilfreiche Option, insbesondere dann, wenn Präsentationen über den Bildschirm geteilt werden oder gemeinsam Inhalte bearbeitet werden. Auf dem zweiten Bildschirm können Sie so die Gesichter der Teilnehmer weiter gut sehen und somit aus dem Video Reaktionen auf ihre Präsentation erfassen. Außerdem behalten Sie so gleichzeitig Teilnehmerliste und Chat im Blick (und damit auch mögliche Meldungen der Teilnehmer mit Fragen, s. →Online-Gesprächsstrukturierung [S. 393]).

Ein weiteres technisches Hilfsmittel kann ein **Graphic Tablet** sein, auf dem Sie das moderierte Treffen handschriftlich und für alle sichtbar mit begleiten können. Dies ist unserer Erfahrung nach eine der Stärken von Online-Meetings: Alle sehen dasselbe und können bequem mitarbeiten – ohne dass die Sicht auf die Leinwand durch Kollegenköpfe, Säulen oder Ähnliches verstellt ist, wie man es aus Präsenzveranstaltungen kennt. Über den zusätzlichen visuellen Kanal kommt somit schneller ein gemeinsames Verständnis zustande und damit ist ein ganz wesentliches Ziel von Arbeitstreffen erreicht. Es besteht sogar die Möglichkeit ein digitales Whiteboard mit anderen Teilnehmern gemeinsam zu nutzen und somit auch visuell kollaborativ zusammenzuarbeiten. Das Vorgehen braucht natürlich etwas Training und Absprache untereinander, aber dafür steigert es die Effizienz von Online-Treffen stark, wenn gemeinsam in Echtzeit an Dokumenten gearbeitet werden kann. Bei guter Handschrift und/oder exzellenter OCR-Erkennung können Sie Ihre Aufzeichnungen als Meeting-Minutes direkt nach dem Treffen allen Teilnehmern per E-Mail zustellen (zu Tipps s. →Meeting-Minutes [S. 346]). Somit ist auch die Ergebnissicherung automatisch ohne weiteren Zeitaufwand erbracht.

Wie nutzt man all das?

Bedenken Sie, dass Sie als Teilnehmer einer Videokonferenz auch immer gleichzeitig Teilnehmer einer Audiokonferenz sind – spricht, es wird immer visuell *und* auditiv kommuniziert. Jeder Teilnehmer nimmt über insgesamt vier Kanäle an einem Online-Treffen teil:

- →Bildanzeige auf dem eigenen Monitor [S. 378]
- →Ton aus dem eigenen Lautsprecher [S. 379]
- →Eigene Bildaufnahme von der Kamera [S. 379]
- →Eigene Tonaufnahme des Mikrofons [S. 383]

Abbildung 35: Die vier Hauptkommunikationskanäle einer Videokonferenz. Die linke Seite zeigt die empfangenen Informationen: Die Bildanzeige auf dem eigenen Monitor (oben) und der Ton aus dem eigenen Lautsprecher (unten). Die rechte Seite zeigt die gesendeten Informationen: Die eigene Bildaufnahme durch die Kamera (oben) und die eigene Tonaufnahme des Mikrofons (unten).

Wie →Abbildung 35 zeigt, dienen die ersten beiden Kanäle der Informationsaufnahme und die letzten beiden Kanäle der Informationsweitergabe. Im Folgenden bieten wir Tipps und Hinweise an, die sowohl helfen, die eigene Botschaft klar und wertschätzend in Bild und Ton online zu teilen, als auch möglichst wenig ablenkende „Stolpersteine“ für Ihre Zuhörer lassen.

Bildanzeige auf dem eigenen Monitor

- Leider ist es unmöglich, in einer Videokonferenz seinen Zuschauern direkt in die Augen zu blicken. Um Ihnen dennoch diesen Eindruck zu erwecken, müssen Sie direkt in die *Kamera* schauen. Dies fällt leichter, wenn die Videokamera unmittelbar am Rand des Bildschirms platziert wird (bei Laptops ist dies meist ohnehin so gestaltet) und Sie das Programmfenster, das die Zuschauer in der Videokonferenz zeigt, unmittelbar in die Nähe der Kamera schieben.
- Für den Fall, dass Sie einen sehr großen Monitor nutzen können, können Sie auch einmal ausprobieren, Ihre mobile Webcam mitten vor dem Bildschirm zu platzieren. Dann sind zwar nicht mehr alle Details des Bildes sichtbar, aber der Blick auf den Monitor stellt nun zugleich auch den Blick in die Kamera dar, der für alle Zuschauer die Aufnahme des Augenkontakts darstellt (s. o.). Dies funktioniert insbesondere sehr gut, wenn der Monitor Ihren freigegebenen Bildschirm mit Ihren Präsentationsfolien zeigt.

Ton aus dem eigenen Lautsprecher

- Ein *Headset* oder ein *Kopfhörer* mit Mikrofon können gute Dienste auch bei etwas lauteren Umgebungsbedingungen liefern. An das Tragen derselben für längere Zeit muss man sich aber manchmal gewöhnen und für einige Personen kommt eine solche Lösung auch gar nicht in Frage.
- In-Ear-Kopfhörer besitzen den Vorteil, dass sie kaum sichtbar sind oder sogar vollständig von der Frisur verdeckt werden können. Sie schotten Umgebungsgeräusche sehr gut ab, was sich in einigen Szenarien als Vorteil, in anderen als Nachteil erweisen kann.
- On-Ear-Headsets lassen mehr Außengeräusche durch, sind aber auch sehr viel leichter als ihre meist größeren Over-Ear-Kollegen.
- Bei der Nutzung schalldämpfender Kopfhörer tendieren wir dazu, etwas lauter zu sprechen, was für die Übertragung der eigenen Stimme zunächst einmal keinen Nachteil darstellt, die eigene Stimme aber auf Dauer zusätzlich belastet. Das in Tonstudios (und in Telefonen) dagegen eingesetzte Mittel ist das Zurückspielen der Sprechstimme in die Kopfhörer. Diese Lösung ist bei Audiosystemen für den Consumerbereich jedoch (noch) nicht durchgängig zu finden.

Eigene Bildaufnahme von der Kamera

- Ihre abgebildete Kopfhöhe sollte maximal die Hälfte der gesamten Bildhöhe betragen. Ihr Kopf selbst befindet sich leicht über der Bildmitte. So sind die Schultern sichtbar und Sie können Ihre Hände einfacher in das Kamerabild halten, um zu gestikulieren oder ein Demonstrationsstück in die Kamera zu halten. Auch die relative Position des Kopfes zu den Schultern und das Spiel der Schultern selbst sind nun sichtbar. Beides trägt erheblich zur Gestik bei und unterstützt damit Ihre Wirkung während der Kommunikation.
- Eine Kameraposition unterhalb des Kinns ist ungünstig, weil sie das Kinn betont und bisweilen einen ungewünschten Einblick in die Nasenlöcher gewährt. Besser ist es, wenn sich die Kamera auf Kopfhöhe des Sprechers befindet. Dazu kann z. B. der Laptop, in dem die Webcam eingebaut ist, mit ein paar Büchern aufgebockt werden. Dies verhindert auch den recht unnatürlichen Blick an die Zimmerdecke und ändert die

stürzenden Linien von Zimmerecken oder Regalen in eine angenehmere senkrechte Orientierung.

- ☐ Bitte achten Sie darauf, dass die Kameraposition gut fixiert ist, damit das Bild nicht driftet und langsam aber allmählich den Kopf abschneidet oder ungewollte Einblicke bietet (z. B. in Ihr Zimmer; s. u.).

- Schauen Sie zumindest ab und zu bewusst freundlich in die Kamera. Insbesondere dann, wenn Sie das Wort erteilt bekommen oder sich im Vortrag befinden. Neutrale Gesichtsausdrücke können aufgrund der fehlenden physischen Information bisweilen auch negativ wirken.
- Es ist durchaus möglich, während Ihrer eigenen Rede zwischendurch den Blick ein wenig schweifen zu lassen, wenn Sie ihn anschließend wieder zur Kamera wenden und ihn dort für einige Zeit belassen. Allerdings sollten Sie es vermeiden, längerfristig während des Redens Ihren Blick weitab von der Kamera auf einen Punkt zu fixieren, weil dies so wirkt, als sei dort etwas Wichtigeres als der eigene Redebeitrag oder als die Zuhörer vorhanden.
- Bitte beugen Sie nicht allzu oft den Kopf nach vorne in die Kamera. Aufgrund der Weitwinkeloptik vieler Webcams schwillt dann Ihre Nase überproportional an. Auch könnten einige Zuschauer dies Verhalten als unangemessen oder gar aufdringlich empfinden.
- Einige Webcams bieten die Möglichkeit der automatischen Bildverfolgung und folgen dann der Bewegung des Kopfes. Dies verkleinert zwar das Risiko, dass sich Ihr Kopf vollständig aus dem Bild bewegt, kann aber auf den Betrachter zugleich auch sehr unruhig wirken, wenn selbst Ihre kleinsten Kopfbewegungen in einer Änderung der Bildposition und/oder des Zoom-Faktors münden.
- Einige Webcams müssen manuell fokussiert werden. Das Bild sollte Ihren Kopf scharf abbilden und den Hintergrund unscharf. Dieser Anspruch an die Tiefenschärfe wird aber nicht von allen Kameras erreicht.
- Putzen Sie ab und zu einmal die Linse der Kamera mit einem weichen Lappen! Oberflächlicher Staub oder Fingerabdrücke können die Bildqualität enorm reduzieren.
- Mit einem Blick auf Ihr eigenes Videobild vor Beginn der Videofreigabe sollten Sie kurz prüfen, ob Ihr Erscheinungsbild Ihren eigenen Ansprüchen genügt (Brille sitzt gerade, keine Haare stehen ab, Hemdkragen ist nicht umgeschlagen, Sakko hängt nicht schief über die Schultern …).

- Während der Übertragung hilft Ihr regelmäßiger Blick auf das eigene Videobild nicht nur bei der Prüfung, ob Ihr Erscheinungsbild immer noch in Ordnung ist, sondern gestattet auch die Durchführung eventuell notwendig gewordener Korrekturen des Bildausschnitts.
- Die Beleuchtung Ihres Kopfes sollte nicht einseitig sein und auf keinen Fall nur von unten kommen. Eine Position gegenüber einem Fenster gibt einen guten Hinweis darauf, wie eine optimale Beleuchtung aussieht. Die Verwendung eines einzelnen Tischlichts als einzige Lichtquelle stellt ein Problem dar, da es – von vorne leuchtend – Sie einerseits blenden kann und sich andererseits deutlich in Ihren Brillengläsern spiegeln kann. Besser sind sog. Ringleuchten oder zwei Tischleuchten, die rechts und links Ihren Kopf von vorne beleuchten. Und noch besser ist eine indirekte Raumbeleuchtung. Aber dieser Aufwand bleibt meist semiprofessionellen Aufbauten vorbehalten.
  - Tageslicht ist nicht immer verlässlich und kann schon durch eine vorbeiziehende Wolke sichtbar reduziert werden. Planbarer ist daher die künstliche Beleuchtung. Faustregel: Wenn die Helligkeit Ihres Monitors einen signifikanten Beitrag zur gesamten Bildhelligkeit beiträgt, ist es höchste Zeit für separate Lichtquellen.
  - Eine direkte Sonneneinstrahlung kann Teile des Bildes überbelichteten und durch harte Schatten andere Bildteile in die Finsternis verbannen. Je nach Einstrahlungsrichtung kann sie die Optik der Kamera oder Sie blenden. Daher sollten Sie sich den Genuss des Sonnenlichts eher für die Vortragspausen aufheben.
- Große Helligkeitskontraste (z. B. gut ausgeleuchtetes Gesicht vor sehr dunklem Hintergrund oder eine Aufnahme im Gegenlicht mit einem sonnigen Fenster im Hintergrund) sollten Sie vermeiden, da viele einfache Webcams diesen Dynamikumfang nicht abbilden können und daher entweder einzelne Bildbereiche über- oder untersteuern oder aber das Bild insgesamt zu hell oder zu dunkeln regeln. Daher ist es auch von Vorteil, wenn Sie ein Hemd / eine Bluse mit einer eher hellen Farbe tragen.
- Kleider machen Leute: Ihre gewählte Kleidung sollte dem Anspruch oder den Erwartungen der anderen Teilnehmer/innen des Online-Treffens entsprechen und weder durch zu lässigen Stil noch durch zu viel Extravaganz auffallen.
  - Kleidungsstücke mit kleinkariertem Muster, engen parallelen Streifen oder Komplementärfarben werden von vielen Kameras nicht sauber aufgelöst oder durch die Kompressionsalgorithmen

geschreddert. Dadurch können beim Zuschauer teilweise verschwommene Bildbereiche auf der Kleidung entstehen, oder unschöne flimmernde Effekte.

- Ein Einblick in Ihr Zimmer kann viele spannende Details offenbaren. Der Blick auf ein nicht gemachtes Bett oder das großformatige Foto mit Ihrer/Ihrem Lebenspartner/in an der Wand mag eine persönliche Note kommunizieren, lenkt aber in den meisten Fällen extrem ab. Im schlimmsten Fall bietet dies sogar Anlass für Spott. Es empfiehlt sich daher, Ihre Kamera so zu positionieren, dass der Hintergrund unaufgeregt wirkt.
- Aus markenrechtlichen Gründen sollten Sie darauf achten, dass keine Produkte oder Produktnamen derart im Hintergrund sichtbar sind, dass man vermuten könnte, Sie würden dort Werbung machen.
- Virtuelle Hintergründe sollten nur im Notfall Verwendung finden. Bisweilen ist die Kopferkennung – insbesondere beim Tragen von Kopfhörern – derart unpräzise, dass angeschnittene Köpfe und transparente Augen erscheinen. Auch werden zu zeigende Gegenstände, wenn Sie sie in das Kamerabild halten, vom Algorithmus oft als Hintergrund interpretiert und ausgeblendet. Darüber hinaus stimmt bei den meisten Standardhintergründen die verwendete Perspektive nicht, so dass sich kognitive Dissonanzen ergeben. Animierte Hintergründe haben im professionellen Kontext nichts verloren und sollten – wenn überhaupt – dem privaten Gebrauch vorbehalten sein.
  Wenn die Nutzung eines virtuellen Hintergrundbilds unvermeidlich ist, unterstützt es Ihre persönliche Note (und befreit von urheberrechtlichen Problemen), wenn Sie ein selbst erstelltes Bild verwenden. Dies sollte ein Motiv zeigen, das perspektivisch zu Ihrer (Sitz-)Position passt, unaufgeregt ist, nicht zu viele Details offenbart und authentisch wirkt. Ein Firmenlogo kann am besten in der rechten oder linken oberen Ecke platziert werden, wo es wenig Gefahr läuft, von der eigenen Silhouette verdeckt zu werden.
- Die digitale Retusche („Hautglättung") sollten Sie bestenfalls auf eine moderate Stufe einstellen. Ansonsten werden Bilddetails weggemittelt und Ihr Gesicht ähnelt einer Wachsmaske nach Botox-Behandlung.
- Auch dem Videobild überlagerte Gimmicks wie Sonnenbrillen oder Hasenohren wirken im professionellen Umfeld unangebracht. Keinesfalls dienen sie einer sicheren Anonymisierung der im Bild gezeigten Person.

- Das Nesteln am Ohrring, knetende Hände oder Finger, die sich in verdächtiger Absicht den Nasenlöchern nähern, sind nur Beispiele von meist unbewussten Bewegungen, die wir bisweilen tun, wenn wir uns unbeobachtet wähnen. Dies zu unterbinden fällt nicht immer leicht, ist aber erforderlich. Zumindest sollte vorab die Versicherung erfolgen, ob das eigene Videobild ausgeschaltet ist.

Eigene Tonaufnahme des Mikrofons

- Falls eine Auswahl an Mikrofonen zur Verfügung steht, testen Sie bitte vorher unbedingt, welches Mikrofon den besten Ton liefert. Das Zuhören bei einer schlechten (verrauscht, begrenzt, hallend, zu leise, Totzeit) Tonqualität ist extrem anstrengend. Eine gleichbleibend gute Audioqualität ist bei vielen längeren Online-Vorträgen aber sehr viel wichtiger als eine gleichbleibend gute Videoqualität. Ansteckmikrofone liefern meist die beste Qualität, verglichen mit Tischmikrofonen, den Mikrofonen in der Kamera oder den Mikrofonen in einem Laptop. Da die individuellen Qualitätsunterschiede aber sehr groß ausfallen, ist der vergleichende Test unerlässlich.
- Bei Ansteckmikrofonen besteht die Gefahr, dass sie an einer Stofffalte (z. B. Krawatte, offenes Jackett oder Bluse) reiben und dadurch bei Bewegung des Oberkörpers ein relativ lautes Schürfgeräusch übertragen können. Dies können Sie schnell durch eine kleine Änderung des Ansteckortes beheben.
- Aufgrund meist fehlender Pegelanzeigen fehlt Ihnen die Rückmeldung über die Lautstärke Ihres eigenen Audiosignals. Gestikulierende Hände können dann, wenn Sie sie zwischen Mund und Mikrofon bewegen, durch diese akustische Abschirmung die hörbare Lautstärke verringern. Meist sind diese Störungen aber ohnehin nur sehr kurzzeitig und damit vernachlässigbar.
- Beim Mikrofon Ihrer Wahl testen Sie vorher aus, mit welcher Sprechlautstärke es die besten Ergebnisse liefert und ob Sie ggf. den Abstand zum Mund anpassen sollten. Zu nah am Mund könnte es laut werden und Atemgeräusche können mitübertragen werden. Zu weit entfernt sinkt die Signalstärke ab und Nebengeräusche werden im Vergleich dazu lauter wahrgenommen. Jedes Mikrofon ist für einen Arbeitsabstand optimiert.

- Falls Ihr Mikrofon über eine Richtcharakteristik verfügt, sollte es unmittelbar auf Sie ausgerichtet werden, damit Nebengeräusche minimiert werden.
- Nebengeräusche können auch minimiert werden, indem sie erst gar nicht entstehen: Ihr tickender Wecker kommt in den Nebenraum, das Telefonklingen wird durch Umleitung oder Stummschaltung verbannt und Ihr quietschender Bürostuhl geölt. Wenn Sie während des Meetings mit der Maus arbeiten und auf der Tastatur schreiben müssen, überlegen Sie bitte, ob Sie sich die sog. „Silent"-Versionen von Maus und Tastatur besorgen.
- Schließen Sie Türen und Fenster. Befestigen Sie von außen einen Aushang an der Tür mit einem Hinweis darauf, dass Störungen unerwünscht sind, weil Sie sich gerade in einer Videokonferenz befinden.
- Die Tonqualität kann durch Minimierung des Widerhalls oft gesteigert werden. Falls möglich, nutzen Sie einen Raum mit Teppichboden und ziehen Sie Gardinen vor die Fenster. Nackte Wände und Fensterscheiben reflektieren den Schall leider meist sehr gut und machen sich dann unangenehm in Ihrer Audioaufnahme bemerkbar.
- Falls Sie Rückmeldungen erhalten, dass die Qualität Ihrer Audioübertragung stark schwankt, können Sie nach Ankündigung versuchen, durch Beenden der Videoübertragung die Audioqualität zu steigern. Dies hilft manchmal.
- Es versteht sich mittlerweile von selbst, dass Zuhörer/innen ihre Audioübertragung standardmäßig deaktivieren (s. →Netiquette [S. 384]). Aber auch Sie als Sprecher sollten dies in den Pausenzeiten nicht vergessen, um private Gespräche oder Geräusche nicht öffentlich werden zu lassen. Dies gilt insbesondere, wenn Headsets oder In-Ears getragen werden, die so bequem sitzen, dass man gar nicht mehr bemerkt, dass sie getragen werden.

Netiquette Ⓝ

Zu Besprechungen in der digitalen Welt gehören grundlegende Verhaltensregeln bzw. gemeinsame Spielregeln während des Meetings, um den Umgang mit der Technik und untereinander optimal zu regeln. Kommunizieren Sie diese Spielregeln per E-Mail in der →Online-Einladung [S. 386] zum Treffen (oder verhandeln Sie sie am Anfang des Treffens gemeinsam, solange der Zeitrahmen das zulässt). In den letzten Jahren haben sich einige

Standards der Verhaltensregeln etabliert, die sich unter der Bezeichnung *Netiquette* immer stärker durchsetzen. Diese umfassen im Allgemeinen:

- Jeder Teilnehmer sollte **mindestens fünf Minuten** (bei zu erwartenden Technikproblemen besser zehn) vor dem eigentlichen Beginn des Meetings im digitalen Raum eintreffen, um eigenständig seine Technik auf Funktionsfähigkeit zu überprüfen. Denn nichts ist peinlicher und auch ärgerlicher, als im richtigen Moment mit der falschen Technik(-einstellung) nichts sagen oder sehen zu können ...
- Schalten Sie beim Eintritt in den Online-Raum das **Mikrofon stumm** („mute").
- Das **Video** ist je nach Bandbreite der eigenen Internetverbindung bzw. in Absprache mit dem Einladenden **ein- oder auszuschalten**. Grundsätzlich empfehlen wir mit eingeschalteter Kamera zu arbeiten, solange die Gruppengröße bis ca. 30 Teilnehmer umfasst. So empfinden wir das Treffen als persönlicher. In größeren Runden über 30 Teilnehmern verliert man erfahrungsgemäß den Überblick, sodass die Videokameras auch ausgeschaltet bleiben können. Gleiches gilt für Vorträge bei geteiltem Bildschirm, da hier sowieso der Fokus auf dem geteilten Bildschirm liegt. Weitere Hinweise zur **Kamera** finden Sie weiter oben unter →Wie nutzt man all das? [S. 377]: Um eine persönliche Gesprächsatmosphäre im virtuellen Raum aufrechtzuerhalten, achten Sie aber in jedem Fall auf einen offenen Blick in die Kamera. Dabei entsteht für alle anderen Teilnehmer ein Gefühl von Zugewandtheit und persönlicher Nähe. Achten Sie einmal in einem tatsächlich persönlichen Gespräch darauf, wie wesentlich und intuitiv der Blickkontakt im Gespräch ist! Achten Sie bei Ihrer Online-Moderation deshalb darauf, dass er nicht verloren geht!

Praxistipp: Falls Sie mit dem Blick in die Kamera in der digitalen Welt noch Probleme haben, ordnen Sie die digitalen Bilder Ihrer Gesprächspartner in direkter Nähe zu Ihrer Kamera an. Dadurch schauen Sie Ihrem Gegenüber direkt in die Augen und sprechen „miteinander". Falls die Kameras der Gegenseite ausgeschaltet bleiben, nutzen Sie einen Trick: Malen Sie ein Smiley auf einen Post-it, lochen die klebende Seite und kleben das Smiley so auf den Bildschirm, dass die Kamera im Loch frei bleibt und Sie gleichzeitig direkt auf das Smiley schauen können.

- Damit die Kommunikation vereinfacht wird, sollte sich jeder Teilnehmer **mit Klarnamen anmelden**. Die Unsitte, sich mit Pseudonymen wie „Sweety80“ anzumelden, verwirrt mehr als dass sie hilft. Immerhin dürfen alle Teilnehmer bei Ihrer Moderation von einer seriösen Veranstaltung und gegenseitig respektvollem Umgang ausgehen.
- Meist wird vereinbart, wie Fragen zu stellen sind, worauf wir im Detail im Abschnitt →Online-Gesprächsstrukturierung [S. 393] eingehen. Die allgemeine Struktur findet auf drei Ebenen statt:
  - 1. Ebene: Fragen werden schriftlich **im Chat** gestellt. Hier kann bei der Organisation von Redebeiträgen aus dem Chat ein →Online Co-Moderator [S. 396] sehr hilfreich sein.
  - 2. Ebene: Fragen können auch **per Handzeichen-Icon** angemeldet werden und dann nach Aufruf durch den (Co-)Moderator mündlich gestellt werden. Das bietet sich insbesondere für komplexere Fragen an.
  - 3. Ebene: Bei sehr kleinen Teilnehmerkreisen oder falls nur sehr wenige Fragen erwartet werden, ist es auch möglich zu vereinbaren, dass Fragen unmittelbar **akustisch angemeldet** werden oder direkt ein offenes Gespräch geführt wird.
  - Natürlich steht es offen, den Fragenmodus zwischen den drei oben genannten Alternativen zu wechseln, sollte dies erforderlich sein.
- Schlussendlich gibt es noch die ungeschriebene (aber häufig gebrochene) Regel, dass während eines Online-Meetings auch bei ausgeschalteter Kamera **kein Multitasking** durchgeführt wird. Es werden also nebenbei keine E-Mails gecheckt, Internetseiten besucht oder Excel-Listen abgearbeitet. Das können Sie natürlich nicht kontrollieren, aber zumindest einmal per E-Mail oder am Beginn des Treffens einfordern.

Online-Einladung

Für eine online durchgeführte Moderation ist die Einladung der erste und wichtigste Schritt, damit man in der digitalen Welt überhaupt zusammenfindet. Die Einladung ist also anders als bei Präsenztreffen (s. →Einladung [S. 85]) zwingend erforderlich. In ihr legen Sie neben der Agenda (dem Grund und Ablauf Ihres Treffens) fest, welche technischen Grundvoraussetzungen zur Teilnahme erfüllt sein müssen. Beantworten Sie daher die folgenden Fragen zur Technik eindeutig bereits im Anschreiben an die Teilnehmer.

- Wie und über welches Programm wird das Meeting abgehalten?
- Wie ist dieses zu beziehen und zu installieren? (ggf. Link des Anbieters mitschicken; viele Anbieter haben mittlerweile Online-Tutorials, die die Installation begleitend erklären)[1].
- Wie lauten die Zugangsinformationen (meistens Meeting-ID und Passwort)? Ggf. reicht auch ein Direktzugang über einen Link. Hier ist es ein netter Zug, den Direktzugang-Link im „Ort" zu hinterlegen, falls Sie die Teilnehmer per Outlook-Termin-Einladung informieren.

Es ist gleichzeitig sinnvoll, in der Einladung auch die Online-Spielregeln des Treffens direkt zu kommunizieren (s. →Netiquette [S. 384]).

Online Sprechen

In Online-Meetings, bei denen wir unsere Teilnehmer im Raum nicht physisch wahrnehmen können, ist unsere Stimme noch viel wichtiger als in Präsenz. Körpersprache, weite Teile der Gestik und ein Gutteil der Mimik bleiben uns verborgen, denn der Kameraausschnitt limitiert, was wir vom Gegenüber sehen – meist ist das der Kopf und ggf. noch der oberste Teil des Torsos. Alles andere entzieht sich unserer Wahrnehmung. Doch sind wir beim Erfassen unseres Gegenübers aus der direkten Kommunikation auf sehr viel mehr geschult als auf die Stimme und das Gesicht allein. Deshalb versucht unser Gehirn unablässig diese gefühlte „Wissenslücke" durch zusätzlich verfügbare Informationen zu füllen und hört daher besonders aufmerksam auf die Stimme des Vortragenden.

Wenden Sie sich dafür beim Sprechen stets dem *Mikrofon* Ihres Endgerätes zu. Prüfen Sie dazu auch, ob Ihr Mikrofon eine sogenannte Richtcharakteristik hat, worüber man die Aufnahmerichtung, aus der der aufzunehmende Klang kommt, festlegen kann. Experimentieren Sie auch mit dem optimalen Abstand zwischen Mund und Mikrofon – grundsätzlich werden mehr Nebengeräusche (Schmatzen, Atmen, Schnalzen) übertragen, je näher Sie am Mikrofon sind. Das benötigt gegebenenfalls ein bisschen Vorübung, zahlt sich aber in jedem Fall aus. Falls Sie Ihre Kamera und das Mikrofon unabhängig voneinander positionieren können, achten Sie darauf, dass Mikrofon und Kamera in einer Flucht ausgerichtet sind. So stellen Sie

1 Falls die durchführende Institution ein Standardtool einsetzt *und* dies *allen* Adressaten bekannt ist, können Sie auf diese Angaben auch verzichten.

sicher, dass Sie gut verständlich und andererseits gut sichtbar sind, bzw. mit offenem Blick den Teilnehmern zugewandt bleiben beim Sprechen.

Es ist absolut unerlässlich, dass Sie klar, langsam, betont und verständlich sprechen, um Ihre Zuhörer hinter dem Bildschirm alle Informationen leichter zugänglich zu machen. Folgende Tipps können Sie dafür ausprobieren:

- Klarheit entsteht durch Struktur. Arbeiten Sie mit einem handgeschriebenen Stichwortzettel, auf dem die wichtigsten Punkte stehen, die Sie während des Redens vor Mikrofon ansprechen wollen.
- Verständlichkeit entsteht durch eine präzise Wortwahl, die möglichst eindeutig ist und gleichzeitig das Publikum (Ihre Hörer) angemessen adressiert. Gibt es Fachvokabular, das Sie (nicht) voraussetzen können? Gibt es einen bestimmten Bezugspunkt / Anlass / Hintergrund, der alle Teilnehmer eint?
- Sprechen Sie ungefähr eineinhalb mal langsamer, als Sie es gewohnt sind. Kompensieren Sie diese scheinbar „verlorene" Zeit, indem Sie besonders deutlich sprechen und Sprachkontraste betonen.

  Betonen Sie einzelne Wörter aber nicht zu stark! Der Wortrhythmus (Gesamteindruck) überwiegt die Aussprache einzelner Wörter (s. nächster Punkt).
- Sprechen Sie bewusst rhythmisch und dynamisch. Dazu gehört zum Beispiel, das „Abspannen" der Stimmlage nach einem Satz, d.h. Sie gehen mit der Stimme herunter (und nicht mit der Lautstärke!), um das Satzende zu begleiten. Variieren Sie so die Melodie beim Sprechen während und zwischen Ihren Sätzen und finden Sie in Ihren Redefluss, in dem Sie sich wohl fühlen. Als Anhaltspunkt kann Ihnen hier Ihr Lieblingslied dienen: Dort wird Text melodisch rhythmisiert par excellence! Natürlich tragen Sie nicht singend vor, aber variantenreich darf Ihre Stimme dennoch klingen!
- Ein aufrechtes Sitzen erleichtert die Atemtätigkeit und damit das entspannte Sprechen. Auch wirkt eine leicht erhöhte Körperspannung aufmerksamer über die Videoübertragung. Auch fällt einigen Personen das Sprechen im Stehen leichter als im Sitzen. Diese sollten prüfen, ob sie ihr Übertragungssetup auf die stehende Position einrichten können.
- Achten Sie auf Ihre Atmung: Sie sollte nicht hörbar sein (keine Schnappatmung). Auch Verschlusslaute ([p], [b], [t], [d], [k], [g]; sogenannte *Plosive*), die durch explosives Ausatmen gebildet werden, dürfen Sie etwas weniger betont aussprechen. Über das Mikrofon ist alles hörbar!

- Haben Sie „Mut zu Pausen“ und unterbrechen Sie Ihren Redefluss bewusst und gewollt. Dadurch setzen Sie gezielte Impulse durch Inhaltslücken, die Ihre Zuhörer durch „Mitdenken“ füllen werden. Pausen bieten sich vor allem zwischen Sätzen an.
- Haben Sie keine „Angst vor Versprechern“. Die passieren jedem und sind ganz normal. Machen Sie einfach weiter und schauen nach vorn.
- Kümmern Sie sich nicht um Ihre „ääh“s oder „äähm“s und ignorieren Sie alle, die diese Sprechpausen mittels Strichlisten meinen dokumentieren zu müssen. Solange Sie nicht nach jedem zweiten oder dritten Wort „äähm“en, üben diese Sprechpausen einen positiven Einfluss auf Ihre Sprechgeschwindigkeit aus und unterstützen so das Verständnis bei den Zuhörern.

Tipp für den Alltag: Übrigens ist es hilfreich beim Sprechen zu lächeln, selbst wenn Sie kein Bild übertragen sollten. Denn dieses Lächeln transportiert sich auch über Ihre Stimme an die Zuhörer weiter. Gleichzeitig nutzen Sie ebenfalls weiterhin Mimik und Gestik, um Ihr Sprechen zu unterstützen – egal, ob Sie dabei sichtbar sind oder nicht. Damit liefern Sie indirekt die non-verbalen Hinweise, nach denen das Gehirn Ihrer Zuhörer sowieso unbewusst sucht. Lassen Sie Gesten und Mimik also zu, anstatt sie bewusst zu unterdrücken. Das Gleiche funktioniert übrigens auch beim Telefonieren – probieren Sie es doch gleich einmal aus!

Durchführung & während der Moderation NAP

Online-Begrüßung N

Ein online moderiertes Treffen ist grundsätzlich genauso zu beginnen, wie jedes moderierte Treffen, sodass die bereits genannten Ideen zur →Begrüßung [S. 131] aus vorherigen Kapiteln nach wie vor anwendbar sind. Allerdings verfügen Sie online über ein paar technische Feinheiten, die Sie folgendermaßen zu Ihrem Vorteil nutzen können:

- Ihre Teilnehmer sind ja bereits fünf bis zehn Minuten vor dem Treffen online, um ihre Technik zu überprüfen (s. →Netiquette [S. 384]). Daher bietet es sich an, mittels geteiltem Bildschirm schon auf einer

Willkommen-Folie Informationen zu zeigen. Dort können Sie sowohl das Thema als auch spezifische Ankündigungen und Anweisungen über das Vorgehen darstellen.[2]

- Beginnen Sie daraufhin das Treffen **pünktlich** zur festgelegten Zeit. Als Startimpuls können Sie dazu z. B. Ihre Kamera einschalten, falls das noch nicht der Fall war, um den Beginn anzukündigen.
- **Leben** Sie direkt beim Einsteig alle in der Einladung gewünschten **Verhaltensregeln vor**, indem Sie den Teilnehmern zugewandt und gut verständlich eine Einführung sprechen.
- **Leben** Sie ebenso die für Online-Meetings essenzielle **Klarheit vor**, indem Sie besonders in der Begrüßung auf eine kongruente Kommunikation achten: Das bedeutet, dass Sie kongruent agieren: Das, was Sie sagen (der auditive Kanal) passt genau zu dem, was Sie zeigen (der visuelle Kanal).

Darüber hinaus haben Sie aber als Online-Moderator eine ganz besondere neue Aufgabe, die wir gerne als Gebot formulieren möchten:

Du darfst nicht langweilen!

Denn wie bereits erwähnt, ist man in der digitalen Welt viel anfälliger für Störungen und Ablenkungen und als Moderator geht es Ihnen als Dienstleister ja darum, etwas Gemeinsames zu erschaffen. Dafür müssen Sie aber zuerst Gemeinschaft schaffen und Aufmerksamkeit erzeugen! Betonen Sie daher bewusst noch stärker den Interaktionsgedanken und sorgen Sie für eine spannende und packende Begrüßung, um die Teilnehmer sofort und nachhaltig zu binden. Die bekannten Ideen zum →Themen motivieren [S. 138] aus vorherigen Kapiteln ergänzen wir hier um folgende Ideen, die besonders für einen *motivierenden Einstieg* in digitalen Treffen geeignet sind:

Überraschen Sie! – Unerwartetes erzeugt Aufmerksamkeit

- Beginnen Sie Ihre Moderation mit einem unerwarteten **Zugeständnis**: „Obwohl ich Physiker bin, hatte ich in Physik in der Schule ein fünf" oder „als ich den Bericht ABC (über den wir heute sprechen werden) das erste Mal gesehen habe, habe ich nichts verstanden und ihn beiseite

---

2 Wenn Sie sich angewöhnen, auf dieser Folie regelmäßig jeweils ein anderes kleines Bilderrätsel, eine neue kurze Anekdote, ein passendes Zitat oder einen wechselnden (Fun-)Fact aus dem inhaltlichen Umfeld des Meetings zu zeigen, können Sie dadurch auch die Kultur des „sich rechtzeitig Anmeldens" für die Zukunft unterstützen.

gelegt". Erzählen Sie einen kurzen, unerwarteten und persönlichen Bezug zum Thema und erzeugen einen gewissen Widerspruch zu Ihrer Person und dem Thema, den Sie anschließend auflösen. Zu den Beispielen oben könnte das so aussehen „Und dennoch darf ich heute den Physik-Kongress XY eröffnen, denn meine Lehrer haben mit der (zurecht) schlechten Beurteilung meinen Ehrgeiz geweckt!" oder „Aber wie gut, dass ich ihn anschließend doch zur Hand genommen habe, denn die Vorstellung von XYZ, über die wir heute sprechen, hat mich dann in ihren Bann geschlagen, denn ..." Damit lassen Sie die Zuhörer an Ihrer Lernerfahrung teilhaben. Achten Sie aber darauf, dass Ihr Geständnis ein echtes und ehrliches bleibt, da unauthentische Darstellungen auch in der digitalen Welt schnell auffliegen.

- Sie können auch ein **Zitat** an den Anfang der thematischen Einleitung (ggf. visuell durch eine Folie unterstützt) setzen. Im besten Falle eines, das keinen direkten Rückschluss zum kommunizierten „Wozu?" des Treffens zulässt. Anschließend können Sie den Zusammenhang zum Thema des Treffens daraus entwickeln – gerne auch mit den Teilnehmern zusammen. Dadurch locken Sie Ihre Zuhörer aus der Komfortzone des Bekannten.

Bauen Sie Spannung auf! – Spannung hält die Aufmerksamkeit

- Stellen Sie beispielsweise die Agenda nicht einfach als Punkt-für-Punkt-Durchgehen der Bullet-Points auf der Folie dar, sondern beleben Sie die Tagesordnungspunkte (TOPs) zum Beispiel durch **freie Rede:** Paraphrasieren Sie spontan die einzelnen TOPs und überspringen Sie auch mal einen oder zwei, um die Reihenfolge zu brechen. Anschließend können Sie auf die übersprungenen TOPs zurückkommen, um diese besonders hervorzuheben. Sie können z. B. (nachdem Sie TOP 2 in der Vorstellung übersprungen haben) sagen: „Sie wundern sich vielleicht, was es mit TOP 2 auf sich hat ... Dieser Punkt steht in besonderem Fokus des heutigen Treffens, denn Frau Mustermann wird uns hier in einem Vortrag das Thema XZY näher bringen".
- Ein weiteres spannungsgeladenes Element bei Aufzählungen ist das **retardierende Moment**. Bei diesem erwähnen Sie den Aufzählungspunkt und heben dessen Bedeutung explizit hervor, stellen die Erklärung dessen jedoch bewusst ans Ende der Aufzählung und zögern diese somit hinaus. Etwa so: „Punkt 2 ist unser wichtigster Punkt heute. Wenn Sie heute etwas aus dem Treffen mitnehmen, dann diesen

Punkt. Die Details dessen heben wir uns allerdings für später auf." Das retardierende Moment baut spielerisch Spannung bei Ihren Zuhörern auf und erzeugt eine Verständnislücke, an deren Füllung die Zuhörer unbedingt dran bleiben wollen. Damit stellt das retardierende Moment einen Gegenpol zur Klarheit, bricht damit ein bekanntes Muster und erzeugt Aufmerksamkeit!

Regen Sie zum Denken an! – Denken sorgt für nachhaltigen Eindruck

- Stellen Sie eine **Eingangsfrage** in den Raum. Beispielsweise „Was ist der wichtigste Aspekt an Teamarbeit für Sie persönlich?" und lösen Sie diese mit einer von Ihnen gewünschten Antwort auf (das kann auch das Ergebnis einer Studie sein, im obigen Fall der Google Aristotles-Studie zur Teamarbeit; für Details s. „Umfrage" in →Die Team-Retrospektive [S. 303]). Sie können hier auch sehr gut mit →Interaktionstools [S. 397] arbeiten und z. B. eine geschlossene Einstiegsfrage als Säulendiagramm oder eine offene Einstiegsfrage als Wortfeld abfragen. Dieser Einstieg erzeugt als weiteren Vorteil die klare Erwartungshaltung, dass in dem von Ihnen moderierten Online-Treffen Mitarbeit absolut erwünscht und erforderlich ist – auch das erhöht die Aufmerksamkeit dauerhaft!
- Starten Sie mit einer **großen Zahl** und ihrer (überraschenden) Bedeutung. Sie können z. B. mit der Aussage starten „1,234,567 – Einemillionzweihundertvierunddreißigtausendfünfhundertsiebenundsechzig. *[Wirkpause]* Das ist die Anzahl arbeitender Ameisen im nächstgelegenen Ameisenhügel. Damit *wir* nicht so viele Arbeiter einstellen müssen, besprechen wir heute unsere Einsatzplanung ..." Dadurch, dass Ihre Zuhörer in der Wirkpause bginnen, diese Zahl selbst zu interpretieren, regen Sie sie zum Nachdenken an.

In allen drei Ideen sehen Sie ein wiederkehrendes Prinzip: Erzeugen Sie Aufmerksamkeit, indem Sie mit Bekanntem brechen. Experimentieren Sie mit diesem Gedanken und Ihrem eigenen Stil weiter, bis Sie Ihre online moderierten Treffen optimal einleiten können.

Online-Pausen

Pausen (im Sinne von Erholungspausen) kommt in online moderierten Treffen eine besondere Bedeutung zu, denn die Konzentration erschöpft sich beim Arbeiten alleine vor dem Bildschirm schneller als in Präsenz in der Gruppe. Das liegt zum einen daran, dass ein gemeinsamer Fokus, der im Raum entstehen kann, fehlt. Zum anderen sind die Ablenkungen am Bildschirm zahlreicher und verlockender und verlangen daher mehr Willenskraft in der Aufrechterhaltung der Aufmerksamkeit. Kurzum: In Online-Treffen vor dem Bildschirm müssen Sie öfter pausieren! Berücksichtigen Sie dies bei Planung und Durchführung Ihrer Treffen:

- Planen Sie von vorneherein mehrere kürzere (statt wenige lange) Pausen.
- Stimmen Sie sich mit den Teilnehmern auch während es Treffens spontan ab, inem Sie beispielsweise fragen: „Ich habe das Gefühl, jetzt wäre eine kurze Pause angebracht. Geben Sie mir doch bitte kurz Rückmeldung über den Reaktionsbutton / die Umfragemöglichkeit / ein Handzeichen“. Fragen Sie also aktiv nach Rückmeldung Ihrer Teilnehmer über die →Interaktionstools [S. 397] direkt in der Kollaborations-Software.
- Sprechen Sie die Zeit der Wiederkehr nach der Pause aktiv an. Statt „Wir treffen uns in 8 Minuten wieder hier“ ist die Ansage „Wir machen um 10.45 Uhr weiter“ vorzuziehen.
- Bitten Sie die Teilnehmer, in den Pausen ihre audiovisuelle Übertragung abzuschalten und sich vom Bildschirm wegzubewegen. Sonst handelt es sich nicht um eine Pause, sondern lediglich um eine Unterbrechung.
- Nutzen Sie die Pausen, um auch selbst kurz „weg vom Fenster“ zu sein: Stehen Sie auf und gehen Sie weg vom Bildschirm. Sie dienen damit nicht nur als gutes Beispiel, sondern auch Ihre eigene Erholung ist wichtig!

Online-Gesprächsstrukturierung

In der digitalen Welt kann in einer Einbahnstraße zur gleichen Zeit immer nur ein Sprecher reden. Andernfalls überlagern sich Audiosignale mehrerer Teilnehmer und werden zu einem unverständlichen Wirrwarr, da sich die akustischen Kanäle schonungslos überlagern.[3] Zusätzlich kommt erschwerend hinzu, dass es durch die technische Übertragung zu einem Versatz (Zeitverzögerung) in der Sprachübertragung Einzelner kommen kann. Somit

3 Wenn Sie sich an dieser Stelle fragen, warum das beschriebene Stimmen-Wirrwar in Präsenzmeetings nicht vorkommt oder zumindest sehr viel weniger auffällt, recherchieren Sie bitte kurz unter dem Stichwort „Cocktailparty-Effekt“. (Wäre dies nicht auch für Ihre Willkommen-Folie kurz vor der →Online-Begrüßung [S. 389] geeignet?)

kommt der Gesprächsführung in der digitalen Welt eine noch größere Bedeutung zu als in der Präsenzmoderation: Einem Einbahnstraßenschild gleich ist es Ihre Aufgabe als Moderator einen konstant linearen Gesprächsfluss zu gewährleisten. Ihr bestes Hilfsmittel bei dieser Aufgabe ist eine klare Struktur. Wie bereits erwähnt braucht es dafür klare Regeln wie Teilnehmer zu Wort kommen: **Meldungen sollten immer angemeldet werden** (ähnlich der →Rednerliste [S. 151]). Dazu stehen Ihnen drei Ebenen der Gesprächsstrukturierung zur Verfügung:

- Auf der **ersten Ebene** nutzen Teilnehmer **ausschließlich** die **Chatfunktion**. Hier können einfache Fragen schriftlich gestellt werden und Sie als Moderator (oder der aktuelle Sprecher) können diese zu einem günstigen Zeitpunkt noch einmal laut für alle vorlesen und dann darauf antworten. Falls Sie einen Co-Moderator haben, kann dieser einzelne Fragen ggf. sogar schon schriftlich im Chat beantworten und somit aus der mündlichen Diskussion ganz heraushalten.
  Somit umgehen Sie die Notwendigkeit, einem Teilnehmer das Wort zu erteilen. Dies spart Zeit und koordinativen Aufwand. Vergessen Sie jedoch nicht, nach der Beantwortung jeder Frage kurz rückzufragen, ob die Frage angemessen beantwortet wurde (ein „Ja" im Chat reicht aus), da Ihnen ansonsten jegliche Rückkopplung zu Ihren Teilnehmern fehlt. Beachten Sie aber auch, dass Sie hiermit einen zweiten Informationskanal eröffnen, der in Konkurrenz zum Haupt-Audiovisuellen-Kanal treten kann. Kurze Fragen und Antworten können meist im Chat bleiben. Bei Fragen, die eine grundsätzliche Natur haben oder tiefer gehen, müssen Sie überlegen, ob diese nicht doch den Weg in die mündliche Diskussion finden sollten.
- Auf der **zweiten Ebene** melden Teilnehmer ihre **Fragen im Chat an** (beispielsweise durch Eintrag des Wortes „Frage"). Dann können Sie als Moderator dem entsprechenden Teilnehmer zu günstiger Gelegenheit das Wort erteilen und der Teilnehmer stellt seine Frage mündlich. Dies hat den Vorteil, dass Sie bei komplexeren Fragen selbst auch direkt Rückfragen stellen können, um sich zu vergewissern, dass Ihre Antwort auch die gewünschte Richtung hatte.
  Alternativ bieten viele Kollaborations-Softwares mittlerweile die Option „**Handheben**" in der Teilnehmerliste an. Wird diese betätigt, springt der Hand-hebende Teilnehmer automatisch in der Teilnehmerliste auf die oberste Position und Sie als Moderator können wie beim

Eintrag „Frage“ im Chat selbstständig entscheiden, wann Sie der Person das Wort erteilen.

Falls alle Teilnehmer mit aktivem Video teilnehmen und Sie den visuellen Überblick behalten können, steht Ihnen noch eine dritte Option zur Verfügung: Dann ist nämlich auch ein aus der Präsenz bekanntes echtes Handheben möglich, sodass Sie die Teilnehmer entsprechend „drannehmen“ können, sobald Sie im Video die Hand heben, um einen Beitrag anzumelden. Erstellen Sie für diesen Fall unbedingt auch eine Rednerliste und signalisieren Sie den Teilnehmern, dass Sie sie gesehen haben, sobald Sie sie auf die Liste genommen haben. Schließlich will niemand den Arm für zehn Minuten oben halten müssen ...

- Auf der **dritten und letzten Ebene** können Fragen **akustisch angemeldet** werden, das bedeutet, jeder Teilnehmer kann sich zu Wort melden. Meist findet das Gespräch dann wie aus Präsenz bekannt statt. Das bedeutet, es gibt keine Vorstrukturierung oder Anmeldung von Beiträgen, sondern die Sprecher wechseln intuitiv und ohne Ankündigung im Gesprächsfluss. Diese Art der Gesprächsführung setzt allerdings (online) erfahrene Gesprächspartner voraus und funktioniert meist nur in einem kleinen Personenkreis, der bereits öfter online zusammengekommen und daher „eingespielt“ ist.

Lassen Sie sich bei der Gesprächsstrukturierung gerne von einem →Online Co-Moderator [S. 396] unterstützen.

Online-Aufzeichnungen

Virtuelle Treffen über Kollaborations-Software können direkt als Bildschirmmitschnitt aufgezeichnet werden. Dabei liegen die Vorteile direkt auf der Hand:

- Langfristige und ständige Verfügbarkeit
- Wiederabspielbarkeit, um Wichtiges nochmals zu sehen oder ggf. Streitfragen zu klären

So können auch nicht anwesende Teilnehmer umfangreich informiert werden und eine nachhaltige Dokumentation automatisch zur Verfügung gestellt werden – sagt die Theorie. In der Praxis schaut dies insbesondere für längere Meetings anders aus, denn wahrscheinlich werden nur wenige nicht anwesende Teilnehmer eine lange lineare und nicht indexierte Videoaufzeichnung der kompakten schriftlichen Ergebnisdokumentation vorziehen.

Auf den formalen und den interaktiven Ebenen gibt es einiges zu beachten:

- **Datenspeicherung:** Auf welchem Server wird das Ganze abgespeichert? Möglicherweise in einer fremden Cloud-Umgebung? Wem gehören die Daten?
- **Zustimmung der Teilnehmer:** Gehen Sie grundsätzlich davon aus, dass Sie das Einverständnis aller Teilnehmer nachweisbar einholen müssen – für jede Sitzung –, um Ihre Sitzung aufzuzeichnen zu dürfen.
- **Reduktion der Mitarbeit:** Bedenken Sie zusätzlich, dass Aufzeichnungen manche Teilnehmer vom Beitragen abschrecken kann, denn durch das Mitschneiden geht die Einmaligkeit des Momentes verloren – die Kamera fängt gnadenlos und dauerhaft alles (nicht) Gesagte ein.

Am Ende bleibt das Aufzeichnen natürlich eine nützliche Option, muss aber in jedem Treffen individuell gegen die genannten Nachteile abgewogen werden. Im Sinne der Einmaligkeit von Begegnungen in Zeit und Raum möchten wir persönlich dazu animieren, den Moment zu genießen, auch digital, und – wann immer möglich – auf eine Aufzeichnung zu verzichten.

Online Co-Moderator

In der digitalen Welt passieren viele Dinge gleichzeitig und parallel: technische Probleme bei einzelnen Teilnehmern, Fragen im Chat und gleichzeitig ist eine anspruchsvolle thematische Erörterung in vollem Gange ... Ein Co-Moderator hilft Ihnen grundsätzlich all diese Dinge etwas zu entzerren bzw. auf zwei Paar Schultern zu verteilen. Er kann Ihnen online noch besser als in Präsenz den Rücken freihalten und helfen den Überblick zu behalten, indem er ...

- ... **Ansprechpartner für technische Probleme** im Hintergrund ist. Dafür können Sie z. B. vereinbaren, dass der Co-Moderator im Chat direkt ansprechbar ist.
- ... **technischer Organisator** im Hintergrund ist. Falls Sie planen, zu bestimmten Zeitpunkten Arbeitsmaterialien digital zu verteilen, die Teilnehmer in →Untergruppen [S. 400] einzuteilen oder den Warteraum zu beobachten, haben Sie hier einen wertvollen Mitarbeiter

gefunden, der Ihnen dabei hilft, den Fluss („flow") in Ihrer Moderation aufrecht zu erhalten.

- ... allgemein **den Chat im Auge behält**, Beiträge der Teilnehmer (vor-)strukturiert oder wie in Präsenz eine Rednerliste führt. Er kann sich (je nach vorheriger Absprache mit Ihnen) auch zu Wort melden, wenn Fragen im Chat eingehen. Das ist insbesondere dann hilfreich, wenn Sie mit geteiltem Bildschirm arbeiten bzw. präsentieren, da dann in vielen Kollaborations-Softwares die Chatfunktion ausgeblendet wird.
- ... **organisatorische Fragen** im Hintergrund klären kann. So kann zum Beispiel die Folieneinblendung bei mehreren Vortragenden vom Co-Moderator verwaltet werden oder er kann zu spät kommende Teilnehmer einweihen (insb. bei angekündigtem / erwartetem Zuspätkommen).
- ... Ihr **Zeitnehmer** ist: Sie dürfen sich gerne von Ihrem Co-Moderator die Zeit ansagen lassen.
- ... einen **Teil der Moderation** hauptverantwortlich **übernimmt**. Dies kann thematische oder stilistische Gründe haben und in jedem Fall zur Auflockerung der Moderation beitragen.

Ein Co-Moderator bietet sich vor allem dann an, wenn Sie entweder mit vielen Teilnehmern und unübersichtlichen Situationen (bspw. bei vielen geplanten Untergruppenarbeiten) rechnen, oder wenn Ihre Gruppe zum ersten Mal (oder einmalig) zusammenkommt. Im ersten Fall hilft der Co-Moderator eher bei der Gesprächsorganisation und kann auch die Gruppenarbeiten mit betreuen. Im zweiten Fall kann er eher bei technischen Problemen helfen.

Sprechen Sie sich in jedem Fall vorher mit Ihrem Co-Moderator ab, damit Sie eine klare Rollen- und Verantwortungsverteilung haben. Ggf. bietet sich auch eine gemeinsame „Generalprobe" an, um mit den Tücken der Kollaborations-Software bestens vertraut zu sein, wenn es darauf ankommt.

Interaktionstools

Hinter dem Bildschirm muss Interaktion stets von Ihnen als Moderator aktiv organisiert bzw. den Teilnehmern angeboten werden. Denn generell sind selbst kurze Einwürfe aufgrund der strengen Linearität des Gesprächsablaufs schwieriger einzubinden (s. →Online-Gesprächsstrukturierung [S. 393]) als in Präsenz. Zusätzlich bietet Interaktion mit den Teilnehmern den doppelten Vorteil, dass Sie eine Rückmeldung der Teilnehmer bekommen und somit den weiteren Gesprächsverlauf besser anpassen können und gleichzeitig Ihre Teilnehmer das Gefühl von Selbstwirksamkeit und „Contribution“ haben, indem Sie aktiv auf das Geschehen einwirken können. Dieser letzte Punkt ist besonders wichtig bei längeren Treffen, um die Aufmerksamkeit und Motivation bei den Teilnehmern hoch zu halten.

Sie haben verschiedene Möglichkeiten mit Ihren Teilnehmern online in Interaktion zu treten, wobei Sie entweder die bereits in der Kollaborations-Software enthaltenen Möglichkeiten nutzen oder zusätzliche Software einsetzen können:

- Am einfachsten ist es, direkt den **Chat** mitzunutzen: Stellen Sie eine Frage und bitten Sie um kurze Rückmeldung per Chat. Fragen Sie beispielsweise „Wenn Sie mehr zu diesem Thema hören wollen, schreiben Sie jetzt ‚ja‘ in den Chat, dann schieben wir einen kurzen Extrablock nach der Mittagspause ein“. Der Chat bietet Ihnen eine schnelle und unkomplizierte Interaktionsmöglichkeit, ist allerdings bei vielen Teilnehmern schnell unübersichtlich, da Sie immer nur die letzten Beiträge direkt im Blick haben und bei hoher Rückmeldefrequenz Gefahr laufen, nicht alles aufnehmen zu können.
- Für den Fall einfacherer **Ja/Nein-Abstimmungen** bieten viele moderne Kollaborations-Softwares in der Teilnehmerliste eine Kurzauswahl an Antwortmöglichkeiten (meist ein grüner Haken für JA und ein rotes Kreuz für NEIN). Diese sind übersichtlicher als Antworten im Chat, da die Zuordnung direkt beim Teilnehmer steht, farblich abgesetzt ist und manchmal auch direkt numerisch angegeben wird.
- Eine weitere humoristische Art der Interaktion stellen die **Reaktions-Möglichkeiten** in vielen Kollaborations-Softwares dar. Hier können die Teilnehmer schnell und unkompliziert einfache Reaktionen wie „Daumen hoch“ oder „Applaus“ als Piktogramm (Emoji) auswählen und direkt als Einblendung in Ihr Video senden. Dort bleibt es dann (auch bei ausgeschalteter Kamera) meist für einige Sekunden eingeblendet. Das geht sehr schnell, ist allerdings auch sehr unübersichtlich und bietet sich eher für spontane Reaktionen als für konkrete Abstimmungen an. Wollen Sie Ihre Teilnehmer inhaltlich stärker einbinden und aktivieren, bieten sich **Umfragen** an. Nutzen Sie dazu entweder die in der Kollaborations-Software eingebauten Funktionen oder Interaktionstools wie zum Beispiel „Mentimeter“ oder „Slido“. Diese Programme sind auf die Interaktion mit dem Publikum zugeschnitten und erlauben es, (fast) beliebige Fragen an Ihre Teilnehmer zu stellen, die dann live die

Entwicklung der gemeinsamen Antworten miterleben. Dies schafft ein großes Gefühl von Zusammengehörigkeit und Teilhabe, das langfristig – auch über einen ganzen Vortragstag hinweg – aktivierend wirken kann.

Dazu müssen nur Sie als Moderator (oder Ihr Co-Moderator) das Programm tatsächlich installieren und Fragen vorbereiten. Die Teilnehmer wählen sich per QR-Code oder simpler Zahlencode-Eingabe per Website in die Umfrage ein und können direkt mitmachen. Die Einstiegshürde ist somit möglichst niedrig gehalten und jeder mit einem internetfähigen Smartphone kann sich sofort beteiligen.

Hilfreiche Interaktionen sind beispielsweise eine Wortwolke als Einstieg in ein Thema, um die Erfahrungen und Assoziationen der Teilnehmer abzurufen und direkt einzubinden. Oder Umfragen zur Themenfindung, -fokussierung oder -festlegung (Entscheidung). So können Sie mit etwas Vorbereitung auch ganze Methoden der Abschnitte →Entscheidungen herbeiführen [S. 273] und →Feedback methodisch einholen [S. 288] online abbilden. Der Abstimmung für oder gegen eine Entscheidung haben wir einen zustätzlichen Abschnitt gewidmet: →Online abstimmen [S. 402].

- Eine Weiterentwicklung der Umfragen bilden Programme zur **Gamefikation**, bei denen die Teilnehmer in einer Art Mini-Quiz gegenseitig in Wettbewerb treten. Hierbei können Sie Fragen mit vorgegebenen Antwortmöglichkeiten stellen, die (ggf. auch unter Zeitdruck) beantwortet werden müssen. Jede richtige Antwort gibt Punkte je nach Antwortgeschwindigkeit und der aktuelle Punktestand wird den Teilnehmern angezeigt. Dadurch wirkt dieses Spiel sehr aktivierend auf Teilnehmer. Wie bei den Umfrage-Programmen auch, wählt man sich meist per QR-Code über das Smartphone ein. Bekannte Vertreter sind die Programme „Kahoot" oder „QuizAcademy".
- Für die Zusammenarbeit bieten viele Kollaborations-Softwares **gemeinsam genutzte Whiteboards** an, auf denen alle Teilnehmer gleichzeitig visualisieren und zeichnen können. Dies kann ebenfalls sehr aktivierend und kollaborativ wirken, braucht allerdings klare Anweisungen von Ihnen als Moderator, um gleichzeitig fließende Kreativität in übersichtliche Bahnen zu lenken. Insofern setzt der zielführende Einsatz einige Übung bei Ihnen und etwas Disziplin bei den Teilnehmern voraus. Für den optimalen Erfolg sollten alle mit

digitalen Zeichengeräten (*Graphic Tablets* + Stift) ausgestattet sein, was die Nutzbarkeit dieser Methode zusätzlich einschränken kann.

- Für gemeinsame Arbeiten beim →Ideen sammeln [S. 255] und →Strukturen generieren [S. 261] sind auch **virtuelle Pinwände** sehr hilfreich, bei denen jeder Teilnehmer beliebige farbige Notizzettel ein- und anbringen kann. Damit die Übersicht nicht leidet, bieten sich diese Programme vor allem in der Gruppenarbeit in →Untergruppen [S. 400] an. Bekannte Programme sind „Linoit", „Miro" oder „padlet".

Tipp für den Alltag: Allgemein ist es sinnvoll, jede Interaktion verbal zu begleiten. Sagen Sie tatsächlich ganz konkret, was Sie von den Teilnehmern erwarten: „Führen Sie jetzt Ihre Finger auf die Tastatur und schreiben Sie Ihre Meinung in den Chat" oder „Jetzt sehen Sie die vier Auswahlmöglichkeiten auf Ihrem Bildschirm. Wählen Sie Ihre Antwort aus, klicken Sie sie vorne im Kreis an und klicken Sie anschließend auf den ‚OK'-Knopf am unteren Ende des Fensters." Damit binden Sie die Teilnehmer direkt und aktiv ins Geschehen mit ein. Wenn möglich können Sie auch selbst auf Ihrem geteilten Bildschirm bestimmte Aktionen vormachen und somit die Teilnehmer zusätzlich aktivieren.

Untergruppen

Ein großes Manko der Online-Treffen ist ihre Linearität (Einbahnstraßenprinzip, s. →Online-Gesprächsstrukturierung [S. 393]): Es kann immer nur einer sprechen. Nebengespräche mit dem Nachbarn, ein schneller Kommentar zum Gesagten, Getuschel etc. sind ebenso wenig möglich wie Gruppenarbeit und Einzelgespräche. Hierfür gibt es mittlerweile sogenannte Breakout-Rooms, in denen Untergruppen miteinander arbeiten bzw. reden können. Diese Gruppen können zufallsbasiert oder von Ihnen als Moderator gezielt zusammengestellt werden und zusätzlich mit festen Arbeitszeiten versehen werden. Diese klare Zeitvorgabe gewährleistet, dass man Zeitpläne einhält, aber birgt gleichzeitig die Gefahr, die Teilnehmer unter Druck zu setzen. Aus unserer Erfahrung ist eine Klarheit bei der Vorgabe der Zeiten allerdings für die meisten online moderierten Treffen ein weitaus größerer Vorteil, der den Teilnehmern zeitliche Sicherheit und Planbarkeit gibt. Bei

Kreativarbeiten sollten Sie darauf achten, dass die Teilnehmer bei Bedarf zusätzliche Arbeitszeit erhalten und so weniger Druck verspüren, der die kreativen Energien blockieren könnte.

Sie als Moderator und Gastgeber der Untergruppen sollten sich auch immer wieder in den einzelnen Untergruppen blicken lassen, um sicherzustellen, dass alles funktioniert, und um ggf. Fragen zu beantworten. Je nach Vertrauensverhältnis, Hierarchie und Position zwischen Ihnen und den Teilnehmern (bspw. Dozent und Student oder Vorgesetzter und Mitarbeiter), können Sie ...

- ... Ihr Eintreten in die Untergruppe vorab im Chat anzukündigen, damit die Teilnehmer sich nicht ausspioniert fühlen.
- ... vorab Ihre Rolle während des Besuchs definieren zwischen stillem Zaungast, Ansprechpartner für Fragen und partiell mitarbeitendem, aktivem Gruppenmitglied.
- ... zu vorab angekündigten festen Zeitpunkten erscheinen, oder zufallsbasiert.

Untergruppen eignen sich hervorragend für Gruppenarbeit in Kleingruppen, fordern dabei aber stets eine moderierende Tätigkeit in jeder Gruppe. Planen Sie also solche Gruppenarbeiten, müssen Sie vorher sicherstellen, dass in jeder Gruppe mindestens eine Person ist, die online moderieren kann (→Rollen mit Steuerfunktion [S. 55]). Bei ungeübten Teilnehmern können Sie beispielsweise die Online-Verhaltensregeln (s. →Netiquette [S. 384]) gemeinsam mit allen besprechen und anschließend in Untergruppen Moderationsregeln erarbeiten lassen, sodass entsprechende Fähigkeiten direkt live besprochen und erfahren werden können. In erfahreneren Gruppen können Sie andernfalls auch direkt mit den eigentlichen Arbeitsaufträgen in die Untergruppen starten.

Untergruppen eignen sich ebenfalls, um persönliche Gespräche in den Veranstaltungspausen zu führen. Oder aber auch, um strittige Themen in Kleingruppen zu diskutieren oder aufgebrachte Vielredner im schlimmsten Fall von Störungseskalation zu einer Aussprache fernab der Gruppe zu zwingen.

Online abstimmen

In formalen Sitzungen kommt es oft zu Abstimmungen über Entscheidungen, die per Akklamation, Handzeichen oder (anonymem) Wahlzettel getroffen werden (→Abstimmen und Zustimmen [S. 182]). Dies ist in Präsenz einfach umzusetzen, bildet online jedoch manchmal eine Herausforderung. Insbesondere die Dokumentationspflicht wird im Online-Betrieb zur Herausforderung. Das liegt aber vor allem an der zumeist ungewohnten Situation; mit ein wenig Kreativität können Sie auch online geeignete Maßnahmen entwickeln. Dazu möchten wir hier einige Anregungen geben, die stets auch den Aspekt der Dokumentation beinhalten. Hierauf aufbauend laden wir Sie ein, die für Ihre Situation passenden Lösungen zu finden:

- **Umfragen ersetzen Handzeichen-Abstimmungen** und können in vielen Kollaborations-Softwares direkt per JA/NEIN in der Teilnehmerliste durchgeführt werden (s. →Interaktionstools [S. 397]). Da die Anzeige der Stimmabgabe direkt hinter dem Teilnehmernamen in der Teilnehmerliste erscheint, kann ein Screenshot als Dokumentationsnachweis dienen.
  Per Video lassen sich ebenfalls Handzeichen abbilden und direkt dokumentieren, wenn alle Abstimmungsberechtigten Ihr Video einschalten (können): Nach Aufforderung durch die Wahlleitung (Moderator) wird wie in Präsenz die Hand gehoben (oder auch nicht). Bitten Sie die Teilnehmer deutlich sichtbar und zeitsynchron die Hand in die Kamera zu heben. Als Dokumentationsnachweis dient hier wieder ein Screenshot. Achten Sie bei vielen Teilnehmern darauf, von jedem Videobildschirm einen Screenshot zu machen.
- **Komplexere Abstimmungen** im Konsentverfahren (s. →Konsent-Abstimmung [S. 277]) können **im Chat** durchgeführt werden. Definieren Sie dazu einen Buchstabenkürzel für die Abstimmungsmöglichkeiten (z. B. „J“ = Dafür; „N“ = Dagegen; „E“ = Enthaltung (ggf. mit Verpflichtung zur Begründung); „EW“ = Einwand [Begründung]). Speichern Sie den Chat als Dokumentationsnachweis.
  Nach dem gleichen Vorgehen können Sie auch bei öffentlicher Wahl vorgehen, indem Sie jedem Kandidaten ein Namenskürzel zuweisen.
- Für **anonyme (geheime) Abstimmungen** kann man sich entweder darauf einigen, dass der Wahlleiter (Moderator) die Stimmen vertraulich per E-Mail oder „Privater Nachricht“ im Chat sammeln (und damit auch einsehen) darf. Diese Methode ist schnell und spontan durchführbar und liefert direkt eine Dokumentation mit.
  Für eine völlig anonyme Abstimmung können Sie geheime Umfragen mit →Interaktionstools [S. 397] erstellen oder speziell dafür konzipierte

Audience Response Systeme nutzen, was mit ein wenig Übung ebenfalls schnell durchführbar ist. Als Dokumentation können entweder die Umfrageergebnisse als Screenshot direkt gespeichert werden oder Sie nutzen die Speicherausgabe des Programms.

Falls Sie Online-Abstimmungen in formellem Rahmen durchführen (müssen), vergewissern Sie sich vorab bei entsprechenden Stellen (Vorgesetztem, Rechtsabteilung, etc.), ob und wie eine Online-Abstimmung ausgelegt und bewertet wird. Fragen Sie lieber einmal zuviel, als sich auf rechtliches Glatteis zu begeben.

Nachbereitung (online)

- Die notwendigen Dokumentationen des Treffens werden von Ihnen als Moderator (oder einem Schriftführer) per E-Mail an die Teilnehmer verschickt. Entweder als Protokoll oder, falls vorhanden, direkt das ganze Treffen als Video-Mitschnitt (bzw. als Link auf die Videodatei, s. →Online-Aufzeichnungen [S. 395]).
- Ggf. wird ein neuer Termin für ein Folgetreffen abgestimmt oder direkt eine neue Einladung dazu verschickt.

Eine Besonderheit bei online moderierten Meetings ist im Nachgang ein **Technik-Review:** Schreiben Sie sich auf, was technisch gut geklappt hat und vor allem, was Sie beim nächsten Mal anders machen wollen. Diese Überprüfung sorgt für mehr Sicherheit und kontinuierliche Verbesserung für folgende Online-Treffen und hilft Ihnen dabei, mögliche Berührungsängste abzubauen. Folgende Fragen können Ihnen dabei helfen:

- War ich für alle gut verständlich (Mikrofon) und sichtbar (Kamera)? Und waren andere für mich gut verständlich und sichtbar? Wenn nein, woran hat das m.M.n. gelegen?
- Habe ich das technische Potential voll ausschöpfen können und meine Methoden wie in Präsenz gewohnt anwenden können? Wenn nein, an welcher Stelle möchte ich was ändern?

Anhang

Thinking-outside-the-box: Auflösung

Die erste Lösung mit weniger als vier geraden Streckenzügen besteht aus nur drei Streckenzügen und nutzt aus, dass die neun abgedruckten Punkte keine Punkte im mathematischen Sinne sind, sondern eigentlich Kreise, die einen endlichen Durchmesser besitzen:

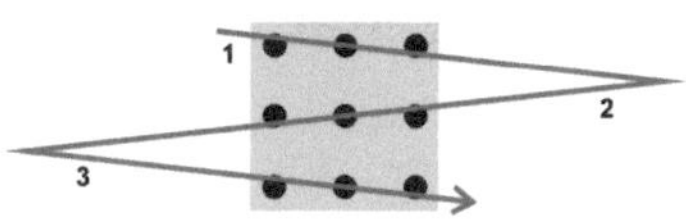

Die zweite Lösung besteht tatsächlich nur aus einem einzigen Streckenzug – der aber mit einem sehr dicken Stift gemalt wurde. Denn in der Aufgabenstellung wurden keine Einschränkungen über das Verhältnis der Stiftgröße zur Punktgröße gemacht:

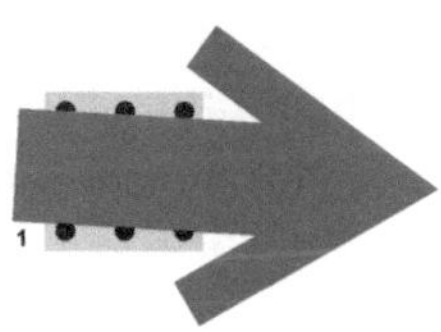

Und die dritte Lösung ist nicht nur *Thinking-outside-the-box*, sondern sogar *Thinking-outside-the-book*, da das Papier, auf dem die Punkte abgedruckt sind, gefaltet werden muss. Zur Verdeutlichung sind die neun Punkte alternierend eingefärbt:

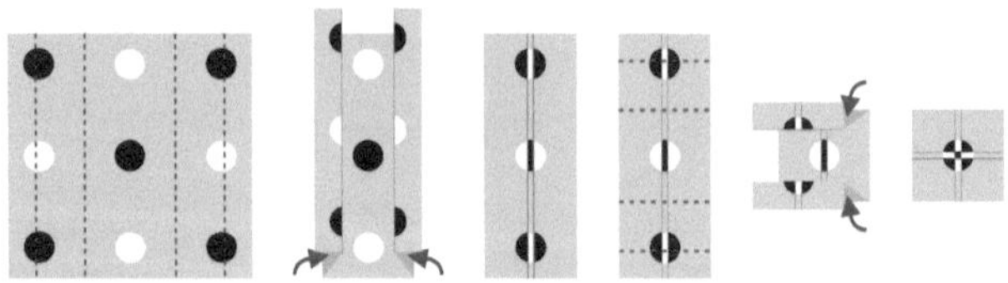

Anschließend reicht dann ein kleiner Strich mit einem normalen Stift aus, um die offene Stelle aller Punkte einmal zu berühren:

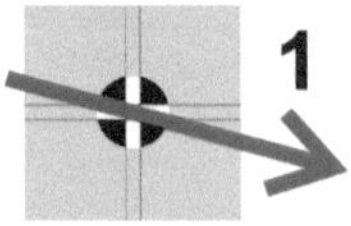

Verblüffen auch Sie als Moderator öfters einmal Ihre Teilnehmer durch unkonventionelle Lösungen, um einen Hinweis auf die Variabilität des Lösungsraums zu geben – und lassen Sie sich durch die Kreativität der Denkprozesse Ihrer Teilnehmer überraschen.

Diese Fragen bringen Sie weiter

Wie Sie wissen gilt, wer fragt, der führt. Und folglich sind Fragen der Schlüssel dazu, wie Sie Ihre Gruppe durch die verschiedenen Phasen beim →Moderation ausführen [S. 115] führen. In diesem Abschnitt haben wir die inhaltlich-lenkenden Fragen aus jeder Phase nochmals zusammengefasst – nutzen Sie diese gerne für Ihre Vorbeitung der Moderation oder auch als praktischen Spickzettel zur Intervention während Ihrer Moderation. Ebenso können Sie die Methode →Fragenbaum [S. 257] nutzen, um die für Sie relevanten Fragen vorzustrukturieren, wie beispielhaft in →Abbildung 15 zu sehen. Sie sollen Ihnen als Inspiration für die Anwendung dienen: Zum Ausprobieren, Adaptieren, Experimentieren und Interpretieren.

Sammeln

Ziel ist es in der Phase *Sammeln*, dass aus möglichst vielen Perspektiven möglichst viele Ideen gleichwertig und allgemein verständlich „auf den Tisch“ kommen.

Inspirieren

- Was assoziieren Sie mit ...? *(Assoziationsketten)*
- Was haben andere zu diesem Thema gemacht?
- Wie haben andere dieses Problem gelöst?
- Wo und in welchem Kontext haben Sie [Thema] schon mal gehört?
- Was würde ... denken / sagen / machen? *(Perspektivwechsel)*
- Und was noch?
- Und was stattdessen?

Klarstellen

- Habe ich Sie richtig verstanden, dass ...?
- Was bedeutet für Sie ...?
- Was genau meinen Sie mit ...?
- In welchem Zusammenhang meinen Sie ...?

Strukturieren

Ziel der Phase *Strukturieren* ist es, Zusammenhänge zwischen Gesammeltem zu erkennen und diese gemeinsam zu Mustern zu verknüpfen.

Kontext und Kategorien

- Aus welcher Pesrpektive betrachten Sie gerade die Struktur?
- Welche Perspektive nehmen Sie gerade in Bezug auf das Thema ein?
  - Wie passt Ihre Perspektive zum Thema [„Wozu?“]?
- Gilt die von Ihnen vorgeschlagene Kategorisierung (Struktur, ...) auch im Kontext von ...?
  - Was wäre in diesem Kontext anders?

Top-down

- ☐ Wo sehen Sie „A“?
- ☐ Wo sehen Sie „A“ nicht? *(Manchmal hilft auch das Ausschlusskriterium.)*
- ☐ Würden Sie „A“ eher zu „K1“ oder zu „K2“ zuordnen? – Oder nichts von alledem? *(Dann sollten Sie ggf. eine neue Kategorie „K3“ öffnen.)*
- ☐ Ist für Sie „A“ vielleicht sowohl in „K1“ als auch in „K2“ enthalten? *(Gibt es dann ggf. eine weitere Oberkategorie „K0“ = „K1“ + „K2“?)*
- ☐ Welche Art „K“ ist „A“?
- ☐ Welche Art „K“ ist „A“ nicht?

Bottom-up

- ☐ Was haben „A“ und „B“ gemeinsam?
- ☐ Was verbindet „A“ und „B“?
- ☐ Was unterscheidet „A“ von „B“?
- ☐ Was trennt „A“ und „B“?
- ☐ Wie weit sind „A“ und „B“ voneinander entfernt?
- ☐ Welches „C“ könnte „A“ und „B“ näher zusammenbringen? Wie genau?

Beziehungen und Abhängigkeiten

- ■ Wie bezieht sich „A“ auf „B“? Und wie „B“ auf „A“?
  - ☐ Einseitig? Gegenseitig? Gleichgerichtet? Gleichgewichtet?
- ■ Wie genau funktioniert die Verbindung zwischen „A“ und „B“? – Und wo verläuft sie? *(Frage nach Gemeinsamkeiten)*
- ■ Wo widersprechen sich „A“ und „B“? – Und wie genau? *(Frage nach Widersprüchen)*
- ■ Wovon hängt „A“ ab?
- ■ Welches „A“ muss (zeitlich) vor „B“ passieren / stehen? *(Frage nach [chrono-]logischer Ordnung)*
- ■ Welches „B“ folgt aus „A“? *(Frage nach logischer Abfolge)*
- ■ Wenn „A“ zutrifft, was bedeutet das für „B“?
  - ☐ Wenn „A“ zutrifft, was bedeutet das für die Struktur global / alle anderen Begriffe?
- ■ Wenn „A“ nicht zutrifft, was bedeutet das für „B“?
  - ☐ Wenn „A“ nicht zutrifft, was bedeutet das für die Struktur global / alle anderen Begriffe?

Präzisierungen

- Wie genau meinen Sie ...?
- Was genau meinen Sie mit ...?
- Können Sie ... nochmals in anderen Worten für mich/uns wiederholen?
- Was würden Sie an der Darstellung ändern, damit es klaren / eindeutiger / präziser für Sie ist?
- Welche Art „A“ ist „A“? (Fragt nach einer [neuen] Beschreibung eines Begriffs aus sich selbst heraus; präzisiert durch Reflexion)

Entscheiden

> Ziel der Phase *Entscheiden* ist es, einen gemeinsamen Weg in die Umsetzung von Ideen zu definieren und Handlung in Gang zu setzen.

- Was ist hiervon richtig und wichtig? (→Entscheidungen herbeiführen [S. 273])
  - Wen betrifft die Entscheidung? Wie genau?
  - Wie würde (Person / Personengruppe) diese Entscheidung auffassen? Was bedeutet das konkret für die Genannten?
  - Welche Auswirkungen hat die Entscheidung auf das Team – inklusive der Teammitglieder, die im Moment nicht anwesend sind?
  - Welche Auswirkungen hat die Entscheidung auf Sie als Teammitglied persönlich?
  - Welche Vorteile (Stärken / Gewinne / ...) bietet die Entscheidung?
  - Welche Nachteile (Schwächen / Probleme / ...) bietet die Entscheidung?
  - Worin liegen die Risiken hinter dieser dieser Entscheidung?
  - Worin liegt der größte Nutzen diese Entscheidung für uns (den Kunden / ...)? Bzw. was ist die größte Chance?

Priorisieren

- Was ist hiervon am wichtigsten?
  - Was sind die wichtigsten drei Punkte für Sie?
  - Was möchten Sie hiervon jetzt sofort angehen?

    - ☐ (Gedankenexperiment – Nächste Woche haben alle Urlaub): Was ist die *eine* Sache, die Sie jetzt hiervon noch vor Ihrem Urlaub bearbeiten wollen?
- Worauf können Sie am ehesten verzichten?
- Direkter Vergleich: „Welche Option bevorzugen Sie, A oder B?“
- Abgestufter Vergleich: „Welche Reihenfolge der Optionen bevorzugen Sie aus A, B, C, ...?“

Abstimmung und Zustimmung

- Klassisch: „Wer stimmt für Option A (B, ...)?“
- Skala: „In welcher Reihenfolge bevorzugen Sie die Optionen A, B, C ...?“
- Konsent: „Gibt es gravierende Einwände Option A (Be ...)?“
- Widerstand: „Wie stark ist Ihr Widerstand gegen Option A (B ...)?“

Sichern

> Das Ziel der Phase *Sichern* ist, die relevanten Inhalte und (Zwischen-)Ergebnisse Ihres moderierten Treffens in mitteilbarer Form für die weitere Arbeit abzuspeichern.

Umsetzung sicherstellen

- Was soll konkret umgesetzt werden?
- Wer macht es?
- Bis wann?

Zuversicht prüfen

- Wie zuversichtlich sind Sie als Gruppe, dass dieses Vorgehen zum gewünschten Erfolg führt?
- Wie zuversichtlich sind Sie auf einer Skala von 0 bis 10 (wobei 0 gar nicht und 10 absolut bedeutet), dass dieses Vorgehen zum gewünschten Erfolg führt?
    - ☐ Was bräuchten Sie, um einen Punkt zuversichtlicher zu sein?
    - ☐ Welche Einwände bestehen noch bei Ihnen?

Zusammenfassen

Ziel des *Zusammenfassens* ist es, den aktuellen Stand der Dinge in eigenen Worten wiederzugeben und somit den Gesprächsverlauf zu strukturieren.

- Welche Grundidee / Gemeinsamkeit steckt dahinter? Kann die Aussage darauf reduziert werden?
- Worauf kann verzichten werden, sodass ...
  - ... die Grundidee verständlich bleibt?
  - ... ein zufälliger Zuhörer immer noch versteht, worum es geht?
  - ... kein Teilnehmer(kreis) sich völlig übergangen fühlt (auch emotionales Engagement kann relevant sein)?

Übergänge

Ziel der Phase *Übergänge* ist es, Arbeitsthemen elegant und zielführend miteinander zu verknüpfen bzw. ineinander übergehen zu lassen.

- Welche Schnittmengen gibt es, um das alte und das neue Thema zu verknüpfen?
- Welche Gegensätze existieren und machen das neue Thema im Vergleich zum anderen interessant?
- Stellt man sich zu dem neuen Thema die gleichen Fragen?
- Oder werden jetzt bewusst andere Fragen beim neuen Thema nötig?
- Werden die gleichen Methoden angewandt?
- Können Sie die Methoden ggf. sogar von Thema zu Thema aufeinander aufbauen lassen?

Störungen und Konflikte

Lösungsperspektive eröffnen

- Was müsste sich Ihrer Meinung nach ändern, um eine Lösung zu finden?
- Was ist das Gute im Schlechten?

- Wo sehen Sie Vorteile (Nachteile) im Vorschlag A (B)?
- Wie könnte eine sowohl ... als auch ... Lösung aussehen?

Pfeile

Was haben *Wilhelm Tell, Amor, Robin Hood, Odysseus* und *Sie* gemeinsam? Alle konnten bzw. können sehr gut mit Pfeilen umgehen und treffen zielsicher bei ihrer Arbeit ins Schwarze. Wenn Sie Pfeile in Ihren Abbildungen einsetzen, machen Sie sich bitte klar, dass die Bedeutung von Pfeilen trotz ihres recht einfachen Aussehens („→") nicht eindeutig ist und ohne Ihren klärenden Kommentar durchaus unterschiedlich von Ihren Teilnehmern interpretiert werden kann. Die folgenden Deutungen haben wir aber nicht zusammengestellt, um Sie vor der Verwendung von Pfeilen zu warnen oder gar abzuschrecken, sondern vielmehr, um Ihnen die große Variabilität vorzustellen, die in Ihren Skizzen und Mitschriften liegen kann und um Ihnen weitere Anreize für deren Nutzung zu geben.

Pfeile und Objekte

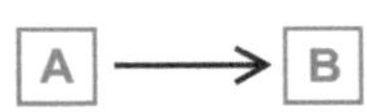

*Ein Pfeil, der in einem Diagramm zwischen Block **A** und Block **B** eingezeichnet ist, kann folgenden Bedeutungen haben:*

1. **A** wirkt ein auf **B**. / **A** hat Einfluss auf **B**.
2. **B** folgt zeitlich nach **A**.
3. **A** ist Voraussetzung für **B**.
4. Eine Änderung in **A** bedeutet die gleiche Änderung in **B**.
5. **A** wird transformiert in **B**. Aus **A** wird **B**.
6. **A** ist relevant für **B**.
7. **B** gibt es nur, wenn **A** erfüllt ist.
8. **B** ist physisch gekoppelt an **A**.
9. **B** ist nur im Kontext von **A** zu beachten / relevant.
10. **A** bewegt sich in Richtung **B**.
11. Während **A** sich in Richtung **B** bewegt, wird es zu **B**.

Ein einfacher Pfeil, der auf einen Block **C** *deutet, kann in Diagrammen folgendes bedeuten:*

1. **C** ist auf jeden Fall wichtig.
2. In dem gerade aktuellen Kontext muss man **C** genauer betrachten.
3. **C** wird beeinflusst von links.
4. Es wirkt eine Kraft auf die linke Seite von **C**.
5. **C** wird etwas hinzugefügt.

Dieser Pfeil deutet von **D** *weg und kann damit aussagen:*

1. **D** bewegt sich in Pfeilrichtung.
2. **D** ändert sich in etwas Neues, was erst später offenbart wird.
3. Mit **D** passiert etwas Ungewisses.
4. **D** löst sich auf / verschwindet.
5. **D** wird etwas entnommen. / **D** verliert etwas.

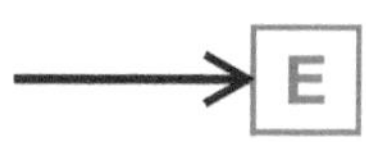

Dieser Pfeil zeigt auf den Block **E***, ähnlich wie oben beim Block* **C***. Aber auf was* genau *deutet denn dieser Pfeil?*

1. Der Pfeil deutet mittig auf den Rand von **E**.
2. Der Pfeil deutet auf den gesamten Block **E**.
3. Der Pfeil weist darauf hin, dass es im Block **E** ein bemerkenswertes Detail gibt.

Eine Pfeilspitze oder sogar der ganze Pfeil liegt inmitten eines Objekts, z. B. eines Bildes. Damit können Sie folgendes aussagen:

1. Die innere Objektstruktur hat eine Ausrichtung (z. B. ein Vektorfeld).
2. Das Objekt bewegt sich in Pfeilrichtung.
3. Die Aufmerksamkeit soll auf ein sehr kleines, vielleicht sogar unscheinbares Detail innerhalb des Objekts gelenkt werden.
4. Die Spitze des Pfeiles deutet exakt auf eine besondere Struktur.
5. Der Pfeil zeigt in die Richtung, in der die besondere Struktur zu finden ist.

Ein Pfeil auf einer Abbildung mit Objekten, aber ohne unmittelbaren Bezug oder Kontext dazu hat auch etwas zu sagen.

1. Bitte mit den Augen der Pfeilrichtung folgen und dort nachsehen.
2. Weiter geht es auf der nächsten Seite oder auf der Rückseite.
3. An dieser Stelle muss noch etwas ergänzt werden.

Die Gestaltung von Pfeilen

Pfeile mit dickeren Linienstärken, in leuchtenden Farben oder mit einer ausgemalten Spitze fallen leichter auf. Sie können die folgenden Bedeutungen haben:

1. Sie zeigen wichtigere Verbindungen an.
2. Sie deuten häufigeres Auftreten / stärkere oder ausgeprägtere Verbindung an.
3. Sie lenken allgemein die Aufmerksamkeit des Zuschauers auf sich.

Zurücktretende Pfeile, die gestrichelt, sehr dünn oder mit einer kleinen Spitze gezeichnet sind, stehen für folgende Aussagen:

1. Sie zeigen unwichtigere Verbindungen an.
2. Sie deuten ein seltenes Auftreten / schwächere Verbindung an.
3. Sie treten in der Aufmerksamkeit des Zuschauers hinter anderen Pfeilen zurück.

Pfeile mit einem geraden Schaft erzeugen die folgende Wirkung:

1. Sie wirken unmittelbar und direkt.
2. Sie zeigen kurze Wege oder einen unmittelbaren Einfluss an.
3. Sie wurden der Einfachheit halber so gezeichnet.

Wenn die Pfeile einen Schaft mit einem einfachen C-Bogen haben, so kann dies folgendes bedeuten:

1. Sie sollen der Grafik eine dynamische Wirkung verleihen.
2. Sie deuten eine nur indirekte Wirkung an.
3. Sie kennzeichnen mit ihrer Krümmung eine Nähe zu einem anderen Bereich der Grafik.
4. Sie wurden so gezeichnet, um andere Bildbereiche nicht zu kreuzen.

Pfeile, die einen gewellten Schaft haben, wirken noch einmal anders:

1. Sie sind eher unverbindlich oder deuten Variabilität an.
2. Sie zeigen eine nur geringe Kopplung / einen nur geringen Einfluss an.
3. Die mit diesen Pfeilen angedeutete Wirkung ist vage / unsicher / noch nicht bestätigt.
4. Sie wollen die Aufmerksamkeit des Zuschauers auf sich lenken.
5. Sie deuten Wasserfluss an.

Pfeile, deren Schaft hin zur Spitze dicker [dünner] wird, fallen ebenfalls auf:

1. Es kann sich um ein rein grafisches Element handeln.
2. Das Objekt am Fuß des Pfeils ändert im zeitlichen / räumlichen Verlauf seine Größe und wird größer bzw. wächst [wird kleiner bzw. schrumpft].

3. Das Objekt am Fuß des Pfeils ändert im zeitlichen / räumlichen Verlauf seinen Einfluss / seine Relevanz. Es handelt sich dabei um eine Zunahme [Abnahme].

Der Schaft des Pfeils kann eine Zickzackform wie bei einem Blitz besitzen.

1. Er deutet damit einen negativen oder schädlichen Einfluss an.
2. Er deutet einen Widerspruch (z. B. zwischen den verbundenen Elementen) an. [Dafür meist senkrecht statt horizontal gezeichnet].
3. An dieser Stelle passiert etwas sehr plötzlich oder unerwartet.
4. Es ist Vorsicht geboten.
5. Emotionale oder elektrische Hochspannung!

⟷

Pfeile mit zwei Spitzen – Doppelfeile – können statische und dynamische Bedeutungen haben.

1. Als Bemaßungspfeile kennzeichnen sie physische Abmessungen oder deuten Längen an.
2. Zwei Elemente beeinflussen sich gegenseitig oder wechselseitig.
3. Etwas bewegt sich hin und her.

Die Richtung von Pfeilen

Die Richtung der Pfeile in Ihrem Diagramm kann einerseits durch die relative Lage der verknüpften Elemente vorgegeben sein. Sie kann aber auch eine physische Bewegungsrichtung anzeigen. Weiterhin ist es möglich, dass in der Richtung selbst schon eine Information kodiert ist. Dabei geht die Richtung vom Startpunkt (auch Angriffspunkt genannt) des Pfeiles zum Endpunkt an der Spitze.

↗ ↘

Von links nach rechts oben [unten].

1. Wert / Relevanz / ... steigt an [fällt ab]. Je steiler der Pfeil, desto schneller der Anstieg [Abfall].

2. Wert / Relevanz / ... ist absolut gesehen hoch [gering]. Je steiler der Pfeil, desto höher [geringer].
3. Wert / Relevanz / ... ist im Vergleich zu anderen Werten höher [geringer].

↑ ↓

Senkrecht nach oben [unten].

1. Wert / Relevanz / ... ist extrem hoch [niedrig] oder sogar maximal [minimal].
2. Wert / Relevanz / ... ist allein wirksam [sogar vernachlässigbar].
3. Wert / Relevanz / ... hat den maximal [minimal] möglichen Wert.
4. Norden [Süden].
5. Im Text genutzt kann „A ↑: B ↓" eine Proportionalität ausdrücken: „Wenn A ansteigt, dann nimmt B ab."

→

Ein waagerechter Verlauf von links nach rechts hat zumeist eine der folgenden Bedeutungen.

1. Wert / Relevanz / ... bleibt konstant, ändert sich nicht oder nicht mehr.
2. Wert / Relevanz / ... ist unabhängig von anderen Einflüssen.
3. Kann allgemein auch die Zeitachse für eine Entwicklung andeuten.

Pfeilprobleme

Bisweilen ist es nicht klar, ob mit dem Einzeichnen des Pfeiles seine Wirkung auch als universell vereinbart ist: Wenn **A** eine Wirkung auf **B** ausübt, bedeutet dies dann auch, dass *jede* Änderung von **A** eine Wirkung auf **B** hat? Und falls **B** im Umkehrschluss auch auf **A** rückkoppeln kann, sollten Sie dann einen Doppelpfeil oder besser zwei antiparallele Pfeile nutzen? Um hier für (mehr) Klarheit zu sorgen, können Sie die Pfeile mit Text (Stichwörtern) kombinieren und die Bedeutung der Verbindung präszisieren.

Pfeile, die sich in Pfeilrichtung aufteilen bzw. verzweigen, kann man noch in einem der o.g. Sinne interpretieren: **A** wirkt dann auf mehrere Blocke **B1**, **B2** und **B3**. Pfeile, die zusammenfließen, sind aber nicht mehr eindeutig:

Bedeutet der Zusammenfluss eine *Und*, eine *Oder* oder eine *Exklusiv-Oder* Verknüpfung zwischen **A1** und **A2**?

Das letzte Kapitel

> Echtes Lernen findet immer durch uns selbst statt. Ein Lehrer kann nur wichtige Impulse setzen. (INGO KRAWIEC)

Das Buch und seine Eltern

Unsere Reise durch die zielführende Moderation neigt sich dem Ende entgegen. Auf dem gemeisamen Weg durch dieses Buch haben Sie uns, die Autoren *Ulrich Engemann* und *Martin Baumann*, und unsere Ideen gut kennengelernt. Aber wie eingangs (vor dem Durchlesen) bereits erwähnt, ist es unser erklärtes Ziel, dass unsere Ideen zu *Ihrer* Wirkung werden und *Ihrer* Zielerreichung dienen! Auf den Punkt gebracht, haben wir Ihnen nur gezeigt, dass Sie mit Ihren Fragen zur Moderation nicht alleine stehen und zusammengetragen, was wir und andere bereits für Antworten gefunden haben. Und wir, die Autoren, sind uns nur allzu bewusst, dass dieses Buch das Werk viele Hände Arbeit ist. Denn ohne die engagierte Mitarbeit vieler anderer Personen hätten unsere Ideen nie in dieses Buch gefunden:

Herr *Jürgen Schechler* aus der Verlagsleitung hat uns zu dem Schritt, unsere Moderationserfahrungen in einem Buch zusammenfließen zu lassen, ermutigt und den Entstehungsprozess des gesamten Werks begleitet. – *Lieber Herr Schechler, vielen Dank für Ihren Weitblick und Ihr Vertrauen in uns!* Die Geduld der Lektorin Frau *Uta Preimesser* haben wir mit unseren Sonderwünschen mehr als einmal strapaziert. – *Liebe Frau Preimesser, vielen Dank für Ihre unermüdliche Unterstützung in der Entstehung und die zahlreichen Hinweise: All das hat diesem Werk sehr gut getan!* Frau *Tina Kaiser* aus der Herstellung hat uns in die Geheimnisse des Online-Autorensystems eingeweiht, das wir – nach anfänglichen Annäherungsproblemen – letztlich doch noch bändigen konnten. – *Liebe Frau Kaiser, vielen Dank für die individuelle Betreuung und die stets atemberaubend schnelle Hilfe „zwischendurch" und „mittendrin"!* Unsere Grafikerin Frau *Lea Baumann* hat es geschafft, die nur in unseren Köpfen existierenden grafischen Wunschvorstellungen in liebevollen Skizzen einzufangen und hat so den von uns gewünschten persönlichen Charakter des Buches abgerundet. – *Liebe Lea, vielen Dank für das aufmerksame Zu- und Hinhören und die Kunst, aus unseren Ideen Bilder werden zu lassen!* Den größten Anteil an diesem Buch haben aber unsere Teammitglieder, Studenten und Seminarteilnehmer, mit denen wir in den vergangenen Jahren so viel Zeit in moderierten Sitzungen verbracht und gemeinsame Erfahrungen gemacht haben. – Liebe Gruppen, ihr habt ebenfalls eure Spuren in uns hinterlassen und uns durch euer Feedback – positives wie negatives – geformt. – *Für euch sind wir besonders voller Dank, denn durch euch wissen wir, wieviel Freude Moderieren macht.*

Abbildungen und Grafiken in diesem Buch

Mit Sicherheit ist Ihnen aufgefallen, dass die Abbildungen und Grafiken in diesem Buch in drei unterschiedlichen Stilen erstellt wurden. Alle Zeichnungen mit unseren drei Moderatoren sind sehr figürlich erstellt und sprechen den Betrachter auch auf einer emotionalen Ebene an. Die Blockdiagramme des Buches sind im Skribble-Stil gehalten und wirken damit sowohl spontan als auch wohl überlegt. Letztlich sind die meisten Bilder des Anhangs geometrisch exakt, mit geraden Linien und einer hohen Symmetrie erstellt worden. Jeder dieser Stile besitzt seine eigene Anmutung und wirkt daher auch auf den Betrachter ein wenig unterschiedlich. Welchen Stil Sie letztlich für Ihre Zeichnungen verwenden, die Sie in Ihrer Moderation anfertigen, ist von mehreren Faktoren abhängig:

1. Welcher Stil Ihnen gefällt.
2. In welchem Stil Sie schnell und sauber an der Tafel oder am Flipchart Ihre Grafiken erstellen können.
3. Welche Wirkung Sie damit erzeugen möchten.
4. Was Ihre Teilnehmer gerne sehen würden.

Wie immer liegt die Entscheidung, wie Sie dieses Medium einsetzen, bei Ihnen. Öffnen Sie Ihren Werkzeugkasten, den Sie nicht erst seit dem

Abschnitt →Arbeitsmethoden [S. 92] befüllt haben, schauen Sie hinein und nehmen Sie heraus. Probieren Sie neue Werkzeuge aus. Wenn Sie mit deren Verwendung beim ersten Mal nicht völlig zufrieden waren, geben Sie ihnen noch eine zweite oder dritte Chance – vielleicht waren ja nur die Randbedingungen ein wenig ungünstig.

Und da wir gerade von Bildern sprechen: Ist Ihnen aufgefallen, dass es in den Zeichnungen der jeweiligen Kapitelanfänge eine Konstante abseits der Moderatoren und deren Werkzeuge gibt? Falls nicht, unterbrechen Sie gleich bitte Ihre Lektüre dieses Abschnitts und schauen Sie sich diese Zeichnungen noch einmal genauer an. Und dann kommen Sie hierhin zurück.

Jetzt bitte hier nicht weiterlesen und auf Bildersuche gehen.[1]

Glücklich gefunden? Oder frustriert aufgegeben? Oder sogar von Anfang an Bescheid gewusst? Dann bitte hier weiterlesen.

In allen oben angesprochenen Zeichungen gibt es ein wiederkehrendes grafisches Element: den Schmetterling. Ganz bewusst ist dieser hier nicht noch einmal als Grafik wiedergegeben, da Grafiken einen schnellen Zugang zum Betrachter herstellen können, wie es im Abschnitt →Zum Umgang mit Ihrem speziellen Buch [S. 13] bereits angedeutet wurde. Und wenn Sie dieses Tierchen sofort beim Anblick des entsprechenden Abschnitts als Bild wahrgenommen hätten, wäre auch unsere Überraschung für Sie weg gewesen. Der Schmetterling steht für die Transformation, von der Raupe, die nur vom Fliegen träumen kann, über die Verpuppung zum farbenfrohen Schmetterling, der fliegen kann! Hieraus können wir zwei Impulse für Ihre Moderationsfähigkeiten ableiten: Erstens hat der Schmetterling eine entscheidende Veränderung durchgemacht und dabei das (scheinbar) unerreichbare Fliegen erlernt – das können Sie auch in Ihrer Entwicklung als Novize, der über den Adepten zum Profi wird! Die zweite Besonderheit daran: Diese entscheidende Veränderung kommt *von Innen* heraus! Das heißt, jeder von Ihnen kann diesen Schritt gehen, allerdings beginnt der erste Schritt dazu immer bei Ihnen selbst (und endet auch wieder dort; s. nächsten Abschnitt). Dieses kleine Insekt soll Sie fortan als versteckter *running gag* an Ihre Möglichkeiten zur Veränderung erinnern. Außerdem möchten wir Sie einladen, einen solchen versteckten *running gag* in ählicher Form auch in Ihren Moderationen unterzubringen.

1 **Hey!** Nicht schummeln!

Sie werden als Moderator einen eigenen Stil entwickeln oder verfügen bereits über diesen. Dieser Still wird zum Beispiel greifbar an Ihrer Art zu sprechen, mit Ihren Teilnehmern umzugehen, auf die Spielregeln zu achten oder auch an Ihrer Art zu schreiben und zu zeichnen. Vielleicht möchten Sie sich die kleine Freude gönnen, Ihren Stil um ein weiteres Moment, Ihren persönlichen *running gag* zu erweitern. Diesen können Sie offen und für alle unmittelbar wahrnehmbar als Erkennungszeichen präsentieren, amerikanisch als *unique-selling-property* vermarkten oder mit einem britischen *understatement* ebenso merklich mitführen. Der Vorteil dieses beständigen Merkmals ist die Schaffung eines zusätzlichen Ankers, der Ihre Moderation mit Ihrer Person verbindet, so dass Sie auch auf dieser Weise in guter Erinnerung bleiben werden.

Der letzte Schritt

Unser letztes Kapitel ist hiermit zu Ende und der letzte Schritt bis zum Ende des Buches ist für Sie getan, sobald Sie es hier zuklappen! – Bravo! Denn spätestens[2] jetzt beginnt der erste Schritt in die Anwendung dessen, was Sie gelesen haben. Denn alleine darauf kommt es an. Schauen Sie sich also jetzt nochmals das Inhaltsverzeichnis, das →Grafische und strukturierte Inhaltsverzeichnisse [S. 21] oder auch Ihre Markierungen durch und überlegen Sie: Was ist Ihnen in besonderer Erinnerung geblieben? Welche Aspekte möchten Sie jetzt umsetzen? Was möchten Sie ab jetzt verbessern? Und wie genau werden Sie das machen? Schreiben Sie uns gerne eine E-Mail[3] über Ihre ersten Schritte nach diesem letzten: Wir freuen uns davon zu hören! In jedem Fall aber wünschen wir Ihnen viel Freude und viel Spaß und vor allem, dass Sie und Ihre Gruppe stets gut ankommen bei Ihren Zielen. Denn es gibt so viele gute Ziele, für die es sich zielführend zu moderieren lohnt! – Welche sind Ihre?

---

2 Wir sind allerdings davon überzeugt, dass Sie beim Lesen von „spätestens“ innerlich geschmunzelt haben, denn beim Durchlesen haben Sie sich ganz sicher bereits Gedanken zur Umsetzung gemacht und beim Markieren, Notieren, Paraphrasieren von Inhalten am Buchrand bereits Ihre ganz persönlichen Ideen zur Umsetzung ausgeführt.

3 moderation@education-engineering.de

Literaturverzeichnis

ALLEN, David, 2015. *Getting Things Done.* Revised Edition. Penguin Books. ISBN 978-0143126560

ANDRESEN, Judith, 2017. *Retrospektiven in agilen Projekten: Ablauf, Regeln und Methodenbausteine.* Carl Hanser Verlag GmbH Co KG. ISBN 978- 3446451674

ANTONS, Klaus, 2011. Praxis der Gruppendynamik. 9. Hogrefe Verlag. ISBN 978-3801723545

ATKINSON, Cliff, 2005. *Erzählen statt aufzählen.* 1. Microsoft Press. ISBN 978-3860639993

BARTSCH, Elmar, Tobias MARQUART und Richard GEISEN, 1999. Grundwissen Kommunikation. 1. Ernst Klett Verlag. ISBN 978-3129396063

BAUMANN, Martin und Christoph GORDALLA, 2020. *Gruppenarbeit: Methoden - Techniken - Anwendungen.* 2. UVK Verlag im Narr Francke Attempto Verlag. ISBN 978-3825252748

BLATTER, Ivan, 2019. Arbeite klüger - nicht härter!. 2. humboldt. ISBN 978-3842642096

BUZAN, Tony und Barry BUZAN, 2002. *Das Mind-Map Buch.* 5. mvg Verlag / Redline. ISBN 978-3636062433

DRÄTHER, Rolf, 2014. *Retrospektiven--kurz gut.* O'Reilly Germany. ISBN 978-3-955618001

DUMONT, Jean-Luc, 2009. *Trees, maps and theorems - effective communication for rational minds.* 1. Principiae. ISBN 978-9081367707

EBERT, Vince, 2021. [online]. April 2021. [Zugriff am: 10 Mai 2021]. Verfügbar unter: https://www.linkedin.com/posts/vince-ebert-2b8b6b14a_was-ist-der-unterschied-zwischen-daten-und-activity-6786947173738172416--3sk

ENGELMANN, Ulrich, 2019. Gesprächsführungskompetenzen für Naturwissenschaftler und Ingenieure. 2019. Archiv der Abschlussarbeiten der DGSS e.V. DOI: 10.13140/RG.2.2.34026.98248

FREDRICKSON, Barbara, 2011. *Die Macht der guten Gefühle.* Campus Verlag. ISBN 978-3593390819

FUNCKE, Amelie und Axel RACHOW, 2016. *Die Fragen-Kollektion. Was ist eigentlich Ihre Lieblingsfrage? Einfache und raffinierte Fragen für Moderation und Training.* managerSeminar Verlags GmbH. ISBN 978-3958910140

GEISSNER, Hellmut, 1988. *Sprechwissenschaft - Theorie der mündlichen Kommunikation.* 2. Scriptor Verlag. ISBN 978-3-589207718

GÜNTHER, Ullrich und Wolfram SPERBER, 2008. Handbuch für Kommunikations- und Verhaltenstrainer - Psychologische und organisatorische Durchführung von Trainingsseminaren. 4. Ernst Reinhardt Verlag. ISBN 978-3497019496

HAUSSMANN, Martin, 2019. *UZMO: Denken mit dem Stift - Visuell präsentieren, dokumentieren und erkunden - das Praxisbuch zur bikablo® Visualisierungstechnik.* 7. Redline Verlag. ISBN 978-3-86881-517-7

HERMANN, Inge, Reinhard KROL und Gabi BAUER, 2002. v - Souverän vor Mikro Kamera. 1. UTB Verlag - A. Francke Verlag. ISBN 978-3825223310

KOTRBA, Veronika und Ralph MIARKA, 2019. *Agile Teams lösungsfokussiert coachen.* dpunkt. Verlag. ISBN 978-3864906145

LALOUX, Frederic, 2015. *Reinventing Organizations - Ein Leitfaden zur Gestaltung sinnstiftender Formen der Zusammenarbeit.* 1. Verlag Franz Vahlen. ISBN 978-3800649136

LANGE, Dieter, 2010. *Sieger erkennt man am Start - Verlierer auch.* 1. Econ. ISBN 978-3430200882

LANGMAACK, Barbara, 2017. *Einführung in die Themenzentrierte Interaktion (TZI): Das Leiten von Lern- und Arbeitsgruppen.* Beltz. ISBN 978-3621285490

MATTHIESEN, Vincent, 2019. *PROJEKTMANAGEMENT: Das Grundlagen Buch zu agiles Projektmanagement, Scrum Kanban.* 1. Selbstverlag. ISBN 978-1692002275

MICROSOFT Survey, 2005. *Survey Finds Workers Average Only Three Productive Days per Week* [online]. 15 März 2005. Microsoft. [Zugriff am: 29 Dezember 2020]. Verfügbar unter: https://news.microsoft.com/2005/03/15/survey-finds-workers-average-only-three-productive-days-per-week/

OERTER, Rolf und Leo MONTADA, 2002. *Entwicklungspsychologie.* 5. BeltzPVU. ISBN 978-3621274791

OESTEREICH, Bernd und Claudia SCHRÖDER, 2017. *Das kollegial geführte Unternehmen - Ideen und Praktiken für die agile Organisation von morgen.* 1. Verlag Franz Vahlen. ISBN 978-3800652297

PABST-WEINSCHENK, Marita, 2011. Grundlagen der Sprechwissenschaft und Sprecherziehung. 2. Ernst Reinhardt Verlag. ISBN 978-3825282943

PAWLOWSKI, Klaus, 2005. *Konstruktiv Gespräche Führen.* 4. Ernst Reinhardt Verlag. ISBN 978-3497017805

Re:WORK, *Microsoft Project Aristotle* [online]. [Zugriff am: 25 November 2020]. Verfügbar unter: https://rework.withgoogle.com/print/guides/5721312655835136/

ROGELBERG, Stephen, 2018. *The surprising science of meetings: How you can lead your team to peak performance.* Oxford University Press. ISBN 978-0190689216

SCHULZ VON THUN, Friedmann, 2003. *Miteinander reden 1-3: Störungen und Klärungen: Allgemeine Psychologie der Kommunikation / Stile, Werte und Persönlich-*

keitsentwicklung: Differentielle ... Team" und situationsgerechte Kommunikation. Rowohlt Taschenbuch Verlag. ISBN 978-3499615870

SZEPANSKY, Wolf-Peter, 2006. Souverän Seminare leiten. 1. Bertelsmann Verlag. ISBN 978-376391935X

TUCKMAN, Bruce W., 1965. *Developmental sequence in small groups.* 1965. Psychologial bulletin: 64(6), 384.

VON KANITZ, Anja, 2018. *Crashkurs Professionell Moderieren.* 2. Haufe-Lexware. ISBN 978-3648116975

WAGNER, Roland, 1999. Grundlagen der mündlichen Kommunikation. 8. Bayrischer Verlag für Sprechwissenschaft (bvs). ISBN 978-3922757944

WEISBACH, Christian-Rainer und Petra SONNE-NEUBACHER, 2013. Professionelle Gesprächsführung. 8. Beck-Wirtschaftsberater im dtv. ISBN 978-3423509367

YERKES, Robert M, John D DODSON und OTHERS, 1908. *The relation of strength of stimulus to rapidity of habit-formation.* Journal of Comparative Neurology and Psychology: 18(5), 459-482.

Register

Abbildungsverzeichnis

Tabellenverzeichnis